机械工业出版社高职高专土建类系列教材

土力学与地基基础

第 2 版

主　编　陈晋中
副主编　刘雁宁　魏党生
参　编（以姓氏笔画为序）
王素琴　朱艳丽　吴卫祥
何东秋　陈剑波　蔡　宁
主　审　朱志铎

机 械 工 业 出 版 社

本书是建筑工程技术专业系列教材之一。全书共分10章，主要包括土的物理性质与工程分类、土中应力与地基变形、土的抗剪强度与地基承载力、土压力与土坡稳定分析、天然地基上浅基础设计、桩基础设计、工程地质勘察、基坑工程、地基处理等内容，并附有土工试验指导书和课程设计任务书。为方便读者学习，本书还配有相应的电子课件，每章还有学习要求及精选的思考题与习题。本书第2版是在第1版基础上，根据新发布的《建筑地基基础设计规范》（GB 50007—2011）、《建筑基坑支护技术规程》（JGJ120—2012）和《建筑地基处理技术规范》（JGJ79—2012）等国家及行业标准修订而成的，在编写过程中力求内容精选、推导简化，做到"以应用为目的""以必需、够用为原则"，努力体现高职高专教育的特色。

本书可作为高等专科学校、高等职业技术学院、成人高校等土建类专业的教学用书，也可作为相关工程技术人员、施工管理人员的参考用书。

图书在版编目（CIP）数据

土力学与地基基础/陈晋中主编．—2版．—北京：机械工业出版社，2012.11（2025.1重印）
机械工业出版社高职高专土建类系列教材
ISBN 978-7-111-40116-2

Ⅰ.①土…　Ⅱ.①陈…　Ⅲ.①土力学-高等职业教育-教材②地基-基础（工程）-高等职业教育-教材　Ⅳ.①TU4

中国版本图书馆CIP数据核字（2012）第248134号

机械工业出版社（北京市百万庄大街22号　邮政编码100037）
策划编辑：张荣荣　责任编辑：张荣荣
版式设计：闫玥红　责任校对：任秀丽
封面设计：张　静　责任印制：郜　敏
北京富资园科技发展有限公司印刷
2025年1月第2版·第18次印刷
184mm×260mm·15.25印张·376千字
标准书号：ISBN 978-7-111-40116-2
定价：35.00元

电话服务　　网络服务
客服电话：010-88361066　机　工　官　网：www.cmpbook.com
010-88379833　机　工　官　博：weibo.com/cmp1952
010-68326294　金　书　网：www.golden-book.com
封底无防伪标均为盗版　机工教育服务网：www.cmpedu.com

第 2 版序

近年来，随着国家经济建设的迅速发展，建设工程的发展规模不断扩大，建设速度不断加快，对建筑类具备高等职业技能的人才需求也随之不断加大。2008 年，我们通过深入调查，组织了全国三十余所高职高专院校的一批优秀教师，编写出版了本套教材。

本套教材以《高等职业教育土建类专业教育标准和培养方案》为纲，编写中注重培养学生的实践能力，基础理论贯彻“实用为主、必需和够用为度”的原则，基本知识采用广而不深、点到为止的编写方法，基本技能贯穿教学的始终。在教材的编写过程中，力求文字叙述简明扼要、通俗易懂。本套教材结合了专业建设、课程建设和教学改革成果，在广泛的调查和研讨的基础上进行规划和编写，在编写中紧密结合职业要求，力争能满足高职高专教学需要并推动高职高专土建类专业的教材建设。

本套教材出版后，经过四年的教学实践和行业的迅速发展，吸收了广大师生、读者的反馈意见，并按照国家最新颁布的标准、规范进行了修订。第 2 版教材强调理论与实践的紧密结合，突出职业特色，实用性、实操性强，重点突出，通俗易懂，配备了教学课件，适用于高职高专院校、成人高校及二级职业技术院校、继续教育学院和民办高校的土建类专业使用，也可作为相关从业人员的培训教材。

由于时间仓促，也限于我们的水平，书中疏漏甚至错误之处在所难免，殷切希望能得到专家和广大读者的指正，以便修改和完善。

本教材编审委员会

第2版前言

《土力学与地基基础》是建筑工程技术专业及其他相关专业的一门重要的专业课或专业基础课。随着城市建设的快速发展以及高层建筑、大型公共建筑、重型设备基础、城市地铁、越江越海隧道等工程的大量兴建，土力学理论与地基基础技术显得越来越重要。据统计，国内外发生的工程事故中，以地基基础领域的事故为最多，并且造成的损失和对社会的不良影响越来越大，事故处理的成本与难度也在不断增加，因此，土建类专业的学生及相关工程技术人员应重视本学科知识的学习。

本书共分10章，主要包括土的物理性质与工程分类、土中应力与地基变形、土的抗剪强度与地基承载力、土压力与土坡稳定分析、天然地基上浅基础设计、桩基础设计、工程地质勘察、基坑工程、地基处理等内容，并附有土工试验指导书和课程设计任务书。本书在编写过程中力求内容精选、推导简化，做到"以应用为目的""以必需、够用为原则"，努力体现高职高专教育的特色，并注重反映地基基础领域的新规范、新规程及推广应用的新技术、新工艺。

本书自第1版出版以来，受到全国许多高职高专院校师生的欢迎，鉴于国家已发布了新的《建筑地基基础设计规范》（GB 50007—2011）、《建筑基坑支护技术规程》（JGJ120—2012）和《建筑地基处理技术规范》（JGJ79—2012）等规范、规程，为使高职高专教学与国家及行业标准一致，本书对第1版内容进行了全面修订。

本书由陈晋中任主编，刘雁宁、魏党生任副主编，东南大学朱志铎教授任主审。各章编写人员如下：第1、2章由南京交通职业技术学院陈晋中编写；第3章由南京交通职业技术学院王素琴编写；第4、7章由山西综合职业技术学院刘雁宁编写；第5章由湖南工程职业技术学院蔡宁编写；第6章由南京交通职业技术学院陈剑波编写；第8章由山东城市建设职业技术学院朱艳丽编写；第9章由湖南工程职业技术学院吴卫祥编写；第10章由武汉工业职业技术学院魏党生编写；土工试验指导书及课程设计任务书由南京交通职业技术学院王素琴编写；吉林建筑工程学院何东秋老师参与了部分内容的讨论和编写。本书在编写过程中得到了许多院校领导和老师的帮助，朱志铎教授在本书成稿后认真审阅了全书，并提出了宝贵的修改意见，在此一并表示感谢。

由于时间和编者水平有限，书中难免存在不妥之处，敬请读者批评指正。

编　者

目　录

第 1 章　绪　　论

本章学习要求

- 了解土力学与地基基础的研究对象，掌握地基、基础、持力层与下卧层等基本概念；
- 了解与地基基础有关的工程问题，重视本课程的学习；
- 了解本课程的特点与学习要求；
- 熟悉《建筑地基基础设计规范》（GB50007—2011）的基本规定。

1.1　土力学与地基基础的研究对象

土力学是以工程力学和土工测试技术为基础，研究与工程建设有关的土的应力、变形、强度和稳定性等力学问题的一门应用科学。广义土力学还包括土的成因、组成、物理化学性质及分类等在内的土质学。

地基基础是建立在土力学基础上的设计理论与计算方法，和土力学密不可分。研究地基基础工程，必然涉及到大量的土力学问题。

地基与基础是两个完全不同的概念。通常将埋入土层一定深度的建筑物下部的承重结构称为基础；而将支承基础的土层或岩层称为地基。位于基础底面下第一层土称为持力层；而在持力层以下的土层称为下卧层，强度低于持力层的下卧层称为软弱下卧层。基础应埋置在良好的持力层上（图 1-1）。

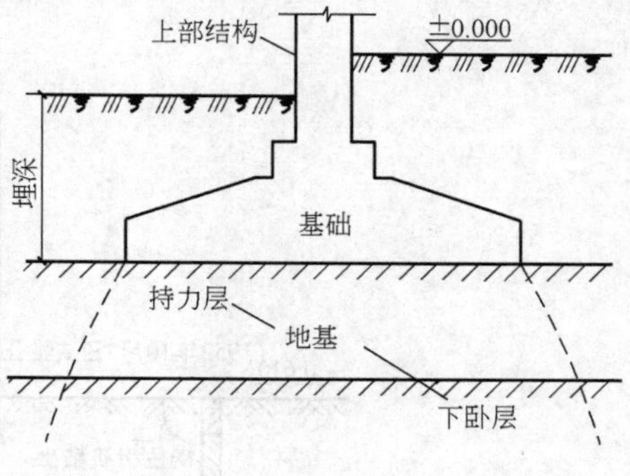

图 1-1　地基与基础示意图

为保证建筑物的安全和正常使用，建筑物地基应满足下列两个基本条件：

（1）地基的强度条件　要求建筑物的地基应有足够的承载力，在荷载作用下，不发生剪切破坏或失稳。

（2）地基的变形条件　要求建筑物的地基不产生过大的变形（包括沉降、沉降差、倾斜和局部倾斜），保证建筑物正常使用。

良好的地基一般具有较高的承载力与较低的压缩性，易满足工程要求。软弱的地基，工程性质较差，必须进行地基处理方能满足强度与变形的要求。经过人工处理而达到设计要求的地基称为人工地基；不需处理而直接利用的地基称为天然地基。

基础的结构形式很多，如独立基础、条形基础、筏形基础和桩基础等，具体设计时应选择既能适应上部结构，符合建筑物使用要求，又能满足地基强度和变形要求，经济合理、技术可行的基础结构方案。通常把埋置深度小于 5m，只需经过普通施工工序就可以建造起来的基础称为浅基础；而把埋置深度大于等于 5m，并需借助一些特殊的施工方法来完成的基础称为深基础，如桩基础等。

1.2 与地基基础有关的工程事故

地基与基础是建筑物的根基，属于隐蔽工程，它的勘察、设计和施工质量直接关系到建筑物的安危。工程实践表明，建筑物的事故很多都与地基基础有关，而一旦发生地基基础事故，往往后果严重，补救困难，有些即使可以补救，其加固、修复所需的费用也非常高。

下面举几个与地基强度和变形有关的工程事故：

（1）加拿大特朗斯康谷仓倾倒　该谷仓南北长 59.44m，东西宽 23.47m，高 31.00m，共 65 个圆筒仓。基础为钢筋混凝土筏板基础，厚 61cm，埋深 3.66m。谷仓 1911 年动工，1913 年秋完成。谷仓自重 20000t，相当于装满谷物后总重的 42.5%。1913 年 9 月装谷物，至 31822m^3 时，发现谷仓 1h 内竖向沉降达 30.5cm，并向西倾斜，24h 后倾倒，西侧下陷 7.32m，东侧抬高 1.52m，倾斜 26°53′（图 1-2）。地基虽破坏，但钢筋混凝土筒仓却安然无恙。

事故原因：设计时未对谷仓地基承载力进行调查，而采用了邻近建筑地基 352kPa 的承载力，1952 年经勘察试验与计算表明，该地基的实际承载力为 193.8 ~ 276.6kPa，远小于谷仓地基破坏时 329.4kPa 的基底压力，地基因超载而发生强度破坏。

处理：事后在谷仓下面做了七十多个支撑于基岩上的混凝土墩，使用 388 个 50t 千斤顶以及支撑系统，才把仓体逐渐纠正过来，但其位置比原来降低了 4m。

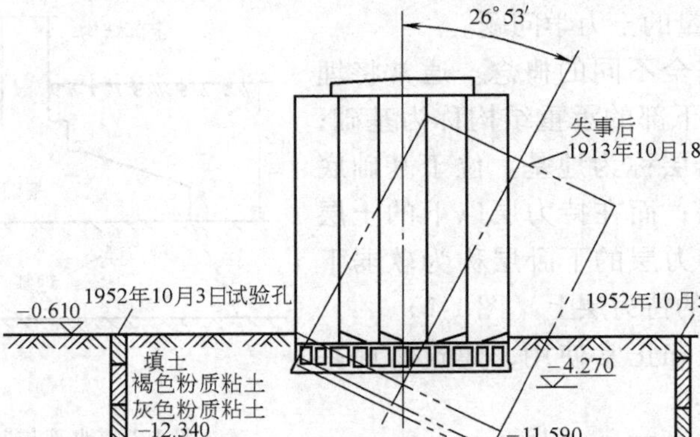

图 1-2　加拿大特朗斯康谷仓因滑动而倾倒

（2）香港宝城大厦滑坡　香港地区人口稠密，市区建筑密集，住宅一般建在山坡上。1972 年 7 月某日清晨，香港宝城路附近 20000m^3 残积土从山坡上下滑，巨大滑动体正好冲过一幢高层住宅——宝城大厦，顷刻间宝城大厦被冲毁倒塌并砸毁相邻一幢大楼一角约 5 层住宅，死亡 120 人，震惊世界。为此，香港 1977 年成立土力工程署。

事故原因：山坡上残积土本身强度较低，加之雨水渗入使其强度进一步降低，土体滑动力超过土的强度，于是山坡土体发生滑动。

（3）意大利比萨斜塔倾斜　该塔自 1173 年 9 月 8 日动工，至 1178 年建至第 4 层中部，高度 29m 时，因塔明显倾斜而停工。九十四年后，1272 年复工，经六年时间建完第 7 层，高 48m，再次停工中断八十二年。1360 年再次复工，至 1370 年竣工，前后近二百年。全塔共8层，高55m。1590年，伽利略曾在此塔做落体实验，创立了物理学上著名的自由落体定律，斜塔因此成为世界上最珍贵的历史文物。1990年1月，该塔南北两端沉降差达1.8m，塔顶中心线偏离塔底中心线达5.27m，倾角5°21′16″，斜率9.3%，高于我国地基基础规范允许值18倍多，因倾斜程度过大而被关闭（图1-3）。

事故原因：塔身建立在深厚的高压缩性土之上（地基持力层为粉砂，下面为粉土和粘土层），地基的不均匀沉降导致塔身的倾斜。

处理措施：1838～1839年，挖环形基坑卸载；1933～1935年，基坑防水处理，基础环灌浆加固；1990年1月封闭整修，1992年7月加固塔身，用压重法和取土法进行地基处理，经过12年的整修，耗资约2500万美元，斜塔被扶正44cm，2001年12月重新对外开放。

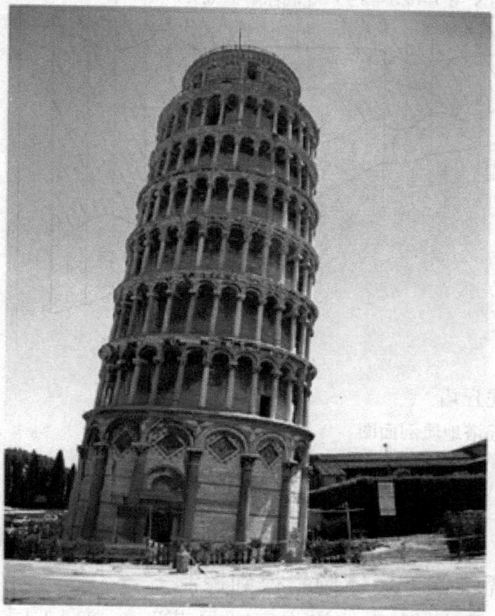

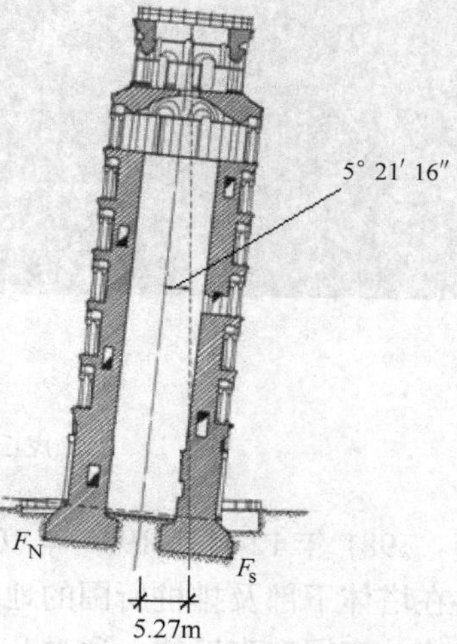

图1-3　比萨斜塔

（4）苏州虎丘塔倾斜　该塔建于五代周显德六年至北宋建隆二年（公元959～961年），7级八角形砖塔，塔底直径13.66m，高47.5m，1961年被国务院列为全国重点文物保护单位。

虎丘塔地基为人工地基，由大块石组成，块石最大直径达1m。人工块石填土层厚1～2m，西南薄，东北厚。下为粉质粘土，呈可塑至软塑状态，也是西南薄，东北厚。底部即为风化岩石和基岩。塔底层直径13.66m范围内，覆盖层厚度西南为2.8m，东北为5.8m，厚度相差3.0m，由于地基土压缩层厚度不均及砖砌体偏心受压等原因，造成该塔向东北方向倾斜。此外，从虎丘塔结构设计上看，由于没有做扩大基础，砖砌塔身垂直向下砌八皮砖，直接置于上述石填人工地基上，超过了地基承载力。塔倾斜后，又由于东北部位应力集中，导致砖砌体被压裂。1956～1957年对上部结构进行修缮，但使塔重增加了2000kN，加速了塔体的不均匀沉降。1957年，塔顶位移为1.7m，到1980年发展到2.31m，倾角2°47′，高于规范允许值8倍多，被称为“中国的比萨斜塔”（图1-4）。

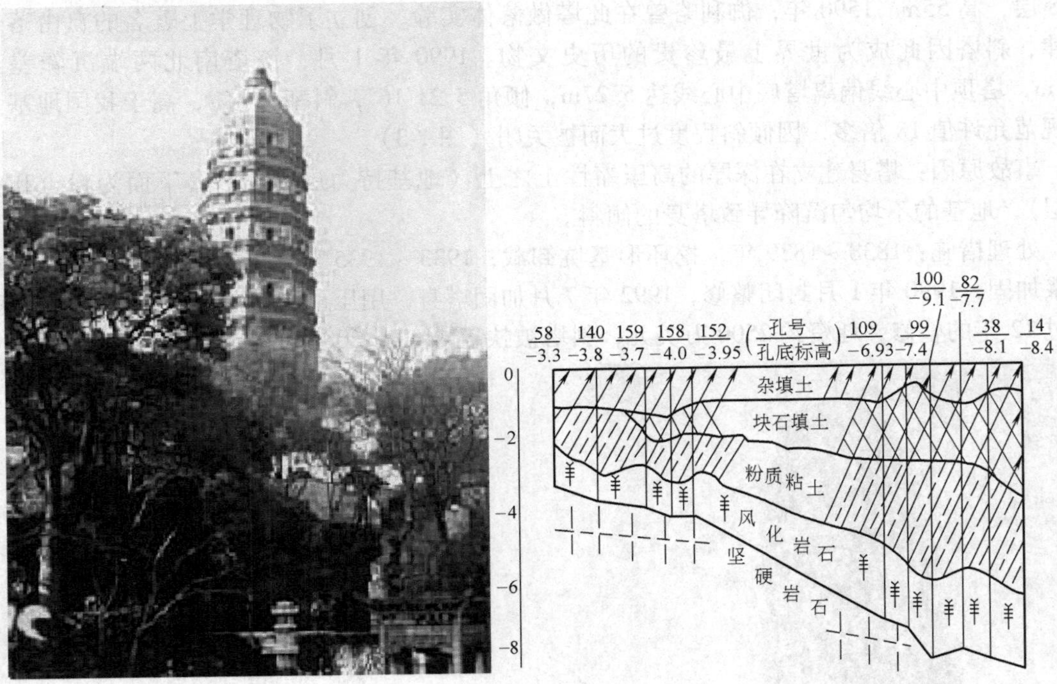

a)

b)

图 1-4　苏州虎丘塔

a）虎丘塔全景　b）虎丘塔地质剖面图

处理：1981 年 12 月至 1986 年 10 月，先后在距塔体 2.8～3m 的地基处灌筑钢筋混凝土排桩，并在塔体下部及排桩所围的地基部分注浆，之后在塔体下部至排桩上部构筑钢筋混凝土基础，修补底层砖砌墙体。通过几个阶段的加固维修，塔体倾斜得到控制。

（5）在建商品楼倒塌。2009 年 6 月 27 日，上海闵行区“莲花河畔景苑”一幢 13 层在建商品楼发生倒塌事故。

事故原因：紧贴倒塌楼房北侧在短期内堆土过高，最高处达 10m 左右；与此同时，紧临大楼南侧的地下车库基坑正在开挖，开挖深度达 4.6m；大楼两侧的压力差使土体产生水平位移，过大的水平力超过了桩基的抗侧能力，导致房屋倾倒（图 1-5）。

图 1-5　在建商品楼倒塌

1.3 本课程的特点与学习要求

本课程涉及工程地质学、土力学、建筑结构和建筑施工等几个学科领域，知识面广，综合性强，学习时应该突出重点，兼顾全局。

土力学原理是本课程学习的重点，其计算理论和公式是在作出某些假设和忽略某些因素的前提下建立的，如土中应力计算、土的压缩变形与地基固结沉降计算、土的抗剪强度理论等。在学习时，一方面应当了解这些理论不完善之处，注意这些理论在工程实际使用中的适用条件；另一方面，也要认识到这些理论和公式仍然是目前解决工程实际问题的理论依据，它们在长期的工程实践中发挥着无可替代的作用，并且在不断完善与发展。因此，应该全面掌握这些基本理论，并学会将它们应用到工程实际中。

由于各种地基土形成的自然条件不同，性质千差万别，因此测定土的工程性质指标成为解决地基基础问题的关键。土的工程性质指标包括物理性质指标和力学性质指标两类。物理指标是指用于定量描述土的组成、土的干湿、疏密与软硬程度的指标；力学性质指标主要是用于定量描述土的变形规律和强度规律等指标。学习土力学的理论知识的同时必须重视这些指标的试验测定方法，了解这些指标的适用条件，对主要的试验指标应掌握其土工试验的操作方法与数据整理方法。

学习本课程时，应重视工程地质勘察知识的学习，培养阅读和使用工程地质勘察资料的能力；还应重视地基基础规范、规程的学习，以及它们在地基基础设计中的应用，理论联系实际，提高分析和解决问题的能力。

通过本课程的学习，要求掌握以下几方面的知识：

（1）熟悉土的基本物理、力学性质，掌握一般土工试验原理和方法。

（2）掌握土中应力、变形、强度及土压力的基本理论和计算，学会利用这些知识分析解决地基基础工程中的实际问题。

（3）掌握天然地基上一般浅基础的设计方法及单桩承载力的确定和简单桩基础的设计；了解基坑支护与地基处理的一般方法。

（4）了解工程地质勘察的基本知识，能正确阅读和理解工程地质勘察报告。

（5）能正确地使用《建筑地基基础设计规范》（GB50007—2011）及其他相关的规范、规程进行地基基础的设计计算。

1.4 《建筑地基基础设计规范》（GB50007—2011）的基本规定

1. 地基基础设计等级划分

《建筑地基基础设计规范》（GB50007—2011）根据地基复杂程度、建筑物规模和功能特征以及由于地基问题可能造成建筑物破坏或影响正常使用的程度，将地基基础设计分为三个设计等级，设计时应根据具体情况按表 1-1 选用。

2. 地基基础设计规定

根据建筑物地基基础设计等级及长期荷载作用下地基变形对上部结构的影响程度，地基基础设计应符合下列规定：

表 1-1 地基基础设计等级

设计等级	建筑和地基类型
甲级	重要的工业与民用建筑物 30 层以上的高层建筑 体型复杂,层数相差超过 10 层的高低层连成一体建筑物 大面积的多层地下建筑物(如地下车库、商场、运动场等) 对地基变形有特殊要求的建筑物 复杂地质条件下的坡上建筑物(包括高边坡) 对原有工程影响较大的新建建筑物 场地和地基条件复杂的一般建筑物 位于复杂地质条件及软土地区的 2 层及 2 层以上地下室的基坑工程 开挖深度大于 15m 的基坑工程 周边环境条件复杂、环境保护要求高的基坑工程
乙级	除甲级、丙级以外的工业与民用建筑物 除甲级、丙级以外的基坑工程
丙级	场地和地基条件简单、荷载分布均匀的 7 层及 7 层以下民用建筑及一般工业建筑物;次要的轻型建筑物 非软土地区且场地地质条件简单、基坑周边环境条件简单、环境保护要求不高且开挖深度小于 5.0m 的基坑工程

(1) 所有建筑物的地基计算均应满足承载力计算的有关规定。

(2) 设计等级为甲级、乙级的建筑物，均应按地基变形设计。

(3) 设计等级为丙级的建筑物有下列情况之一时应作变形验算：

1) 地基承载力特征值小于 130kPa，且体型复杂的建筑。

2) 在基础上及其附近有地面堆载或相邻基础荷载差异较大，可能引起地基产生过大的不均匀沉降时。

3) 软弱地基上的建筑物存在偏心荷载时。

4) 相邻建筑距离过近，可能发生倾斜时。

5) 地基内有厚度较大或厚薄不均的填土，其自重固结未完成时。

(4) 对经常受水平荷载作用的高层建筑、高耸结构和挡土墙等，以及建造在斜坡上或边坡附近的建筑物和构筑物，尚应验算其稳定性。

(5) 基坑工程应进行稳定性验算。

(6) 建筑地下室或地下构筑物存在上浮问题时，尚应进行抗浮验算。

表 1-2 所列范围内设计等级为丙级的建筑物可不作变形验算。

3. 地基基础设计采用的作用效应与相应的抗力限值

地基基础设计时，所采用的作用效应与相应的抗力限值应符合下列规定：

(1) 按地基承载力确定基础底面积及埋深或按单桩承载力确定桩数时，传至基础或承台底面上的作用效应应按正常使用极限状态下作用的标准组合；相应的抗力应采用地基承载力特征值或单桩承载力特征值。

(2) 计算地基变形时，传至基础底面上的作用效应应按正常使用极限状态下作用的准永久组合，不应计入风荷载和地震作用；相应的限值应为地基变形允许值。

(3) 计算挡土墙、地基或滑坡稳定以及基础抗浮稳定时，作用效应应按承载能力极限状态下作用的基本组合，但其分项系数均为 1.0。

表 1-2　可不作地基变形验算的设计等级为丙级的建筑物范围

<table>
<tr><td rowspan="2">地基主要受力层情况</td><td colspan="3">地基承载力特征值 f_{ak}/kPa</td><td>$80 \leqslant f_{ak} < 100$</td><td>$100 \leqslant f_{ak} < 130$</td><td>$130 \leqslant f_{ak} < 160$</td><td>$160 \leqslant f_{ak} < 200$</td><td>$200 \leqslant f_{ak} < 300$</td></tr>
<tr><td colspan="3">各土层坡度(%)</td><td>≤5</td><td>≤10</td><td>≤10</td><td>≤10</td><td>≤10</td></tr>
<tr><td rowspan="8">建筑类型</td><td colspan="3">砌体承重结构、框架结构(层数)</td><td>≤5</td><td>≤5</td><td>≤6</td><td>≤6</td><td>≤7</td></tr>
<tr><td rowspan="4">单层排架结构(6m柱距)</td><td rowspan="2">单跨</td><td>起重机额定起重量/t</td><td>10 ~ 15</td><td>15 ~ 20</td><td>20 ~ 30</td><td>30 ~ 50</td><td>50 ~ 100</td></tr>
<tr><td>厂房跨度/m</td><td>≤18</td><td>≤24</td><td>≤30</td><td>≤30</td><td>≤30</td></tr>
<tr><td rowspan="2">多跨</td><td>起重机额定起重量/t</td><td>5 ~ 10</td><td>10 ~ 15</td><td>15 ~ 20</td><td>20 ~ 30</td><td>30 ~ 75</td></tr>
<tr><td>厂房跨度/m</td><td>≤18</td><td>≤24</td><td>≤30</td><td>≤30</td><td>≤30</td></tr>
<tr><td colspan="2">烟囱</td><td>高度/m</td><td>≤40</td><td>≤50</td><td colspan="2">≤75</td><td>≤100</td></tr>
<tr><td colspan="2" rowspan="2">水塔</td><td>高度/m</td><td>≤20</td><td>≤30</td><td colspan="2">≤30</td><td>≤30</td></tr>
<tr><td>容积/m^3</td><td>50 ~ 100</td><td>100 ~ 200</td><td>200 ~ 300</td><td>300 ~ 500</td><td>500 ~ 1000</td></tr>
</table>

注：1. 地基主要受力层系指条形基础底面下深度为 $3b$（b 为基础底面宽度），独立基础下为 $1.5b$，且厚度均不小于 5m 的范围（2 层以下一般的民用建筑除外）。

2. 地基主要受力层中如有承载力特征值小于 130kPa 的土层时，表中砌体承重结构的设计，应符合规范第 7 章的有关要求。

3. 表中砌体承重结构和框架结构均指民用建筑，对于工业建筑可按厂房高度、荷载情况折合成与其相当的民用建筑层数。

4. 表中起重机额定起重量、烟囱高度和水塔容积的数值系指最大值。

（4）在确定基础或桩基承台高度、支挡结构截面、计算基础或支挡结构内力、确定配筋和验算材料强度时，上部结构传来的作用效应和相应的基底反力、挡土墙土压力以及滑坡推力，应按承载能力极限状态下作用的基本组合，采用相应的分项系数；当需要验算基础裂缝宽度时，应按正常使用极限状态作用的标准组合。

（5）基础设计安全等级、结构设计使用年限、结构重要性系数应按有关规范的规定采用，但结构重要性系数 γ_0 不应小于 1.0。

思　考　题

1-1　土力学与地基基础的研究对象是什么？

1-2　地基与基础有什么区别？地基基础设计时应满足什么条件？

1-3　举例说明与地基强度和变形有关的工程问题，并相互讨论。

1-4　本课程主要应掌握哪几方面的知识？

1-5　建筑地基基础的设计等级是如何划分的？

1-6《建筑地基基础设计规范》（GB50007—2011）对地基基础设计有哪些规定？

1-7《建筑地基基础设计规范》（GB50007—2011）对地基基础设计时应采用的作用与相应的抗力限值是如何规定的？

第 2 章　土的物理性质与工程分类

本章学习要求

●本章是本课程学习的基础，要求掌握土的物理性质与土的工程分类；

●了解土的三相组成，掌握土的物理性质指标及三相比例指标之间的换算关系；

●熟悉无粘性土、粘性土的物理状态指标，掌握相对密度、塑限、液限、塑性指数和液性指数等基本概念；

●熟悉规范对地基土的工程分类方法，掌握砂土、粘性土的分类标准。

2.1　土的成因与组成

自然界中的土是岩石经过风化、剥蚀、破碎、搬运、沉积等过程后在不同条件下形成的自然历史的产物。土由固体颗粒(固相)、水(液相)和气体(气相)三者组成的。土的物理性质主要取决于土的固体颗粒的矿物成分及大小、土的三相组成比例、土的结构以及土所处的物理状态。土的物理性质在一定程度上影响着土的力学性质，是土的最基本的工程特性。

2.1.1　土的成因

地壳表层的岩石长期暴露在大气中，经受气候的变化，会逐渐崩解，破碎成大小和形状不同的一些碎块，这个过程称为物理风化。物理风化后的产物与母岩具有相同的矿物成分，这种矿物称为原生矿物，如石英、长石、云母等。物理风化后形成的碎块与水、氧气、二氧化碳等物质接触，使岩石碎屑发生化学变化，这个过程称为化学风化。化学风化改变了原来组成矿物的成分，产生了与母岩矿物成分不同的次生矿物，如粘土矿物、铝铁氧化物和氢氧化物等。动植物和人类活动对岩石的破坏，称为生物风化。如植物的根对岩石的破坏、人类开山等，其矿物成分未发生变化。

土具有各种各样的成因，不同成因类型的土具有不同的分布规律和工程地质特征。下面简单介绍几种主要的成因类型。

(1) 残积物　残积物是指残留在原地未被搬运的那一部分原岩风化剥蚀后的产物。残积物与基岩之间没有明显的界限，一般是由基岩风化带直接过渡到新鲜基岩。残积物的主要工程地质特征为：没有层理构造，均质性很差，因而土的物理力学性质很不一致；颗粒一般较粗且带棱角，孔隙比较大，作为地基易引起不均匀沉降。

(2) 坡积物　坡积物是雨雪水流的地质作用将高处岩石风化产物缓慢地洗刷剥蚀、沿着斜坡向下逐渐移动、沉积在平缓的山坡上而形成的沉积物。坡积物的主要工程地质特征为：会沿下卧基岩倾斜面滑动；土颗粒粗细混杂，土质不均匀，厚度变化大，作为地基易引起不均匀沉降；新近堆积的坡积物土质疏松，压缩性较高。

(3) 洪积物　洪积物是由暂时性山洪急流挟带着大量碎屑物质堆积于山谷冲沟出口或

山前倾斜平原而形成的沉积物。洪积物的主要工程地质特征为：洪积物常呈现不规则交错的层理构造；靠近山地的洪积物的颗粒较粗，地下水位埋藏较深，土的承载力一般较高，常为良好的天然地基；离山较远地段的洪积物颗粒较细，成分均匀，厚度较大，土质较为密实，一般也是良好的天然地基。

（4）冲积物　冲积物是江河流水的地质作用剥蚀两岸的基岩和沉积物，经搬运与沉积在平缓地带而形成的沉积物。冲积物可分为平原河谷冲积物、山区河谷冲积物和三角洲冲积物。平原河谷冲积物包括河床沉积物、河漫滩沉积物、河流阶地沉积物及古河道沉积物等。冲积物的主要工程地质特征为：河床沉积物大多为中密砂砾，承载力较高，但必须注意河流的冲刷作用及凹岸边坡的稳定；河漫滩地段地下水埋藏较浅，下部为砂砾、卵石等粗粒土，上部一般为颗粒较细的土，局部夹有淤泥和泥炭，压缩性较高，承载力较低；河流阶地沉积物强度较高，一般可作为良好的地基；山区河谷冲积物颗粒较粗，一般为砂粒所充填的卵石、圆砾，在高阶地往往是岩石或坚硬土层，最适宜作为天然地基；三角洲冲积物的颗粒较细，含水量大，呈饱和状态，有较厚的淤泥或淤泥质土分布，承载力较低。

2.1.2　土的组成

在天然状态下，自然界中的土是由固体颗粒、水和气体组成的三相体系。固体颗粒构成土的骨架，骨架之间贯穿着孔隙，孔隙中填充有水和气体，因此，土也被称为三相孔隙介质。在自然界的每一个土单元中，这三部分所占的比例不是固定不变的，而是随着周围环境条件的变化而变化。土的三相比例不同，其状态和工程性质也就不相同。当土中孔隙没有水时，则称为干土；若土位于地下水位线以下，土中孔隙全部充满水时，称为饱和土；土中孔隙同时有水和气体存在时，称为非饱和土（湿土）。

1. 土的固体颗粒

（1）粒组划分　自然界中的土都是由大小不同的土颗粒组成的，土颗粒的大小与土的性质密切相关。如土颗粒由粗变细，则土的性质由无粘性变为粘性。粒径大小在一定范围内的土，其矿物成分及性质也比较相近。因此，可将土中各种不同粒径的土粒，按适当的粒径范围分为若干粒组，各个粒组的性质随分界尺寸的不同而呈现出一定质的变化。划分粒组的分界尺寸称为界限粒径，根据《土的工程分类标准》（GB/T 50145—2007）规定，土的粒组应按表 2-1 划分。

表 2-1　土的粒组划分

粒组	颗粒名称		粒径 d/mm	粒组	颗粒名称		粒径 d/mm
巨粒	漂石（块石）		$d>200$	粗粒	砂粒	粗砂	$0.5<d\leqslant 2$
	卵石（碎石）		$60<d\leqslant 200$			中砂	$0.25<d\leqslant 0.5$
粗粒	砾粒	粗砾	$20<d\leqslant 60$			细砂	$0.075<d\leqslant 0.25$
		中砾	$5<d\leqslant 20$	细粒	粉粒		$0.005<d\leqslant 0.075$
		细砾	$2<d\leqslant 5$		粘粒		$d\leqslant 0.005$

确定各个粒组相对含量的颗粒分析试验方法分为筛分法和沉降分析法两种。筛分法是用一套不同孔径的标准筛把各种粒组分离出来，适用于粒径在 0.075～60mm 的土。沉降分析法包括密度计法（也称比重计法）和移液管法（也称吸管法），是利用不同大小的土粒在水中的沉降速度不同来确定小于某粒径的土粒含量，适用于粒径小于 0.075mm 的土。此外，许多科研单位目前已采用激光粒度分析仪测量粉粒和粘粒含量，该仪器具有测量范围大、测

量速度快、测量准确性高、操作方便等优点。

根据颗粒大小分析试验结果，可以绘制颗粒级配曲线（粒径分布曲线），判断土的级配状况。土的颗粒级配是指土中各个粒组占土粒总量的百分率，常用来表示土粒的大小及组成情况。颗粒级配曲线一般用横坐标表示粒径，由于土粒粒径相差悬殊，常在百倍、千倍以上，所以采用对数坐标形式；纵坐标用来表示小于某粒径的土的质量分数（或累计百分含量）。图 2-1 中曲线 *a* 平缓，则表示粒径大小相差较大，土粒不均匀，即为级配良好；反之，曲线 *b* 较陡，则表示粒径的大小相差不大，土粒较均匀，即为级配不良。

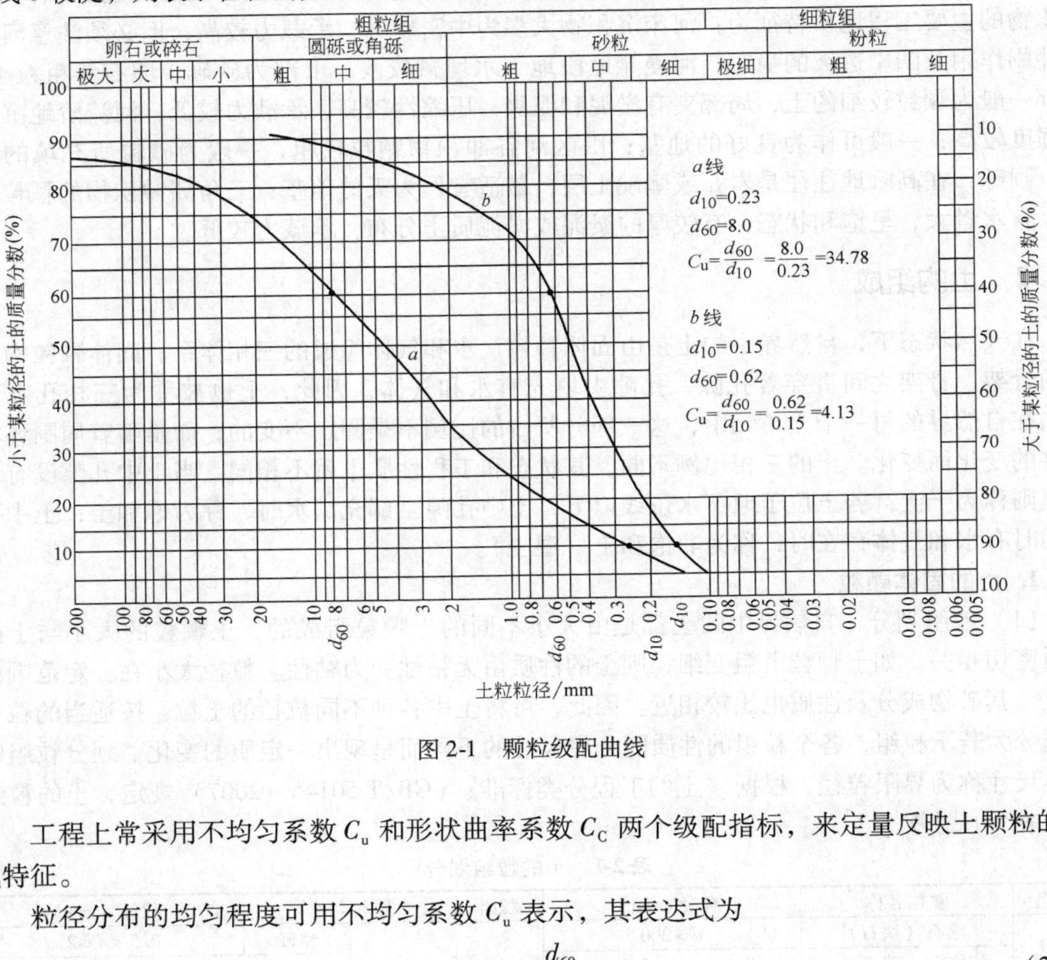

图 2-1 颗粒级配曲线

工程上常采用不均匀系数 C_u 和形状曲率系数 C_C 两个级配指标，来定量反映土颗粒的组成特征。

粒径分布的均匀程度可用不均匀系数 C_u 表示，其表达式为

$$C_u = \frac{d_{60}}{d_{10}} \tag{2-1}$$

土颗粒级配的连续程度可由粒径分布曲线的形状曲率系数 C_C 表示，其表达式为

$$C_C = \frac{d_{30}^2}{d_{60} \cdot d_{10}} \tag{2-2}$$

式中 d_{60}——在土的颗粒级配曲线上的某粒径，小于该粒径的土粒质量占土的总质量的 60% 时所对应的粒径，称为限定粒径；

d_{10}——在土的颗粒级配曲线上的某粒径，小于该粒径的土粒质量占土的总质量的 10% 时所对应的粒径，称为有效粒径；

d_{30}——在土的颗粒级配曲线上的某粒径，小于该粒径的土粒质量占土的总质量的30%时所对应的粒径。

不均匀系数 C_u 越大，则曲线越平缓，表示土中的粒组变化范围宽，土粒不均匀；反之，C_u 越小，曲线越陡，表示土中的粒组变化范围窄，土粒均匀。工程中，把 $C_u > 5$ 的土称为不均土，$C_u \leqslant 5$ 的土称为均匀土。

形状曲率系数较大，表示粒径分布曲线的台阶出现在 d_{10} 和 d_{30} 范围内。反之，形状曲率系数较小，表示台阶出现在 d_{30} 和 d_{60} 范围内。经验表明，当级配连续时，C_C 的范围大约在 1~3。因此，当 $C_C < 1$ 或 $C_C > 3$ 时，均表示级配曲线不连续。

由上可知，土的级配优劣可由土粒的不均匀系数和粒径分布曲线的形状曲率系数确定。我国《土的工程分类标准》（GB/T 50145—2007）规定：对于砂类或砾类土，当细粒含量 < 5%、级配 $C_u \geqslant 5$ 且 $C_C = 1 \sim 3$ 时，为级配良好的砂或砾；不能同时满足上述条件时，为级配不良的砂或砾。级配良好的土，其强度和稳定性较好，透水性和压缩性较小，是填方工程的良好用料。

（2）土粒的成分　土粒的矿物成分可分为原生矿物和次生矿物。一般粗颗粒的砾石、砂等都是由原生矿物构成，成分与母岩相同，性质比较稳定，其工程性质表现为无粘性、透水性较大、压缩性较低，常见的如石英、长石和云母等。细粒土主要由次生矿物构成，而次生矿物主要是粘土矿物，其成分与母岩完全不同，性质较不稳定，具有较强的亲水性，遇水易膨胀，失水易收缩。常见的粘土矿物有蒙脱石、伊利石、高岭石，这三种粘土矿物的亲水性依次减弱。

2. 土中水

自然状态下土中都含有水，土中水与土颗粒之间的相互作用对土的性质影响很大，而且土颗粒越细影响越大。土中液态水主要有结合水和自由水两大类。

（1）结合水　结合水是指由土粒表面电分子吸引力吸附的土中水，根据其离土粒表面的距离又可以分为强结合水和弱结合水。

强结合水是指紧靠颗粒表面的结合水，厚度很薄，大约只有几个水分子的厚度。由于强结合水受到电场的吸引力很大，故在重力作用下不会流动，性质接近固体，不传递静水压力。强结合水的冰点远低于0℃，可达 -78℃，在温度达105℃以上时才能蒸发。

弱结合水是在强结合水以外，电场作用范围以内的水。弱结合水仍受颗粒表面电分子吸引力影响，但其力较小，且随着距离的增大逐渐消失而过渡到自由水，这种水也不能传递静水压力，具有比自由水更大的粘滞性，它是一种粘滞水膜，可以因电场引力从一个土粒的周围转移到另一个土粒的周围，即弱结合水膜能发生变形，但不因重力作用而流动。弱结合水对粘性土的性质影响最大，当土中含有此种水时，土呈半固态，当含水量达到某一范围时，可使土变为塑态，具有可塑性。

（2）自由水　自由水是指存在于土粒电场范围以外的水，自由水又可分为毛细水和重力水。

毛细水是受到水与空气交界面处表面张力作用的自由水。毛细水位于地下水位以上的透水层中，容易湿润地基造成地陷，特别在寒冷地区要注意因毛细水上升产生冻胀现象，地下室要采取防潮措施。

重力水是存在于地下水位以下透水层中的地下水，它是在重力或压力差作用下而运动的自由水。在地下水位以下的土，受重力水的浮力作用，土中的应力状态会发生改变。施工时，重力水对于基坑开挖、排水等方面会产生较大影响。

3. 土中气体

土中气体存在于土孔隙中未被水占据的部位。土中气体以两种形式存在，一种与大气相通，另一种则封闭在土孔隙中与大气隔绝。在接近地表的粗颗粒土中，土中孔隙中的气体常与大气相通，它对土的力学性质影响不大。在细粒土中常存在与大气隔绝的封闭气泡，它不易逸出，因此增大了土的弹性和压缩性，同时降低了土的透水性。

对于淤泥和泥炭等有机质土，由于微生物的分解作用，在土中蓄积了甲烷等可燃气体，使土在自重作用下长期得不到压密，从而形成高压缩性土层。

2.1.3 土的结构

土的结构是指由土粒单元的大小、形状、表面特征、相互排列及其联结关系等因素形成的综合特征。一般可分为单粒结构、蜂窝结构和絮状结构三种基本类型。

（1）单粒结构是无粘性土的基本组成形式，由粗颗粒土（如卵石、砂等）在重力作用下沉积而成。因其颗粒较大，土粒间的分子吸引力相对很小，所以颗粒间几乎没有联结，有时仅有微弱的毛细水联结。单粒结构可以是疏松的（图2-2a），也可以是紧密的（图2-2b）。呈紧密状单粒结构的土，强度较大，压缩性较小，可作为良好的天然地基。呈疏松状单粒结构的土，当受到振动或其他外力作用时，土粒易于移动而产生很大的变形，未经处理，一般不宜作为建筑物的地基。

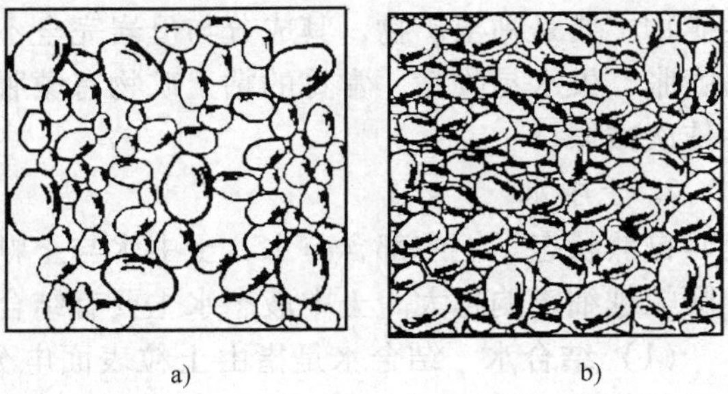

图2-2 土的单粒结构

a）疏松状态 b）紧密状态

如果饱和疏松的土是由细粒砂或粉粒砂所组成，在强烈的振动（如地震）作用下，土的结构会突然变成流动状态，产生砂土液化破坏。

（2）蜂窝结构主要是由粉粒或细砂组成的土的结构形式。据研究，当粒径为0.005~0.075mm的土粒（主要为粉粒）在水中因自重作用而下沉碰到别的正在下沉或已经沉积的土颗粒时，由于它们之间的吸引力大于土粒重力，因而土粒将停留在接触面上不再下沉，形成了具有很大孔隙的蜂窝结构（图2-3）。

（3）絮状结构主要由粘粒集合体组成。粘粒在水中处于悬浮状态，不会因单个颗粒的自重而下沉。当这些悬浮在水中的粘粒被带到电解质浓度较大的环境中，粘粒凝聚成絮状的粘粒集合体下沉，并相继和已沉积的絮状集合体接触，而形成空隙很大的絮状结构（图2-4）。

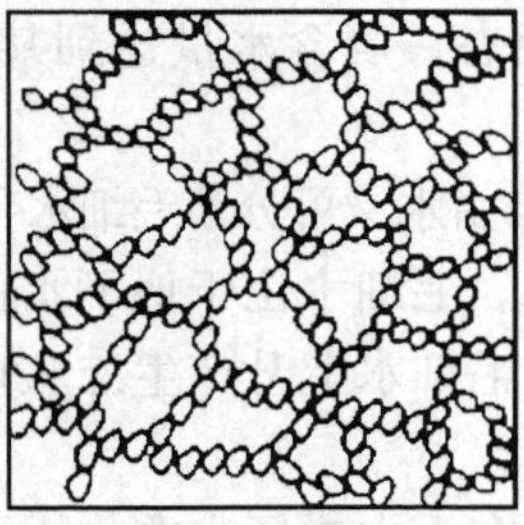

图2-3 土的蜂窝结构

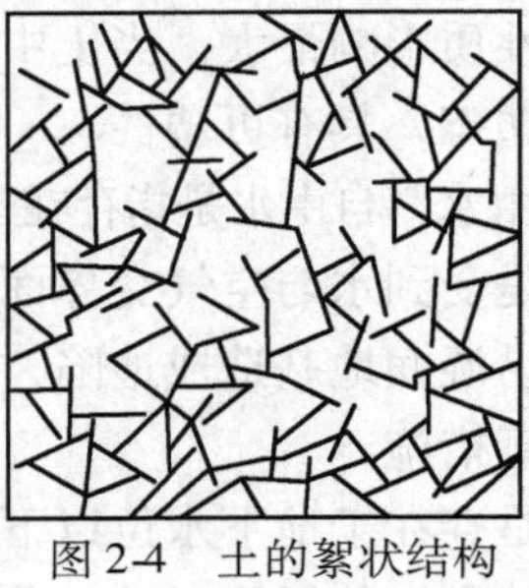

图2-4 土的絮状结构

蜂窝结构和絮状结构的土中存在大量孔隙，压缩性高、抗剪强度低、透水性弱，其土粒之间的粘结力往往由于长期的压密作用和胶结作用而得到加强。

土的压缩性高低和渗透性强弱是影响地基变形的两个重要因素，前者决定地基最终变形量的大小，后者决定基础沉降的快慢程度（即沉降与时间的关系）。

2.2 土的物理性质指标

描述土的三相物质在体积和质量上的比例关系的有关指标，称为土的三相比例指标。三相比例指标反映着土的干和湿、松和密、软和硬等物理状态，是评价土的工程性质的最基本的物理指标，也是工程地质报告中不可缺少的基本内容。三相比例指标可分为两种，一种是基本指标，另一种是换算指标。

2.2.1 土的三相图

如前所述，土由固体颗粒（固相）、水（液相）和气体（气相）组成。为了便于说明和计算，通常用土的三相组成图来表示它们之间的数量关系，如图 2-5 所示。三相图的右侧表示三相组成的体积关系，左侧表示三相组成的质量关系。

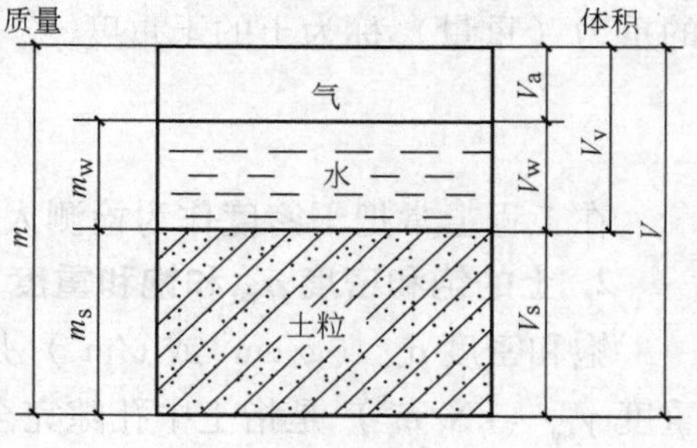

图 2-5　土的三相图

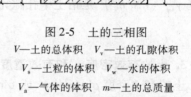

V—土的总体积　V_v—土的孔隙体积
V_s—土粒的体积　V_w—水的体积
V_a—气体的体积　m—土的总质量
m_s—土粒的质量　m_w—水的质量

2.2.2 基本指标

土的含水量、密度、土粒比重 3 个三相比例指标可由土工试验直接测定（参见本书土工试验指导书试验一内容），称为基本指标，亦称为试验指标。

1. 土的含水量 w

土中水的质量与土粒质量之比（用百分率表示），称为土的含水量，亦称为土的含水率。即

$$w = \frac{m_w}{m_s} \times 100\% \quad (2\text{-}3)$$

含水量是标志土的湿度的一个重要物理指标，一般采用烘干法测定。天然土层的含水量变化范围很大，它与土的种类、埋藏条件及其所处的自然地理环境等有关。同一类土，含水量越高，则土越湿，一般来说也就越软。

2. 土的密度 ρ 和重度 γ

单位体积内土的质量称为土的密度 ρ（g/cm^3 或 t/m^3），单位体积内土所受的重力（重量）称为土的重度 γ（kN/m^3）。

$$\rho = \frac{m}{V} \quad (2\text{-}4)$$

$$\gamma = \rho g \quad (2\text{-}5)$$

式中　g——重力加速度，约等于 9.807m/s^2，一般在工程计算中近似取 $g = 10\text{m/s}^2$。

密度用环刀法测定。天然状态下土的密度变化范围比较大，一般粘性土 $\rho = 1.8 \sim 2.0$ g/cm^3，砂土 $\rho = 1.6 \sim 2.0$g/cm^3。

3. 土粒比重 G_s

土粒质量与同体积的4℃时纯水的质量之比，称为土粒比重（无量纲），亦称为土粒相对密度。即

$$G_s=\frac{m_s}{V_s\rho_w}=\frac{\rho_s}{\rho_w} \tag{2-6}$$

式中 ρ_s——土粒的密度（g/cm^3）；

ρ_w——4℃时纯水的密度，一般取 $\rho_w=1g/cm^3$。

土粒比重取决于土的矿物成分，粘性土一般在2.70～2.75之间，砂土一般在2.65左右，常用比重瓶法测定。

2.2.3 换算指标

在测定上述三个基本指标之后，可根据图2-5所示的三相图，经过换算求得下列六个指标，称为换算指标。

1. 干密度 ρ_d 和干重度 γ_d

单位体积内土颗粒的质量称为土的干密度 ρ_d（g/cm^3 或 t/m^3）；单位体积内土颗粒所受的重力（重量）称为土的干重度 γ_d（kN/m^3），其计算公式为

$$\rho_d=m_s/V \tag{2-7}$$

$$\gamma_d=\rho_d g \tag{2-8}$$

在工程上常把干密度作为检测人工填土密实程度的指标，以控制施工质量。

2. 土的饱和密度 ρ_{sat} 和饱和重度 γ_{sat}

饱和密度 ρ_{sat}（g/cm^3 或 t/m^3）是指土中孔隙完全充满水时，单位体积土的质量；饱和重度 γ_{sat}（kN/m^3）是指土中孔隙完全充满水时，单位体积内土所受的重力（重量），即

$$\rho_{sat}=(m_s+V_v\rho_w)/V \tag{2-9}$$

$$\gamma_{sat}=\rho_{sat}g \tag{2-10}$$

3. 土的有效密度 ρ' 和有效重度 γ'

土的有效密度 ρ'（g/cm^3 或 t/m^3）是指在地下水位以下，单位土体积中土粒的质量扣除土体排开同体积水的质量；土的有效重度 γ'（kN/m^3）是指在地下水位以下，单位土体积中土粒所受的重力扣除水的浮力，即

$$\rho'=(m_s-V_s\rho_w)/V \tag{2-11}$$

$$\gamma'=\rho' g \tag{2-12}$$

4. 土的孔隙比 e

孔隙比为土中孔隙体积与土的固体颗粒体积之比，用小数表示。

$$e=V_v/V_s \tag{2-13}$$

孔隙比是评价土的密实程度的重要指标。一般孔隙比小于0.6的土是低压缩性的土，孔隙比大于1.0的是高压缩性的土。

5. 土的孔隙率 n

孔隙率为土中孔隙体积与土的总体积之比，以百分率表示。

$$n=(V_v/V)\times100\% \tag{2-14}$$

土的孔隙率也可用来表示土的密实程度。

6. 土的饱和度 S_r

土中孔隙水体积与孔隙体积之比，称为土的饱和度，以百分率表示。即

$$S_r = (V_w / V_v) \times 100\% \tag{2-15}$$

饱和度用作描述土体中孔隙被水充满的程度。干土的饱和度 $S_r=0$，当土处于完全饱和状态时 $S_r=100\%$。根据饱和度，土可划分为稍湿、很湿和饱和三种湿润状态，即

$S_r \leqslant 50\%$，稍湿；

$50\% < S_r \leqslant 80\%$，很湿；

$S_r > 80\%$，饱和。

2.2.4 三相比例指标之间的换算关系

在土的三相比例指标中，土的含水量、土的密度和土粒比重3个基本指标是通过试验测定的，其他相应各项指标可以通过土的三相比例关系换算求得。各项指标之间的换算公式见表2-2。

表 2-2 土的三相比例指标之间的换算公式

名　称	符号	三相比例指标	常用换算公式	单位	常见的数值范围
土粒比重	G_s	$G_s=\dfrac{m_s}{V_s\rho_w}=\dfrac{\rho_s}{\rho_w}$	$G_s=\dfrac{S_r e}{w}$		粘性土：2.72～2.75 粉土：2.70～2.71 砂类土：2.65～2.69
含水量	w	$w=\dfrac{m_w}{m_s}\times100\%$	$w=\dfrac{S_r e}{G_s}=\dfrac{\rho}{\rho_d}-1$		20%～60%
密度	ρ	$\rho=\dfrac{m}{V}$	$\rho=\rho_d(1+w)$ $\rho=\dfrac{G_s(1+w)}{1+e}\rho_w$	g/cm³	1.6～2.0
干密度	ρ_d	$\rho_d=\dfrac{m_s}{V}$	$\rho_d=\dfrac{\rho}{1+w}$ $\rho_d=\dfrac{G_s}{1+e}\rho_w$	g/cm³	1.3～1.8
饱和密度	ρ_{sat}	$\rho_{sat}=\dfrac{m_s+V_v\rho_w}{V}$	$\rho_{sat}=\rho'+\rho_w$ $\rho_{sat}=\dfrac{G_s+e}{1+e}\rho_w$	g/cm³	1.8～2.3
有效密度	ρ'	$\rho'=\dfrac{m_s-V_s\rho_w}{V}$	$\rho'=\rho_{sat}-\rho_w$ $\rho'=\dfrac{G_s-1}{1+e}\rho_w$	g/cm³	0.8～1.3
重度	γ	$\gamma=\dfrac{m}{V}\cdot g$	$\gamma=\dfrac{G_s(1+w)}{1+e}\gamma_w$	kN/m³	16～20
干重度	γ_d	$\gamma_d=\dfrac{m_s}{V}\cdot g$	$\gamma_d=\dfrac{G_s}{1+e}\gamma_w$	kN/m³	13～18
饱和重度	γ_{sat}	$\gamma_{sat}=\dfrac{m_s+V_v\rho_w}{V}g$	$\gamma_{sat}=\dfrac{G_s+e}{1+e}\gamma_w$	kN/m³	18～23
有效重度	γ'	$\gamma'=\dfrac{m_s-V_s\rho_w}{V}g$	$\gamma'=\dfrac{G_s-1}{1+e}\gamma_w$	kN/m³	8～13
孔隙比	e	$e=\dfrac{V_v}{V_s}$	$e=\dfrac{G_s(1+w)\rho_w}{\rho}-1$		粘性土和粉土：0.40～1.20 砂类土：0.30～0.90

（续）

名　称	符号	三相比例指标	常用换算公式	单位	常见的数值范围
孔隙率	n	$n=\frac{V_v}{V}\times100\%$	$n=\frac{e}{1+e}$		粘性土和粉土：30% ~60% 砂类土：25% ~45%
饱和度	S_r	$S_r=\frac{V_w}{V_v}\times100\%$	$S_r=\frac{wG_s}{e}$ $S_r=\frac{w\rho_d}{n\rho_w}$		0 ~100%

【例 2-1】 某土样经试验测得体积为 $100cm^3$，质量为 187g，烘干后测得质量为 167g。已知土粒比重 $G_s=2.66$，试求该土样的含水量 w、密度 ρ、重度 γ、干重度 γ_d、孔隙比 e、饱和度 S_r、饱和重度 γ_{sat} 和有效重度 γ'。

【解】 $w=\frac{m_w}{m_s}\times100\%=\frac{187-167}{167}=11.98\%$

$$\rho=\frac{m}{V}=\frac{187}{100}=1.87(g/cm^3)$$

$$\gamma=\rho g=1.87\times10=18.7(kN/m^3)$$

$$\gamma_d=\rho_d g=\frac{167}{100}\times10=16.7(kN/m^3)$$

$$e=\frac{G_s(1+w)\rho_w}{\rho}-1=\frac{2.66(1+0.1198)}{1.87}-1=0.593$$

$$S_r=\frac{wG_s}{e}=\frac{0.1198\times2.66}{0.593}=53.7\%$$

$$\gamma_{sat}=\frac{G_s+e}{1+e}\gamma_w=\frac{2.66+0.593}{1+0.593}\times10=20.4(kN/m^3)$$

$$\gamma'=\gamma_{sat}-\gamma_w=20.4-10=10.4(kN/m^3)$$

2.3 土的物理状态指标

所谓土的物理状态，对于无粘性土是指土的密实度；对于粘性土是指土的软硬程度或称粘性土的稠度。

2.3.1 无粘性土的密实度

土的密实度是指单位体积中固体颗粒充满的程度，是反映无粘性土工程性质的主要指标。无粘性土是指具有单粒结构的碎石土与砂土。无粘性土颗粒排列紧密，呈密实状态时，强度较高，压缩性较小，可作为良好的天然地基；呈松散状态时，强度较低，压缩性较大，为不良地基。评价无粘性土最主要的问题是正确地划分其密实度。判别砂土密实状态的指标通常有下列三种。

1. 孔隙比 e

采用天然孔隙比的大小来判断砂土的密实度，是一种较简便的方法。一般当 $e<0.6$ 时，

属密实的砂土，是良好的天然地基；当 $e>0.95$ 时，为松散状态，不宜作天然地基。这种方法的不足之处是没有考虑级配对砂土密实度的影响，有时较疏松的级配良好的砂土比较密的颗粒均匀的砂土孔隙比要小。另外，对于砂土取原状土样来测定孔隙比存在困难。

2. 相对密度 D_r

当砂土处于最密实状态时，其孔隙比称为最小孔隙比 e_{min}；而当砂土处于最疏松状态时的孔隙比则称为最大孔隙比 e_{max}；砂土在天然状态下的孔隙比用 e 表示，相对密度 D_r 用下式表示，即

$$D_r=\frac{e_{max}-e}{e_{max}-e_{min}} \tag{2-16}$$

当砂土的天然孔隙比接近于最大孔隙比时，其相对密度接近于 0，则表明砂土处于最松散的状态；而当砂土的天然孔隙比接近于最小孔隙比时，其相对密度接近于 1，表明砂土处于最紧密的状态。用相对密度 D_r 判定砂土密实度的标准如下：

$0<D_r\leqslant 0.33$，松散；

$0.33<D_r\leqslant 0.67$，中密；

$0.67<D_r\leqslant 1$，密实。

应当指出，虽然相对密度从理论上能反映颗粒级配、颗粒形状等因素，但是要准确测量天然孔隙比、最大与最小孔隙比往往十分困难。

3. 标准贯入锤击数 N

在实际工程中，利用标准贯入试验、静力触探、动力触探等原位测试方法来评价砂土的密实度得到了广泛应用（见第 8 章相关内容）。天然砂土的密实度可根据标准贯入试验的锤击数 N 进行评定，表 2-3 给出了《建筑地基基础设计规范》（GB50007—2011）的判别标准。

表 2-3 按锤击数 N 划分砂土密实度

密实度	松散	稍密	中密	密实
标准贯入试验锤击数 N	$N\leqslant 10$	$10<N\leqslant 15$	$15<N\leqslant 30$	$N>30$

注：当用静力触探探头阻力判定砂土的密实度时，可根据当地经验确定。

【例 2-2】 某砂土试样，试验测定土粒比重 $G_s=2.7$，含水量 $w=9.43\%$，天然密度 $\rho=1.66\text{g/cm}^3$。已知砂样最密实状态时称得干砂质量 $m_{s1}=1.62\text{kg}$，最疏松状态时称得干砂质量 $m_{s2}=1450\text{kg}$。求此砂土的相对密度 D_r，并判断砂土所处的密实状态。

【解】 对于砂土在最紧密和最疏松两种不同状态下，均取单位体积 $V=1000\text{cm}^3$ 的土样。砂土在天然状态下的孔隙比

$$e=\frac{G_s(1+w)\rho_w}{\rho}-1=\frac{2.7\times(1+0.0943)\times 1}{1.66}-1=0.78$$

两种不同状态下砂土的干密度

$$\rho_{dmax}=\frac{m_{s1}}{V}=\frac{1620}{1000}=1.62(\text{g/cm}^3)$$

$$\rho_{dmin}=\frac{m_{s2}}{V}=\frac{1450}{1000}=1.45(\text{g/cm}^3)$$

砂土最小孔隙比、最大孔隙比

$$e_{\min}=\frac{G_s\rho_w}{\rho_{\text{dmax}}}-1=\frac{2.7\times1}{1.62}-1=0.67$$

$$e_{\max}=\frac{G_s\rho_w}{\rho_{\text{dmin}}}-1=\frac{2.7\times1}{1.45}-1=0.86$$

砂土的相对密度 D_r

$$D_r=\frac{e_{\max}-e}{e_{\max}-e_{\min}}=\frac{0.86-0.78}{0.86-0.67}=0.42$$

由于 $0.33<D_r<0.67$，根据砂土相对密度的判断条件判定该砂土处于中密状态。

2.3.2 粘性土的物理状态指标

粘性土主要成分是粘粒，土粒细，土的比表面积大（单位体积的颗粒总表面积大），土粒表面与水互相作用的能力强。粘性土的物理状态可以用稠度表示。稠度是反映粘性土处于不同含水量时的软硬程度或稀稠程度。粘性土由于其含水量的不同，而分别处于固态、半固态、可塑状态及流动状态。

1. 粘性土的界限含水量

粘性土随含水量的变化从一种状态变为另一种状态时的界限含水量称为稠度界限。粘性土流动状态与可塑状态间的界限含水量称为液限 w_L；可塑状态与半固体状态间的界限含水量称为塑限 w_P；含水量因干燥减少至土体体积不再变化时的界限含水量称为缩限 w_S，如图 2-6 所示。当粘性土在某一含水量范围内时，可用外力将土塑成任何形状而不发生裂纹，即使外力移去后仍能保持既得的形状，土的这种性能称为土的可塑性。

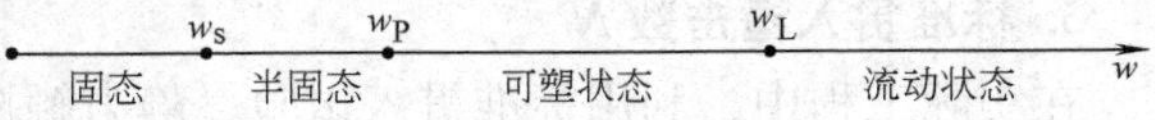

图 2-6 粘性土的状态与含水量关系

土的液限、塑限可采用液塑限联合测定仪测定，亦可采用碟式仪测定液限、滚搓法测定塑限。长期以来，国内外均采用滚搓法测定塑限，该法的缺点主要是标准不易掌握，人为因素影响较大，因此现行土工试验标准推荐采用液、塑限联合测定法替代滚搓法。

液限、塑限测定试验详见本书土工实验指导书试验二内容。

2. 粘性土的塑性指数和液性指数

（1）塑性指数　塑性指数是指液限 w_L 和塑限 w_P 的差值，即粘性土处在可塑状态的含水量的变化范围，用 I_P 表示。即

$$I_P=w_L-w_P \tag{2-17}$$

式中　w_L、w_P——粘性土的液限和塑限，用百分率表示，计算塑性指数 I_P 时去掉百分符号。

显然，塑性指数反映了粘性土可塑范围的大小，塑性指数越大，表明粘性土的粘性和塑性越好。塑性指数的大小与土中结合水的可能含量有关，土中结合水的含量与土的颗粒组成、矿物组成以及土中水的离子成分和浓度等因素有关。土粒越细，粘粒含量越多，其比表面积也越大，与水作用和进行交换的机会越多，塑性指数也越大。

由于塑性指数在一定程度上综合反映了影响粘性土物理状态的各种重要因素，因此在工程上常按塑性指数对粘性土进行分类。《建筑地基基础设计规范》（GB50007—2011）规定：塑性指数 $I_P>10$ 的土为粘性土，其中 $10<I_P\leqslant17$ 为粉质粘土；$I_P>17$ 为粘土。

（2）液性指数　液性指数是指土的天然含水量和塑限的差值与塑性指数 I_P 之比，用 I_L

表示。即

$$I_L = \frac{w - w_P}{w_L - w_P} = \frac{w - w_P}{I_P} \tag{2-18}$$

液性指数是表示粘性土软硬程度（稠度）的物理指标。由上式可见：当 $w \leqslant w_P$ 时，$I_L \leqslant 0$，土处于坚硬状态；当 $w > w_L$ 时，$I_L > 1$，土处于流塑状态；当 w 在 w_P 与 w_L 之间时，即 I_L 在 0 与 1 之间，土处于可塑状态。因此，根据 I_L 值可以直接判定粘性土的软硬状态。《建筑地基基础设计规范》（GB50007—2011）根据液性指数 I_L 将粘性土划分为坚硬、硬塑、可塑、软塑和流塑五种状态，见表 2-4。

表 2-4　粘性土状态的划分

状　态	坚　硬	硬　塑	可　塑	软　塑	流　塑
液性指数 I_L	$I_L \leqslant 0$	$0 < I_L \leqslant 0.25$	$0.25 < I_L \leqslant 0.75$	$0.75 < I_L \leqslant 1$	$I_L > 1$

注：当用静力触探探头阻力判定粘性土的状态时，可根据当地经验确定。

【例 2-3】　A、B 两种土样，试验结果见表 2-5，试确定该土的名称及软硬状态。

表 2-5　土样试验结果

土　样	天然含水量 w(%)	塑限 w_P(%)	液限 w_L(%)
A	40.4	25.4	47.9
B	23.2	21.0	31.2

【解】　A 土样：

塑性指数　$I_P = w_L - w_P = 47.9 - 25.4 = 22.5$

液性指数　$I_L = \frac{w - w_P}{I_P} = \frac{40.4 - 25.4}{22.5} = 0.67$

因 $I_P > 17$，$0.25 < I_L \leqslant 0.75$，所以该土为粘土，处于可塑状态。

B 土样：

塑性指数　$I_P = w_L - w_P = 31.2 - 21 = 10.2$

液性指数　$I_L = \frac{w - w_P}{I_P} = \frac{23.2 - 21}{10.2} = 0.22$

因 $10 < I_P \leqslant 17$，$0 < I_L \leqslant 0.25$，所以该土为粉质粘土，处于硬塑状态。

3. 粘性土的灵敏度和触变性

天然状态下的粘性土通常具有相对较高的强度。当土体受到扰动时，土的结构破坏，压缩量增大。土的结构性对土体强度的这种影响一般用土的灵敏度来表示。土的灵敏度 S_t 是指原状土的无侧限抗压强度 q_u 与重塑土（土样完全扰动后又将其压实成和原状土同等密实的状态，但含水量不变）的无侧限抗压强度 q_0 之比，即

$$S_t = \frac{q_u}{q_0} \tag{2-19}$$

工程中可根据灵敏度的大小，可将饱和粘性土分为三类：

低灵敏土，$1 < S_t \leqslant 2$；

中灵敏土，$2 < S_t \leqslant 4$；

高灵敏土，$S_t > 4$。

土的灵敏度越高，其结构性越强，受扰动后土的强度降低就越多。粘性土受扰动而强度降低的性质，一般说来对工程建设是不利的，如在基坑开挖过程中，因施工可能造成土的扰动而会使地基强度降低。

粘性土受扰动以后强度降低，但静置一段时间以后强度逐渐恢复的现象，称为土的触变性。土的触变性是土结构中联结形态发生变化引起的，是土微观结构随时间变化的宏观表现。地基处理中，利用粘性土的触变性可使地基的强度得以恢复，如采用深层挤密类方法进行地基处理时，处理以后的地基常静置一段时间再进行上部结构的修建。

2.4 地基岩土的工程分类

《建筑地基基础设计规范》（GB50007—2011）规定：作为建筑地基的岩土，可分为岩石、碎石土、砂土、粉土、粘性土和人工填土六类。

2.4.1 岩石

岩石应为颗粒间牢固联结，呈整体或具有节理裂隙的岩体。岩石的分类包括地质分类和工程分类。地质分类主要根据其地质成因、矿物成分、结构构造和风化程度划分，用地质名称加风化程度表达，如强风化花岗岩、微风化砂岩等；工程分类主要根据岩体的工程性状划分。地质分类是一种基本分类，工程分类应在地质分类的基础上进行。

岩石作为建筑物地基，除应确定其地质名称和风化程度外，尚应按下列规定划分其坚硬程度和完整程度。

（1）岩石的坚硬程度按表 2-6 划分为坚硬岩、较硬岩、较软岩、软岩、极软岩。当缺乏饱和单轴抗压强度资料或不能进行该项试验时，可在现场通过观察定性划分，划分标准可按《建筑地基基础设计规范》附录 A. 0. 1 条执行。岩石的风化程度可分为未风化、微风化、中等风化、强风化和全风化。

表 2-6 岩石坚固程度的划分

坚硬程度类别	坚硬岩	较硬岩	较软岩	软岩	极软岩
饱和单轴抗压强度标准值 f_{rk}/MPa	$f_{rk}>60$	$60\geqslant f_{rk}>30$	$30\geqslant f_{rk}>15$	$15\geqslant f_{rk}>5$	$f_{rk}\leqslant 5$

（2）岩体的完整程度按表 2-7 划分为完整、较完整、较破碎、破碎和极破碎。当缺乏试验数据时可按《建筑地基基础设计规范》附录 A. 0. 2 条确定。

表 2-7 岩石按风化程度分类

完整程度等级	完整	较完整	较破碎	破碎	极破碎
完整性指数	>0. 75	0. 75 ~0. 55	0. 55 ~0. 35	0. 35 ~0. 15	<0. 15

注：完整性指数为岩体纵波波速与岩块纵波波速之比的平方。选定岩体、岩块测定波速时应有代表性。

2.4.2 碎石土

碎石土为粒径大于 2mm 的颗粒含量超过全重 50% 的土，可分为漂石、块石、卵石、碎石、圆砾和角砾，如表 2-8 所示。碎石土的密实度可按表 2-9 划分。

表 2-8　碎石土的分类

土的名称	颗粒形状	粒组含量
漂石 块石	圆形及亚圆形为主 棱角形为主	粒径大于 200mm 的颗粒超过总质量的 50%
卵石 碎石	圆形及亚圆形为主 棱角形为主	粒径大于 20mm 的颗粒超过总质量的 50%
圆砾 角砾	圆形及亚圆形为主 棱角形为主	粒径大于 2mm 的颗粒超过总质量的 50%

注：分类时应根据粒组含量由大到小以最先符合者确定。

表 2-9　碎石土的密实度

重型圆锥动力触探锤击数 $N_{63.5}$	密实度	重型圆锥动力触探锤击数 $N_{63.5}$	密实度
$N_{63.5} \leqslant 5$	松散	$10 < N_{63.5} \leqslant 20$	中密
$5 < N_{63.5} \leqslant 10$	稍密	$N_{63.5} > 20$	密实

注：1. 本表适用于平均粒径小于等于 50mm 且最大粒径不超过 100mm 的卵石、碎石、圆砾、角砾。对于平均粒径大于 50mm 或最大粒径大于 100mm 的碎石土，可按《建筑地基基础设计规范》附录 B 鉴别其密实度。

2. 表内 $N_{63.5}$ 为经综合修正后的平均值。

2.4.3　砂土

砂土为粒径大于 2mm 的颗粒质量不超过总质量的 50%、粒径大于 0.075mm 的颗粒质量超过总质量的 50% 的土，可分为砾砂、粗砂、中砂、细砂和粉砂，如表 2-10 所示。砂土的密实度按表 2-3 划分为松散、稍密、中密、密实。

表 2-10　砂土的分类

土的名称	粒组含量	土的名称	粒组含量
砾砂	粒径大于 2mm 的颗粒占总质量的 25% ~50%	细砂	粒径大于 0.075mm 的颗粒占总质量的 85%
粗砂	粒径大于 0.5mm 的颗粒占总质量的 50%	粉砂	粒径大于 0.075mm 的颗粒占总质量的 50%
中砂	粒径大于 0.25mm 的颗粒占总质量的 50%		

注：分类时应根据粒组含量由大到小以最先符合者确定。

2.4.4　粉土

粉土为介于砂土与粘性土之间，塑性指数 $I_P \leqslant 10$ 且粒径大于 0.075mm 的颗粒质量不超过总质量的 50% 的土。具有砂土和粘性土的某些特征。

2.4.5　粘性土

粘性土为塑性指数 I_P 大于 10 的土，可分为粘土和粉质粘土，如表 2-11 所示。根据液性指数 I_L，粘性土划分为坚硬、硬塑、可塑、软塑和流塑五种状态，见表 2-4。

表 2-11　粘性土的分类

塑性指数 I_P	土的名称
$I_P > 17$	粘土
$10 < I_P \leqslant 17$	粉质粘土

注:塑性指数由相应于 76g 圆锥体沉入土样中深度为 10mm 时测定的液限计算而得。

2.4.6 人工填土

由于人类活动堆填的土称为人工填土。人工填土根据其组成和成因，可分为素填土、压实填土、杂填土、冲填土。

（1）素填土是由碎石、砂土、粉土、粘性土等一种或几种材料组成的填土，其中不含杂质或杂质很少。

（2）压实填土是经过压实或夯实的素填土。

（3）杂填土是由含有建筑垃圾、工业废料、生活垃圾等杂物组成的填土。

（4）冲填土是由水力冲填泥砂形成的填土。

人工填土的物质成分复杂，均匀性较差，作为地基应注意其不均匀性。

2.4.7 特殊土

除上述六类土外，还有一些特殊土，如软土、红粘土、湿陷性黄土、膨胀土等，它们在特定的地理环境、气候等条件下形成，具有特殊的工程性质。

（1）软土 是指沿海的滨海相、三角洲相、湖泊相、沼泽相等主要由细粒土组成的土，具有孔隙比大（一般大于1）、天然含水量高（接近或大于液限）、压缩性高和强度低的特点。其包括淤泥、淤泥质土、泥炭、泥炭质土等。

淤泥为在静水或缓慢的流水环境中沉积，并经生物化学作用形成，天然含水量大于液限、天然孔隙比大于或等于1.5的粘性土。天然含水量大于液限而天然孔隙比小于1.5但大于或等于1.0的粘性土或粉土为淤泥质土。含有大量未分解的腐殖质，有机质含量大于60%的土为泥炭，有机质含量大于或等于10%且小于或等于60%的土为泥炭质土。

淤泥和淤泥质土有机质含量为5%~10%时，工程性质变化较大，应予以重视。泥炭、泥炭质土不应直接作为建筑物的天然地基持力层，工程中遇到时应根据地区经验处理。

（2）红粘土 红粘土是指碳酸盐岩系的岩石，经红土化作用形成并覆盖于基岩上的棕红、褐黄等颜色的高塑性粘土。其液限一般大于50，上硬下软，具明显的收缩性、裂隙发育，经坡、洪积再搬运后仍保留红粘土基本特征，液限大于45小于50的土称为次生红粘土。我国的红粘土以贵州、云南、广西等省区最为典型，分布广。

（3）湿陷性黄土 湿陷性黄土是指土体在一定压力下受水浸湿时产生湿陷变形量达到一定数值的土（湿陷变形量按野外浸水载荷试验确定）。湿陷性黄土主要分布在甘肃、陕西、山西、河南、河北等省的部分地区。

（4）膨胀土 膨胀土一般是指粘粒成分主要由亲水性粘土矿物（以蒙脱石和伊利石为主）所组成的粘性土，在环境和湿度变化时，可产生强烈的胀缩变形，具有吸水膨胀、失水收缩的特性。

【例2-4】 某住宅进行工程地质勘察时，取回一个砂土试样。经筛选试验，得到各粒组含量百分率，如图2-7所示，试定砂土名称。

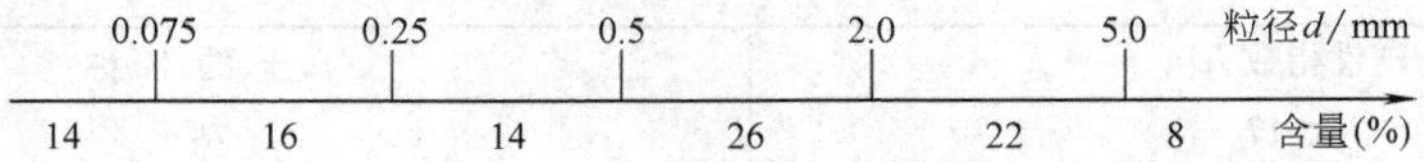

图2-7 砂土试样的粒径级配

【解】 由砂土的分类标准可知：

（1）粒径 $d>2$mm 含量占 30%，在 25% ~50% 之间，可定为砾砂；

（2）粒径 $d>0.5$mm 含量占 56% >50%，可定为粗砂；

（3）粒径 $d>0.25$mm 含量占 70% >50%，可定为中砂；

（4）粒径 $d>0.075$mm 含量占 86% >85%，可定为细砂；

（5）砂土粒径 $d>0.075$mm 含量占 86% >50%，可定为粉砂。

根据粒径分组含量由大到小以最先符合者确定的规定，该砂土应定名为砾砂。

【例 2-5】 图 2-8 为某三种土 A、B、C 的颗粒级配曲线，试按《建筑地基基础设计规范》分类法确定三种土的名称。

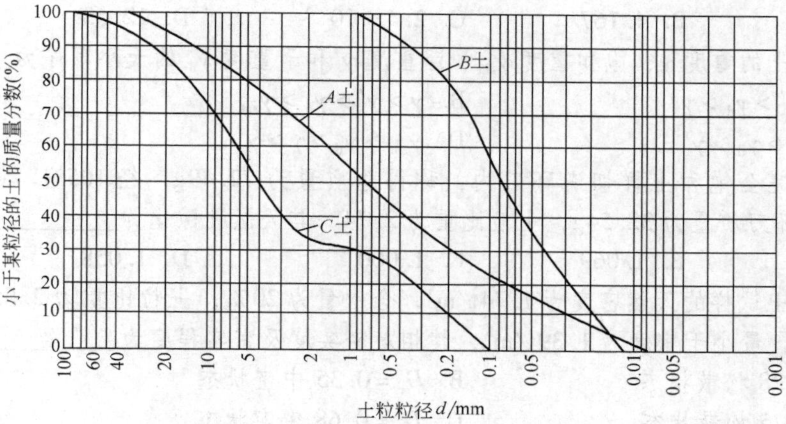

图 2-8 土的颗粒级配曲线

【解】 A 土：从 A 土级配曲线查得，粒径小于 2mm 的占总土质量的 67%、粒径小于 0.075mm 占总土质量的 21%，满足粒径大于 2mm 的不超过 50%，粒径大于 0.075mm 的超过 50% 的要求，该土属于砂土。

又由于粒径大于 2mm 的占总土质量的 33%，满足粒径大于 2mm 占总土质量 25% ~50% 的要求，故此土应命名为砾砂。

B 土：粒径大于 2mm 的没有，粒径大于 0.075mm 的占总土质量的 52%，属于砂土。按砂土分类表分类，此土应命名为粉砂。

C 土：粒径大于 2mm 的占总土质量的 67%，粒径大于 20mm 的占总土质量的 13%，按碎石土分类表可知，该土应命名为圆砾或角砾。

思 考 题

2-1 简要说明土的几种主要成因类型。土中的三相比例变化对土的性质有何影响？

2-2 如何用土的颗粒级配曲线和不均匀系数来判断土的级配状况？

2-3 土中有哪几种形式的水？各种水对土的工程特性有何影响？

2-4 土的物理性质指标有哪些？其中哪几个可以直接测定？常用测定方法是什么？

2-5 土的密度 ρ 与土的重度 γ 的物理意义和单位有何区别？说明天然重度 γ、饱和重度

γ_{sat}、有效重度 γ' 和干重度 γ_d 之间的相互关系，并比较其数值的大小。

2-6 判别无粘性土密实度的指标有哪几种？

2-7 什么是粘性土的稠度界限？常用的稠度界限有哪些？

2-8 塑性指数的大小反映了土的什么特征？液性指数的大小与土所处的物理状态有何关系？

2-9 《建筑地基基础设计规范》（GB50007—2011）把地基土分为哪几类？如何判别砂土和粘性土？

2-10 单项选择题

（1）由某土的粒径级配曲线获得 $d_{60}=12.5$，$d_{10}=0.03$，则该土的不均匀系数为__________。

A. 416.7　　B. 4.167　　C. 2.4×10^{-3}　　D. 12.53

（2）一种土的重度 γ、饱和重度 γ_{sat}、浮重度 γ' 和干重度 γ_d 的大小顺序为__________。

A. $\gamma_{sat}>\gamma'>\gamma_d>\gamma$　　B. $\gamma>\gamma'>\gamma_d>\gamma_{sat}$

C. $\gamma_{sat}>\gamma>\gamma_d>\gamma'$　　D. $\gamma_{sat}>\gamma_d>\gamma>\gamma'$

（3）有一完全饱和土样切满环刀内，称得总质量为72.49g，经105°C 烘干至恒温为61.28g，已知环刀质量为32.54g，土粒比重为2.74，其天然孔隙比为__________。

A. 1.088　　B. 1.069　　C. 1.000　　D. 1.058

（4）某砂土试样的天然密度为1.74t/m³，含水量为20%，土粒比重为2.65，最大干密度为1.67t/m³，最小干密度为1.39t/m³，其相对密实度及密实程度为__________。

A. $D_r=0.28$ 松散状态　　B. $D_r=0.35$ 中密状态

C. $D_r=0.25$ 松散状态　　D. $D_r=0.68$ 密实状态

（5）一般土中的粘粒含量越高，土的分散程度也越大，土中亲水矿物含量增加，则__________也相应增加。

A. 液限 w_L　　B. 塑限 w_P　　C. 液性指数 I_L　　D. 塑性指数 I_P

（6）对饱和土的固结过程中的物理性质指标进行定性分析，液性指数减小，孔隙比__________，含水量__________，饱和度__________，土变__________。

A. 增大　　B. 减小　　C. 不变　　D. 软　　E. 硬

（7）对无粘性土的工程性质影响最大的因素是__________。

A. 含水量　　B. 密实度　　C. 矿物成分　　D. 颗粒的均匀程度

（8）处于天然状态的砂土的密实度一般用__________试验来测定。

A. 载荷试验　　B. 现场十字板剪切试验

C. 标准贯入试验　　D. 轻便触探试验

（9）某原状土样，试验测得重度 $\gamma=17\text{kN/m}^3$，含水量 $w=22.0\%$，土粒比重 $G_s=2.72$。该土样的孔隙率及浮重度分别为__________。

A. 48.2%，8.18kN/m³　　B. 0.66%，18.81kN/m³

C. 1.66%，8.81kN/m³　　D. 48.2%，18.81kN/m³

（10）下列土的物理性质指标中，__________是反映土的密实程度的。

①含水量 w；　②土的重度 γ；　③土粒比重 G_s；

④孔隙比 e；　⑤饱和度 S_r；　⑥干重度 γ_d

A. ①②③④⑥　　B. ②③④⑤⑥

C. ①②③④⑤⑥　　D. ②④⑥

习　　题

2-1　某办公楼工程地质勘察中取原状土作试验，用体积为 $100cm^3$ 的环刀取样试验，用天平测得环刀加湿土的质量为245.00g，环刀质量为55.00g，烘干后土样质量为170.00g，土粒比重为2.70。计算此土样的天然密度、干密度、饱和密度、天然含水量、孔隙比、孔隙率以及饱和度，并比较各种密度的大小。

2-2　甲、乙两个土样的物理指标见表2-12，问：(1) 甲土与乙土中的粘粒含量哪个更多？分别属于何种类型的土？(2) 甲土与乙土分别处于哪种稠度状态？

表2-12　习题2-2附表

土样	w(%)	w_L(%)	w_P(%)
甲	31	35	16
乙	12	22	10

2-3　某住宅地基土的试验中，已测得土的干密度 $\rho_d=1.64g/cm^3$，含水率 $w=21.3\%$，土粒比重 $G_s=2.65$。计算土的 e、n 和 S_r。此土样又测得 $w_L=29.7\%$，$w_P=17.6\%$，计算 I_P 和 I_L，描述土的物理状态，定出土的名称。

2-4　有一砂土样的物理性试验结果，标准贯入试验锤击数 $N_{63.5}=34$，经筛分后各颗粒粒组含量见表2-13。试确定该砂土的名称和状态。

表2-13　习题2-4附表

粒径/mm	<0.01	0.01~0.05	0.05~0.075	0.075~0.25	0.25~0.5	0.5~2.0
粒组含量(%)	3.9	14.3	26.7	28.6	19.1	7.4

第 3 章　土中应力与地基变形

本章学习要求

- 本章是本课程学习的重点，是土力学基本内容之一，通过本章学习，要求掌握土中应力计算与地基变形的基本知识；
- 掌握土中自重应力、基底压力和土中附加应力的基本概念、分布规律及计算方法；
- 熟悉土的有关压缩性指标的概念，掌握地基最终沉降量的计算方法，能够熟练使用规范法计算地基的最终沉降量；
- 了解固结原理及固结随时间变化的关系，学会利用单向固结原理解决实际工程；
- 了解地基变形特征与建筑物沉降观测的基本知识。

3.1　概述

在建筑物荷载作用下，地基中原有的应力状态将发生变化，从而引起地基变形，建筑物地基亦随之沉降。对于压缩性不同的地基或上部结构荷载差异较大时，基础还可能出现不均匀沉降。如果沉降或不均匀沉降超过允许范围，将会影响建筑物的正常使用，严重时还将危及建筑物的安全。因此，地基变形控制已成为地基设计的主要原则，研究地基中的应力和变形，对于保证建筑物安全具有重要的意义。

地基土中的应力按产生的原因可分为自重应力和附加应力。由上覆土体自重引起的应力称为土的自重应力，它是在建筑物建造之前就已存在土中。由外荷载（包括建筑物荷载、交通荷载、堤坝荷载等）作用引起的应力称为附加应力。对于形成地质年代比较久远的土，由于在自重应力作用下，其变形已经稳定，因此土的自重应力不再引起地基的变形（新沉积土或近期人工充填土除外）。而附加应力由于是地基中新增加的应力，将引起地基的变形，所以附加应力是引起地基变形和破坏的主要原因。

地基变形除与附加应力有关外，还与土的压缩性直接有关，土的压缩性是引起地基变形的内因。地基在建筑物荷载作用下由于压缩而引起的竖向位移称为沉降。

3.2　土中自重应力

1. 自重应力计算

计算土中自重应力时，假定地基土为均质、连续、各向同性的弹性半空间无限体[一]。在此条件下，受自身重力作用的地基土只能产生竖向变形，而不能产生侧向位移和剪切变形。则地基土中任意深度 z 处的竖向自重应力 σ_{cz} 等于单位面积上的土柱重量（图 3-1），即

[一] 假定天然地面为无限大的水平面，面下为无限深的土体，即称为半空间无限体。

$$\sigma_{cz}=\gamma\cdot z \tag{3-1}$$

式中　σ_{cz}——土的竖向自重应力（kPa）；

γ——土的天然重度（kN/m^3）；

z——天然地面算起的深度（m）。

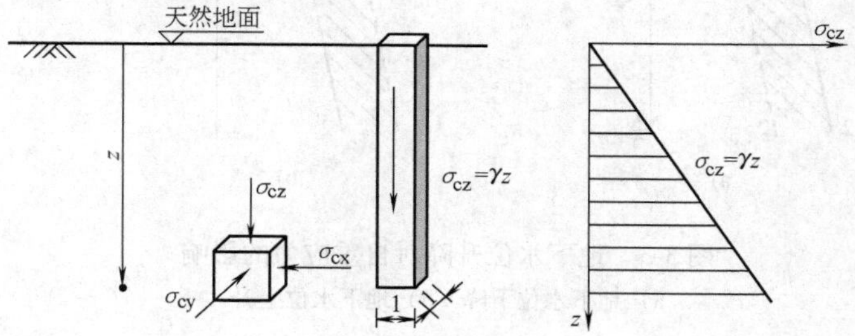

图 3-1　均质土中竖向自重应力

根据弹性理论和土体侧限条件，则土中任意深度 z 处的水平自重应力 σ_{cx}、σ_{cy} 为

$$\sigma_{cx}=\sigma_{cy}=K_0\sigma_{cz}$$

式中　σ_{cx}、σ_{cy}——分别为 x、y 方向的水平自重应力；

K_0——侧压力系数，亦称土的静止土应力系数；$K_0=\dfrac{\mu}{1-\mu}$，μ 为土的泊松比；由于土体为非真正的弹性介质，所以 K_0 通常通过试验测定，其值为 0.33～0.72。

当深度 z 范围内有多层土组成时，则深度 z 处土的竖向自重应力 σ_{cz} 为各土层竖向自重应力之和。

$$\sigma_{cz}=\gamma_1 z_1+\gamma_2 z_2+\gamma_3 z_3+\cdots+\gamma_n z_n=\sum_{i=1}^{n}\gamma_i z_i \tag{3-2}$$

从上式可见，土的竖向自重应力与土的天然重度及深度有关。竖向自重应力随深度增加而增大，其应力分布曲线为折线形（图 3-2）。

为方便起见，以下讨论中若无特别注明，则自重应力仅指竖向自重应力。

2. 地下水和不透水层对自重应力的影响

地下水位的升降会引起土中自重应力的变化，如图 3-3 所示。地下水位以下的土，由于受到水的浮力的作用，减轻了土的有效自重，因此计算自重应力时应采用土的有效（浮）重度 $\gamma'=\gamma_{sat}-\gamma_w$。地下水位下降时，土的自重仍采用天然重度。地下水位面相当于土的一个分层面。

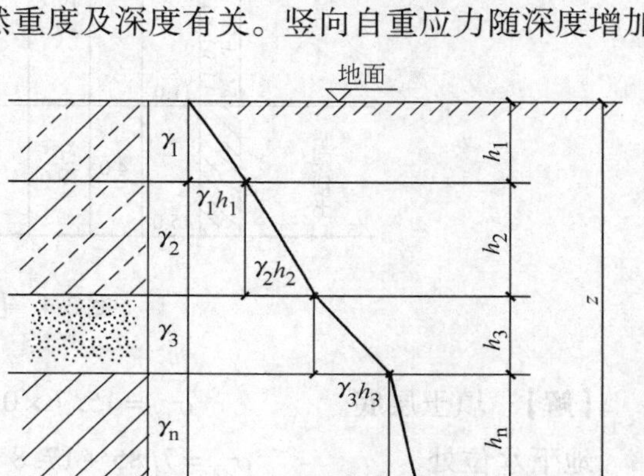

图 3-2　成层土竖向自重应力分布曲线

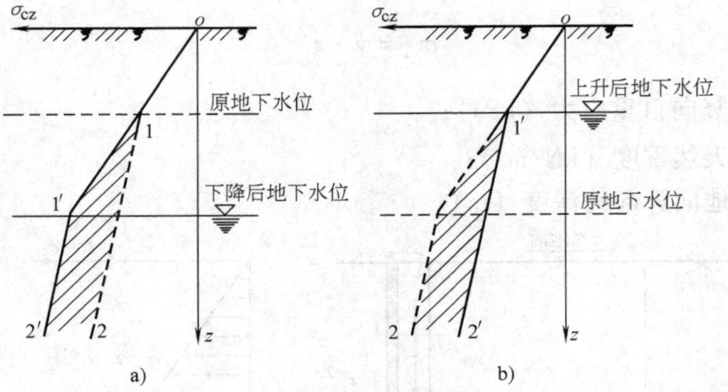

图 3-3　地下水位升降对自重应力的影响

a）地下水位下降　b）地下水位上升

基岩或只含强结合水的坚硬粘土层可认为是不透水层。因不透水层中不存在水的浮力作用，故不透水层层面处成为土自重应力沿深度分布的一个临界面，此处土的自重应力等于全部上覆土和水的总压力，自重应力分布曲线在此有一个突变，如【例 3-1】所示。

【例 3-1】　某地基土层剖面如图 3-4 所示，求各层土的自重应力并绘制其自重应力分布曲线。

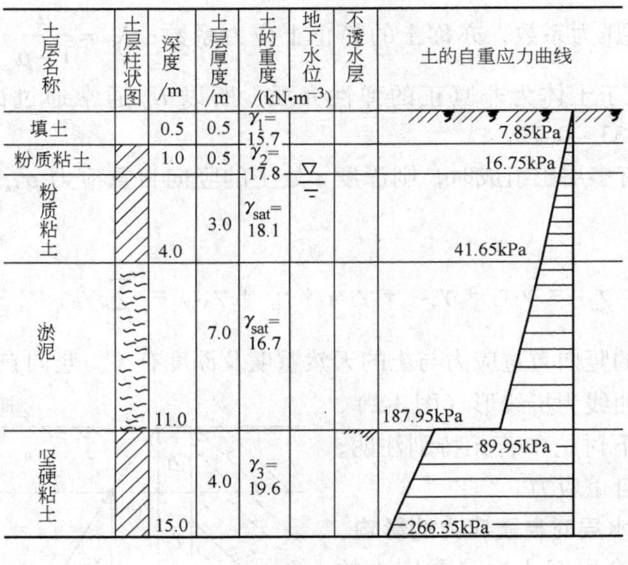

图 3-4　【例 3-1】图

【解】　填土层底　　$\sigma_{cz}=15.7\times0.5=7.85(\text{kPa})$

地下水位处　　$\sigma_{cz}=7.85+17.8\times0.5=16.75(\text{kPa})$

粉质粘土层底　　$\sigma_{cz}=16.75+(18.1-9.8)\times3=41.65(\text{kPa})$

淤泥层底　　$\sigma_{cz}=41.65+(16.7-9.8)\times7=89.95(\text{kPa})$

不透水层层面　　　$\sigma_{cz}=89.95+(3+7)\times9.8=187.95(\text{kPa})$

钻孔底　　　　$\sigma_{cz}=187.95+19.6\times4=266.35(\text{kPa})$

土的自重应力曲线如图 3-4 所示，该曲线在不透水层处有一个突变。

3.3　基底压力

建筑物荷载通过基础传递给地基，在基础底面与地基之间便产生了接触压力。它既是基础作用于地基的基底压力，同时又是地基反作用于基础的基底反力。

基底压力的分布呈多种曲线形态，不仅与基础的刚度、尺寸大小和埋置深度有关，还与作用在基础上的荷载大小、分布情况和地基的性质等有关。计算基底压力时，如完全考虑这些因素，是十分复杂的。基于此，对于具有一定刚度且底面尺寸较小的基础（如柱下独立基础和墙下条形基础等），一般假定基底压力呈线性分布，按材料力学公式进行基底压力简化计算。实践证明，根据该假定计算所引起的误差在允许范围内。

3.3.1　轴心荷载作用下基底压力

作用在基础上的荷载，其合力通过基底形心时为轴心受压，基底压力为均匀分布，如图 3-5 所示，则基底压力为

$$p_k=\frac{F_k+G_k}{A} \tag{3-3}$$

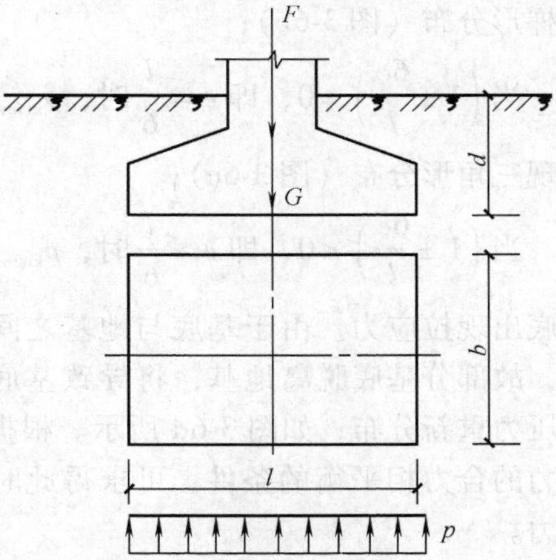

图 3-5　中心受压基底压力分布图

式中　p_k——相应于作用的标准组合时，基底平均压力值（kPa）；

F_k——相应于作用的标准组合时，上部结构传至基础顶面的竖向力值（kN）；

G_k——基础自重和基础上土重（kN）；对于一般基础，可近似取 $G=\gamma_G Ad$；

γ_G——基础及其上覆土的平均重度，一般取 20kN/m^3，地下水位以下取有效重度；

d——基础埋置深度（m）；当室内外标高不同时，取平均深度计算；

A——基础底面积（m^2）；矩形 $A=lb$，l、b 分别为基础底面的长度和宽度（m）。

若基础长宽比大于或等于 10 时，这种基础称为条形基础，此时可沿基础长度方向取 1m 来进行计算。

3.3.2　单向偏心荷载作用下基底压力

在基底的一个主轴平面内作用有偏心力或轴心力与弯矩同时作用时，基础偏心受压，基底压力呈梯形或三角形分布，如图 3-6 所示。基底两端的压力按下式计算，即

$$p_{\substack{\text{kmax}\\\text{kmin}}}=\frac{F_k+G_k}{A}\pm\frac{M_k}{W} \tag{3-4}$$

对矩形基础底面，取

$$M_k=(F_k+G_k)e$$

$$W=\frac{bl^2}{6}$$

则
$$p_{\substack{kmax\\kmin}}=\frac{F_k+G_k}{A}\left(1\pm\frac{6e}{l}\right) \tag{3-5}$$

式中 p_{kmax}、p_{kmin}——相应于作用的标准组合时，基础底面边缘的最大、最小压力值（kPa）；

M_k——相应于作用的标准组合时，作用于基础底面的力矩值（kN·m）；

e——偏心距（m）；$e=\dfrac{M_k}{F_k+G_k}$；

W——基础底面的截面系数，也称抵抗矩（m^3）；

b、l——基础底面的宽度和长度（m）。

由式（3-5）可见：

当$\left(1\pm\dfrac{6e}{l}\right)>0$，即$e<\dfrac{l}{6}$时，$p_{kmin}>0$，基底压力呈梯形分布（图3-6b）；

当$\left(1\pm\dfrac{6e}{l}\right)=0$，即$e=\dfrac{l}{6}$时，$p_{kmin}=0$，基底压力呈现三角形分布（图3-6c）；

当$\left(1\pm\dfrac{6e}{l}\right)<0$，即$e>\dfrac{l}{6}$时，$p_{kmin}<0$，表示部分基底出现拉应力。由于基底与地基之间不可能产生拉力，故部分基底脱离地基，将导致基底面积减小，基底压力重新分布，如图3-6d所示。根据偏心力与基底压力的合力相平衡的条件，可求得此时基底边缘最大压力。

$$F_k+G_k=\frac{1}{2}\cdot 3a\cdot b\cdot p_{kmax}$$

则
$$p_{kmax}=\frac{2(F_k+G_k)}{3ab} \tag{3-6}$$

式中 a——偏心荷载作用点至基底最大压力边缘的距离（m）；$a=\dfrac{l}{2}-e$。

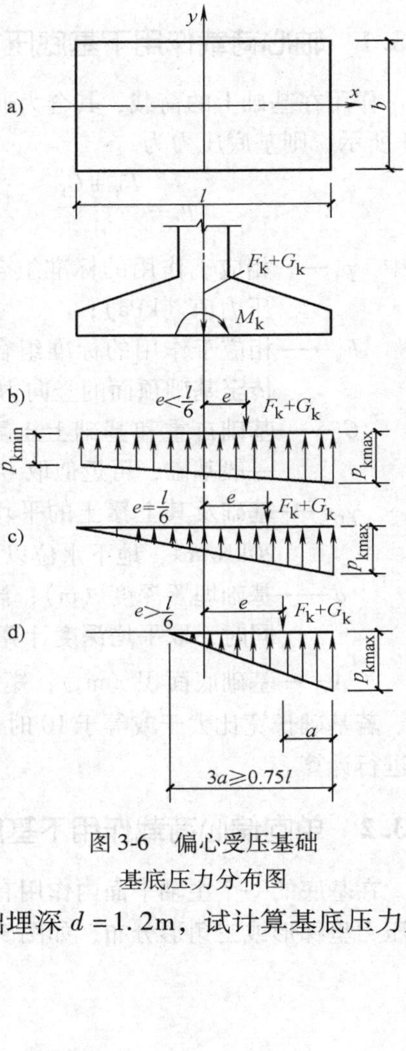

图3-6 偏心受压基础基底压力分布图

【例3-2】 某基础底面尺寸$l=3m$，$b=2m$，基础顶面作用轴心力$F_k=450kN$，弯矩$M_k=150kN\cdot m$，基础埋深$d=1.2m$，试计算基底压力并绘出分布图。

【解】 基础自重及基础上回填土重

$$G_k = \gamma_G A d = 20 \times 3 \times 2 \times 1.2 = 144 \text{ (kN)}$$

偏心距

$$e = \frac{M_k}{F_k + G_k} = \frac{150}{450 + 144} = 0.253 \text{ (m)}$$

基底压力

$$p_{\substack{max\\min}} = \frac{F_k + G_k}{A}\left(1 \pm \frac{6e}{l}\right) = \frac{450 + 144}{2 \times 3}\left(1 \pm \frac{6 \times 0.253}{3}\right) = \frac{149.1}{48.9} \text{ (kPa)}$$

基底压力分布如图 3-7 所示。

3.3.3 基底附加压力

一般基础都埋于地面以下一定深度处，在基坑开挖前，基底处已存在土的自重应力，基坑开挖后自重应力消失，故作用于基底上的平均压力减去基底处原先存在于土中的自重应力才是基底新增加的附加压力，即

$$p_0 = p - \sigma_{cz} = p - \gamma_m d \tag{3-7}$$

式中 p_0——基底附加压力（kPa）；

p——基底压力（kPa）；

σ_{cz}——基底处土的自重应力（kPa）；

γ_m——基础埋置深度范围内土的加权平均重度（kN/m^3），地下水位以下取有效重度的加权平均值；

d——基础埋深（m），一般从天然地面算起。

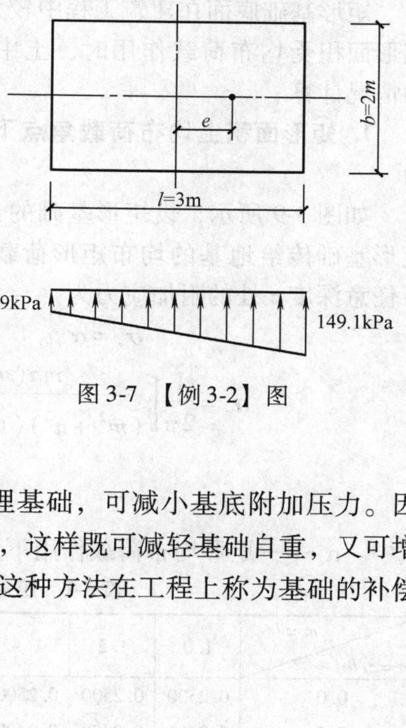

图 3-7 【例 3-2】图

从式（3-7）看出，当基础对地基的压力一定时，深埋基础，可减小基底附加压力。因此，高层建筑设计时常采用箱形基础或地下室、半地下室，这样既可减轻基础自重，又可增加基础埋深，减少基底附加压力，从而减少基础的沉降。这种方法在工程上称为基础的补偿性设计。

3.4 土中附加应力

土中附加应力是由建筑物荷载在地基内引起的应力，如图 3-8a 所示，附加应力通过土粒之间的传递，向水平方向和深度方向扩散，并逐渐减小。图 3-8b 中左半部分表示不同深度处同一水平面上各点附加应力的大小，右半部分表示集中力下沿垂线方向不同深度处附加应力的大小。

土中附加应力的计算目前主要采用弹性理论方法，假定地基土为均质、连续、各向同性的弹性半空间无限体。计算时，需根据基础底面的形状（矩形、条形、圆形等）和基底附加压力（均布、三角形等）的分布，按不同情况来分别考虑。

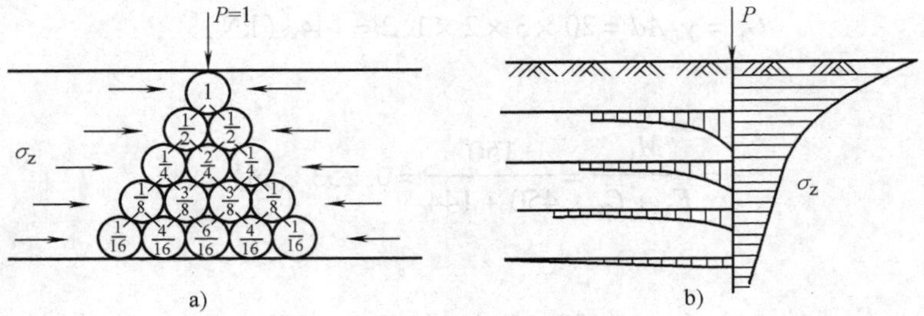

图 3-8　土中附加应力扩散

a）附加应力扩散示意　b）附加应力分布

3.4.1　矩形面积上均布荷载作用下地基中的附加应力

矩形基础底面在建筑工程中较为常见，在中心荷载作用下，基底压力按均布荷载考虑。矩形面积受均布荷载作用时，土中附加应力按下列两种情况计算。

1. 矩形面积上均布荷载角点下任意深度的附加应力

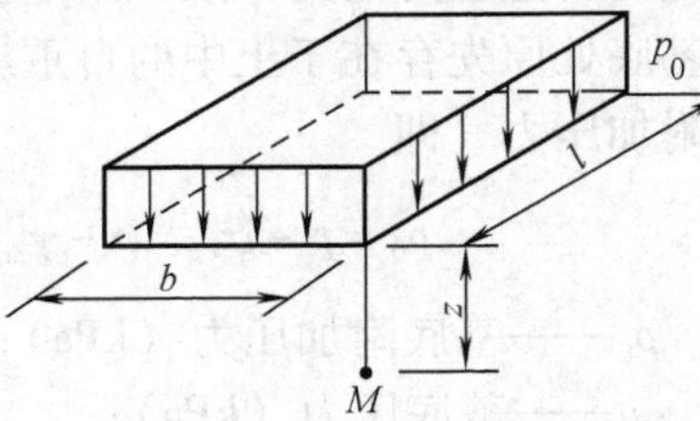

图 3-9　矩形均布荷载角点下的应力计算

如图 3-9 所示，设矩形基础的长边为 l，短边为 b，矩形基础传给地基的均布矩形荷载为 p_0，则基础角点下任意深度 z 处的附加应力为

$$\sigma_z = \alpha_c p_0 \tag{3-8}$$

$$\alpha_c = \frac{1}{2\pi}\left[\frac{mn(m^2+2n^2+1)}{(m^2+n^2)(1+n^2)\sqrt{m^2+n^2+1}} + \arctan\frac{m}{n\sqrt{m^2+n^2+1}}\right] \tag{3-9}$$

$$m = \frac{l}{b};\ n = \frac{z}{b}$$

式中　α_c——矩形均布荷载作用下角点附加应力系数，可按式（3-9）计算或查表 3-1 求得。

表 3-1　矩形均布荷载作用下角点附加应力系数 α_c

$m=l/b$ \ $n=z/b$	1.0	1.2	1.4	1.6	1.8	2.0	3.0	4.0	5.0	6.0	10.0
0.0	0.2500	0.2500	0.2500	0.2500	0.2500	0.2500	0.2500	0.2500	0.2500	0.2500	0.2500
0.2	0.2486	0.2489	0.2490	0.2491	0.2491	0.2491	0.2492	0.2492	0.2492	0.2492	0.2492
0.4	0.2401	0.2420	0.2429	0.2434	0.2437	0.2439	0.2442	0.2443	0.2443	0.2443	0.2443
0.6	0.2229	0.2275	0.2300	0.2315	0.2324	0.2329	0.2339	0.2341	0.2342	0.2342	0.2342
0.8	0.1999	0.2075	0.2120	0.2147	0.2165	0.2176	0.2196	0.2200	0.2202	0.2202	0.2202
1.0	0.1752	0.1851	0.1911	0.1955	0.1981	0.1999	0.2034	0.2042	0.2044	0.2045	0.2046
1.2	0.1516	0.1626	0.1705	0.1758	0.1793	0.1818	0.1870	0.1882	0.1885	0.1887	0.1888
1.4	0.1308	0.1423	0.1508	0.1569	0.1613	0.1644	0.1712	0.1730	0.1735	0.1738	0.1740
1.6	0.1123	0.1241	0.1329	0.1436	0.1445	0.1482	0.1567	0.1590	0.1598	0.1601	0.1604
1.8	0.0969	0.1083	0.1172	0.1241	0.1294	0.1334	0.1434	0.1463	0.1474	0.1478	0.1482
2.0	0.0840	0.0947	0.1034	0.1103	0.1158	0.1202	0.1314	0.1350	0.1363	0.1368	0.1374

（续）

$m=l/b$ $n=z/b$	1.0	1.2	1.4	1.6	1.8	2.0	3.0	4.0	5.0	6.0	10.0
2.2	0.0732	0.0832	0.0917	0.0984	0.1039	0.1084	0.1205	0.1248	0.1264	0.1271	0.1277
2.4	0.0642	0.0734	0.0812	0.0879	0.0934	0.0979	0.1108	0.1156	0.1175	0.1184	0.1192
2.6	0.0566	0.0651	0.0725	0.0788	0.0842	0.0887	0.1020	0.1073	0.1095	0.1106	0.1116
2.8	0.0502	0.0580	0.0649	0.0709	0.0761	0.0805	0.0942	0.0999	0.1024	0.1036	0.1048
3.0	0.0447	0.0519	0.0583	0.0640	0.0690	0.0732	0.0870	0.0931	0.0959	0.0973	0.0987
3.2	0.0401	0.0467	0.0526	0.0580	0.0627	0.0668	0.0806	0.0870	0.0900	0.0916	0.0933
3.4	0.0361	0.0421	0.0477	0.0527	0.0571	0.0611	0.0747	0.0814	0.0847	0.0864	0.0882
3.6	0.0326	0.0382	0.0433	0.0480	0.0523	0.0561	0.0694	0.0763	0.0799	0.0816	0.0837
3.8	0.0296	0.0348	0.0395	0.0439	0.0479	0.0516	0.0645	0.0717	0.0753	0.0773	0.0796
4.0	0.0270	0.0318	0.0562	0.0403	0.0441	0.0474	0.0603	0.0674	0.0712	0.0733	0.0758
4.2	0.0247	0.0291	0.0333	0.0371	0.0407	0.0439	0.0563	0.0634	0.0674	0.0696	0.0724
4.4	0.0227	0.0268	0.0306	0.0343	0.0376	0.0407	0.0527	0.0597	0.0639	0.0662	0.0692
4.6	0.0209	0.0247	0.0283	0.0317	0.0348	0.0378	0.0493	0.0564	0.0606	0.0630	0.0663
4.8	0.0193	0.0229	0.0262	0.0294	0.0324	0.0352	0.0463	0.0533	0.0576	0.0601	0.0635
5.0	0.0179	0.0212	0.0243	0.0274	0.0302	0.0328	0.0435	0.0504	0.0547	0.0573	0.0610
6.0	0.0127	0.0151	0.0174	0.0196	0.0218	0.0238	0.0325	0.0388	0.0431	0.0460	0.0506
7.0	0.0094	0.0112	0.0130	0.0147	0.0164	0.0180	0.0251	0.0306	0.0346	0.0376	0.0428
8.0	0.0073	0.0087	0.0101	0.0114	0.0127	0.0140	0.0198	0.0246	0.0283	0.0311	0.0367
9.0	0.0058	0.0069	0.0080	0.0091	0.0102	0.0112	0.0161	0.0202	0.0235	0.0262	0.0319
10.0	0.0047	0.0056	0.0065	0.0074	0.0083	0.0092	0.0132	0.0167	0.0198	0.0222	0.0280

值得注意的是，近年来随着计算机技术的发展，许多高校和科研单位开始利用 Excel 电子表格法计算地基附加应力㊀。与传统方法相比，Excel 电子表格法除可省去查表、插值所花费的大量时间外，还可减少人为因素造成的计算错误，值得在岩土工程计算分析和工程设计计算中推广应用。

2. 矩形面积上均布荷载非角点下任意深度的附加应力

如图 3-10 所示，计算矩形均布荷载非角点 o 点下任意深度的附加应力时，可通过 o 点将荷载面积划分为几块小矩形面积，使每块小矩形面积都包含有角点 o 点，分别求角点 o 点下同一深度的应力，然后叠加求得，这种方法称为角点法。

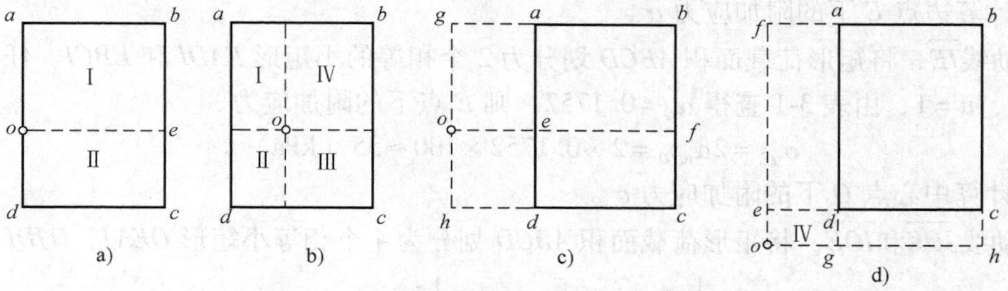

图 3-10　用角点法计算矩形均布荷载下的地基附加应力

㊀ 地基附加应力 Excel 电子表格法，参见韩晓雷主编《土力学地基基础》，冶金工业出版社，2004 年。

图 3-10a 为 2 个矩形面积角点应力之和：

$$\sigma_z = (\alpha_{c\,\mathrm{I}} + \alpha_{c\,\mathrm{II}})p_0$$

图 3-10b 为 4 个矩形面积角点应力之和：

$$\sigma_z = (\alpha_{c\,\mathrm{I}} + \alpha_{c\,\mathrm{II}} + \alpha_{c\,\mathrm{III}} + \alpha_{c\,\mathrm{IV}})p_0$$

当 4 个矩形面积相同时：

$$\sigma_z = 4\alpha_c p_0$$

图 3-10c 所求的 o 点在荷载面积 $abcd$ 之外，其角点应力为 4 个矩形面积的代数和：

$$\sigma_z = (\alpha_{c(ogbf)} + \alpha_{c(ofch)} - \alpha_{c(ogae)} - \alpha_{c(oedh)})p_0$$

图 3-10d 所求的 o 点在荷载面积 $abcd$ 之外，其角点应力也为 4 个矩形面积的代数和：

$$\sigma_z = (\alpha_{c(ofbh)} - \alpha_{c(ofag)} - \alpha_{c(oech)} + \alpha_{c(oedg)})p_0$$

求解矩形面积上均布荷载非角点下任意深度处的附加应力时，计算公式和过程都十分简单，关键在于应用角点法，掌握好角点法的三要素。即：

（1）划分的每一个矩形都要有一个角点位于公共角点下。

（2）所有划分的矩形面积总和应等于原有的受荷面积。

（3）查附加应力表时，所有矩形都是长边为 l，短边为 b。

【例 3-3】 已知某矩形面积地基，长边为 2m，短边为 1m，其上作用有均布荷载 p_0 = 100kPa，如图 3-11 所示。试计算此矩形面积的角点 A、边点 E、中心点 O，以及矩形面积外 F 点和 G 点下深度 z = 1m 处的附加应力，并利用计算结果说明附加应力的扩散规律。

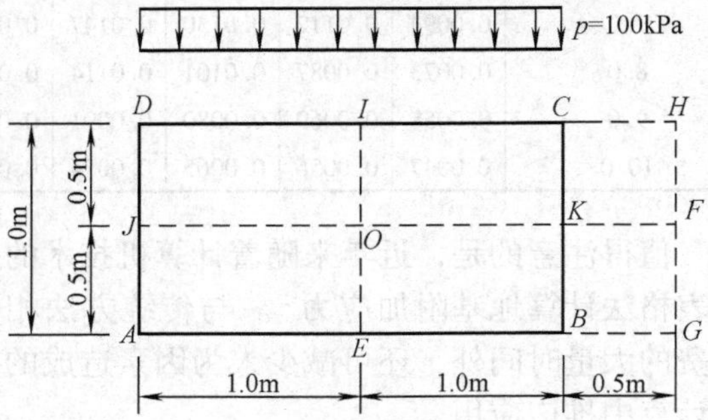

图 3-11 【例 3-3】图

【解】（1）计算角点 A 下的附加应力 σ_{zA}

因 $m = \dfrac{l}{b} = \dfrac{2}{1} = 2.0$，$n = \dfrac{z}{b} = \dfrac{1}{1} = 1.0$，由表 3-1 查得附加应力系数 $\alpha_c = 0.1999$。则 A 下的附加应力

$$\sigma_{zA} = \alpha_c p_0 = 0.1999 \times 100 \approx 20\ (\mathrm{kPa})$$

（2）计算边点 E 下的附加应力 σ_{zE}

做辅助线 $\overline{IE}$，将矩形荷载面积 $ABCD$ 划分为 2 个相等的小矩形 $EADI$ 和 $EBCI$。任一小矩形中 $m=1$，$n=1$，由表 3-1 查得 $\alpha_c = 0.1752$。则 E 点下的附加应力

$$\sigma_{zE} = 2\alpha_c p_0 = 2 \times 0.1752 \times 100 \approx 35\ (\mathrm{kPa})$$

（3）计算中心点 O 下的附加应力 σ_{zO}

做辅助线 $\overline{JOK}$ 和 $\overline{IOE}$，将矩形荷载面积 $ABCD$ 划分为 4 个相等小矩形 $OEAJ$、$OJDI$、$OICK$ 和 $OKBE$。任一小矩形 $m = \dfrac{l}{b} = \dfrac{1}{0.5} = 2.0$，$n = \dfrac{z}{b} = \dfrac{1}{0.5} = 2.0$，由表 3-1 查得 $\alpha_c = 0.1202$。则 O 点下的附加应力

$$\sigma_{zO} = 4\alpha_c p_0 = 4 \times 0.1202 \times 100 \approx 48.1\ (\mathrm{kPa})$$

（4）计算矩形面积外 F 点下的附加应力 σ_{zF}

做辅助线 $\overline{JKF}$、$\overline{HFG}$、$\overline{CH}$、$\overline{BG}$，将原矩形荷载面积划分为 2 个长矩形 $FGAJ$、$FJDH$ 和 2 个小矩形 $FGBK$、$FKCH$。在长矩形 $FGAJ$ 中，$m=\dfrac{l}{b}=\dfrac{2.5}{0.5}=5.0$，$n=\dfrac{z}{b}=\dfrac{1}{0.5}=2.0$，由表 3-1 查得 $\alpha_{c\,\mathrm{I}}=0.1363$。在小矩形 $FGBK$ 中，$m=\dfrac{l}{b}=\dfrac{0.5}{0.5}=1.0$，$n=\dfrac{z}{b}=\dfrac{1}{0.5}=2.0$，由表 3-1 查得 $\alpha_{c\,\mathrm{II}}=0.0840$。则 F 点下的附加应力

$$\sigma_{zF}=2(\alpha_{c\,\mathrm{I}}-\alpha_{c\,\mathrm{II}})p_0=2\times(0.1363-0.0840)\times100\approx10.5(\mathrm{kPa})$$

（5）计算矩形面积外 G 点下的附加应力 σ_{zG}

做辅助线 $\overline{BG}$、$\overline{HG}$、$\overline{CH}$，将原矩形荷载面积划分为 1 个大矩形 $GADH$ 和 1 个小矩形 $GBCH$。在大矩形 $GADH$ 中，$m=\dfrac{l}{b}=\dfrac{2.5}{1}=2.5$，$n=\dfrac{z}{b}=\dfrac{1}{1}=1.0$，由表 3-1 查得 $\alpha_{c\,\mathrm{I}}=0.2016$。在小矩形 $GBCH$ 中，$m=\dfrac{l}{b}=\dfrac{1}{0.5}=2.0$，$n=\dfrac{z}{b}=\dfrac{1}{0.5}=2.0$，由表 3-1 查得 $\alpha_{c\,\mathrm{II}}=0.1202$。则 G 点下的附加应力

$$\sigma_{zG}=(\alpha_{c\,\mathrm{I}}-\alpha_{c\,\mathrm{II}})p_0=(0.2016-0.1202)\times100\approx8.1\ (\mathrm{kPa})$$

将上述 A、E、B、G 四点下深度 $z=1\mathrm{m}$ 处所计算的附加应力值，按比例绘出，如图 3-12a 所示；将矩形面积中心点 O 及 F 点下不同深度的附加应力计算出来，可绘成附加应力沿深度的分布曲线，如图 3-12b 所示。

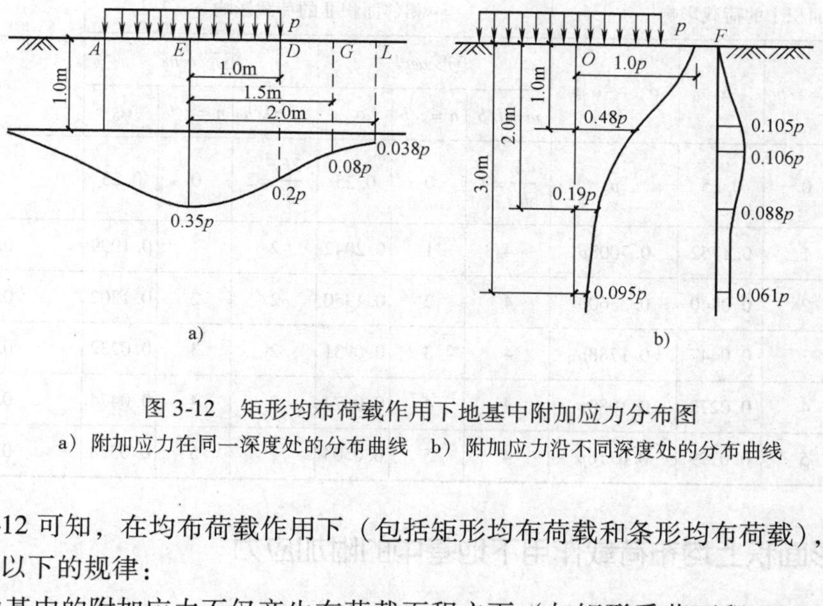

图 3-12　矩形均布荷载作用下地基中附加应力分布图

a）附加应力在同一深度处的分布曲线　b）附加应力沿不同深度处的分布曲线

由图 3-12 可知，在均布荷载作用下（包括矩形均布荷载和条形均布荷载），地基中附加应力分布有以下的规律：

（1）地基中的附加应力不仅产生在荷载面积之下（如矩形受荷面积 $ABCD$ 竖直下方），而且还分布在荷载面积以外（如 G 点下方）相当大的范围之下（深度越大，附加应力的分布范围越大），这就是所谓的附加应力扩散现象。

（2）在地基中同一深度处（如本例中 $z=1\mathrm{m}$），以基底中心点下轴线处的附加应力值为最大（中心点 O 下），离中心线越远，附加应力值越小（图 3-12a）。

（3）在荷载分布范围内，任意点沿垂线的附加应力值随深度增大而减小（图 3-12b）。

【例 3-4】 试绘制出图 3-13 所示矩形面积Ⅰ上均布荷载 p 中心点下的附加应力图，并考虑矩形面积Ⅱ上均布荷载 p 的影响。

【解】 取矩形面积Ⅰ中心点下 $z_n=0$、b、$2b$、$3b$、$4b$、$5b$ 处的点计算附加应力，相邻荷载的影响可按应力叠加原理计算。总应力为 $\sigma_z=\sigma_{z\,\mathrm{I}}+\sigma_{z\,\mathrm{I\,II}}$，其中，$\sigma_{z\,\mathrm{I}}$ 是面积Ⅰ上的荷载 p 在中心点下产生的附加应力，按中心点计算；$\sigma_{z\,\mathrm{I\,II}}$ 是面积Ⅱ上的荷载 p 在荷载面积Ⅰ中心点下产生的附加应力，按角点法计算，即 $\sigma_{z\,\mathrm{I\,II}}=2\left(\sigma_{z(oegl)}-\sigma_{z(oehk)}\right)$，计算过程见表 3-2。附加应力曲线绘于图 3-13b，图中阴影部分表示相邻矩形面积Ⅱ上均布荷载对荷载面积Ⅰ中心点下附加应力的影响。

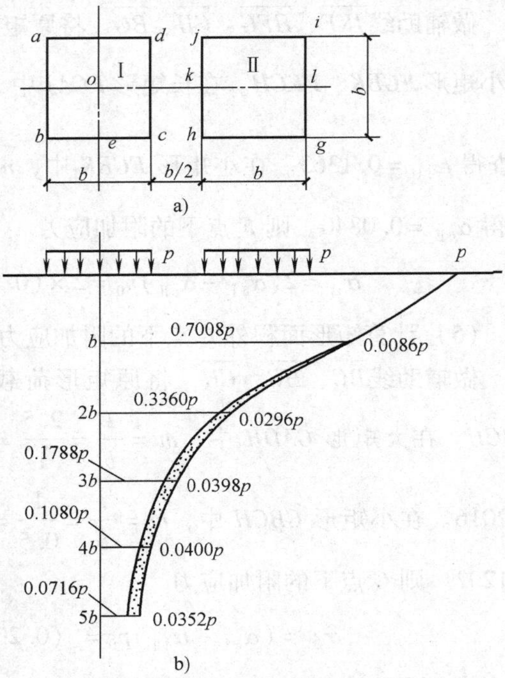

图 3-13 相邻荷载作用下附加应力分布图

表 3-2 附加应力计算表

z /m	面积Ⅰ的荷载影响				相邻面积Ⅱ的荷载影响						$\sigma_{z\,\mathrm{I\,II}}=2(\sigma_{z(oegl)}-\sigma_{z(oehk)})$
	$m=l/b$	$n=z/b$	α_c	$\sigma_{zi}=4\alpha_c p$	矩形 oegl			矩形 oehk			
					$m=l/b$	$n=z/b$	α_c	$m=l/b$	$n=z/b$	α_c	
0	1	0	0.25	p	$\frac{4b}{b}=4$	0	0.25	$\frac{2b}{b}=2$	0	0.25	0
b	1	1	0.1752	0.7008p	4	1	0.2042	2	1	0.1999	0.0086p
$2b$	1	2	0.0840	0.3360p	4	2	0.1350	2	2	0.1202	0.0296p
$3b$	1	3	0.0447	0.1788p	4	3	0.0931	2	3	0.0732	0.0398p
$4b$	1	4	0.0270	0.1080p	4	4	0.0674	2	4	0.0474	0.0400p
$5b$	1	5	0.0179	0.0716p	4	5	0.0504	2	5	0.0328	0.0352p

3.4.2 条形面积上均布荷载作用下地基中的附加应力

当矩形基础底面的长宽比很大，如 $\frac{l}{b}\geqslant 10$ 时，称为条形基础。砌体结构房屋的墙基与挡土墙基础等，均属于条形基础。

当这种条形基础在基底产生的条形荷载沿长度方向不变时，地基应力属平面问题，即垂直于长度方向的任一截面上的附加应力分布规律都是相同的（基础两端另行处理）。在条形均布荷载作用下，地基中任一点 M 处的附加应力（图 3-14）为

$$\sigma_z = \alpha_s p_0 \tag{3-10}$$

$$\alpha_s = \frac{1}{\pi}\left[\frac{4m(4n^2-4m^2-1)}{(4n^2+4m^2-1)^2+16m^2} + 2\arctan\frac{1-2n}{2m} + \arctan\frac{1+2n}{2m}\right] \tag{3-11}$$

$$m = \frac{z}{b};\ n = \frac{x}{b}$$

式中 α_s——条形均布荷载下地基附加应力系数，可按式（3-11）计算或查表 3-3 求得。

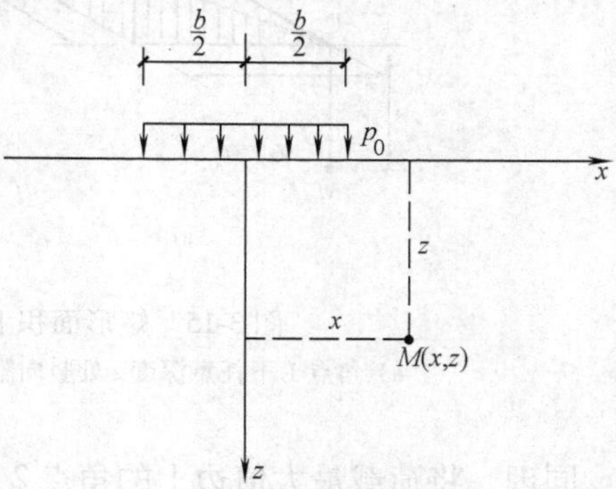

图 3-14 条形均布荷载作用下地基附加应力计算

表 3-3 条形均布荷载作用下地基附加应力系数 α_s

z/b	x/b												
	0.00	0.10	0.25	0.35	0.50	0.75	1.00	1.50	2.00	2.50	3.00	4.00	5.00
0.00	1.000	1.000	1.000	1.000	0.500	0.000	0.000	0.000	0.000	0.000	0.000	0.000	0.000
0.05	1.000	1.000	0.995	0.970	0.500	0.002	0.000	0.000	0.000	0.000	0.000	0.000	0.000
0.10	0.997	0.996	0.986	0.965	0.499	0.010	0.005	0.000	0.000	0.000	0.000	0.000	0.000
0.15	0.993	0.987	0.968	0.910	0.498	0.033	0.008	0.001	0.000	0.000	0.000	0.000	0.000
0.25	0.960	0.954	0.905	0.805	0.496	0.088	0.019	0.002	0.001	0.000	0.000	0.000	0.000
0.35	0.907	0.900	0.832	0.732	0.492	0.148	0.039	0.006	0.003	0.001	0.000	0.000	0.000
0.50	0.820	0.812	0.735	0.651	0.481	0.218	0.082	0.017	0.005	0.002	0.001	0.000	0.000
0.75	0.668	0.658	0.610	0.552	0.450	0.263	0.146	0.040	0.017	0.005	0.005	0.001	0.000
1.00	0.552	0.541	0.513	0.475	0.410	0.288	0.185	0.071	0.029	0.013	0.007	0.002	0.001
1.50	0.396	0.395	0.379	0.353	0.332	0.273	0.211	0.114	0.055	0.030	0.018	0.006	0.003
2.00	0.306	0.304	0.292	0.288	0.275	0.242	0.205	0.134	0.083	0.051	0.028	0.013	0.006
2.50	0.245	0.244	0.239	0.237	0.231	0.215	0.188	0.139	0.098	0.065	0.034	0.021	0.010
3.00	0.208	0.208	0.206	0.202	0.198	0.185	0.171	0.136	0.103	0.075	0.053	0.028	0.015
4.00	0.160	0.160	0.158	0.156	0.153	0.147	0.140	0.122	0.102	0.081	0.066	0.040	0.025
5.00	0.126	0.126	0.125	0.125	0.124	0.121	0.117	0.107	0.095	0.082	0.069	0.046	0.034

3.4.3 矩形面积上三角形分布荷载作用下地基中的附加应力

当矩形基础受到单向偏心荷载作用时，基础底面就会出现梯形或三角形分布的基底压力。当基底压力为梯形分布时，可视其为一个均布荷载和一个三角形荷载的迭加，即梯形分布荷载下的地基附加应力计算可通过均布荷载和三角形分布荷载的计算结果迭加来获得。

设竖向荷载沿矩形面积长边 l 方向呈三角形分布，另外沿着短边 b 荷载分布保持不变，荷载最大值为 p_0，取荷载为零的角点 1 为坐标原点，如图 3-15a 所示。角点 1 下任意深度 z 处 M 点竖向附加应力为

$$\sigma_z = \alpha p_0 \tag{3-12}$$

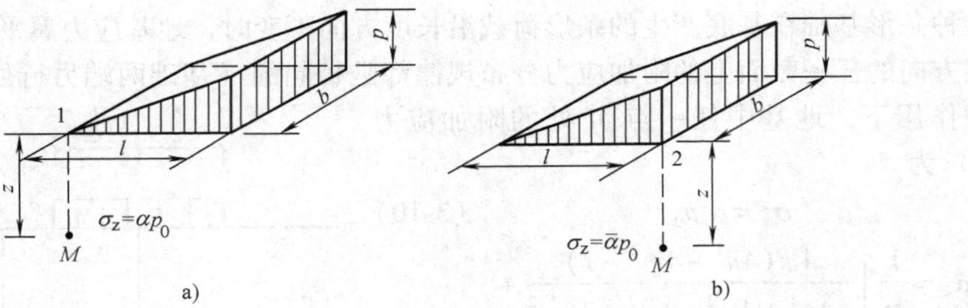

图 3-15 矩形面积上三角形分布荷载作用下的附加应力
a）角点 1 下任意深度 z 处竖向附加应力 b）角点 2 下任意深度 z 处竖向附加应力

同理，将荷载最大值边上的角点 2 置于坐标原点（图 3-15b），则角点 2 下任意深度 z 处 M 点竖向附加应力为

$$\sigma_z = \bar{\alpha} p_0 \tag{3-13}$$

式中 α、$\bar{\alpha}$——分别为矩形面积上三角形分布荷载作用下的附加应力系数与平均附加应力系数，可由《建筑地基基础设计规范》(GB50007—2011)附表 K.0.2 查得。

这里需要特别强调，三角形分布荷载是沿着长边方向分布，而不是短边方向或可长边可短边方向。因为在进行基础设计时一定是将基础的长边方向对着单向偏心的方向。

3.5 土的压缩性

土在压力作用下体积缩小的特性称为土的压缩性。试验研究表明，在一般建筑物荷载作用下，土粒及孔隙中水与空气本身的压缩很小，可以略去不计。土的压缩主要是由于孔隙中水与气体被挤出，致使土的孔隙体积减小而引起的。土的压缩性的高低，常用压缩性指标来表示，这些指标可通过室内压缩试验或现场载荷试验等方法测到。

3.5.1 压缩试验和压缩曲线

土的室内压缩试验是用侧限压缩仪（又称固结仪）来进行的，亦称土的侧限压缩试验或固结试验（详见本书土工试验指导书试验三内容），仪器构造如图 3-16 所示。所谓侧限，就是使土样在竖向压力作用下只能发生竖向变形，而无侧向变形。

试验时，用金属环刀切取保持天然结构的原状土样，并置于圆筒形压缩容器的刚性护环内，土样上下各垫一块透水石，土样受压后土中水可以自由排出。由于金属环刀和刚性护环的限制，土样在压力作用下只能发生竖向压缩，而无侧向变形。土样在天然状态下或经人工饱和后，进行逐级加压固结，以便测定各级压力作用下土样压缩稳定后的孔隙比变化，进而得到表示土的孔隙比 e 与压力 p 的压缩关系曲线。

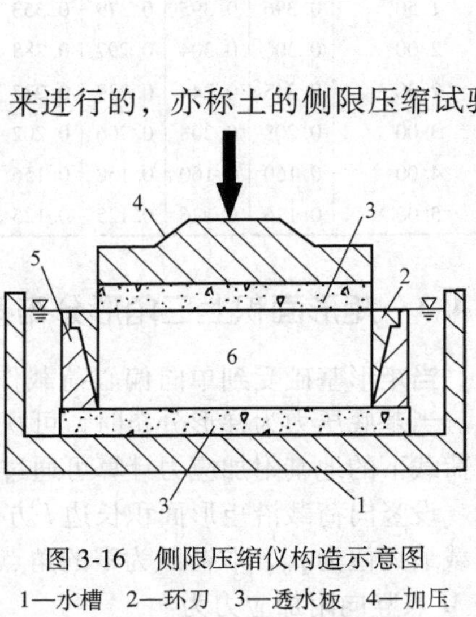

图 3-16 侧限压缩仪构造示意图
1—水槽 2—环刀 3—透水板 4—加压上盖 5—护环 6—试样

设原状土样的高度为 h_0，土粒体积 $V_s=1$，孔隙

体积 $V_v=e_0$（e_0 为原状土样的孔隙比），加压后土样的高度为 $h_i=h_0-\Delta h_i$，土粒体积 $V_s=1$ 不变，孔隙体积 $V_v=e_i$，如图 3-17 所示。根据加压前后土粒体积和土样横截面积不变两个条件，得出

$$\frac{h_0}{1+e_0}=\frac{h_i}{1+e_i}=\frac{h_0-\Delta h_i}{1+e_i}$$

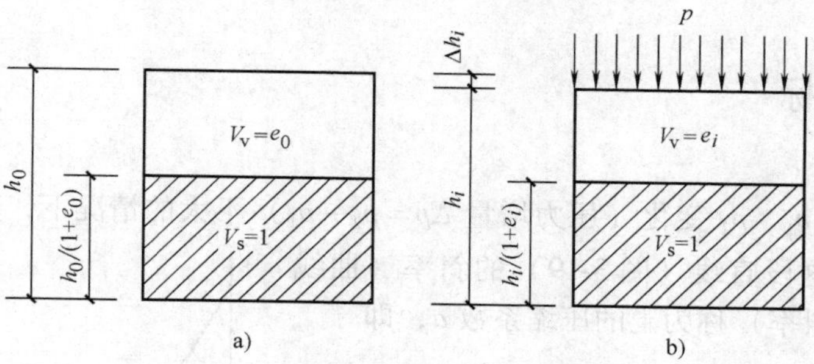

图 3-17　压缩试验中的土样孔隙比变化

a）加荷前　b）加荷后

则各级压力 p_i 作用下孔隙比为

$$e_i=e_0-\frac{(1+e_0)\Delta h_i}{h_0} \tag{3-14}$$

式中　e_0——试样的初始孔隙比，$e_0=\dfrac{G_S\ (1+\omega_0)\ \rho_w}{\rho_0}-1$；

G_S——土粒比重；

ω_0——试样的初始含水量（%）；

ρ_0——试样的初始密度（g/cm^3）；

ρ_w——水的密度（g/cm^3）。

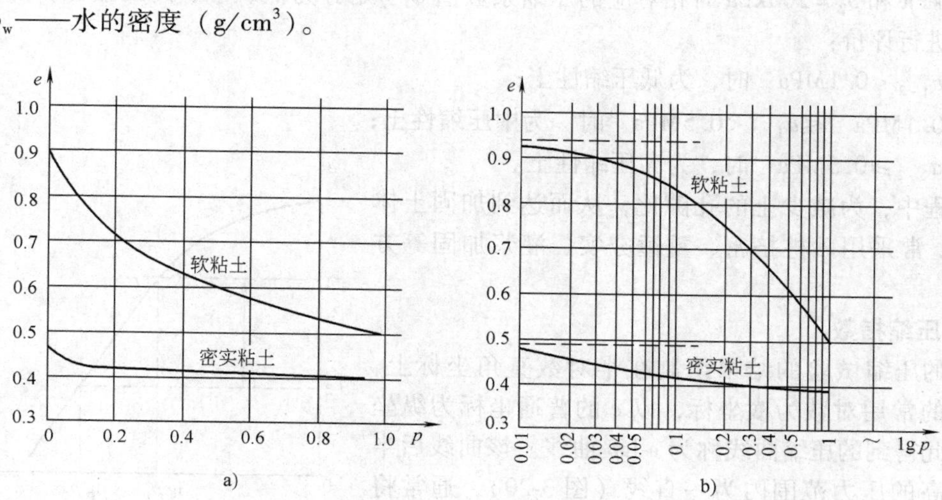

图 3-18　土的压缩曲线（p 单位 MPa）

a）e-p 曲线　b）e-lg$p$ 曲线

通过试验，只要测得各级压力 p_i 作用下试样固结稳定后的变形量 Δh_i，便可算得相应的孔隙比 e_i，从而绘制出土的压缩曲线。

土的压缩曲线可按两种方式绘制，如图 3-18 所示，一种是采用普通直角坐标绘制的 e-p 曲线；另一种是采用半对数直角坐标纸绘制的 e-lg$p$ 曲线。压缩性不同的土，其压缩曲线的形状也不一样。曲线越陡，说明随着压力的增加，土孔隙比的减小越显著，因而土的压缩性越高。

3.5.2 压缩性指标

1. 压缩系数

e-p 曲线在压力 p_1、p_2 变化（压力增量 $\Delta p = p_2 - p_1$）不大的情况下，其对应的曲线段，可近似看作直线，这段直线（图 3-19）的斜率（曲线上任意两点割线的斜率）称为土的压缩系数 a，即

$$a = \tan\alpha = \frac{\Delta e}{\Delta p} = -\frac{e_1 - e_2}{p_1 - p_2} = \frac{e_2 - e_1}{p_1 - p_2} \tag{3-15}$$

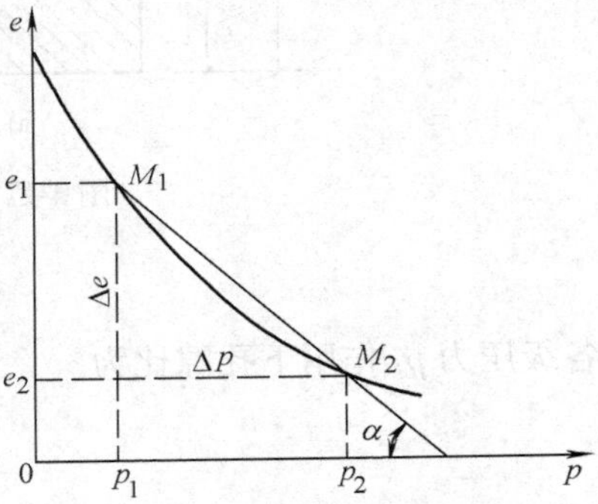

图 3-19 以 e-p 曲线确定压缩系数

式（3-15）表示压缩曲线从 p_1 至 p_2 时的平均斜率。而对 e-p 曲线上一点来说，其斜率可用导数表示为

$$a = -\frac{\mathrm{d}e}{\mathrm{d}p} \tag{3-16}$$

式中的负号表示孔隙比 e 随压力 p 的增大而减小，压缩系数 a 单位为 MPa^{-1}。

压缩系数是评价地基土压缩性高低的重要指标之一。从曲线上看，它不是一个常量，而与所取的 p_1、p_2 大小有关。在工程实践中，通常以自重应力作为 p_1，以自重应力和附加压力之和作为 p_2。《建筑地基基础设计规范》（GB50007—2011）规定：地基土的压缩性可按 $p_1 = 100\mathrm{kPa}$ 和 $p_2 = 200\mathrm{kPa}$ 时相对应的压缩系数值 a_{1-2} 划分为低、中、高压缩性，并应按下列规定进行评价：

当 $a_{1-2} < 0.1\mathrm{MPa}^{-1}$ 时，为低压缩性土；

当 $0.1\mathrm{MPa}^{-1} \leqslant a_{1-2} < 0.5\mathrm{MPa}^{-1}$ 时，为中压缩性土；

当 $a_{1-2} \geqslant 0.5\mathrm{MPa}^{-1}$ 时，为高压缩性土。

工程中，为减少土的孔隙比，从而达到加固土体的目的，常采用砂桩挤密、重锤夯实、灌浆加固等方法。

2. 压缩指数

土的压缩试验的结果绘制在半对数直角坐标上，即以 p 的常用对数为横坐标，以 e 的普通坐标为纵坐标，由此得到的压缩曲线称为 e-lg$p$ 曲线。该曲线后半段在较高的压力范围内为一直线（图 3-20），通常将该直线段的斜率定义为压缩指数 C_c，来表示土的压缩性高低，即

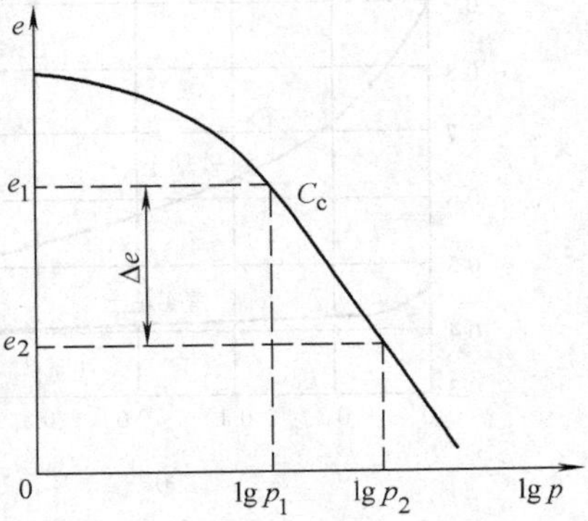

图 3-20 以 e-lg$p$ 曲线确定压缩系数

$$C_c = \frac{e_1 - e_2}{\lg p_2 - \lg p_1} = \frac{e_1 - e_2}{\lg \dfrac{p_2}{p_1}} \tag{3-17}$$

C_c 为一无量纲系数，同压缩系数 a 一样，压缩指数 C_c 值越大，土的压缩性越高。虽然压缩系数 a 和压缩指数 C_c 都是反映土的压缩性指标，但两者有所不同。前者随所取的初始压力及压力增量的大小而异，而后者在较高的压力范围内却是常量，不随压力而变。一般认为，$C_c < 0.2$ 时，为低压缩性土；$C_c > 0.4$ 时，为高压缩性土。

近年来，随着高层建筑和重型设备的发展，以及测定先期固结压力的需要，常采用高压固结试验㊀确定压缩指数 C_c，来进行压缩性评价和地基压缩变形量的计算。

3. 压缩模量

根据 e-p 曲线，可以求出另一个表征土的压缩性高低的指标——压缩模量 E_s。它是指土在完全侧限条件下，竖向附加应力 σ_z 与相应竖向应变 ε_z 的比值，即

$$E_s = \frac{\sigma_z}{\varepsilon_z} = \frac{p_2 - p_1}{\dfrac{\Delta h}{h}} = \frac{p_2 - p_1}{\dfrac{e_1 - e_2}{1 + e_1}} = \frac{1 + e_1}{a} \tag{3-18}$$

为消除沉降误差，《土工试验方法标准》（GB/T 50123—1999）采用实际压力下的 E_s。当考虑 p_1 为土自重应力时，取土的天然孔隙比 e_0 代替 e_1，故压缩模量为

$$E_s = \frac{1 + e_0}{a} = \frac{1}{m_V} \tag{3-19}$$

压缩模量的单位是 MPa，它的倒数称为土的体积压缩系数 m_V，表示单位压应力变化引起的单位体积的变化，单位为 MPa^{-1}。

由式（3-19）可知，压缩模量 E_s 与压缩系数 a 成反比，即 a 越大，E_s 越小，土的压缩性越高。

4. 变形模量

土的压缩性除了采用压缩系数和压缩模量表示外，还可通过载荷试验（详见第 4 章）确定的变形模量来表示。由于变形模量是在现场原位测试的，所以它能比较准确地反映土在天然状态下的压缩性。

土体在无侧向约束条件下，竖向应力与竖向应变的比值称为土的变形模量 E_0，其大小由载荷试验结果求得。如图 3-21 所示，当 $p < p_{cr}$（比例界限）时，荷载与沉降 p-s 曲线 $\overline{oa}$ 段接近直线关系。根据此阶段的实测沉降量 s，利用弹性力学公式即可反算出地基的变形模量。

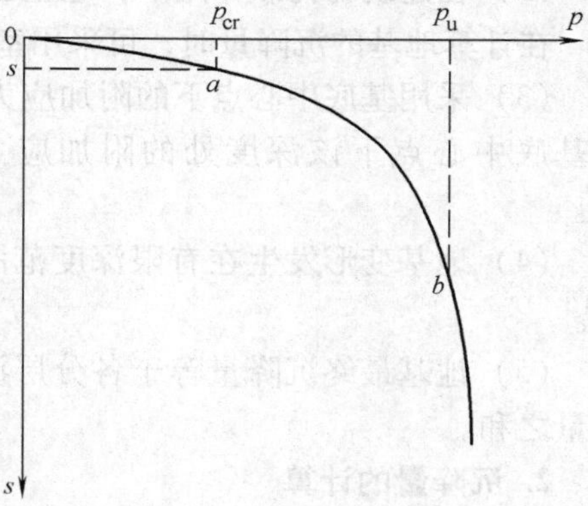

图 3-21　荷载与沉降关系曲线（p-s 曲线）
p_{cr}—比例界限　p_u—极限荷载

浅层平板载荷试验的变形模量 E_0 可按下式计算

㊀ 高压固结试验一般采用液压式和气压式加荷设备，压力范围大，最高压力可达 3200kPa；常规固结仪试验一般采用杠杆式和磅秤式加荷设备，压力范围小。

$$E_0 = I_0(1-\mu)\frac{p_{cr}d}{s} \tag{3-20}$$

式中　E_0——土的变形模量（MPa）；

I_0——刚性承压板的形状系数，圆形承压板取 0.785，方形承压板取 0.866；

μ——土的泊松比（碎石土取 0.27，砂土取 0.3，粉土取 0.35，粉质粘土取 0.38，粘土取 0.42）；

p_{cr}——p-s 曲线直线段终点所对应的压力（kPa）；

s——与 p_{cr} 所对应的沉降量（mm）；

d——承压板的直径或边长（m）。

3.6 地基最终沉降量计算

地基土层在建筑物荷载作用下，不断产生压缩，直至压缩稳定后地基表面的沉降量称为地基的最终沉降量。计算地基最终沉降量的方法有很多，本节主要介绍两种常用的方法：分层总和法和地基规范法。

3.6.1 分层总和法

分层总和法是在地基可能产生压缩的土层深度内，按土的特性和应力状态将地基划分为若干层，然后分别求出每一分层的压缩量 s_i，最后将各分层的压缩量总和起来，即得地基表面的最终沉降量 s。

1. 基本假定

（1）假定地基每一分层均质，且应力沿厚度均匀分布。

（2）在建筑物荷载作用下，地基土层只产生竖向压缩变形，不发生侧向膨胀变形。因此，在计算地基的沉降量时，可采用室内侧限条件下测定的压缩性指标。

（3）采用基底中心点下的附加应力计算地基变形量，且地基任意深度处的附加应力等于基底中心点下该深度处的附加应力值。

（4）地基变形发生在有限深度范围内。

（5）地基最终沉降量等于各分层沉降量之和。

2. 沉降量的计算

分层总和法计算地基沉降如图 3-22 所示。根据假设条件，由式（3-14）、式（3-15）可推导出地基各分层沉降量为

$$s_i = \Delta h_i = \frac{e_{1i}-e_{2i}}{1+e_{1i}}h_i \tag{3-21}$$

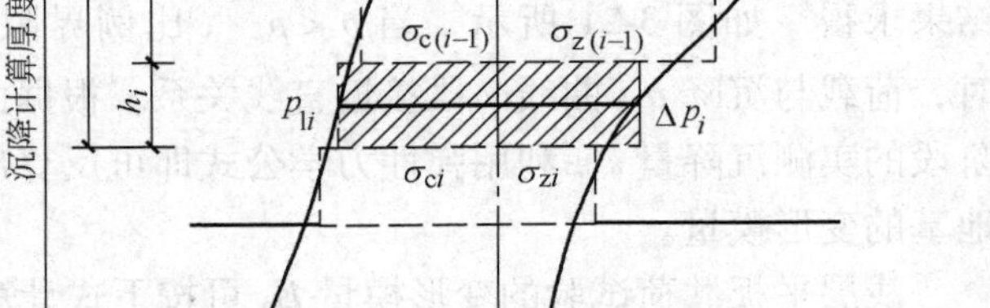

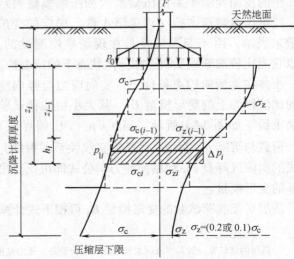

图 3-22　分层总和法计算地基沉降量示意图

或
$$s_i=\frac{a_i(p_{2i}-p_{1i})}{1+e_{1i}}h_i=\frac{a_i\Delta p_i}{1+e_{1i}}h_i=\frac{a_i\overline{\sigma_{zi}}}{1+e_{1i}}h_i=\frac{\overline{\sigma_{zi}}}{E_{si}}h_i \tag{3-22}$$

最终沉降量

$$s=\sum_{i=1}^{n}s_i=\sum_{i=1}^{n}\frac{e_{1i}-e_{2i}}{1+e_{1i}}h_i=\sum_{i=1}^{n}\frac{a_i\overline{\sigma_{zi}}}{1+e_{1i}}h_i=\sum_{i=1}^{n}\frac{\overline{\sigma_{zi}}}{E_{si}}h_i \tag{3-23}$$

式中 s_i——第 i 分层土的压缩量；

s——地基的最终沉降量；

a_i、E_{si}——第 i 分层土的压缩系数和压缩模量；

e_{1i}——第 i 分层土的平均自重应力 p_{1i} 所对应的孔隙比，可从土的压缩曲线上查得，p_{1i} 可按下式计算；

$$p_{1i}=\frac{\sigma_{c(i-1)}+\sigma_{ci}}{2}$$

e_{2i}——第 i 分层土的平均自重应力与平均附加应力之和 p_{2i} 所对应的孔隙比，可从土的压缩曲线上查得，p_{2i} 可按下式计算；

$$p_{2i}=p_{1i}+\Delta p_i$$

$\overline{\sigma_{zi}}$——第 i 分层土的附加应力平均值，$\overline{\sigma_{zi}}=\Delta p_i=\dfrac{\sigma_{z(i-1)}+\sigma_{zi}}{2}$。

沉降计算深度，理论上应计算至无限深，工程上因附加应力随扩散深度而减小，所以计算至某一深度（即受压层）即可。一般情况下，沉降计算深度取地基附加应力等于自重应力的20%（$\sigma_z=0.2\sigma_c$）处；在该深度以下如有高压缩性土，则应计算至 $\sigma_z=0.1\sigma_c$ 处或高压缩性土层底部。

地基分层厚度按如下原则确定：

（1）天然土层的分界面及地下水面为特定的分层面。

（2）同一类土层中分层厚度应小于基础宽度的0.4倍（$h_i\leqslant 0.4b$）或取1~2m，以免因附加应力 σ_z 沿深度的非线性变化而产生较大误差。

【例3-5】 有一矩形基础放置在均质粘土层上，如图3-23所示。基础长度 $L=10$m，宽度 $B=5$m，埋置深度 $D=1.5$m，其上作用着中心荷载 $F=10000$kN。地基土的重度为20kN/m³，饱和重度为21kN/m³，土的压缩曲线如图3-23b所示。若地下水位距基底2.5m，试求基础中心点的沉降量。

【解】 （1）中心荷载作用下，基底压力为

$$p=\frac{F}{LB}=\frac{10000}{10\times 5}=200\ (\text{kPa})$$

基底净压力为

$$p_0=p-\gamma_m d=200-20\times 1.5=170\ (\text{kPa})$$

（2）因为是均质土，且地下水位在基底以下2.5m处，分层厚度取2.5m。

（3）求各分层面的自重应力（注意应从地面算起）并绘制分布曲线见图3-23a。

$\sigma_{c0}=\gamma d=20\times 1.5=30(\text{kPa})$

$\sigma_{c1}=\sigma_{c0}+\gamma h_1=30+20\times 2.5=80(\text{kPa})$

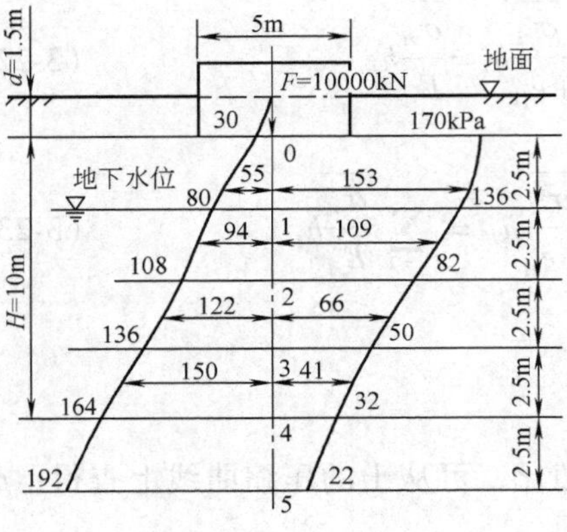

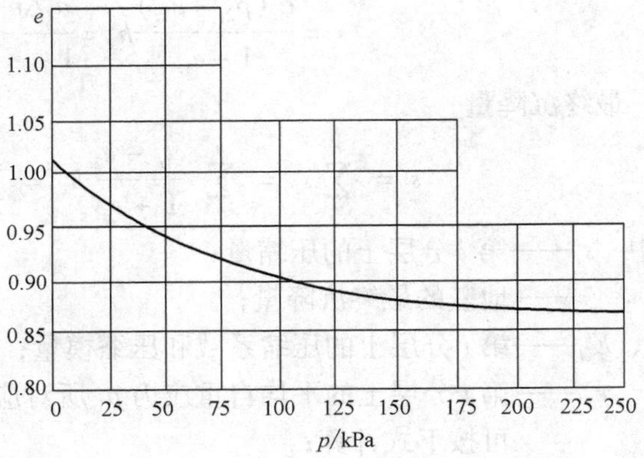

图 3-23 【例 3-5】图

$$\sigma_{c2}=\sigma_{c1}+\gamma' h_2=80+(21-9.8)\times 2.5=108(\text{kPa})$$

$$\sigma_{c3}=\sigma_{c2}+\gamma' h_3=108+(21-9.8)\times 2.5=136(\text{kPa})$$

$$\sigma_{c4}=\sigma_{c3}+\gamma' h_4=136+(21-9.8)\times 2.5=164(\text{kPa})$$

$$\sigma_{c5}=\sigma_{c4}+\gamma' h_5=164+(21-9.8)\times 2.5=192(\text{kPa})$$

（4）求各分层面的竖向附加应力并绘分布曲线见图 3-23a。该基础为矩形，故采用角点法求解。为此，通过中心点将基底划分为 4 块相等的计算面积，每块的长度 $L_1=5\text{m}$，宽度 $B_1=2.5\text{m}$。中心点正好在 4 块计算面积的公共角点上，该点下任意深度 z_i 处的附加应力为任一分块在该点引起的附加应力的 4 倍，计算结果如表 3-4 所示。

表 3-4　附加应力计算成果表

位置	z_i/m	z_i/b	l/b	α_c	$\sigma_z=4\alpha_c p_0$/kPa
0	0	0	2	0.2500	170
1	2.5	1.0	2	0.1999	136
2	5.0	2.0	2	0.1202	82
3	7.5	3.0	2	0.0732	50
4	10.0	4.0	2	0.0474	32
5	12.5	5.0	2	0.0328	22

（5）确定压缩层厚度。从计算结果可知，在第 4 点处有 $\dfrac{\sigma_{z4}}{\sigma_{c4}}=0.195<0.2$，所以，取压缩层厚度为 10m。

（6）计算各分层的平均自重应力和平均附加应力，将计算结果列于表 3-5 中。

（7）由图 3-23b，根据 $p_{1i}=\dfrac{\sigma_{c(i-1)}+\sigma_{ci}}{2}$ 和 $p_{2i}=p_{1i}+\Delta p_i$ 分别查取初始孔隙比和压缩稳定后的孔隙比，结果列于表 3-5 中。

（8）计算地基的沉降量。分别计算各分层的沉降量，然后累加即得

$$s=\sum_{i=1}^{n}\frac{e_{1i}-e_{2i}}{1+e_{1i}}h_i=\left(\frac{0.935-0.870}{1+0.935}+\frac{0.915-0.870}{1+0.915}+\frac{0.895-0.875}{1+0.895}+\frac{0.885-0.873}{1+0.885}\right)\times 2.5$$

$$=(0.0336+0.0235+0.0106+0.00637)\times 2.5=0.185(\text{m})$$

表 3-5　各分层的平均应力及相应的孔隙比

层次	平均自重应力 $p_{1i}=\frac{\sigma_{c(i-1)}+\sigma_{ci}}{2}$ /kPa	平均附加应力 $\Delta p_i=\overline{\sigma}_{zi}$ /kPa	加荷后总的应力 $p_{2i}=p_{1i}+\Delta p_i$ /kPa	初始孔隙比 e_{1i}	压缩稳定后的孔隙比 e_{2i}
Ⅰ	55	153	208	0.935	0.870
Ⅱ	94	109	203	0.915	0.870
Ⅲ	122	66	188	0.895	0.875
Ⅳ	150	41	191	0.885	0.873

3.6.2　规范推荐法

1. 规范推荐计算公式

《建筑地基基础设计规范》（GB50007—2011）推荐的地基最终沉降量计算方法，是在分层总和法的基础上发展的一种较为简便的计算方法。与传统分层总和法相比：一是根据我国建筑工程沉降观测数据，引入了沉降计算经验系数，使计算结果与地基实际沉降更趋于一致；二是引入了平均附加应力系数的概念，使计算工作得以简化。

这种方法按天然土层来分层，并且在每一土层中取平均附加应力系数进行计算（图 3-24）。即从基础底面起至第 i 层土底面（距离为 z_i）的附加应力曲线所包围的面积（A_{1243}）可以看作平均附加应力 $\overline{\alpha}_i p_0$ 乘以距离 z_i，即 $A_{1243}=\overline{\alpha}_i p_0 z_i$。$\overline{\alpha}_i$ 称为深度 z_i 范围内的平均附加应力系数。同理 z_{i-1} 深度范围内的面积 $A_{1265}=\overline{\alpha}_{i-1}p_0 z_{i-1}$。则第 i 层土的附加应力面积为

$$A_{5643}=\overline{\alpha}_i p_0 z_i-\overline{\alpha}_{i-1}p_0 z_{i-1} \tag{3-24}$$

由式（3-23）、式（3-24）得

$$s'=\sum_{i=1}^{n}\Delta s_i'=\sum_{i=1}^{n}\frac{p_0}{E_{si}}(z_i\overline{\alpha}_i-z_{i-1}\overline{\alpha}_{i-1}) \tag{3-25}$$

式中　s'——按分层总和法计算出的地基最终沉降量。

引入沉降计算经验系数 ψ_s，则规范推荐的地基最终沉降量计算公式为

$$s=\psi_s s'=\psi_s\sum_{i=1}^{n}\frac{p_0}{E_{si}}(z_i\overline{\alpha}_i-z_{i-1}\overline{\alpha}_{i-1}) \tag{3-26}$$

式中　s——地基最终沉降量（mm）；

ψ_s——沉降计算经验系数，根据地区沉降观测资料及经验确定，无地区经验时可采用表 3-6 的数值；

n——地基沉降计算深度 z_n 范围内划分的土层数；

p_0——相应于作用的准永久组合时基础底面处的附加应力（kPa）；

E_{si}——基础底面第 i 层土的压缩模量（MPa），应取土的自重应力至土的自重应力与附加应力之和的压力段计算；

z_i、z_{i-1}——基础底面至第 i 层土、第 $i-1$ 层土底面的距离（m）；

$\overline{\alpha}_i$、$\overline{\alpha}_{i-1}$——基础底面至第 i 层土、第 $i-1$ 层土底面范围内平均附加应力系数，对于均布矩形基础按角点法查表 3-7 求得。

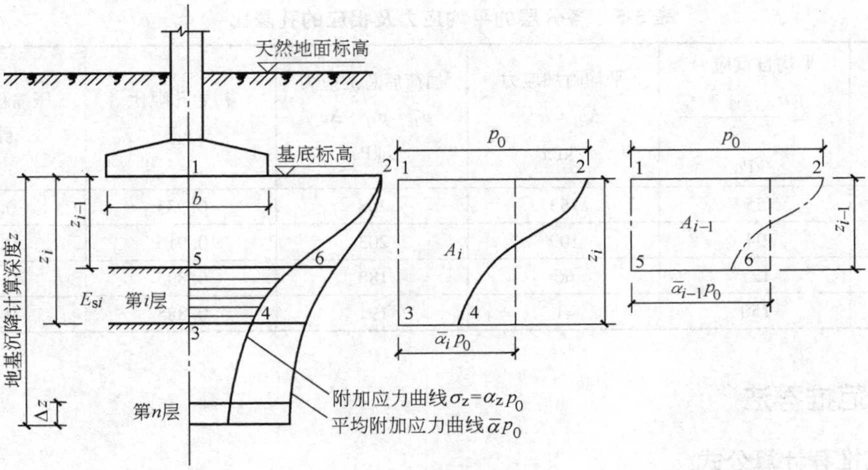

图 3-24　规范法计算地基沉降量示意图

表 3-6　沉降计算经验系数 ψ_s

$\overline{E}_s$/MPa 基底附加压力	2.5	4.0	7.0	15.0	20.0
$p_0 \geqslant f_{ak}$	1.4	1.3	1.0	0.4	2.0
$p_0 \leqslant 0.75 f_{ak}$	1.1	1.0	0.7	0.4	0.2

注：$\overline{E}_s$ 为变形计算深度范围内压缩模量的当量值，应按下式计算

$$\overline{E}_s = \frac{\sum A_i}{\sum \dfrac{A_i}{E_{si}}}$$

式中　A_i—第 i 层土附加应力系数沿土层厚度的积分值。

表 3-7　矩形面积上均布荷载作用下角点的平均附加应力系数 $\overline{\alpha}$

l/b z/b	1.0	1.2	1.4	1.6	1.8	2.0	2.4	2.8	3.2	3.6	4.0	5.0	10.0
0.0	0.2500	0.2500	0.2500	0.2500	0.2500	0.2500	0.2500	0.2500	0.2500	0.2500	0.2500	0.2500	0.2500
0.2	0.2496	0.2497	0.2497	0.2498	0.2498	0.2498	0.2498	0.2498	0.2498	0.2498	0.2498	0.2498	0.2498
0.4	0.2474	0.2479	0.2481	0.2483	0.2483	0.2484	0.2485	0.2485	0.2485	0.2485	0.2485	0.2485	0.2485
0.6	0.2423	0.2437	0.2444	0.2448	0.2451	0.2452	0.2454	0.2455	0.2455	0.2455	0.2455	0.2455	0.2466
0.8	0.2346	0.2372	0.2387	0.2395	0.2400	0.2403	0.2407	0.2408	0.2409	0.2409	0.2410	0.2410	0.2410
1.0	0.2252	0.2291	0.2313	0.2326	0.2335	0.2340	0.2346	0.2349	0.2351	0.2352	0.2352	0.2353	0.2353
1.2	0.2149	0.2199	0.2229	0.2248	0.2260	0.2268	0.2278	0.2282	0.2285	0.2286	0.2287	0.2288	0.2289
1.4	0.2043	0.2102	0.2140	0.2164	0.2180	0.2191	0.2204	0.2211	0.2215	0.2217	0.2218	0.2220	0.2221
1.6	0.1939	0.2006	0.2049	0.2079	0.2099	0.2113	0.2130	0.2138	0.2143	0.2146	0.2148	0.2150	0.2152
1.8	0.1840	0.1912	0.1960	0.1994	0.2018	0.2034	0.2055	0.2066	0.2073	0.2077	0.2079	0.2082	0.2084
2.0	0.1746	0.1822	0.1875	0.1912	0.1938	0.1958	0.1982	0.1996	0.2004	0.2009	0.2012	0.2015	0.2018
2.2	0.1659	0.1737	0.1793	0.1833	0.1862	0.1883	0.1911	0.1927	0.1937	0.1943	0.1947	0.1952	0.1955
2.4	0.1578	0.1657	0.1715	0.1757	0.1789	0.1812	0.1843	0.1862	0.1873	0.1880	0.1885	0.1890	0.1895
2.6	0.1503	0.1583	0.1642	0.1686	0.1719	0.1745	0.1779	0.1799	0.1812	0.1820	0.1825	0.1832	0.1838
2.8	0.1433	0.1514	0.1574	0.1619	0.1654	0.1680	0.1717	0.1739	0.1753	0.1763	0.1769	0.1777	0.1784
3.0	0.1369	0.1449	0.1510	0.1556	0.1592	0.1619	0.1658	0.1682	0.1698	0.1708	0.1715	0.1725	0.1733
3.2	0.1310	0.1390	0.1450	0.1497	0.1533	0.1562	0.1602	0.1628	0.1645	0.1657	0.1664	0.1675	0.1685

（续）

l/b z/b	1.0	1.2	1.4	1.6	1.8	2.0	2.4	2.8	3.2	3.6	4.0	5.0	10.0
3.4	0.1256	0.1334	0.1394	0.1441	0.1478	0.1508	0.1550	0.1577	0.1595	0.1607	0.1616	0.1628	0.1639
3.6	0.1205	0.1282	0.1342	0.1389	0.1427	0.1456	0.1500	0.1528	0.1548	0.1561	0.1570	0.1583	0.1595
3.8	0.1158	0.1234	0.1293	0.1340	0.1378	0.1408	0.1452	0.1482	0.1502	0.1516	0.1526	0.1541	0.1554
4.0	0.1114	0.1189	0.1248	0.1294	0.1332	0.1362	0.1408	0.1438	0.1459	0.1474	0.1485	0.1500	0.1516
4.2	0.1073	0.1147	0.1205	0.1251	0.1289	0.1319	0.1365	0.1396	0.1418	0.1434	0.1445	0.1462	0.1479
4.4	0.1035	0.1107	0.1164	0.1210	0.1248	0.1279	0.1325	0.1357	0.1379	0.1396	0.1407	0.1425	0.1444
4.6	0.1000	0.1070	0.1127	0.1172	0.1209	0.1240	0.1287	0.1319	0.1342	0.1359	0.1371	0.1390	0.1410
4.8	0.0967	0.1036	0.1091	0.1136	0.1173	0.1204	0.1250	0.1283	0.1307	0.1324	0.1337	0.1357	0.1379
5.0	0.0935	0.1003	0.1057	0.1102	0.1139	0.1169	0.1216	0.1249	0.1273	0.1291	0.1304	0.1325	0.1348
5.2	0.0906	0.0972	0.1026	0.1070	0.1106	0.1136	0.1183	0.1217	0.1241	0.1259	0.1273	0.1295	0.1320
5.4	0.0878	0.0943	0.0996	0.1039	0.1075	0.1105	0.1152	0.1186	0.1211	0.1229	0.1243	0.1265	0.1292
5.6	0.0852	0.0916	0.0968	0.1010	0.1046	0.1076	0.1122	0.1156	0.1181	0.1200	0.1215	0.1238	0.1266
5.8	0.0828	0.0890	0.0941	0.0983	0.1018	0.1047	0.1094	0.1128	0.1153	0.1172	0.1187	0.1211	0.1240
6.0	0.0805	0.0866	0.0916	0.0957	0.0991	0.1021	0.1067	0.1101	0.1126	0.1146	0.1161	0.1185	0.1216
6.2	0.0783	0.0842	0.0891	0.0932	0.0966	0.0995	0.1041	0.1075	0.1101	0.1120	0.1136	0.1161	0.1193
6.4	0.0762	0.0820	0.0869	0.0909	0.0942	0.0971	0.1016	0.1050	0.1076	0.1096	0.1111	0.1137	0.1171
6.6	0.0742	0.0799	0.0847	0.0886	0.0919	0.0948	0.0993	0.1027	0.1053	0.1073	0.1088	0.1114	0.1149
6.8	0.0723	0.0779	0.0826	0.0865	0.0898	0.0926	0.0970	0.1004	0.1030	0.1050	0.1066	0.1092	0.1129
7.0	0.0705	0.0761	0.0806	0.0844	0.0877	0.0904	0.0949	0.0982	0.1008	0.1028	0.1044	0.1071	0.1109
7.2	0.0688	0.0742	0.0787	0.0825	0.0857	0.0884	0.0928	0.0962	0.0987	0.1008	0.1023	0.1051	0.1090
7.4	0.0672	0.0725	0.0769	0.0806	0.0838	0.0865	0.0908	0.0942	0.0967	0.0988	0.1004	0.1031	0.1071
7.6	0.0656	0.0709	0.0752	0.0789	0.0820	0.0846	0.0889	0.0922	0.0948	0.0968	0.0984	0.1012	0.1054
7.8	0.0642	0.0693	0.0736	0.0771	0.0802	0.0828	0.0871	0.0904	0.0929	0.0950	0.0966	0.0984	0.1036
8.0	0.0627	0.0678	0.0720	0.0755	0.0785	0.0811	0.0853	0.0886	0.0912	0.0932	0.0948	0.0976	0.1020
8.2	0.0614	0.0663	0.0705	0.0739	0.0769	0.0795	0.0837	0.0869	0.0894	0.0914	0.0931	0.0959	0.1004
8.4	0.0601	0.0649	0.0690	0.0724	0.0754	0.0779	0.0820	0.0852	0.0878	0.0893	0.0914	0.0943	0.0938
8.6	0.0588	0.0636	0.0676	0.0710	0.0739	0.0764	0.0805	0.0836	0.0862	0.0882	0.0898	0.0927	0.0973
8.8	0.0576	0.0623	0.0663	0.0696	0.0724	0.0749	0.0790	0.0821	0.0846	0.0866	0.0882	0.0912	0.0959
9.2	0.0554	0.0599	0.0637	0.0670	0.0697	0.0721	0.0761	0.0792	0.0817	0.0837	0.0853	0.0882	0.0931
9.6	0.0533	0.0577	0.0614	0.0645	0.0672	0.0696	0.0734	0.0765	0.0789	0.0809	0.0825	0.0855	0.0905
10.0	0.0514	0.0556	0.0592	0.022	0.0649	0.0672	0.0710	0.0739	0.0763	0.0783	0.0799	0.0839	0.0880

2. 地基沉降计算深度

（1）当无相邻荷载影响，基础宽度在 1 ~ 30m 范围内时，基础中点的地基变形计算深度按下列简化公式计算

$$z_n = b(2.5 - 0.4\ln b) \tag{3-27}$$

式中　b——基础宽度（m）。

在计算范围内存在基岩时，z 可取至基岩表面；当存在较厚的坚硬粘性土层，其孔隙比小于 0.5、压缩模量大于 50MPa，或存在较厚的密实砂卵石层，其压缩模量大于 80MPa，z_n 可取至该层土表面。

（2）存在相邻荷载影响时，地基沉降计算深度 z_n 应满足下式要求：

$$\Delta s_n' \leqslant 0.025 \sum_{i=1}^{n} \Delta s_i' \tag{3-28}$$

式中　$\Delta s_i'$——在计算深度范围内，第 i 层土的计算变形值；

$\Delta s_n'$——在计算深度 z 处向上取厚度为 Δz 的土层计算变形值，Δz 按表 3-8 确定。

表 3-8　Δz 值

b/m	$b \leqslant 2$	$2 < b \leqslant 4$	$4 < b \leqslant 8$	$8 < b$
Δz/m	0.3	0.6	0.8	1.0

如确定的计算深度下部仍有较软土层时，应继续计算。

【例 3-6】 某独立柱基底面尺寸为 2.5m×2.5m，柱轴向力标准值 $F = 1250\text{kN}$（算至 ±0.000 处），基础自重和覆土标准值 $G = 250\text{kN}$。基础埋深 $d = 2\text{m}$，其余数据如图 3-25 所示，试计算地基最终沉降量。

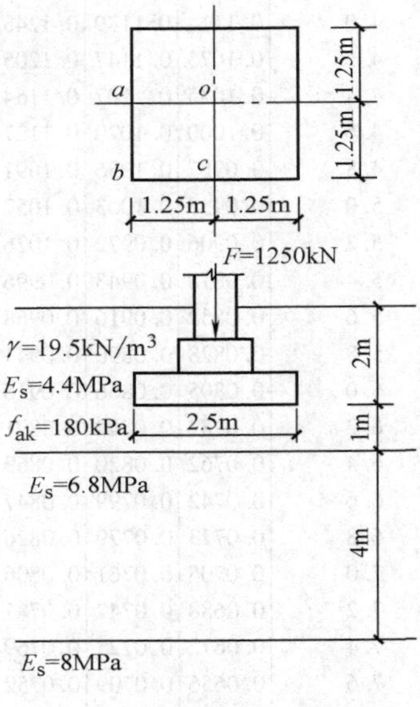

图 3-25　【例 3-6】图

【解】（1）求基础底面附加压力

基础底面压力

$$p = \frac{F_k + G_k}{A} = \frac{1250 + 250}{2.5 \times 2.5} = 240(\text{kPa})$$

基底附加压力

$$p_0 = p - \gamma d = 240 - 19.5 \times 2 = 201(\text{kPa})$$

（2）确定沉降计算深度

$$z_n = b(2.5 - 0.4\ln b) = 2.5 \times (2.5 - 0.4\ln 2.5) = 5.33(\text{m})$$

取 $z_n = 5.4\text{m}$

（3）计算地基沉降计算深度范围内土层压缩量（见表 3-9）

表 3-9　地基沉降计算深度范围内土层压缩量

z_i/m	$\frac{l}{b}$	$\frac{z_i}{b}$	$\overline{\alpha}_i$	$z_i\overline{\alpha}_i$	$z_i\overline{\alpha}_i - z_{i-1}\overline{\alpha}_{i-1}$	E_{si}	$\Delta s'$	$s' = \sum \Delta s'_i$
0	1.0	0						
1.0	1.0	0.8	0.9384	0.9384	0.9384	4.4	42.87	42.87
5.0	1.0	4.0	0.4456	2.2280	1.2896	6.8	38.12	80.99
5.4	1.0	4.32	0.4201	2.2685	0.0405	8.0	1.02	82.01

注：$\alpha_i = 4\overline{\alpha}_{oabc}$，$\overline{\alpha}_{oabc}$ 由表 3-7 查得。

（4）确定基础最终沉降量

确定沉降计算深度范围内压缩模量

$$\overline{E}_s = \frac{\sum A_i}{\sum \frac{A_i}{E_{si}}} = \frac{0.9384 + 1.2896 + 0.0405}{\frac{0.9384}{4.4} + \frac{1.2896}{6.8} + \frac{0.0405}{8}} = 5.56(\text{MPa})$$

由于 $p_0 \geqslant f_{ak}$，查表 3-6 得，$\psi_s = 1 + \frac{7 - 5.56}{7 - 4} \times (1.3 - 1) = 1.14$

则最终沉降量为 $s = \psi_s s' = 1.14 \times 82.01 = 93.49$（mm）

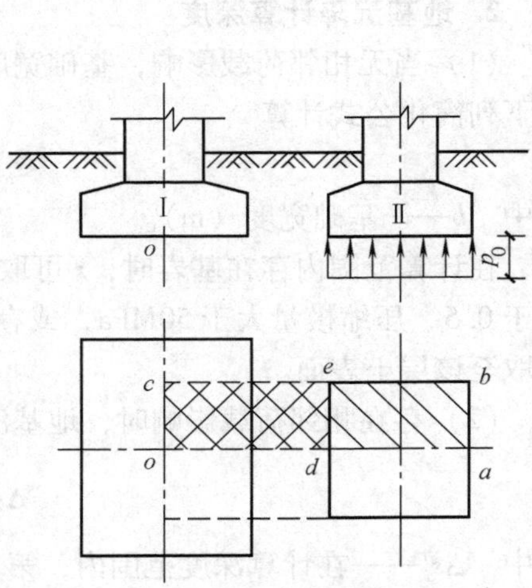

图 3-26　角点法计算相邻荷载影响

计算地基沉降时，尚应考虑相邻荷载的影响，其值可按应力叠加原理，采用角点法计算。如图 3-26 所示，两个基础Ⅰ、Ⅱ相邻，求基础Ⅱ底面的附加应力 p_0 对基础Ⅰ中心 o 点引起的附加沉降量 s_0。依题意，求出均布荷载作用下，由矩形面积 $oabc$ 在 o 点引起的沉降量 s_{oabc} 减去由矩形面积 $odec$ 在 o 点引起的沉降量 s_{odec} 的两倍即可，即 $s_0=2(s_{oabc}-s_{odec})$。s_{oabc} 和 s_{odec} 可由分层总和法或规范法分别求解。

3.7 地基沉降与时间的关系

在工程实践中，除计算地基的最终沉降量外，在必要情况下还需要分别预估建筑物在施工期间和使用期间的地基变形值，以便预留建筑物有关部分之间的净空尺寸，选择连接方法和施工顺序。另外，当采用堆载预压等方法处理地基时，也需要考虑地基沉降与时间的关系。

地基变形稳定需要一定时间完成。一般多层建筑物在施工期间完成的沉降量，对于碎石或砂土可认为已完成最终沉降量的 80% 以上，对于其他低压缩性土可认为已完成沉降量的 50% ~80%，对于中压缩性土可认为已完成沉降量的 20% ~50%，对于高压缩性土可认为已完成沉降量的 5% ~20%。在饱和软粘土中，由于水被挤出的速度较慢，沉降稳定所需的时间较长，其固结沉降需要经过几年甚至几十年时间才能完成，因此，实践中一般只考虑饱和土的沉降与时间关系。

3.7.1 土的固结与固结度

土的压缩随时间增长的过程，称为土的固结。饱和土在荷载作用后的瞬间，孔隙中的水承受了由荷载产生的全部压力，此压力称为孔隙水压力或称超静水压力。孔隙水在超静水压力作用下逐渐被排出，同时使土粒骨架逐渐承受压力，此压力称为土的有效应力。在有效应力增长的过程中，土粒孔隙被压密，土的体积被压缩，所以土的固结过程就是超静水压力消散而转为有效应力的过程。

由上述分析可知，在饱和土的固结过程中，任一时间内有效应力 σ' 与超静水压力 u 之和总是等于由荷载产生的附加应力 σ_z，即

$$\sigma_z=\sigma'+u \tag{3-29}$$

式（3-29）即为饱和土的有效应力原理。在加荷瞬间 $\sigma_z=u$，而 $\sigma'=0$；当固结变形稳定时 $\sigma_z=\sigma'$，而 $u=0$。也就是说，只要超静水压力消散，有效应力增至最大值 σ_z，则饱和土完全固结。

饱和土在某一时间的固结程度称为固结度 U_t，表示为

$$U_t=\frac{s_t}{s} \tag{3-30}$$

式中 s_t——地基在某一时刻 t 的固结沉降量；
s——地基最终的固结沉降量。

土的固结度实质上是表示任一时间时，土粒骨架承受的有效应力 σ' 与荷载产生的附加应力 σ_z 的比值。即当 $\sigma'=0$ 时，$U_t=0$；$\sigma'=\sigma_z$ 时，$U_t=1$，土完全固结。

3.7.2 饱和土单向固结理论

1. 单向固结理论

单向固结是指土中的孔隙水只沿竖向排出，同时土的固体颗粒也只沿竖向位移，而在土的水平方向无渗流、无位移。例如在天然土层中，常遇到厚度不大的饱和土层，当受到较大的均布荷载作用时，只要底面或顶面有透水层，则孔隙水主要沿竖向排出，故可认为是单向固结情况。

饱和土在固结过程中任一时间的沉降，通常采用单向固结理论（太沙基一维固结理论）进行计算。根据这一理论，当饱和土层受均布荷载作用时，竖向固结度 U_t 与时间因数 T_V 的关系式推导为

$$U_t = 1 - \frac{8}{\pi^2}e^{-\frac{\pi^2}{4}T_V} \tag{3-31}$$

$$T_V = \frac{C_V t}{H^2} \tag{3-32}$$

$$C_V = \frac{k(1+e_m)}{a\gamma_w} \tag{3-33}$$

式中 U_t——竖向固结度，其值在 0 ~ 1 之间变化；

T_V——竖向固结的时间因数；

C_V——土的竖向固结系数（cm^2/年或 cm^2/s）；

k——土的渗透系数（cm/年或 cm/s）；

e_m——土的平均孔隙比，$e_m = \frac{e_1 + e_2}{2}$；

a——土的压缩系数（kPa^{-1}）；

γ_w——水的重度，$\gamma_w = 10kN/m^3$；

t——固结时间（年）；

H——土层中最大排水距离，当土层为单面排水时，H 为土层厚度；当为双面排水时，H 为土层厚度之半（m）。

式（3-31）表达的竖向固结度 U_t 与时间因数 T_V 的关系，可用图 3-27 中 $\alpha = 1$ 的曲线表示。实际饱和土层内基底下的压力分布有多种情况，在理论上可求得不同情况时的 U_t-T_V 关系曲线，见图 3-27。

$\alpha = 0$，相当于大面积新近沉积或新填的土层，在自重压力作用下产生的固结情况。

$\alpha < 1$，相当于地基在自重压力作用下还未固结，就在上面建造建筑物的情况。

$\alpha = \infty$，相当于地基在自重压力作用下已完成固结，基底面积小而压缩层很厚，土层底面附加应力已接近于零的情况。

$\alpha > 1$，相当于 $\alpha = \infty$ 的情况，但土层底面附加应力远大于零。

应当指出的是，图 3-27 中所给出的均为单面排水情况，若土层为双面排水，则不论附加应力分布如何，均按 $\alpha = \frac{p_a}{p_b} = 1$ 考虑。

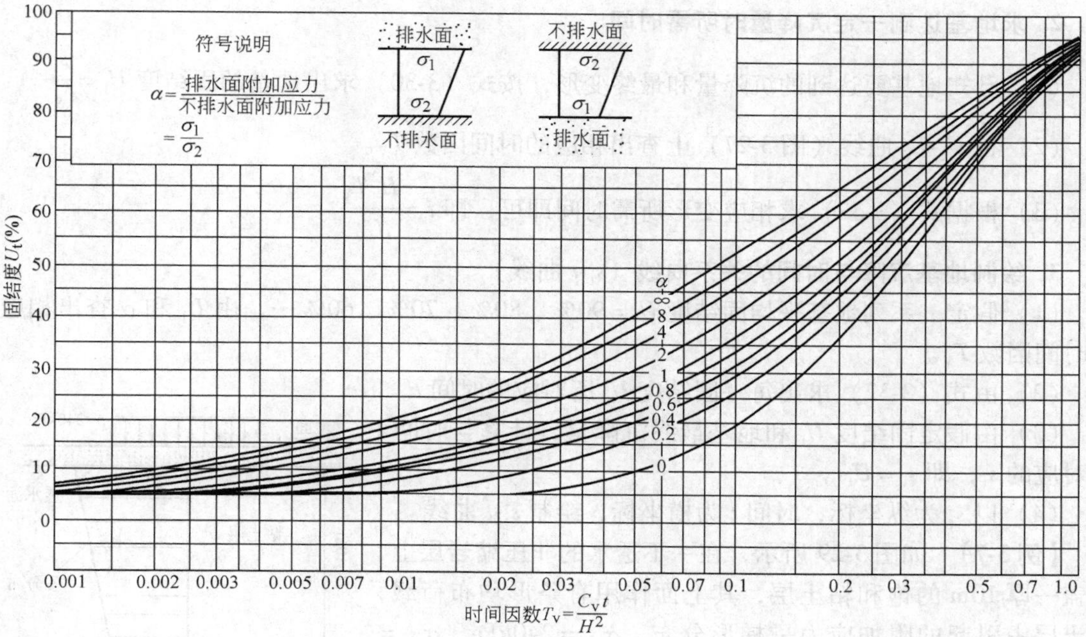

图 3-27　U_t-T_V 关系曲线

2. 固结理论在软土地基处理中的应用

地基土层的排水固结效果与它的排水边界有关。根据固结理论，当饱和土达到同一固结度时，若时间因数 T_V 一定，那么固结所需的时间 t 与排水距离 H 的平方成正比，即 $t=\frac{H^2T_V}{C_V}$。因此，在软土地基处理中，以适当的间距垂直设置透水系数大的砂井或塑料排水板，并在地基上部设置砂垫层，然后进行堆载预压，就可使土层中的孔隙水主要通过竖向通道排出，见图 3-28。由于缩短了排水距离，可大大缩短堆载预压达到地基承载力所需要的时间。

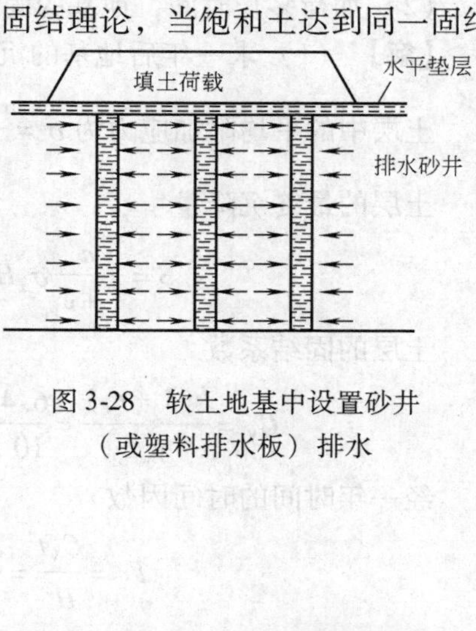

图 3-28　软土地基中设置砂井（或塑料排水板）排水

3.7.3　地基沉降与时间关系的理论计算

利用单向固结理论，可以确定地基沉降与时间关系。

1. 求某特定时刻的沉降量

（1）根据已知土层的渗透系数 k、压缩系数 a 或压缩指数 C_c、孔隙比 e 和压缩层的厚度 H，以及给定的时间 t 时，按式（3-32）、式（3-33）分别算出土层的固结系数 C_V 和时间系数 T_V。

（2）在 U_t-T_V 曲线（图 3-27）上查出相应的固结度 U_t。

（3）根据所求某一时刻的固结度 U_t 和已知最终沉降量 s，按式（3-30）求出某一时刻的沉降量 s_t，即 $s_t=U_ts$。

2. 求地基达到一定沉降量时所需时间

（1）已知地基要达到的沉降量和最终变形，按式（3-30）求出地基的固结度 $U_t = \frac{s_t}{s}$。

（2）在 U_t-T_V 曲线（图 3-27）上查出相应的时间因数 T_V。

（3）根据式（3-32）求相应变形所需时间即可，即 $t = \frac{H^2 T_V}{C_V}$。

3. 绘制地基沉降与时间的关系曲线（s_t-t 曲线）

（1）假定一系列地基平均固结度 $U_t = 90\%$、80%、70%、60%…，由 U_t 和 α 查出相应的时间因数 T_V。

（2）由式（3-32）求出每一固结度 U_t 所对应的时间 t。

（3）由假定固结度 U_t 和地基最终沉降量，计算与时间 t 所对应的 s_t，即 $s_t = U_t s$。

（4）以 s_t 为纵坐标，时间 t 为横坐标，绘制 s_t-t 曲线。

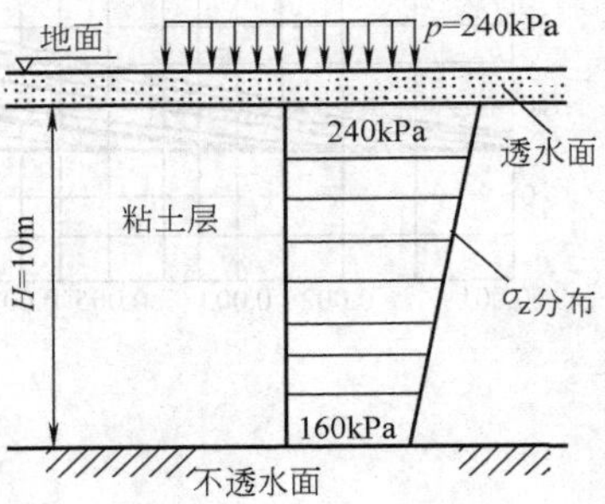

图 3-29 【例 3-7】图

【例 3-7】 如图 3-29 所示，在一不透水的非压缩岩层上，覆盖一厚 10m 的饱和粘土层，其上面作用有条形均布荷载，在土层中引起的附加应力呈梯形分布，$\sigma_{z0} = 240\text{kPa}$，$\sigma_{z1} = 160\text{kPa}$，已知该土层的平均孔隙比 $e_1 = 0.8$，压缩系数 $a = 0.00025\text{kPa}^{-1}$，渗透系数 $k = 6.4 \times 10^{-8}\text{cm/s}$。试计算：

（1）加荷一年后地基的沉降；

（2）加荷多长时间，地基的固结度 $U_t = 75\%$。

【解】（1）求一年后地基的沉降

土层中的平均附加应力为 $\sigma = \frac{\sigma_{z0} + \sigma_{z1}}{2} = \frac{240 + 160}{2} = 200(\text{kPa})$

土层的最终沉降量

$$S = \frac{a}{1 + e_1}\sigma_z H = \frac{0.0025}{1 + 0.8} \times 200 \times 1000 = 27.8(\text{cm})$$

土层的固结系数

$$C_V = \frac{k(1 + e_1)}{\gamma_w a} = \frac{6.4 \times 10^{-8}(1 + 0.8)}{10 \times 0.00025 \times 0.01} = 4.61 \times 10^{-3}(\text{cm}^2 \cdot \text{s}^{-1})$$

经一年时间的时间因数

$$T_V = \frac{C_V t}{H^2} = \frac{4.61 \times 10^{-3} \times 86400 \times 365}{1000^2} = 0.145$$

又 $\alpha = \frac{\sigma_{z0}}{\sigma_{z1}} = \frac{240}{160} = 1.5$，由图 3-27 查得 $U_t = 0.45$，按 $s_t = U_t s$ 计算加荷一年后的地基沉降量

$$s_t = U_t s = 0.45 \times 27.8 = 12.5(\text{cm})$$

(2)求 $U_t = 0.75$ 时所需要的时间

由 $\alpha = \frac{\sigma_{z0}}{\sigma_{z1}} = \frac{240}{160} = 1.5$，$U_t = 0.75$，查图 3-27 得 $T_V = 0.47$。

按公式 $t=\frac{H^2T_V}{C_V}$计算所需时间

$$t=\frac{H^2T_V}{C_V}=\frac{1000^2\times0.47}{0.61\times10^{-3}}\times\frac{1}{86400\times365}=3.23(\text{年})$$

3.7.4 地基沉降与时间关系的经验估算

单向固结理论，由于作了各种简化假设，很多情况计算与实际有出入。为此，国内外常用经验公式来估算地基沉降与时间的关系。根据建筑物的沉降观测资料，多数情况下可用双曲线式或对数曲线式表示地基沉降与时间的关系。

1. 双曲线式

$$s_t=\frac{t}{a+t}s \tag{3-34}$$

式中 s_t——在时间 t（从施工期一半算起）时的实测沉降量（cm）；

s——待定的地基最终沉降量（cm）；

a——经验参数，待定。

为确定式（3-34）中待定的 a 和 s 值，从实测 s-t 曲线后段，任取两组已知数据 s_{t1}，t_1 和 s_{t2}，t_2 值，代入上式得

$$\left.\begin{aligned}s_{t1}&=\frac{t_1}{a+t_1}s\\ s_{t2}&=\frac{t_2}{a+t_2}s\end{aligned}\right\}$$

解此联立方程组，可得

$$s=\frac{t_2-t_1}{\dfrac{t_2}{s_{t2}}-\dfrac{t_1}{s_{t1}}} \tag{3-35}$$

$$a=\frac{t_1}{s_{t1}}s-t_1=\frac{t_2}{s_{t2}}s-t_2 \tag{3-36}$$

将 s 与 a 代入式（3-34），即可推算任意 t 时的沉降量 s_t。

为消除沉降观测资料可能产生的偶然误差，通常将 s-t 曲线的后段全部观测值 s_t 和 t 都加以利用，分别计算出 t/s_t 值，绘制 t/s_t 与 t 的关系曲线。此曲线的后段往往近似为直线，则此直线的斜率即为 s，如图 3-30 所示。

2. 对数曲线式

$$s_t=(1-e^{-at})s \tag{3-37}$$

式中 e——自然对数的底；

a——经验参数，待定。

同双曲线法，利用实测的 s-t 曲线的后段，可求得地基的最终沉降量 s，并可推算任意 t 时的沉降量 s_t。

式（3-37）可以改写为

$$s_t = \left[1 - \left(\frac{1}{e^t}\right)^a\right]s \qquad (3\text{-}38)$$

以 s_t 为纵坐标，$\frac{1}{e^t}$为横坐标，根据实测绘制 $s_t-\frac{1}{e^t}$关系曲线，则曲线的延长线与纵坐标 s_t 相交点即为所求的 s 值，如图 3-31 所示。

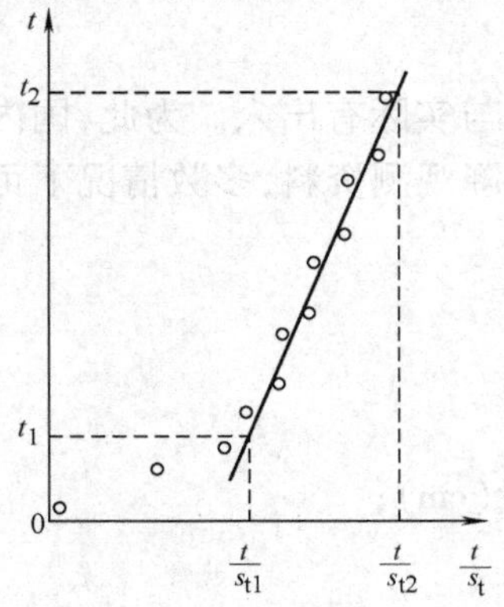

图 3-30　$\frac{t}{s_t}$-t 关系曲线

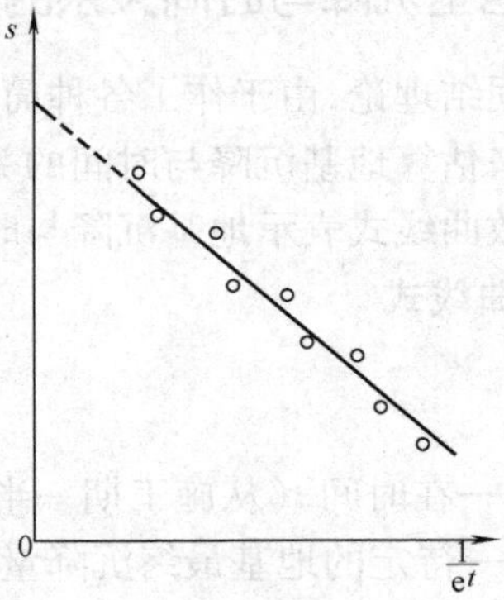

图 3-31　s_t-$\frac{1}{e^t}$关系曲线

3.8　地基变形特征与建筑物沉降观测

3.8.1　地基变形特征

地基变形特征可分为沉降量、沉降差、倾斜和局部倾斜四种，如图 3-32 所示。

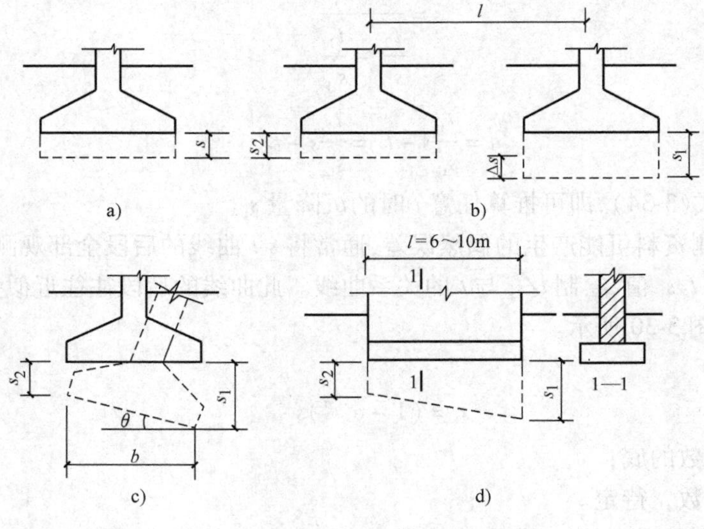

图 3-32　地基变形特征

a）沉降量　b）沉降差　c）倾斜　d）局部倾斜

1. 沉降量

沉降量是指基础中心的沉降量 s。建筑物若沉降量过大，势必会影响其正常使用。因此，沉降量常作为建筑物地基变形的控制指标之一。

2. 沉降差

沉降差是指两相邻独立基础沉降量之差，$\Delta s = s_1 - s_2$。建筑物中如相邻两个基础的沉降差过大，将会使建筑物产生裂缝、倾斜甚至破坏。对于框架结构和排架结构，计算地基变形时应由相邻柱基的沉降差控制。

3. 倾斜

倾斜是指基础倾斜方向两端点的沉降差与其距离的比值$\frac{s_1 - s_2}{b}$。建筑物倾斜过大，将影响正常使用，若遇台风或强烈地震时，将危及建筑物整体稳定甚至造成倾覆。对于多层或高层建筑和高耸结构，计算地基变形时应由倾斜值控制。

4. 局部倾斜

局部倾斜是指砌体承重结构沿纵墙 $l = 6 \sim 10\text{m}$ 内基础两点间的沉降差与其距离的比值$\frac{s_1 - s_2}{l}$。建筑物若局部倾斜过大，往往会使砌体结构受弯而拉裂。对于砌体承重结构，计算地基变形时应由局部倾斜值控制。

为保证建筑物正常使用，防止因地基变形过大而发生裂缝、倾斜甚至破坏等事故，《建筑地基基础设计规范》（GB50007—2011）根据各类建筑物的特点和地基土的不同类别，规定了建筑物的地基变形允许值，见表3-10。对于表中未包括的建筑物，其地基变形允许值应根据上部结构对地基变形的适应能力和使用上的要求确定。

表 3-10　建筑物的地基变形允许值

变形特征		地基土类别	
		中、低压缩性土	高压缩性土
砌体承重结构基础的局部倾斜		0.002	0.003
工业与民用建筑相邻柱基的沉降差			
(1)框架结构		$0.002l$	$0.003l$
(2)砌体墙填充的边排柱		$0.0007l$	$0.001l$
(3)当基础不均匀沉降时不产生附加应力的结构		$0.005l$	$0.005l$
单层排架结构(柱距为 6m)柱基的沉降量/mm		(120)	200
桥式起重机轨面的倾斜(按不调整轨道考虑)			
纵向		0.004	
横向		0.003	
多层和高层建筑的整体倾斜	$H_g \leqslant 24$	0.004	
	$24 < H_g \leqslant 60$	0.003	
	$60 < H_g \leqslant 100$	0.0025	
	$H_g > 100$	0.002	
体型简单的高层建筑基础的平均沉降量/mm		200	

（续）

变形特征		地基土类别	
		中、低压缩性土	高压缩性土
高耸结构基础的倾斜	$H_g \leqslant 20$	0.008	
	$20 < H_g \leqslant 50$	0.006	
	$50 < H_g \leqslant 100$	0.005	
	$100 < H_g \leqslant 150$	0.004	
	$150 < H_g \leqslant 200$	0.003	
	$200 < H_g \leqslant 250$	0.002	
高耸结构基础的沉降量/mm	$H_g \leqslant 100$	400	
	$100 < H_g \leqslant 200$	300	
	$200 < H_g \leqslant 250$	200	

注：1. 本表数值为建筑物地基实际最终变形允许值。

2. 有括号者仅适用于中压缩性土。

3. l 为相邻柱基的中心距离（mm）；H_g 为自室外地面起算的建筑物高度（m）。

3.8.2 建筑物沉降观测

为保证建筑物的安全，对于一级建筑物，高层建筑，重要的、新型的或有代表性的建筑物，体型复杂、形式特殊或构造上、使用上对不均匀沉降有严格限制的建筑物，以及软弱地基、存在故河道、池塘或局部基岩出露的建筑物，应进行施工期间与竣工后使用期间的沉降观测。

1. 目的

（1）验证工程设计与沉降计算的正确性。

（2）判别建筑物施工的质量。

（3）发生事故后作为分析事故原因和加固处理的依据。

2. 水准基点设置

水准基点宜设置在基岩或压缩性较低的土层上，以保证水准基点的稳定可靠。水准基点的位置应靠近观测点并在建筑物产生的压力影响范围以外，不受行人车辆碰撞的地点。在一个观测区内水准基点不应少于3个。

3. 观测点的设置

观测点的设置应能全面反映建筑物的变形，并结合地质情况确定。如建筑物角点、沉降缝两侧、高低层交界处、地基土软硬交界两侧等，数量不少于6个。

4. 仪器与精度

沉降观测的仪器宜采用精密水平仪和钢尺，对第一观测对象宜固定测量工具、固定人员，观测前应严格校验仪器。

测量精度宜采用Ⅱ级水准测量，视线长度宜为20～30m；视线高度不宜低于0.3m。水准测量应采用闭合法。

5. 观测次数和时间

要求前密后疏。民用建筑每建完一层（包括地下部分）应观测一次；工业建筑按不同荷载阶段分次观测，施工期间观测不应少于4次。建筑物竣工后的观测：第一年不少于3～

5 次，第二年不少于 2 次，以后每年 1 次，直至沉降稳定为止（稳定标准是半年沉降 $s \leqslant$ 2mm）。特殊情况，如突然发生严重裂缝或较大沉降，应增加观测次数。

沉降观测后，应及时整理资料，算出各点的沉降量、累计沉降量及沉降速率，以便及早处理出现的地基问题。

3.8.3 防止地基有害变形的措施

当地基变形计算结果超过表 3-10 的规定时，为避免发生事故，保证工程的安全，必须采取适当措施。

1. 减小沉降量的措施

（1）外因方面的措施　地基沉降由附加应力产生，如减小基础底面的附加应力 p_0，则可相应减小地基沉降。由 $p_0 = p - \gamma_m d$ 可知，减小 p_0 可采取以下两种措施：

1）减小上部结构重量，则可减小基础底面的接触压力 p_0。

2）当地基中无软弱下卧层时，可加大基础埋深 d，采取补偿性基础设计（详见第 6 章）。

（2）内因方面的措施　地基产生沉降的内因，是由于地基土由三相组成，固体颗粒之间存在孔隙，在外荷载作用下孔隙发生压缩所致。因此，为减小地基的沉降量，在建造建筑物之前，可根据地基土的性质、厚度，结合上部结构特点和场地周围环境，分别采用换土垫层、强力夯实、预压排水固结、砂桩挤密、振冲及化学加固等地基处理措施（详见第 10 章）；必要时，还可以采用桩基础（详见第 7 章）。

2. 减小沉降差的措施

（1）设计中尽量使上部荷载中心受压，均匀分布。

（2）遇高低层相差悬殊或地基软硬突变等情况，可合理设置沉降缝。

（3）增加上部结构对地基不均匀沉降的调整作用。如设置封闭圈梁与构造柱，加强上部结构的刚度；将超静定结构改为静定结构，以加大对不均匀沉降的适应性。

（4）妥善安排施工顺序。如先施工主体结构或沉降大的部位，后施工附属结构或沉降小的部位等。

（5）当建筑物已发生严重的不均匀沉降时，可采取人工补救措施。

思 考 题

3-1　何谓土的自重应力与附加应力？二者有什么区别？有何分布规律？

3-2　什么是基底压力和附加基底压力？如何计算？

3-3　简述矩形面积上均布荷载非角点下任意深度处附加应力的计算方法（即角点法的计算方法）。

3-4　何谓土的压缩性？土的压缩性指标有哪些？压缩系数和压缩指数有什么区别？

3-5　《建筑地基基础设计规范》（GB50007—2011）是如何评价地基土的压缩性的？

3-6　采用分层总和法和规范法计算地基最终沉降量有什么区别？两者是如何确定地基沉降计算深度的？

3-7　什么是土的固结与固结度？何谓土的孔隙水压力？简要说明饱和土的有效应力原理。利用饱和土单向固结理论能够解决什么问题？

3-8 简要说明地基的四种变形特征。

3-9 沉降观测的目的是什么？减小地基沉降的措施有哪些？

3-10 单项选择题

(1) 建筑物产生竖向变形并引起基础沉降，主要的原因是由于地基中的__________。

A. 自重应力　　B. 附加应力　　C. 固结应力　　D. 初始应力

(2) 下列说法正确的是__________。

A. 地下水位的升降对土中自重应力有影响

B. 地下水位的升降会使土中自重应力增加

C. 当地层中存在承压水层时，该层的自重应力计算方法与潜水层相同，即该层土的重度取有效重度来计算

D. 当地层中有不透水层存在时，不透水层中的自重压力为零

(3) 基底压力直线分布的假设适用于__________。

A. 深基础的结构计算　　B. 浅基础的结构计算

C. 沉降计算　　D. 基底尺寸较小的基础结构计算

(4) 通过土粒承受和传递的应力称为__________。

A. 有效应力　　B. 总应力　　C. 附加应力　　D. 孔隙水压力

(5) 土的__________是指在侧限条件下，其竖向应力与应变的比值。

A. 变形模量　　B. 弹性模量　　C. 剪切模量　　D. 压缩模量

(6) 若土的压缩曲线（*e-p* 曲线）较陡，则表明土的__________。

A. 压缩性较大　　B. 压缩性较小　　C. 密实度较大　　D. 孔隙比较小

(7) 在饱和土的排水固结过程中，孔隙水压力 u 与有效应力 σ' 将发生如下变化__________。

A. u 不断减小，σ' 不断增加　　B. u 不断增加，σ' 不断减小

C. u 与 σ' 均不断减小　　D. u 与 σ' 均不断增加

(8) 饱和粘性土层在单面排水情况下的固结时间为双面排水时的__________。

A. 1 倍　　B. 2 倍　　C. 4 倍　　D. 8 倍

(9) 某粘性土地基在固结度达到 40% 时的沉降量为 100mm，则最终沉降量为__________。

A. 400mm　　B. 250mm　　C. 200mm　　D. 140mm

(10) 如图 3-33 所示，有三种土层条件相同、起始孔隙水压力分布不同的压缩土层，要达到相同的固结度，所需时间最少的一种是__________。

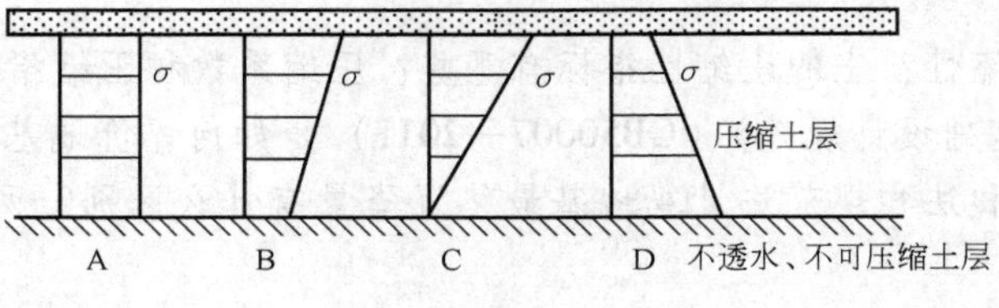

图 3-33

（11）一般砌体承重结构墙下条形基础，进行变形验算时，通常是控制__________。

A. 沉降量　　B. 沉降差　　C. 倾斜　　D. 局部倾斜

（12）为预估建筑物在施工期间和使用期间地基的变形值，以便预留建筑物有关部分之间的净空尺寸，考虑连接方法和施工顺序应计算__________。

A. 沉降量　　B. 沉降差　　C. 倾斜　　D. 局部倾斜

（13）下列措施中，__________不属于减轻不均匀沉降危害的措施。

A. 建筑物的体型应力求简单　　B. 设置沉降缝

C. 设置伸缩缝　　D. 相邻建筑物之间应有一定距离

（14）在软土上的高层建筑为减小地基的变形和不均匀沉降，下列__________措施收不到预期效果。

A. 减小基底附加应力

B. 调整房屋各部分荷载分布和基础宽度或埋深

C. 增加基础的强度

D. 增加房屋结构的刚度

习　题

3-1　某工程地质资料如下：第 1 层为 $\gamma = 18\text{kN/m}^3$，厚度 5.0m；第 2 层为 $\gamma_{sat} = 20.5\text{kN/m}^3$，厚 6.1m；第 3 层为 $\gamma_{sat} = 19\text{kN/m}^3$，厚 2m；第 4 层为 $\gamma_{sat} = 19\text{kN/m}^3$，厚 1m。地下水位为地面下 5.0m。试求各土层的自重应力，并绘制应力分布图。

3-2　某基础底面尺寸为 $2\text{m} \times 3\text{m}$，基底作用有偏心力矩 $M_k = 450\text{kN}\cdot\text{m}$，上部结构传至基础顶面的竖向力 $F_k = 600\text{kN}$，基础埋深 1.5m。试确定基底压力及其分布。

3-3　某矩形基础轴心受压，基底尺寸为 $4\text{m} \times 2\text{m}$，基础顶面作用荷载 $F_k = 1000\text{kN}$，基础埋深 1.5m，已知地质剖面第一层为杂填土，厚 0.5m，$\gamma = 16.8\text{kN/m}^3$；以下为粘土，$\gamma = 18.5\text{kN/m}^3$。试计算：

（1）基础底面下 $z = 2.0\text{m}$ 的水平面上，沿长轴方向距基础中心线分别为 0、1、2m 各点的附加应力值，并绘制应力分布图。

（2）基础底面中心点下距底面 $z = 0$、1、2、3m 各点的附加应力，并绘制应力分布图。

3-4　试求图 3-34 中长方形基础 A 中心点下 0、2、4、6、8m 深度处的垂直附加应力。

3-5　如图 3-35 所示，一条形基础宽 6m，线性分布荷载 $p = 2400\text{kN/m}$，偏心矩 $e = 0.25\text{m}$，试求 A 点的附加应力。

3-6　某工程地质勘察时，取原状土进行压缩试验，试验结果如表 3-11 所示。试计算土的压缩系数 a_{1-2} 和相应的侧限压缩模量 E_{s1-2}，并评价该土的压缩性。

3-7　某柱基础底面尺寸为 $3\text{m} \times 3\text{m}$，埋深 1m，上部结构传至基础顶面的荷载为 $F_k = 1500\text{kN}$。地基为粉土，地下水位深 3.5m，土的天然重度 $\gamma = 16.2\text{kN/m}^3$，饱和重度 $\gamma_{sat} = 17.5\text{kN/m}^3$，土的天然孔隙比为 0.96，土的压缩曲线如图 3-36 所示。试求柱基中心点的沉降量。

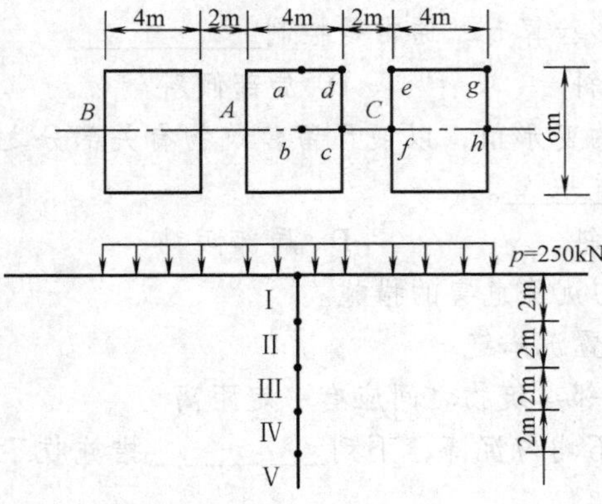

图 3-34

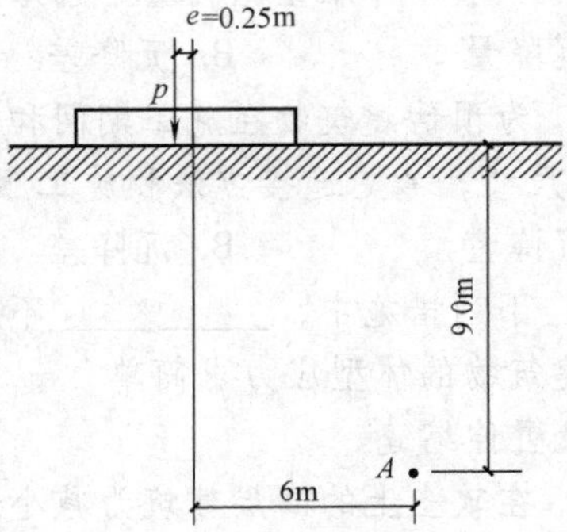

图 3-35

表 3-11

压力 σ/kPa	50	100	200	300
孔隙比 e	0.964	0.952	0.936	0.924

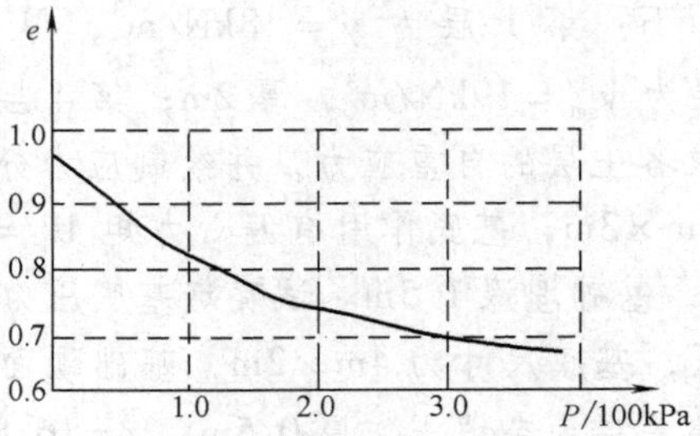

图 3-36

3-8 某独立柱基础底面尺寸为4m×2m，埋深为1.5m，传至基础顶面的中心荷载 F_k = 1190kN，地表层为粘土，$\gamma_1 = 19.5\text{kN/m}^3$，$E_{s1} = 4.5\text{MPa}$，厚度 $h_1 = 2\text{m}$；第二层为粉质粘土，$\gamma_1 = 19.8\text{kN/m}^3$，$E_{s2} = 5.1\text{MPa}$，厚度 $h_2 = 4\text{m}$；第三层为粉砂，$\gamma_1 = 19\text{kN/m}^3$，$E_{s3} = 5.0\text{MPa}$，厚度 $h_3 = 2.40\text{m}$。试用规范法计算该基础的沉降量。

3-9 某饱和粘土层厚 $H = 8\text{m}$，压缩模量 $E_s = 3\text{MPa}$，渗透系数 $k = 10^{-6}\text{cm/s}$，地表作用大面积均布荷载 $q = 100\text{kPa}$，荷载瞬时施加，问加载1年后地基固结沉降多大？若土层厚度、压缩模量和渗透系数均增大1倍，问与原来相比，该地基固结沉降有何变化？

第 4 章　土的抗剪强度与地基承载力

本章学习要求

● 本章也是本课程学习的重点，是土力学基本内容之一，通过本章学习，要求掌握土的抗剪强度和地基承载力的基本知识；

● 掌握土的抗剪强度库仑定律与极限平衡理论；

● 了解土的抗剪强度指标测定方法，学会根据不同固结和排水条件正确选用土的抗剪强度指标；

● 了解地基破坏的三种形式，掌握临塑荷载、界限荷载和极限荷载的基本概念，学会使用临界荷载公式、太沙基公式等计算地基的承载力；

● 掌握地基承载力特征值的基本概念，能够熟练使用规范推荐公式和载荷试验等方法确定地基的承载力特征值。

4.1　概述

地基除满足变形要求外，还应满足强度要求。地基土在外部荷载作用下，土体中将产生剪应力，当剪应力超过土体本身的抗剪强度时，土体就沿着某一滑裂面产生相对滑动而造成剪切破坏，使地基丧失稳定性。因此，地基土的强度实质上就是土的抗剪强度，如地基的承载力和边坡的稳定性等都是由土的抗剪强度控制的（图 4-1）。土的抗剪强度是土的重要力学性质之一。

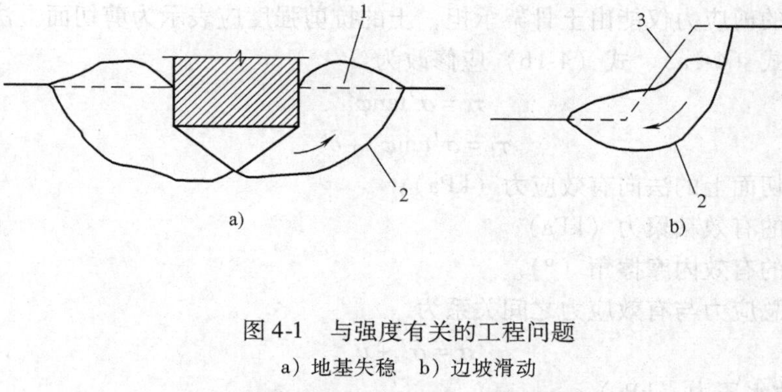

图 4-1　与强度有关的工程问题

a）地基失稳　b）边坡滑动

1—原地面　2—滑动面　3—滑前边坡

为防止地基土发生剪切破坏，必须使作用在基础底面上的荷载不超过地基承载力。如满足这个条件，就认为地基土不发生剪切破坏，地基土的稳定性也符合要求。

4.2 土的抗剪强度

4.2.1 抗剪强度库仑定律

当土体在荷载作用下发生剪切破坏时，作用在剪切面上的极限剪应力就称为土的抗剪强度。

为研究土体的抗剪强度，法国科学家库仑（C. A. Coulomb）总结土的破坏现象和影响因素，于1776年提出土的抗剪强度公式为

无粘性土 $$\tau_f = \sigma\tan\varphi \tag{4-1a}$$

粘性土 $$\tau_f = \sigma\tan\varphi + c \tag{4-1b}$$

式中 τ_f——土的抗剪强度（kPa）；

σ——剪切面上的法向应力（kPa）；

c——土的粘聚力（kPa）；

φ——土的内摩擦角（°）。

式（4-1a）、式（4-1b）称为土的抗剪强度的库仑定律。根据试验证明，抗剪强度 τ_f 与法向应力 σ 的关系曲线近似为一条直线，如图4-2所示。图中直线倾角即为土的内摩擦角 φ，直线在纵坐标上的截距即为土的粘聚力 c。φ、c 称为土的抗剪强度指标。

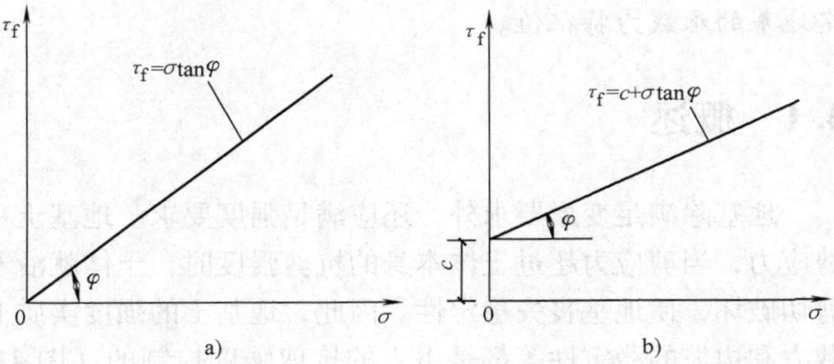

图4-2 土的 τ_f-σ 曲线

a）无粘性土 b）粘性土

根据有效应力原理，只有有效应力的变化才能引起土体强度的变化，土体内的剪应力仅能由土骨架承担，土的抗剪强度应表示为剪切面上法向有效应力的函数，因此，式（4-1a）、式（4-1b）应修改为

$$\tau_f = \sigma'\tan\varphi' \tag{4-2a}$$

$$\tau_f = \sigma'\tan\varphi' + c' \tag{4-2b}$$

式中 σ'——剪切面上的法向有效应力（kPa）；

c'——土的有效粘聚力（kPa）；

φ'——土的有效内摩擦角（°）。

剪切面上的总应力与有效应力之间关系为

$$\sigma = \sigma' + u \tag{4-3}$$

式中 u——孔隙水压力（kPa）。

因此，土的抗剪强度有两种表示方法：一种是以总应力 σ 表示的抗剪强度，称为总应力法抗剪强度，采用式（4-1a）、式（4-1b）表示；另一种则以有效应力 σ' 表示的抗剪强度，称为有效应力法抗剪强度，采用式（4-2a）、式（4-2b）表示，相应的抗剪强度指标

φ'、c'称为有效应力抗剪强度指标。总应力表示法与有效应力表示法的优缺点见表4-1。

表4-1 总应力表示法与有效应力表示法比较

抗剪强度表示法	优 点	缺 点
总应力法	操作简单，运用方便，可采用直剪试验测定抗剪强度指标	总应力强度指标不是一个定值，与排水条件有关
有效应力法	理论上比较严格，能较好地反映抗剪强度的实质，能检验土体处于不同固结情况下的稳定性	孔隙水压力的正确测定比较困难，有效应力强度指标是一个定值，与排水条件无关，需采用三轴试验测定

式（4-1）和式（4-2）表明，土的抗剪强度由摩擦阻力 $\sigma\tan\varphi(\sigma'\tan\varphi')$ 和粘聚力 $c(c')$ 两部分组成。

土的摩擦阻力来源于两个方面：一是由颗粒间剪切滑动所产生的滑动摩擦；二是由土粒间互相嵌入所产生的咬合摩擦。摩擦阻力的大小取决于剪切面上的正应力和土的内摩擦角。内摩擦角是度量滑动难易程度和咬合作用强弱的参数。影响土内摩擦角的主要因素有密度、颗粒级配、颗粒形状、矿物成分、含水量等，对细粒土而言，还受到颗粒表面的物理化学作用的影响。

粘聚力由土粒之间的胶结作用和电分子引力等因素形成。土粒越细，塑性越大，其粘聚力也越大。通常认为粗粒土的粘聚力等于零。

4.2.2 土的极限平衡理论

1. 土中一点的应力状态

假定土体是均匀的、连续的半空间材料，研究水平地面下任一深度 z 处 M 点的应力状态（图4-3a）。由 M 点取一微元体 $dxdydz$，并使微元体的上、下面平行于地面。因微元体很小，可忽略微元体本身的质量。现分析此微元体的受力情况，将微元体放大，如图4-3b 所示。

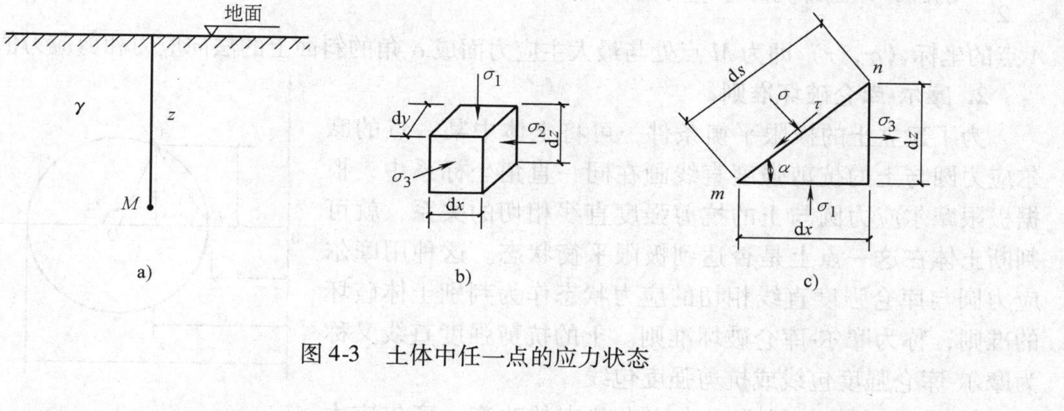

图4-3 土体中任一点的应力状态

微元体顶面和底面作用力均为

$$\sigma_1 = \gamma \cdot z$$

式中 σ_1——作用在微元体上的竖向法向应力，即土的自重应力。

微元体侧面作用力均为

$$\sigma_2 = \sigma_3 = K \cdot \gamma \cdot z$$

式中 σ_2、σ_3——作用在微元体侧面的水平向法向应力；

K——土的静止侧压力系数，小于1。

因为土体并无外荷作用，只有土的自重作用，故在微元体各个面上没有剪应变，也就没有剪应力，凡是没有剪应力的面称为主应面。作用在主应面上的力称为主应力，因此图4-3b中的 σ_1 为最大主应力，σ_3 为最小主应力。同时，主应力 $\sigma_2 = \sigma_3$。

在微元体上取任一截面 mn，与大主应力面即水平面成 α 角，斜面上作用法向应力 σ 和剪应力 τ，如图4-3c所示。现在求 σ、τ 与 σ_1、σ_3 之间的关系。

取 $dy = 1$，按平面问题计算。根据静力平衡条件，取水平与竖向合力为零，则

$$\sum x = 0 \quad \sigma \cdot \sin\alpha \cdot ds - \tau \cdot \cos\alpha \cdot ds - \sigma_3 \cdot \sin\alpha \cdot ds = 0 \tag{a}$$

$$\sum z = 0 \quad \sigma \cdot \cos\alpha \cdot ds + \tau \cdot \sin\alpha \cdot ds - \sigma_1 \cdot \cos\alpha \cdot ds = 0 \tag{b}$$

解联立方程（a）、（b）式，可求得任意截面 mn 上的法向应力 σ 和剪应力 τ，即

$$\sigma = \frac{1}{2}(\sigma_1 + \sigma_3) + \frac{1}{2}(\sigma_1 - \sigma_3)\cos 2\alpha \tag{4-4}$$

$$\tau = \frac{1}{2}(\sigma_1 - \sigma_3)\sin 2\alpha \tag{4-5}$$

式中 σ——与大主应面成 α 角的截面上的法向应力；

τ——与大主应面成 α 角的截面上的剪应力。

将式（4-4）、式（4-5）平方相加，整理得

$$\left(\sigma - \frac{\sigma_1 + \sigma_3}{2}\right)^2 + \tau^2 = \left(\frac{\sigma_1 - \sigma_3}{2}\right)^2 \tag{4-6}$$

式（4-6）为圆的方程，将其绘在 σ-τ 坐标系中，可得到圆心为 $\left(\frac{\sigma_1 + \sigma_3}{2},\ 0\right)$，半径为 $\frac{\sigma_1 - \sigma_3}{2}$ 的圆，该圆即为摩尔应力圆，如图4-4所示。从圆心逆时针旋转 2α 角与圆周交于 A 点，A 点的坐标（σ，τ）即为 M 点处与最大主应力面成 α 角的斜面上的法向应力和剪应力值。

2. 摩尔-库仑破坏准则

为了建立土的极限平衡条件，可将土体中某一点的摩尔应力圆与土的抗剪强度直线画在同一直角坐标系中，根据极限摩尔应力圆与土的抗剪强度直线相切的关系，就可判断土体在这一点上是否达到极限平衡状态。这种用摩尔应力圆与库仑强度直线相切的应力状态作为判别土体破坏的准则，称为摩尔-库仑破坏准则。土的抗剪强度直线又称为摩尔-库仑强度包线或抗剪强度包线。

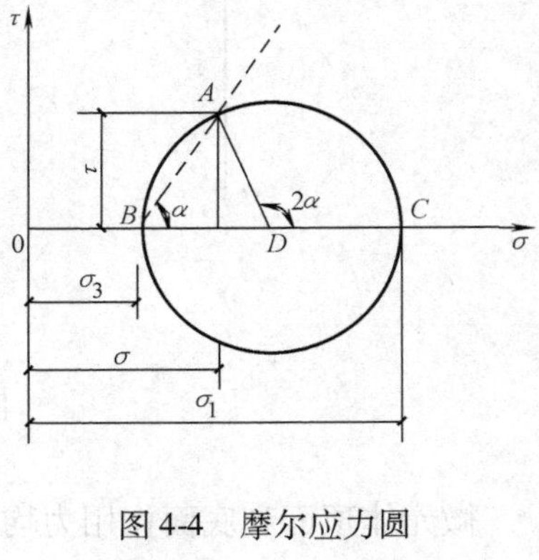

图4-4 摩尔应力圆

如图4-5所示，随着土中应力状态的改变，摩尔应力圆与强度包线之间的位置关系将发生三种变化情况，土中也将出现相应的三种平衡状态。

（1）$\tau < \tau_f$，当摩尔应力圆位于抗剪强度包线的下方时（图4-5中的圆Ⅰ），表明通过该

点的任意平面上的剪应力都小于土的抗剪强度，此时该点处于稳定平衡状态，不会发生剪切破坏。

（2）$\tau=\tau_f$，当摩尔应力圆与抗剪强度包线相切时（图4-5中的圆Ⅱ），表明在相切点所代表的平面上，剪应力正好等于土的抗剪强度，此时该点处于极限平衡状态，相应的应力圆称为极限应力圆。

（3）$\tau>\tau_f$，当摩尔应力圆与抗剪强度包线相割时（图4-5中的圆Ⅲ），表明该点某些平面的剪应力已超过了土的抗剪强度，此时该点已发生剪切破坏（由于此时地基应力将发生重分布，事实上该应力圆所代表的应力状态并不存在）。

3. 土的极限平衡条件

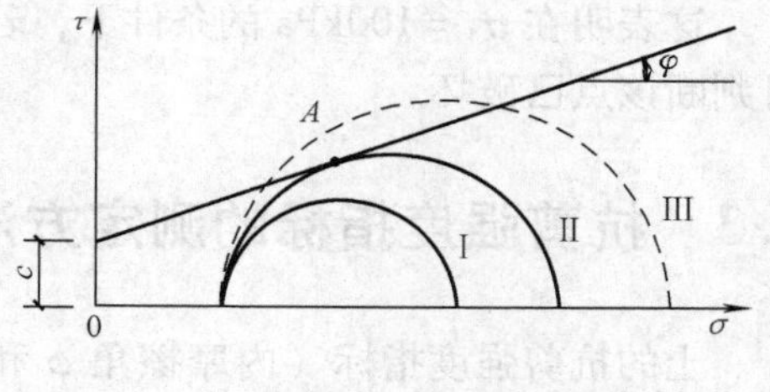

图4-5　土的抗剪强度与摩尔应力圆的关系

如上所述，当土体达到极限平衡状态时，摩尔应力圆与土的抗剪强度包线相切，如图4-6所示。设切点为A点，将抗剪强度包线τ_f延长与σ轴相交于E点，由直角三角形AED可知

$$\overline{AD}=\frac{\sigma_1-\sigma_3}{2}$$

$$\overline{ED}=c\cdot\cot\varphi+\frac{\sigma_1+\sigma_3}{2}$$

由$\triangle AED$得

$$\sin\varphi=\frac{\sigma_1-\sigma_3}{\sigma_1+\sigma_3+2c\cdot\cot\varphi} \tag{4-7}$$

式（4-7）也可表示为

$$\sigma_1=\sigma_3\tan^2\left(45°+\frac{\varphi}{2}\right)+2c\cdot\tan\left(45°+\frac{\varphi}{2}\right) \tag{4-8}$$

$$\sigma_3=\sigma_1\tan^2\left(45°-\frac{\varphi}{2}\right)-2c\cdot\tan\left(45°-\frac{\varphi}{2}\right) \tag{4-9}$$

剪切面倾角α_f有$2\alpha_f=90°+\varphi$，即$\alpha_f=45°+\frac{\varphi}{2}$。

式（4-7）~式（4-9）都表示土的极限平衡条件，在确定地基承载力及土压力计算中均需用到。土的极限平衡条件同时表明：土体剪切破坏时的破裂面不是发生在最大剪应力的作用面上，而是发生在与大主应力的作用面成$45°+\frac{\varphi}{2}$的平面上。

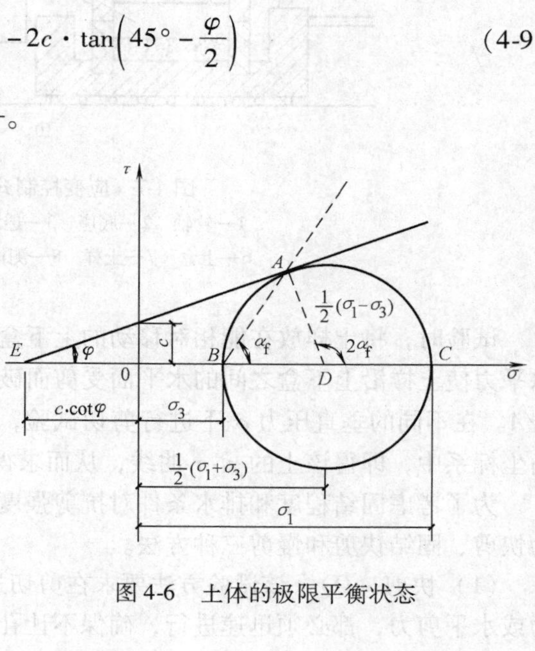

图4-6　土体的极限平衡状态

【例4-1】　某砂土地基的$\varphi=30°$，$c=0$，若在均布条形荷载p作用下，计算得到土中某点$\sigma_1=100\text{kPa}$，$\sigma_3=30\text{kPa}$，问该点是否破坏？

【解】　用两种方法计算。

(1) 已知 σ_3、φ、c，求 σ_1。由式（4-8）得

$$\sigma_1 = \sigma_3 \tan^2\left(45° + \frac{\varphi}{2}\right) = 30 \times \tan^2 60° = 90(\mathrm{kPa}) < 100\mathrm{kPa}$$

这表明在 $\sigma_3 = 30\mathrm{kPa}$ 的条件下，若该点处于极限平衡，则最大主应力为 90kPa。故可判断该点已破坏。

(2) 已知 σ_1、φ、c，求 σ_3。由式（4-9）得

$$\sigma_3 = \sigma_1 \tan^2\left(45° - \frac{\varphi}{2}\right) = 100 \times \tan^2 30° = 33.33(\mathrm{kPa}) > 30\mathrm{kPa}$$

这表明在 $\sigma_1 = 100\mathrm{kPa}$ 的条件下，若该点处于极限平衡，则最小主应力为 33. 33kPa。故可判断该点已破坏。

4.3 抗剪强度指标的测定方法

土的抗剪强度指标（内摩擦角 φ 和粘聚力 c）的测定方法有多种，室内有直接剪切试验、三轴压缩试验、无侧限抗压强度试验；现场原位测试有十字板剪切试验等。

4.3.1 直接剪切试验

直接剪切试验（简称直剪试验）是最直接测定土的抗剪强度的方法，详见本书土工试验指导书试验四内容。目前使用较多的是应变控制式直剪仪，如图 4-7 所示。

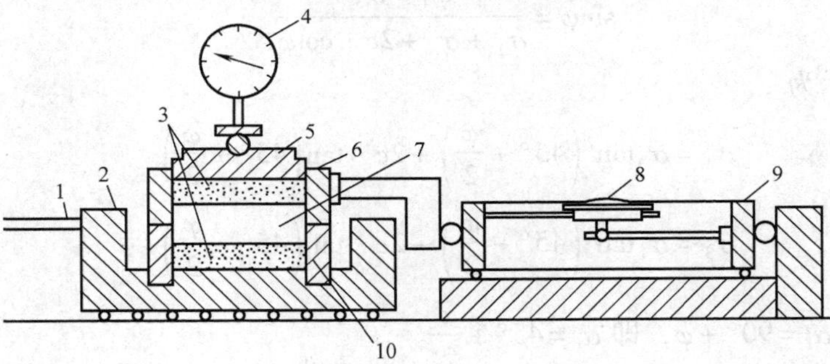

图 4-7 应变控制式直剪仪构造示意图

1—轮轴 2—底座 3—透水石 4—测微表 5—活塞
6—上盒 7—土样 8—测微表 9—量力环 10—下盒

试验时，将土样放在能相对移动的上下盒内，先施加一定的竖向压力，然后再加相应的水平力使土样沿上下盒之间的水平面受剪而破坏，便可得到抗剪强度 $\tau_f = T/A$ 与正应力 $\sigma = F/A$。在不同的垂直压力 σ 下进行剪切试验，可得相应的抗剪强度 τ_f，将 σ 与 τ_f 绘制在直角坐标系中，即得该土的 τ_f-σ 曲线，从而求得 φ 和 c 值（图 4-2）。

为了考虑固结程度和排水条件对抗剪强度的影响，根据加荷速率的快慢可将直剪试验分为快剪、固结快剪和慢剪三种方法。

(1) 快剪（Q） 该试验方法要求在剪切过程中土的含水量不变，因此，无论加垂直压力或水平剪力，都必须迅速进行，确保不让孔隙水排出。

（2）固结快剪（CQ） 试样在垂直压力下排水固结稳定后，迅速施加水平剪力，以保持土样的含水量在剪切前后基本不变。

（3）慢剪（S） 试样在垂直压力作用下，待充分排水固结稳定后，再缓慢施加水平剪力，使剪切过程中试样也充分排水固结，直至土样破坏。

直剪试验的优点是仪器构造简单，操作方便。缺点是剪切破坏面固定为上下盒之间的水平面，不一定是土样的最薄弱面；剪切时上下盒错开，受剪面积逐渐减小，而在计算抗剪强度时仍按土样原截面积计算；剪应力分布不均匀，中间小边缘大，且应力条件复杂；试验时不能严格控制排水条件和测量孔隙水压力值，因而对试验成果有影响。

4.3.2 三轴压缩试验

三轴压缩试验是测定土的抗剪强度的一种较为完善的方法。应变控制式三轴压缩仪由压力室、轴向加压设备、周围压力系统、反压力系统、孔隙水压力量测系统、轴向变形和体积变化量测系统组成，如图 4-8 所示。

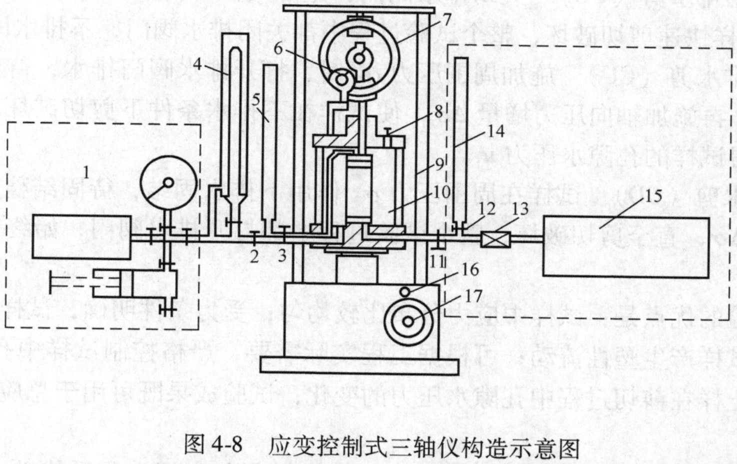

图 4-8 应变控制式三轴仪构造示意图

1—周围压力系统 2—周围压力阀 3—排水阀 4—体变管 5—排水管 6—轴向位移表 7—测力计 8—排气孔 9—轴向加设备 10—压力室 11—孔压阀 12—量压阀 13—孔压传感器 14—量管 15—孔压量测系统 16—离合器 17—手轮

常规三轴压缩试验的一般步骤为：

（1）将土样切制成圆柱体套在橡皮膜内，然后放入密闭的压力室中，根据试验排水要求启闭阀门开关。

（2）向压力室内注入气体或液体，使试样承受周围压力 σ_3，并使该周围压力在整个试验过程中保持不变。

（3）通过活塞杆对试样施加竖向压力直至 $\Delta\sigma$ 时，试样受剪破坏。

上述三轴压缩试验中，周围压力为最小主应力 σ_3，而竖向压力为最大主应力 σ_1（$\sigma_1 = \sigma_3 + \Delta\sigma$），由 σ_1、σ_3 即可绘制一个摩尔应力圆。用同一种土样的若干个试样（至少 3 个以上）在不同的 σ_3 下进行剪切，分别得出不同剪切破坏时的 σ_1，由此可绘制出一系列摩尔应力圆，这些应力圆的公切线即为抗剪强度包线，从而可求得 φ 和 c 值（图 4-9）。

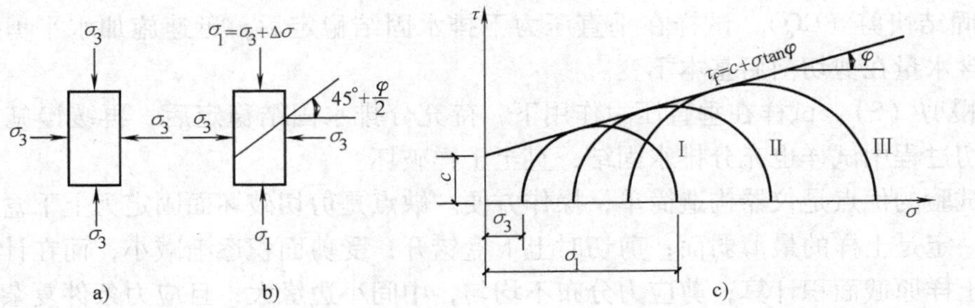

图 4-9　三轴试验基本原理

a）试样承受周围压力 σ_3 作用　b）破坏时土样应力状态　c）土样的摩尔应力圆与抗剪强度包线

根据试样的固结和排水条件不同，三轴试验可分为不固结不排水剪、固结不排水剪和固结排水剪三种方法，分别对应于直剪试验的快剪、固结快剪和慢剪试验。

（1）不固结不排水剪（UU）　关闭排水阀门，施加周围压力 σ_3，随后立即施加轴向压力增量 $\Delta\sigma$，使试样快速剪切破坏，整个试验过程中都关闭排水阀门，不排水固结。

（2）固结不排水剪（CU）　施加周围压力 σ_3 时，打开排水阀门排水，待试样固结稳定后关闭排水阀门，再施加轴向压力增量 $\Delta\sigma$，使试样在不排水条件下剪切破坏。三轴固结不排水剪试验可测得试样的孔隙水压力 u_f。

（3）固结排水剪（CD）　试样在周围压力 σ_3 作用下排水固结，待固结稳定后再缓慢施加轴向压力增量 $\Delta\sigma$，直至剪切破坏，整个试验过程中都打开排水阀门，始终保持试样的孔隙水压力为零。

三轴压缩试验的优点是：试样中应力分布比较均匀；受力条件明确，试样沿最薄弱的面产生剪切破坏或试样产生塑性流动；可根据工程实际需要，严格控制试样中孔隙水的排出，并能准确地测定土样在剪切过程中孔隙水压力的变化；试验成果既可用于总应力法，也可用于有效应力法。

其缺点是：试验仪器设备复杂，操作要求高，试样制备麻烦、易受扰动；试验在 $\sigma_2=\sigma_3$ 的轴对称条件下进行，与土体实际受力状态可能不符。

4.3.3　无侧限抗压强度试验

无侧限抗压强度试验实际上是三轴压缩试验的一种特殊情况，即周围压力 $\sigma_3=0$ 的三轴压缩试验，故又称单轴压缩试验（图 4-10）。试样在无侧限压力条件下剪切破坏时承受的最大轴向压力 q_u，称为无侧限抗压强度。由于无侧限抗压试验结果只能做出一个极限应力圆（$\sigma_3=0$，$\sigma_1=q_u$），因此对于一般粘性土无法做出强度包线。而饱和粘土，根据三轴不固结不排水剪试验结果，其强度包线近似于一水平线，即 $\varphi_u=0$（实际上饱和粘土的破坏常呈现为塑流变形，因此饱和粘土在 UU 条件下 $\varphi_u\approx0$），故可用无侧限抗压强度试验测定饱和粘土的不固结不排水强度$\left(\tau=c=\dfrac{q_u}{2}\right)$。

无侧限抗压强度试验仪器构造简单，操作方便，用来测定饱和粘性土的不固结不排水强度与灵敏度非常方便。

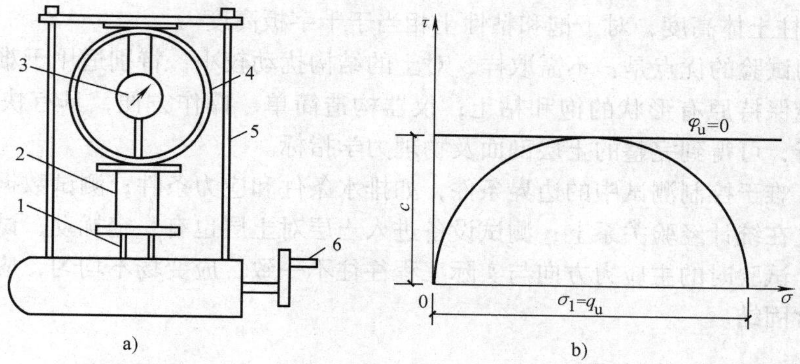

图 4-10 无侧限抗压强度试验

a）无侧限压力仪 b）试验结果

1—升降螺杆 2—式样 3—百分表 4—量力环 5—加压架 6—手轮

4.3.4 十字板剪切试验

十字板剪切试验是一种原位测试试验，可用于测定饱和粘性土（$\varphi\approx0$）的不排水抗剪强度和灵敏度。十字板剪切仪主要由十字板头、传力系统、扭力装置和测力装置等组成，如图 4-11 所示。

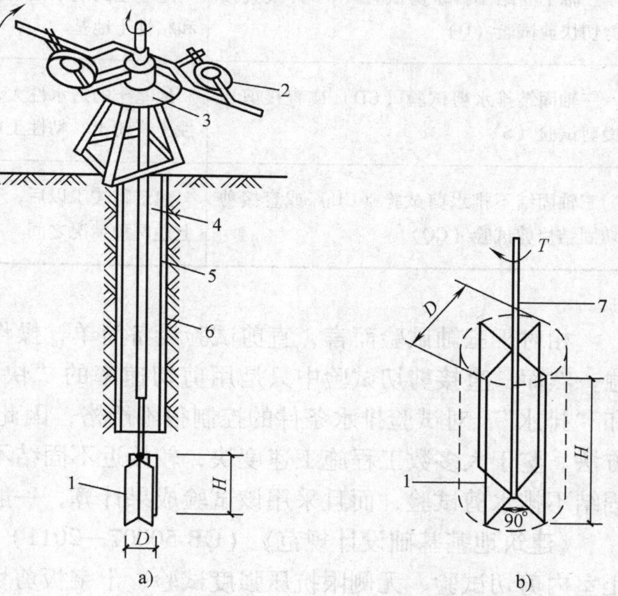

图 4-11 十字板剪切仪构造示意图

a）剪切仪 b）十字板头

1—十字板 2—应力环扭转柄 3—刻度盘

4—钻杆 5—套管 6—孔壁 7—轴杆

进行十字板剪切试验时，先用回转钻机开孔，下套管至预定试验深度以上 3～5 倍套管直径处，用螺旋钻清除套管内的残土，再将装有十字板头的钻杆放入孔底，并压入试验深度。然后，由地面上的扭力装置通过钻杆对十字板施加扭矩，使埋在土中的十字板扭转，直至土体剪切破坏，测出其相应的最大扭力矩。根据力矩的平衡条件，算出圆柱形剪破面上土的抗剪强度，即

$$\tau_f=\frac{2T}{\pi D^2\left(H+\dfrac{D}{3}\right)} \tag{4-10}$$

式中 τ_f——饱和粘性土不排水抗剪强度；

T——土体破坏时的最大扭矩；

D——十字板圆柱土体的直径；

H——圆柱土体高度，对于饱和粘性土相当于十字板高度。

十字板剪切试验的优点是：不需取样，对土的结构扰动较小，特别适用于难于取样或在自重作用下不能保持原有形状的饱和粘土；仪器构造简单、操作方便，具有快速经济的优点；能连续进行，可得到完整的土层剖面及物理力学指标。

其缺点是：难于控制测试中的边界条件，如排水条件和应力条件；测试数据和土的工程性质的关系建立在统计经验关系上；测试设备进入土层对土层也有一定扰动；试验应力路径无法很好控制，试验时的主应力方向与实际工程往往不一致；应变场不均匀，应变速率大于实际工程的正常固结。

4.3.5 抗剪强度指标的选用

土的抗剪强度指标随试验方法、排水条件的不同而不同，对于具体工程，应尽可能根据现场条件来确定所采用的试验方法，以获得合适的抗剪强度指标。土的抗剪强度室内试验方法的选用，参见表4-2。

表4-2 抗剪强度室内试验方法选用

试验方法	适 用 条 件
三轴不固结不排水剪试验（UU）或直接剪切快剪试验（Q）	地基土的透水性小，排水条件不良，建筑物施工速度较快；如厚层饱和粘性土地基
三轴固结排水剪试验（CD）或直接剪切慢剪试验（S）	地基土的透水性大，排水条件较佳，建筑物加荷速率较慢；如薄层粘性土、粉土、粘性土层中夹杂砂层等地基
三轴固结不排水剪试验（CU）或直接剪切固结快剪试验（CQ）	建筑物竣工以后，受到大量、快速新增荷载作用，或地基条件等介于上述两种情况之间

相对于三轴试验而言，直剪试验设备简单，操作方便，故目前在实际工程中使用比较普遍。然而，直接剪切试验中只是用剪切速率的“快”与“慢”来模拟试验中的“不排水”和“排水”，对试验排水条件的控制很不严格，因此在有条件的情况下应尽量采用三轴试验方法。鉴于大多数工程施工速度快，较接近不固结不排水剪切条件，所以一般应选用三轴不固结不排水剪试验，而且采用该试验成果计算，一般偏于安全。

《建筑地基基础设计规范》（GB 50007—2011）规定：土的抗剪强度指标，可采用原状土室内剪切试验、无侧限抗压强度试验、十字板剪切试验等方法测定；当采用室内剪切试验确定时，宜选择三轴压缩试验中不固结不排水试验；经过预压固结的地基可采用固结不排水试验。

《土工试验方法标准》（GB/T 50123—1999）规定：慢剪试验是直接剪切试验的主要方法，适用于细粒土；直剪试验的固结快剪和快剪试验只适用于渗透系数小于10^{-6}cm/s的细粒土。

做抗剪强度室内试验时，每层土的试验数量不得少于六组。由试验求得的抗剪强度指标φ、c为基本值，再按数理统计方法求其标准值φ_k、c_k，计算方法见《建筑地基基础设计规范》（GB50007—2011）附录E。

【例 4-2】 对某种饱和粘性土做固结不排水试验，三个试样破坏时的大、小主应力和孔隙水压力列于表 4-3 中，试用作图法确定土的强度指标 c_{cu}、φ_{cu} 和 c'、φ'。

表 4-3

σ_3/kPa	σ_1/kPa	u_f/kPa
60	143	23
100	220	40
150	313	67

【解】 按比例绘出三个总应力极限应力圆，如图 4-12 所示，再绘出总应力强度包线。

由 $\sigma'_1 = \sigma_1 - u_f$，$\sigma'_3 = \sigma_3 - u_f$ 可知，将总应力圆在水平轴上左移相应的 u_f 即得 3 个有效应力极限摩尔圆，如图中虚线圆，再绘出有效应力强度包线。根据强度包线得到：$c_{cu} = 10\text{kPa}$，$\varphi_{cu} = 18°$，$c' = 6\text{kPa}$，$\varphi' = 27°$。

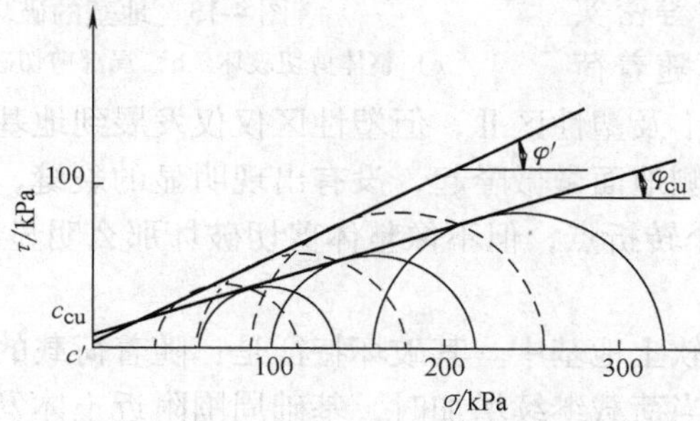

图 4-12 【例 4-2】 图

4.4 地基承载力的理论计算

4.4.1 地基的破坏形式

工程实践和试验研究表明，地基的破坏形式大致分为三种：整体剪切破坏、局部剪切破坏、冲切破坏，如图 4-13 所示。

1. 整体剪切破坏

整体剪切破坏常发生在浅埋基础下的密砂或硬粘土等坚实地基中。其破坏特征是：当基础上荷载较小时，基础下形成一个三角形压密区Ⅰ，随同基础压入土中；随着荷载增加，压密区向两侧挤压，土中产生塑性区，塑性区先在基础边缘产生，然后逐步扩展到Ⅱ、Ⅲ塑性区，这时基础的沉降增长率较前一阶段增大；当荷载超过极限荷载后，土中形成连续滑动面，并延伸到地面，土从基础两侧挤出并隆起，基础沉降急剧增加，整个地基剪切破坏，如图 4-13a 所示。

由 p-s 曲线（图 4-13a）可知，地基整体剪切破坏一般经历三个发展阶段：

（1）线弹性变形阶段（压密阶段），相当于荷载与沉降 p-s 曲线上的 oa 段，p-s 曲线接近于直线，地基处于弹性平衡状态，阶段终点的对应荷载 p_{cr} 称为比例界限或临塑荷载。

（2）弹塑性变形阶段（剪切阶段），相当于 p-s 曲线上的 ab 段（压力与沉降曲线不再成直线关系），地基中局部产生剪切破坏，出现塑性变形区，p-s 曲线呈曲线状，阶段终点的对应荷载 p_u 称为极限荷载。

（3）破坏阶段，相当于 p-s 曲线上的 bc 段，塑性区发展成连续滑动面，荷载增加，沉降急剧变化，p-s 曲线直线下降。

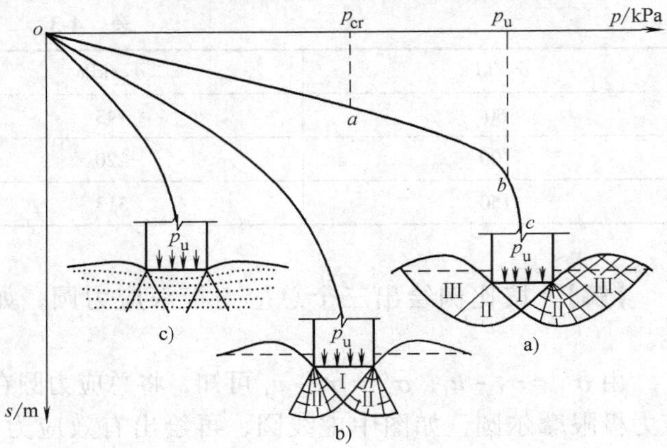

图 4-13　地基的破坏形式

a）整体剪切破坏　b）局部剪切破坏　c）冲切破坏

2. 局部剪切破坏

局部剪切破坏常发生在中等密实砂土地基中。其破坏特征是：随着荷载的增加，基础下出现压密区Ⅰ及塑性区Ⅱ，但塑性区仅仅发展到地基某一范围内，土中滑动面并不延伸到地面，基础两侧地面微微隆起，没有出现明显的裂缝，如图 4-13b 所示。局部剪切破坏的 p-s 曲线也有一个转折点，但不像整体剪切破坏那么明显。

3. 冲切破坏

冲切破坏常发生在松砂或软土地基中。其破坏特征是：随着荷载的增加，基础下土层发生压缩变形，基础随着下沉；当荷载继续增加时，基础周围附近土体发生竖向剪切破坏，使基础切入土中，但侧向变形较小，基础两侧地面没有明显隆起，如图 4-13c 所示。冲切破坏的 p-s 曲线上没有明显的转折点，没有比例界限，也没有极限荷载。

目前，地基承载力的计算理论仅限于整体剪切破坏形式，这是因为，这种破坏形式比较明确，有完整连续的滑动面。而局部剪切破坏和冲切破坏尚无可靠的计算方法，通常先按整体剪切破坏形式进行计算，再作一些修正。

4.4.2 地基的临塑荷载与临界荷载

1. 临塑荷载

地基的临塑荷载是指地基中将要出现但尚未出现塑性变形区时的基底附加压力。其计算公式可根据土中应力计算的弹性理论和土体极限平衡条件导出。

地基临塑荷载 p_{cr} 的计算公式为

$$p_{cr}=\frac{\pi(\gamma_m d+c\cdot\cot\varphi)}{\cot\varphi+\varphi-\frac{\pi}{2}}+\gamma_m d=N_d\gamma_m d+N_c c \tag{4-11}$$

式中　p_{cr}——地基临塑荷载（kPa）；

γ_m——基础底面以上土的加权平均重度，地下水位以下取浮重度（kN/m^3）；

d——基础埋深（m）；

c——基础底面以下土的粘聚力（kPa）；

φ——基础底面以下土的内摩擦角（°）；

N_d、N_c——承载力系数，可根据 φ 值按式（4-12）、式（4-13）计算。

$$N_d = \frac{\cot\varphi + \varphi + \dfrac{\pi}{2}}{\cot\varphi + \varphi - \dfrac{\pi}{2}} \tag{4-12}$$

$$N_c = \frac{\pi \cdot \cot\varphi}{\cot\varphi + \varphi - \dfrac{\pi}{2}} \tag{4-13}$$

2. 临界荷载

工程实践表明，采用上述临塑荷载 p_{cr} 作为地基承载力，十分安全而偏于保守。这是因为在临塑荷载作用下，地基处于压密状态的终点，即使地基发生局部剪切破坏，地基中塑性区有所发展，只要塑性区范围不超出某一限度，就不致影响建筑物的安全和正常使用。因此，可以采用临界荷载作为地基承载力。

临界荷载是指地基中已经出现塑性变形区，但尚未达到极限破坏时的基底附加压力。地基塑性区发展的容许深度与建筑物类型、荷载性质以及土的特性等因素有关。

一般认为，在中心垂直荷载下，塑性区的最大发展深度 z_{max} 可控制在基础宽度的 $\frac{1}{4}$，相应的临界荷载用 $p_{\frac{1}{4}}$ 表示。地基临界荷载 $p_{\frac{1}{4}}$ 的计算公式为

$$p_{\frac{1}{4}} = \frac{\pi\left(\gamma_m d + \dfrac{1}{4}\gamma b + c \cdot \cot\varphi\right)}{\cot\varphi + \varphi - \dfrac{\pi}{2}} + \gamma d = N_{\frac{1}{4}}\gamma b + N_d \gamma_m d + N_c c \tag{4-14}$$

式中 $p_{\frac{1}{4}}$——塑性区最大发展深度 $z_{max} = \frac{b}{4}$ 时的临界荷载（kPa）；

γ——基础底面以下土的重度，地下水位以下取浮重度（kN/m^3）；

b——基础宽度（m）；矩形基础取短边长；圆形基础取 $b = \sqrt{A}$，A 为圆形基础底面积；

$N_{\frac{1}{4}}$——承载力系数，按式（4-16）计算。

而对于偏心荷载作用的基础，塑性区的最大发展深度也可取 $z_{max} = \frac{b}{3}$，相应的临界荷载用 $p_{\frac{1}{3}}$ 表示。地基临界荷载 $p_{\frac{1}{3}}$ 的计算公式为

$$p_{\frac{1}{3}} = \frac{\pi\left(\gamma_m d + \dfrac{1}{3}\gamma b + c \cdot \cot\varphi\right)}{\cot\varphi + \varphi - \dfrac{\pi}{2}} + \gamma_m d = N_{\frac{1}{3}}\gamma b + N_d \gamma_m d + N_c c \tag{4-15}$$

式中 $p_{\frac{1}{3}}$——塑性区最大发展深度 $z_{max} = \frac{b}{3}$ 时的临界荷载（kPa）；

$N_{\frac{1}{3}}$——承载力系数，按式（4-17）计算。

临界荷载承载力系数 $N_{\frac{1}{4}}$、$N_{\frac{1}{3}}$ 为

$$N_{\frac{1}{4}} = \frac{\pi}{4\left(\cot\varphi + \varphi - \frac{\pi}{2}\right)} \tag{4-16}$$

$$N_{\frac{1}{3}} = \frac{\pi}{3\left(\cot\varphi + \varphi - \frac{\pi}{2}\right)} \tag{4-17}$$

必须指出，上述公式是在条形均布荷载作用下导出的，对于矩形和圆形基础，其结果偏于安全。此外，对于已出现塑性区的临界荷载公式，仍采用了弹性理论推导，条件不够严密，但塑性区范围不大时，由此引起的误差在工程上还是允许的。

【例 4-3】 某条形基础承受中心荷载。基础宽 2.0m，埋深 1.6m。地基土分为 3 层：表层为素填土，天然重度 $\gamma_1 = 18.2\text{kN/m}^3$，层厚 $h_1 = 1.6\text{m}$；第 2 层为粉土，$\gamma_2 = 19.0\text{kN/m}^3$，粘聚力 $c_2 = 12\text{kPa}$，内摩擦角 $\varphi_2 = 20°$，层厚 $h_2 = 6.0\text{m}$；第 3 层为粉质粘土，$\gamma_3 = 19.5\text{kN/m}^3$，粘聚力 $c_3 = 22\text{kPa}$，内摩擦角 $\varphi_3 = 18°$，层厚 $h_3 = 5.0\text{m}$。试计算该地基的临塑荷载和临界荷载。

【解】（1）按式（4-11）计算临塑荷载 p_{cr}。已知基础底面以上土的加权平均重度 $\gamma_m = \gamma_1 = 18.2\text{kN/m}^3$，基础埋深 $d = 1.6\text{m}$，基础底面以下土的粘聚力、内摩擦角分别取 $c = c_2 = 12\text{kPa}$、$\varphi = \varphi_2 = 20°$，则

$$p_{cr} = \frac{\pi(\gamma_m d + c \cdot \cot\varphi)}{\cot\varphi + \varphi - \frac{\pi}{2}} + \gamma_m d = \frac{\pi(18.2 \times 1.6 + 12 \times \cot 20°)}{\cot 20° + \frac{20}{180} \times \pi - \frac{\pi}{2}} + 18.2 \times 1.6$$

$$= 156.9\ (\text{kPa})$$

（2）在中心荷载作用下，按式（4-14）计算地基的临界荷载 $p_{\frac{1}{4}}$。已知基础底面以下土的重度 $\gamma = \gamma_2 = 19.0\text{kN/m}^3$，其他参数取值同上，则

$$p_{\frac{1}{4}} = \frac{\pi\left(\gamma_m d + \frac{1}{4}\gamma b + c \cdot \cot\varphi\right)}{\cot\varphi + \varphi - \frac{\pi}{2}} + \gamma_m d$$

$$= \frac{\pi\left(18.2 \times 1.6 + \frac{1}{4} \times 19.0 \times 2.0 + 12 \times \cot 20°\right)}{\cot 20° + \frac{20}{180} \times \pi - \frac{\pi}{2}} + 18.2 \times 1.6$$

$$= 176.1\ (\text{kPa})$$

4.4.3 地基的极限荷载

地基剪切破坏发展到即将失稳时所能承受的荷载，称为地基的极限荷载。相当于地基土中应力状态从剪切阶段过渡到隆起阶段时的界限荷载。

确定极限荷载的计算公式可归纳为两大类：一类是先假定地基土在极限状态下滑动面的形状，然后根据滑动土体的静力平衡条件求解，此法采用较多；另一类是根据土体的极限平衡理论，计算土中各点达到极限平衡时的应力和滑动面方向，并建立微分方程，根据边界条件求出地基达到极限平衡时各点的精确解。

计算地基极限荷载常用的公式有：太沙基公式、斯凯普顿公式、汉森公式等。

1. 太沙基（K. Terzaghi）公式

太沙基公式是世界各国常用的极限荷载计算公式，适用于基础底面粗糙的条形基础，并推广应用于圆形基础和方形基础。

对于条形基础

$$p_u = \frac{1}{2}\gamma b N_\gamma + \gamma_m d N_q + c N_c \tag{4-18}$$

式中　p_u——地基的极限荷载（kPa）；

γ——基础底面以下土的重度，地下水位以下取浮重度（kN/m^3）；

b——条形基础底面宽度（m）；

γ_m——基础底面以上土的加权平均重度，地下水位以下取浮重度（kN/m^3）；

d——基础埋深（m）；

c——基础底面下土的粘聚力（kPa）；

N_γ、N_q、N_c——承载力系数，仅与内摩擦角有关，可由表 4-4 查得，也可根据地基土的内摩擦角 φ 查专用的太沙基承载力系数曲线确定（图 4-14 中实线）。

表 4-4　太沙基公式承载力系数表

φ/°	0	5	10	15	20	25	30	35	40	45
N_γ	0	0.51	1.20	1.80	4.00	11.0	21.8	45.4	125	326
N_q	1.00	1.64	2.69	4.45	7.42	12.7	22.5	41.4	81.3	173.3
N_c	5.71	7.32	9.58	12.9	17.6	25.1	37.2	57.7	95.7	172.2

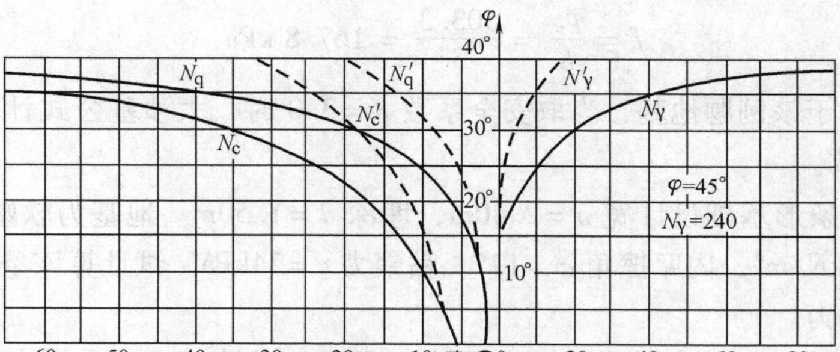

图 4-14　太沙基公式承载力系数

对于方形和圆形基础，太沙基提出采用经验系数修正后的公式，即

方形基础
$$p_u = 0.4\gamma b N_\gamma + \gamma_m d N_q + 1.2 c N_c \tag{4-19}$$

圆形基础
$$p_u = 0.6\gamma b N_\gamma + \gamma_m d N_q + 1.2 c N_c \tag{4-20}$$

式（4-18）~式（4-20）只适用于地基整体剪切破坏的情况，即地基土较密实，*p-s* 曲线有明显的转折点，破坏前沉降不大等情况。若土质松软，地基局部剪切破坏，*p-s* 曲线没

有明显的转折点，极限荷载较小时，太沙基建议采用较小的γ'、φ'值计算极限荷载。对于条形基础下的松软地基，其极限荷载计算公式为：

$$p_u = \frac{1}{2}\gamma b N'_\gamma + \gamma_m d N'_q + \frac{2}{3}c N'_c \tag{4-21}$$

式中 N'_γ、N'_q、N'_c——地基局部剪切时承载力系数，根据地基土的内摩擦角φ查图4-14中的虚线。

用太沙基极限荷载公式计算地基承载力时，应除以安全系数K，即

$$f = \frac{p_u}{K} \tag{4-22}$$

式中 f——地基承载力；

K——地基承载力安全系数，$K \geqslant 3$。

【例4-4】 若【例4-3】的地基属于整体剪切破坏，试采用太沙基公式确定其承载力，并与临界荷载$p_{\frac{1}{4}}$进行比较。

【解】 对于条形基础，当地基整体剪切破坏时，按太沙基公式（4-18）计算地基的极限荷载。根据内摩擦角$\varphi = 20°$，查表4-4得太沙基承载力系数为

$$N_\gamma = 4, N_q = 7.42, N_c = 17.6$$

则地基的极限荷载为

$$p_u = \frac{1}{2}\gamma b N_\gamma + \gamma_m d N_q + c N_c$$

$$= \frac{1}{2} \times 19.0 \times 2.0 \times 4.0 + 18.2 \times 1.6 \times 7.42 + 12 \times 17.6$$

$$= 503.3 \text{ (kPa)}$$

若取安全系数$K = 3$，可得地基承载力为

$$f = \frac{p_u}{K} = \frac{503.3}{3} = 167.8 \text{ kPa}$$

由此可见，对于该例题地基，当取安全系数$K = 3.0$时，太沙基公式计算的承载力与临界荷载$p_{\frac{1}{4}}$比较一致。

【例4-5】 某条形基础设计宽$b = 2.40\text{m}$，埋深$d = 1.50\text{m}$。地基为软塑状态粉质粘土，天然重度$\gamma = 18.6\text{kN/m}^3$，内摩擦角$\varphi = 12°$，粘聚力$c = 24\text{kPa}$。试计算该条形基础地基的极限荷载和地基承载力。

【解】 因地基为软塑状态粉质粘土，故该条形基础设计时，应采用太沙基松软地基极限荷载公式（4-21）计算。根据内摩擦角$\varphi = 12°$查图4-14中虚线，得承载力系数

$$N'_\gamma = 0, N'_q = 3.0, N'_c = 8.7$$

则地基的极限荷载为

$$p_u = \frac{1}{2}\gamma b N'_\gamma + \gamma_m d N'_q + \frac{2}{3}c N'_c = 18.6 \times 1.50 \times 3.0 + \frac{2}{3} \times 24 \times 8.7 = 222.9 \text{ (kPa)}$$

取安全系数$K = 3$，可得地基承载力为

$$f = \frac{p_u}{K} = \frac{222.9}{3} = 74.3 \text{ (kPa)}$$

由图 4-14 可见，松软土当 $\varphi<18°$时，$N'_\gamma=0$，则所计算的极限荷载的第 1 项$\frac{1}{2}\gamma bN'_\gamma=0$，因此计算结果 p_u 与 f_a 均相应减小。

2. 斯凯普顿（Skempton）公式

当地基土的内摩擦角 $\varphi=0$ 时，太沙基公式难以应用，这是因为太沙基公式中的承载力系数 N'_γ、N'_q、N'_c都是 φ 的函数。斯凯普顿专门研究了 $\varphi=0$ 的饱和软土地基的极限荷载计算，提出了斯凯普顿极限荷载计算公式。

$$p_u=5c\left(1+0.2\frac{b}{l}\right)\left(1+0.2\frac{d}{b}\right)+\gamma_m d \tag{4-23}$$

式中 c——地基土的粘聚力，取基础底面以下 $0.7b$ 深度范围内的平均值（kPa）；

γ_m——基础底面以上土的加权平均重度，地下水位以下取浮重度（kN/m^3）。

该公式适用于浅基础（基础埋深 $d\leqslant 2.5b$）下，内摩擦角 $\varphi=0$ 的饱和软土地基，并考虑了基础宽度与长度比值 b/l 的影响。工程实践表明，按斯凯普顿公式计算的地基极限荷载与实际接近。

用斯凯普顿极限荷载公式计算地基承载力时，应除以安全系数 K，K 取 1.1～1.5。

【例 4-6】 某独立柱基础，基底长 $l=4.0$m，宽 $b=2.0$m，埋深 $d=2.0$m。地基为饱和软土，内摩擦角 $\varphi=0$，粘聚力 $c=10$kPa，天然重度 $\gamma=10kN/m^3$。试计算该柱基础地基的极限荷载和地基承载力。

【解】 鉴于地基为饱和软土，$\varphi=0$，可采用斯凯普顿公式（4-23）来计算地基的极限荷载。即

$$\begin{aligned}p_u&=5c\left(1+0.2\frac{b}{l}\right)\left(1+0.2\frac{d}{b}\right)+\gamma_m d\\&=5\times10\times\left(1+0.2\times\frac{2.0}{4.0}\right)\times\left(1+0.2\times\frac{2.0}{2.0}\right)+19.0\times2.0\\&=104\ (\text{kPa})\end{aligned}$$

取安全系数 $K=1.5$，则地基的承载力为

$$f=\frac{p_u}{K}=\frac{104}{1.5}=69.3\ (\text{kPa})$$

3. 汉森（Hansen J. B.）公式

汉森公式适用于倾斜荷载作用下，不同基础形状和埋置深度的极限荷载的计算。由于适用范围较广，对水利工程有实用意义，已被我国港口工程技术规范所采用。

$$p_u=\frac{1}{2}\gamma bN_\gamma S_\gamma d_\gamma i_\gamma g_\gamma b_\gamma+\gamma_0 dN_q S_q d_q i_q g_q b_q+cN_c S_c d_c i_c g_c b_c \tag{4-24}$$

式中 N_γ、N_q、N_c——地基承载力系数；

S_γ、S_q、S_c——基础形状修正系数；

d_γ、d_q、d_c——深度修正系数；

i_γ、i_q、i_c——荷载倾斜修正系数；

g_γ、g_q、g_c——地面倾斜修正系数；

b_γ、b_q、b_c——基础底面修正系数。

用汉森极限荷载公式计算地基承载力时，应除以安全系数 K，$K\geqslant2$。

4.5 地基承载力特征值的确定

4.5.1 地基承载力特征值的概念

地基承载力特征值是指由载荷试验测定的地基土压力变形曲线线性变形段内规定的变形所对应的压力值，其最大值为比例界限值。

在我国现行的《建筑地基基础设计规范》（GB50007—2011）中采用“特征值”一词，用以表示正常使用极限状态计算时采用的地基承载力和单桩承载力的值，其涵义即为在发挥正常使用功能时所允许采用的抗力设计值，以避免过去一律提“标准值”时所带来的混淆。

《建筑地基基础设计规范》（GB50007—2011）规定：当按地基承载力计算以确定基础底面积和埋深或按单桩承载力确定桩的数量时，传至基础或承台底面上的作用效应应按正常使用极限状态采用标准组合，相应的抗力限值应采用修正后的地基承载力特征值或单桩承载力特征值。

地基基础设计首先应保证在上部结构荷载作用下，地基土不至于发生剪切破坏而失效且具有一定的安全储备。因而，要求基底压力不大于地基承载力特征值，即基底尺寸应满足地基强度及安全性条件。

地基承载力特征值的确定方法可归纳为三类：

（1）根据土的抗剪强度指标的相关理论公式进行计算。

（2）按现场载荷试验的 p-s 曲线确定。

（3）其他原位测试方法确定。

这些方法各有长短，互为补充，可结合起来综合确定。当场地条件简单，又有临近成功可靠的建设经验时，也可按建设经验选取地基承载力。

4.5.2 按理论公式确定地基承载力特征值

1. 按一般理论公式确定

前面已介绍了地基临塑荷载 p_{cr}、临界荷载 $p_{\frac{1}{4}}$ 和 $p_{\frac{1}{3}}$、极限荷载 p_u 的计算，它们均可用来确定地基承载力特征值。

若设计时不允许地基中出现局部剪切破坏，p_{cr} 就是地基的承载力特征值；但工程实践表明，对于给定的基础，地基从开始出现塑性区到整体破坏，相应的基础荷载有一个相当大的变化范围，即使地基中出现小范围的塑性区对整个建筑物上部结构的安全并无妨碍，而且相应的荷载与极限荷载 p_u 相比，一般仍有足够的安全度，因此临界荷载 $p_{\frac{1}{4}}$ 和 $p_{\frac{1}{3}}$ 也可作为地基的承载力特征值；当采用极限荷载 p_u 确定地基的承载力特征值时，p_u 应除以安全系数 K。

2. 按规范推荐公式确定

《建筑地基基础设计规范》（GB50007—2011）推荐采用以临界荷载 $p_{\frac{1}{4}}$ 为基础的理论公式计算地基承载力特征值。规范规定：当偏心距 e 小于或等于 0.033 倍基础底面宽度时，根据土的抗剪强度指标确定地基承载力特征值可按下式计算，并应满足变形要求。

$$f_a = M_b \gamma b + M_d \gamma_m d + M_c c_k \tag{4-25}$$

式中　f_a——由土的抗剪强度指标确定的地基承载力特征值（kPa）；

M_b、M_d、M_c——承载力系数，按表4-5确定；

γ——基础底面以下土的重度（kN/m^3），地下水位以下的土层取有效重度；

b——基础底面宽度（m），大于6m时按6m取值，对于砂土小于3m时按3m取值；

γ_m——基础底面以上土的加权平均重度（kN/m^3），地下水位以下的土层取有效重度；

c_k——基底下一倍短边宽度的深度内土的粘聚力标准值（kPa）；

d——基础埋置深度（m），宜自室外地面标高算起。在填方整平地区，可自填土地面标高算起，但填土在上部结构施工后完成时，应从天然地面标高算起；对于地下室，如采用箱形基础或筏板时，基础埋置深度自室外地面标高算起；当采用独立基础或条形基础，应从室内地面标高算起。

表4-5　承载力系数 M_b、M_d、M_c

土的内摩擦角标准值 φ_k/°	M_b	M_d	M_c	土的内摩擦角标准值 φ_k/°	M_b	M_d	M_c
0	0	1.00	3.14	22	0.61	3.44	6.04
2	0.03	1.12	3.32	24	0.80	3.87	6.45
4	0.06	1.25	3.51	26	1.10	4.37	6.90
6	0.10	1.39	3.71	28	1.40	4.93	7.40
8	0.14	1.55	3.93	30	1.90	5.59	7.95
10	0.18	1.73	4.17	32	2.60	6.35	8.55
12	0.23	1.94	4.42	34	3.40	7.21	9.22
14	0.29	2.17	4.69	36	4.20	8.25	9.97
16	0.36	2.43	5.00	38	5.00	9.44	10.80
18	0.43	2.72	5.31	40	5.80	10.84	11.73
20	0.51	3.06	5.66				

注：φ_k—基底下一倍短边宽深度内土的内摩擦角标准值。

【例4-7】 某柱下基础承受中心荷载作用，基础尺寸2.2m×3.0m，基础埋深2.5m。场地土为粉土，水位在地表以下2.0m，水位以上土的重度为$\gamma = 17.6kN/m^3$，水位以下饱和土重度为$\gamma_{sat} = 19kN/m^3$，土的粘聚力$c_k = 14kPa$，内摩擦角$\varphi_k = 21°$。试按规范推荐的理论公式确定地基承载力特征值。

【解】 由$\varphi_k = 21°$，查表4-5并作内插，得$M_b = 0.56$，$M_d = 3.25$，$M_c = 5.85$。

基底以上土的加权平均重度

$$\gamma_m = \frac{17.6 \times 2.0 + (19-10) \times 0.5}{2.5} = 15.9\,(kN/m^3)$$

由式（4-25）得

$$\begin{aligned} f_a &= M_b \gamma b + M_d \gamma_m d + M_c c_k \\ &= 0.56 \times (19-10) \times 2.2 + 3.25 \times 15.9 \times 2.5 + 5.85 \times 14 \\ &= 222.2\,(kPa) \end{aligned}$$

4.5.3 按载荷试验确定地基承载力特征值

载荷试验是一种原位测试㊀技术，能够模拟建筑物地基的实际受荷条件，比较准确地反映地基土受力状况和变形特征，是直接确定地基承载力最可靠的方法。但载荷试验费时、耗资，因此规范只要求对地基基础设计等级为甲级的建筑物采用。

载荷试验包括浅层平板载荷试验、深层平板载荷试验和螺旋板载荷试验。浅层平板载荷试验，适用于确定浅部地基土层的承压板下应力主要影响范围内的承载力；深层平板载荷试验，适用于确定深部地基土层（埋深 $d \geqslant 3$m 和地下水位以上的地基土）及大直径桩桩端土层在承压板下应力主要影响范围内的承载力；螺旋板载荷试验适用于深层地基土或地下水位以下的地基土。

图 4-15 所示为现场浅层平板载荷试验示意图。试验时，将一个刚性承压板平置于欲试验的土层表面，通过千斤顶或重块在板上分级施加荷载，观测记录沉降随时间的发展以及稳定时的沉降量 s，将上述试验得到的各级荷载与相应的稳定沉降量绘制成 p-s 曲线，由此曲线即可确定地基承载力和地基土变形模量。

浅层平板载荷试验要点如下。

（1）浅层平板载荷试验承压板面积不应小于 0.25m^2，对于软土不应小于 0.5m^2。

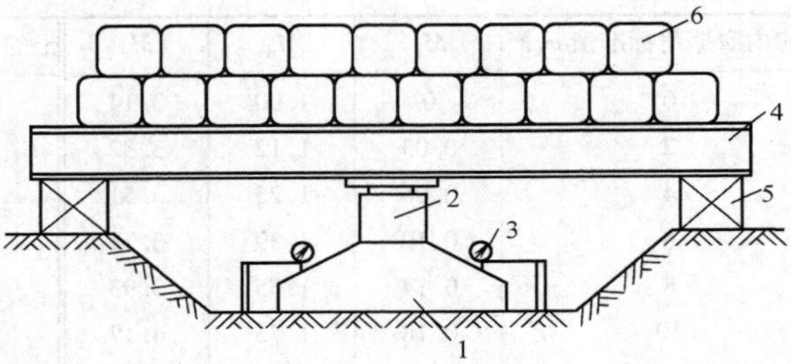

图 4-15 现场浅层平板载荷试验示意图
1—承压板 2—千斤顶 3—百分表
4—平台 5—支墩 6—堆载

（2）试验基坑宽度不应小于承压板宽度或直径的三倍。应保持试验土层的原状结构和天然湿度。宜在拟试压表面用粗砂或中砂层找平，其厚度不超过 20mm 。

（3）加荷分级不应少于 8 级。最大加载量不应小于设计要求的两倍。

（4）每级加载后，按间隔 10min、10min、10min、15min、15min，以后为每隔半小时测读一次沉降量，当在连续两小时内，每小时的沉降量小于 0.1mm 时，则认为已趋稳定，可加下一级荷载。

（5）当出现下列情况之一时，即可终止加载：

1）承压板周围的土明显地侧向挤出。

2）沉降 s 急骤增大，荷载与沉降曲线（p-s 曲线）出现陡降段。

3）在某一级荷载下，24h 内沉降速率不能达到稳定。

4）沉降量与承压板宽度或直径之比大于或等于 0.06。

当满足前三种情况之一时，其对应的前一级荷载定为极限荷载。

（6）承载力特征值的确定：

1）对于密实砂土、硬塑粘土等低压缩性土，当 p-s 曲线上有比例界限时，考虑到低压缩性土的承载力特征值一般由强度安全控制，取该比例界限所对应的荷载值 p_{cr} 作为承载力

㊀ 原位测试是指在岩土工程勘察现场，不扰动或基本不扰动岩土层的情况下对岩土层进行测试。

特征值（图 4-16a）。

2）对于比例界限荷载值 p_{cr} 与极限荷载 p_u 很接近的土，当 $p_u < 2p_{cr}$ 时，取 $\frac{p_u}{2}$ 作为承载力特征值。

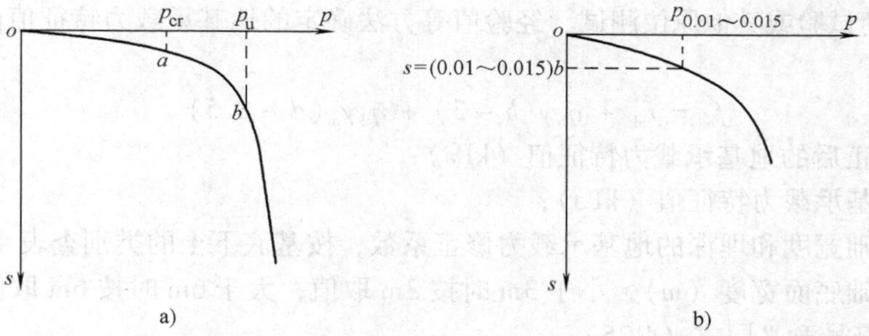

图 4-16　载荷试验确定承载力特征值

a）有明显转折点的 p-s 曲线　b）无明显转折点的 p-s 曲线

3）对于中、高压缩性土，如松砂、填土、可塑性粘土等，p-s 曲线无明显转折点，其地基承载力往往通过相对变形来控制。规范总结了许多实测资料，规定当压板面积为 0.25 ~ 0.50m² 时，取 $s = (0.010 \sim 0.015)b$ 所对应的荷载作为承载力特征值，但其值不应大于最大加载量的一半（图 4-16b）。

同一土层参加统计的试验点不应少于三点，当试验实测值的极差不超过其平均值的 30% 时，取此平均值作为该土层的地基承载力特征值 f_{ak}。

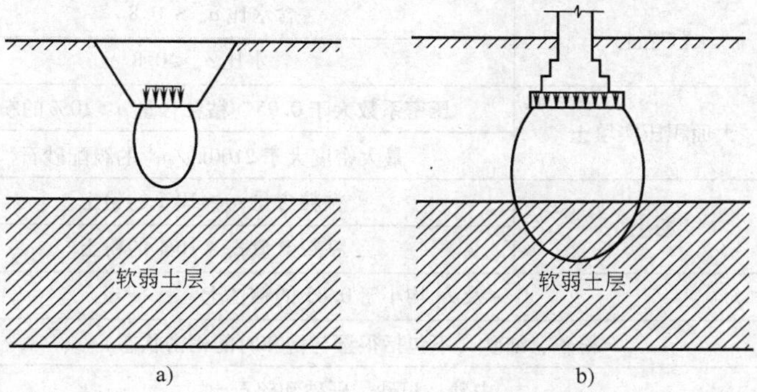

图 4-17　基础宽度对附加应力的影响

a）载荷试验　b）实际基础

载荷板的尺寸一般比实际基础小，影响深度也较小，试验只反映这个范围内土层的承载力。如果载荷板影响深度之下存在软弱下卧层，而该层又处于基础的主要受力层内，如图 4-17 所示的情况，此时除非采用大尺寸载荷板作试验，否则意义不大。

4.5.4　其他原位试验确定地基承载力特征值

除载荷试验外，静力触探、动力触探、标准贯入试验等原位测试，在我国已经积累了丰富经验，《建筑地基基础设计规范》（GB50007—2011）允许将其应用于确定地基承载力特征值。但是强调必须有地区经验，即当地的对比资料。同时还应注意，当地基基础设计等级为甲级和乙级时，应结合室内试验成果综合分析，不宜单独应用。

静力触探、动力触探、标准贯入试验等原位测试，参见本书 8.3 节内容。

4.5.5 地基承载力特征值修正

理论分析和工程实践表明，增加基础宽度和埋置深度，地基的承载力也将随之提高。而上述原位测试中，地基承载力测定都是在一定条件下进行的，因此，必须考虑这两个因素的影响。《建筑地基基础设计规范》（GB50007—2011）规定：当基础宽度大于3m或埋置深度大于0.5m时，从载荷试验或其他原位测试、经验值等方法确定的地基承载力特征值尚应按下式修正。

$$f_a = f_{ak} + \eta_b\gamma(b-3) + \eta_d\gamma_m(d-0.5) \tag{4-26}$$

式中 f_a——修正后的地基承载力特征值（kPa）；

f_{ak}——地基承载力特征值（kPa）；

η_b、η_d——基础宽度和埋深的地基承载力修正系数，按基底下土的类别查表4-6取值；

b——基础底面宽度（m），小于3m时按3m取值，大于6m时按6m取值；

γ、γ_m、d 符号意义同式（4-25）。

表4-6 地基承载力修正系数

土的类别		η_b	η_d
淤泥和淤泥质土		0	1.0
人工填土；e或I_L大于等于0.85的粘性土		0	1.0
红粘土	含水比 $a_w > 0.8$	0	1.2
	含水比 $a_w \leqslant 0.8$	0.15	1.4
大面积压实填土	压密系数大于0.95、粘粒含量 $\rho \geqslant 10\%$ 的粉土	0	1.5
	最大密度大于 $2100kg/m^3$ 的级配砂石	0	2.0
粉土	粘粒含量 $\rho_c \geqslant 10\%$ 的粉土	0.3	1.5
	粘粒含量 $\rho_c < 10\%$ 的粉土	0.5	2.0
e及I_L均小于0.85的粘性土		0.3	1.6
粉砂、细砂（不包括很湿与饱和时的稍密状态）		2.0	3.0
中砂、粗砂、砾砂和碎石土		3.0	4.4

注：1. 强风化和全风化的岩石，可参照所风化成的相应土类取值，其他状态下的岩石不修正。
2. 地基承载力特征值按《建筑地基基础设计规范》附录D深层平板载荷试验确定时 η_d 取0。
3. 含水比指含水量与液限的比值，即 $a_w = w/w_L$。
4. 大面积压实填土是指填土范围大于两倍基础宽度的填土。

【例4-8】 某场地土层分布及各项物理力学指标如图4-18所示，若在该场地拟建下列基础：（1）柱下独立基础，底面尺寸为2.6m×4.8m，基础底面设置于粉质粘土层顶面；（2）高层箱形基础，底面尺寸12m×45m，基础埋深为4.2m。试确定这两种情况下修正后的地基承载力特征值。

【解】（1）确定柱下独立基础修正后的地基承载力特征值。已知 $b=2.6m<3m$，按3m考虑，$d=2.1m$。粉质粘土层水位以上

$$I_L = \frac{w-w_P}{w_L-w_P} = \frac{25-22}{34-22} = 0.25$$

$$e = \frac{G_s(1+w)\gamma_w}{\gamma} - 1 = \frac{2.71\times(1+0.25)\times10}{18.6} - 1 = 0.82$$

查表4-6，得 $\eta_b=0.3$，$\eta_d=1.6$，将各指标值代入式（4-26），得

$$\begin{aligned}f_a &= f_{ak}+\eta_b\gamma(b-3)+\eta_d\gamma_m(d-0.5)\\ &=165+0+1.6\times17\times(2.1-0.5)\\ &=208.5\ (\text{kPa})\end{aligned}$$

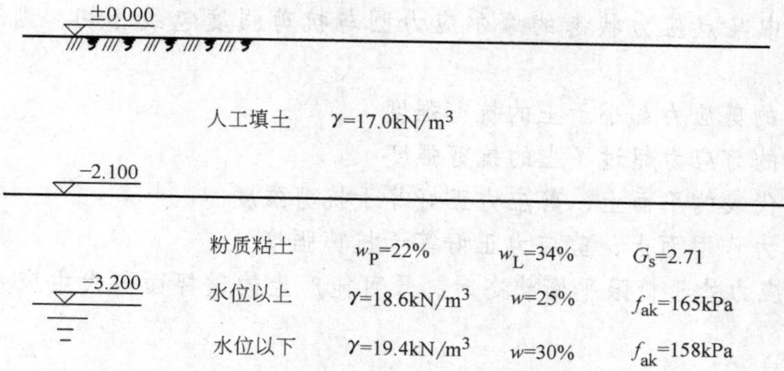

图4-18 某场地土层分布及各项物理力学指标

（2）确定箱形基础修正后的地基承载力特征值。已知 $b=6\text{m}$，按6m考虑，$d=4.2\text{m}$，基础底面以下

$$I_L=\frac{w-w_P}{w_L-w_P}=\frac{30-22}{34-22}=0.67$$

$$e=\frac{G_s(1+w)\gamma_w}{\gamma}-1=\frac{2.71\times(1+0.30)\times10}{19.4}-1=0.82$$

水位以下浮重度

$$\gamma'=\frac{G_s-1}{1+e}\gamma_w=\frac{(2.71-1)\times10}{1+0.82}=9.4\ (\text{kN/m}^3)$$

或

$$\gamma'=\gamma_{sat}-\gamma_w=9.4\ (\text{kN/m}^3)$$

基础底面以上土的加权平均重度为

$$\gamma_m=\frac{17\times2.1+18.6\times1.1+9.4\times1}{4.2}=15.6\ (\text{kN/m}^3)$$

查表4-6，得 $\eta_b=0.3$，$\eta_d=1.6$，将各指标值代入式（4-26），得

$$\begin{aligned}f_a &= f_{ak}+\eta_b\gamma(b-3)+\eta_d\gamma_m(d-0.5)\\ &=158+0.3\times9.4\times(6-3)+1.6\times15.6\times(4.2-0.5)\\ &=258.8\ (\text{kPa})\end{aligned}$$

思　考　题

4-1　何谓土的抗剪强度？同一种土的抗剪强度是不是一个定值？

4-2　什么是土的抗剪强度指标？影响土的抗剪强度的因素有哪些？

4-3　土体发生剪切破坏的平面是否为剪应力最大的平面？在什么情况下，破裂面与最大剪应力面一致？

4-4　什么是土的极限平衡状态？土的极限平衡条件是什么？

4-5　为什么土的抗剪强度与试验方法有关？如何根据工程实际选择试验方法？

4-6 地基分为哪三种破坏形式？各有什么特点？

4-7 临塑荷载、临界荷载及极限荷载三者有什么关系？

4-8 什么是地基承载力特征值？如何确定？

4-9 单项选择题

（1）若代表土中某点应力状态的摩尔应力圆与抗剪强度包线相切，则表明土中该点______。

A. 任一平面上的剪应力都小于土的抗剪强度

B. 某一平面上的剪应力超过了土的抗剪强度

C. 在相切点所代表的平面上，剪应力正好等于抗剪强度

D. 在最大剪应力作用面上，剪应力正好等于抗剪强度

（2）均匀土体应力处于极限平衡状态时，最可能产生的破坏面与大主应力 σ_1 作用面的夹角为______。

A. $45° - \frac{\varphi}{2}$ B. 45° C. $45° + \frac{\varphi}{2}$ D. 60°

（3）粘性土中某点的大主应力为 $\sigma_1 = 400\text{kPa}$，其内摩擦角 $\varphi = 20°$，$c = 10\text{kPa}$，该点发生破坏时的小主应力的大小为______。

A. 182kPa B. 294kPa C. 266kPa D. 210kPa

（4）当工程的地基为粘性土层，厚度不大，且上、下均有中砂层，施工速度较慢，工期长，应采用______试验测土抗剪强度指标。

A. 固结排水剪 B. 固结不排水剪 C. 不固结不排水剪 D. 十字板剪切

（5）无侧限抗压强度试验相当于周围压力 $\sigma_3 = 0$ 的______试验，破坏时试样所能承受的最大轴向应力 q_u 称为无侧限抗压强度。

A. 固结不排水剪 B. 不固结不排水剪 C. 固结快剪 D. 固结排水剪

（6）当基础相对埋深较大时，对于______，较易发生整体剪切破坏。

A. 高压缩性土 B. 中压缩性土 C. 低压缩性土 D. 软土

（7）一般认为，在中心垂直荷载下，塑性区的最大发展深度 z_{max} 可控制在基础宽度的______。

A. 一倍 B. 1/2 C. 1/3 D. 1/4

（8）使地基形成连续滑动面的相应的荷载该是地基的______。

A. p_{cr} B. p_u C. $p_{\frac{1}{3}}$ D. $p_{\frac{1}{4}}$

（9）十字板剪切试验常用于现场测定______的原位不排水抗剪强度。

A. 砂土 B. 粉土 C. 粘性土 D. 饱和粘性土

（10）下列______不属于原位测试方法。

A. 平板载荷试验 B. 固结试验 C. 旁压试验 D. 触探试验

习　题

4-1 已知某土的抗剪强度指标为 $c = 15\text{kPa}$，$\varphi = 25°$。若 $\sigma_3 = 100\text{ kPa}$，试求：

（1）达到极限平衡状态时的大主应力 σ_1；

（2）极限平衡面与大主应力面的夹角；

（3）当 $\sigma_1 = 300\text{kPa}$，试判断该点所处应力状态。

4-2 某高层建筑地基取原状土进行直剪试验，4 个试样的法向压力 p 分别为 100、200、300、400kPa，测得试样破坏时相应的抗剪强度为 τ_f 分别为 67、119、162、216kPa。试用做图法，求此土的抗剪强度指标 c、φ 值。若作用在此地基中某平面上的正应力和剪应力分别为 225kPa 和 105kPa，试问该处是否会发生剪切破坏？

4-3 已知地基中某一点所受的最大主应力为 $\sigma_1 = 600\text{kPa}$，最小主应力 $\sigma_3 = 100\text{kPa}$。

（1）绘制摩尔应力圆；

（2）求最大剪应力值和最大剪应力作用面与大主应力面的夹角；

（3）计算作用在与小主应力面成 30°的面上的正应力和剪应力。

4-4 某地基为饱和粘土，进行三轴固结不排水剪切试验，测得 4 个试样剪损时的最大主应力 σ_1、最小主应力 σ_3 和孔隙水压力 u 的数值如表 4-7 所示。试用总应力法和有效应力法，确定抗剪强度指标。

4-5 根据某固结不排水三轴压缩试验可以得到表 4-8 的关系，试求与这个土样有效应力相关的粘聚力 c'，内摩擦角 φ'。

表 4-7

σ_1/kPa	145	218	310	401
σ_3/kPa	60	100	150	200
u_f/kPa	31	57	92	126

表 4-8

围压 σ_3 /kPa	主应力差 $\Delta\sigma$/kPa	最大应力差时的孔隙水压力 u_f /kPa
100	57.1	49.0
200	110.1	94.5
300	193.8	28.2

4-6 某条形基础基底宽度 $b = 3.00\text{m}$，基础埋深 $d = 2.00\text{m}$，地下水位接近地面。地基为砂土，饱和重度 $\gamma_{sat} = 21.1\text{kN/m}^3$，内摩擦角 $\varphi = 30°$，荷载为中心荷载。

（1）求地基的临界荷载；

（2）若基础埋深 d 不变，基底宽度 b 加大一倍，求地基临界荷载；

（3）若基底宽度 b 不变，基础埋深加大一倍，求地基临界荷载；

（4）从上述计算结果可以发现什么规律？

4-7 条形筏板基础宽度 $b = 12\text{m}$，埋深 $d = 2\text{m}$，建于均匀粘土地基上，粘土的 $\gamma = 18\text{kN/m}^3$，$\varphi = 15°$，$c = 15\text{kPa}$，试求：

（1）临塑荷载 p_{cr}和界限荷载 $p_{\frac{1}{4}}$值；

（2）用太沙基公式计算地基极限承载力 p_u 值；

（3）若地下水位位于基础底面处（$\gamma_{sat} = 19.7\text{kN/m}^3$），计算 p_{cr}和 $p_{\frac{1}{4}}$值。

4-8 已知某拟建建筑物场地地质条件，第 1 层：杂填土，层厚 1.0m，$\gamma = 18\text{kN/m}^3$；第 2 层：粉质粘土，层厚 4.2m，$\gamma = 18.5\text{kN/m}^3$，$e = 0.85$，$I_L = 0.75$，地基承载力特征值 $f_{ak} = 130\text{kPa}$。试按下列基础条件分别计算修正后的地基承载力特征值：

（1）当基础底面为 $4.0\text{m} \times 2.5\text{m}$ 的矩形独立基础，埋深 $d = 1.2\text{m}$；

（2）当基础底面为 $9.0\text{m} \times 42\text{m}$ 的箱形基础，埋深 $d = 4.2\text{m}$。

4-9 某建筑物承受中心荷载的柱下独立基础底面尺寸为 $3.5\text{m} \times 1.8\text{m}$，埋深 $d = 1.8\text{m}$；地基土为粉土，土的物理力学性质指标：$\gamma = 17.8\text{kN/m}^3$，$c_k = 2.5\text{kPa}$，$\varphi_k = 30°$，试确定持力层的地基承载力特征值。

第 5 章 土压力与土坡稳定分析

本章学习要求

- 了解土压力的基本概念；
- 熟悉土压力的计算理论、计算方法，学会运用土压力的计算理论进行一般重力式挡土墙的设计；
- 了解土坡稳定分析的理论与方法。

5.1 土压力概述

土压力是指挡土墙后的填土因自重或外荷载作用对墙背产生的侧向压力。挡土墙（或挡土结构）是防止土体坍塌的构筑物，通常采用砖、块石、素混凝土以及钢筋混凝土等材料建成，广泛应用于房屋建筑、桥梁、公路、铁路、港口以及水利等工程，如图 5-1 所示。由于土压力是挡土墙的主要外荷载，因此设计挡土墙时首先要确定土压力的性质、大小、方向和作用点。

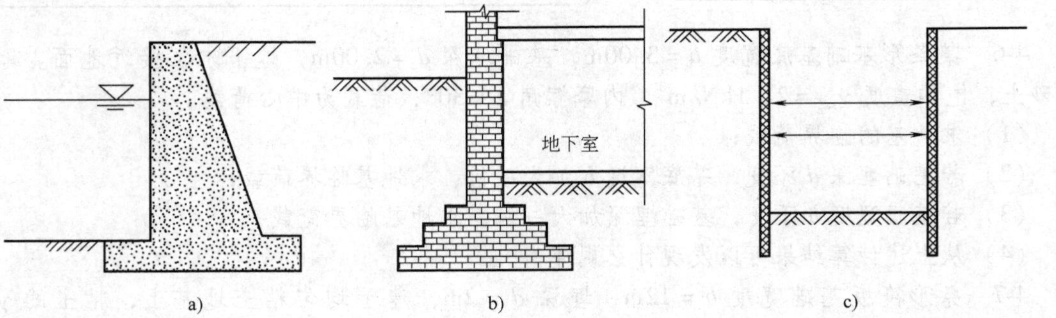

图 5-1 常见挡土墙结构

a）码头挡土墙 b）地下室侧墙 c）基坑支护结构

挡土墙土压力的大小及其分布规律受到墙体可能的移动方向、墙后填土的种类、填土面的形式、墙的截面刚度和地基的变形等一系列因素的影响。根据挡土墙的位移情况和墙后土体所处的应力状态，通常将土压力分为以下三种类型：

（1）静止土压力 当挡土墙静止不动，墙后填土处于弹性平衡状态时，土对墙的压力称为静止土压力，一般用 E_0 表示（图 5-2a）。

（2）主动土压力 当挡土墙向离开土体方向位移至墙后土体达到极限平衡状态时，作用于墙上的土压力称为主动土压力，常用 E_a 表示（图 5-2b）。

（3）被动土压力 当挡土墙在外力作用下向土体方向位移至墙后土体达到极限平衡状态时，作用在墙背上的土压力称为被动土压力，常用 E_p 表示（图 5-2c）。

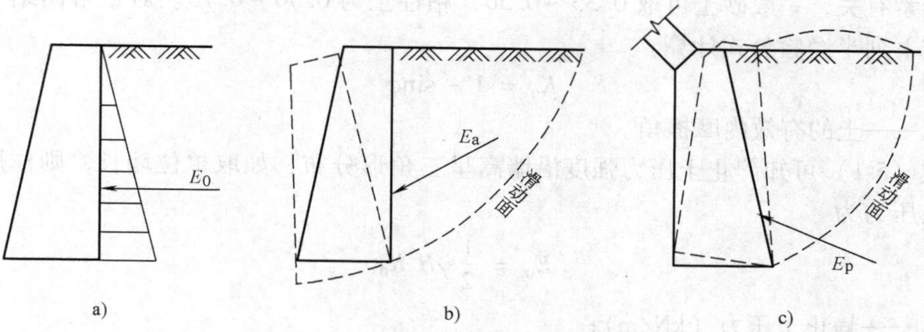

图 5-2 挡土墙的土压力类型

a）静止土压力 b）主动土压力 c）被动土压力

实验表明：在相同条件下，主动土压力小于静止土压力，而静止土压力又小于被动土压力，亦即 $E_a < E_0 < E_p$。图 5-3 给出了三种土压力与挡土墙位移的关系。由图可见，产生被动土压力所需要的位移量 Δp 比产生主动土压力所需的位移量 Δa 要大得多。

挡土墙计算属平面一般问题，故在土压力计算中，均取一延米的墙长度，土压力单位取 kN/m，而土压力强度则取 kPa。土压力的计算理论主要有朗肯土压力理论和库仑土压力理论。

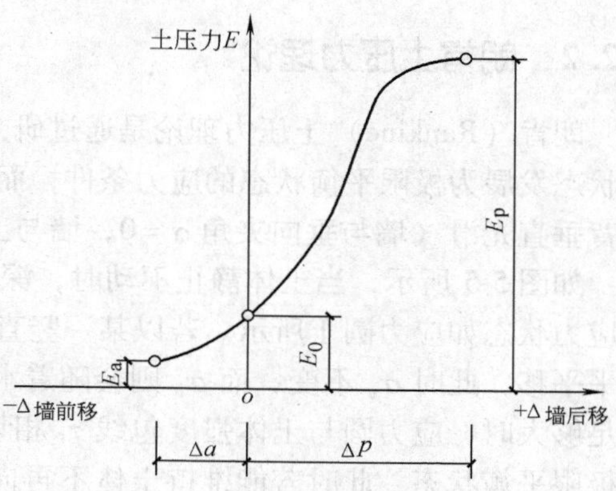

图 5-3 土压力与挡土墙位移的关系

5.2 土压力计算

5.2.1 静止土压力计算

如图 5-4 所示，在墙后土体中任意深度 z 处取一微小单元体，作用于该土单元上的竖直向主应力就是自重应力 $\sigma_z = \gamma z$，作用在挡土墙背面的静止土压力强度可以看做土体自重应力的水平分量，则该点的静止土压力强度可按下式计算。

$$\sigma_0 = K_0 \gamma z \qquad (5\text{-}1)$$

其中 σ_0——静止土压力强度（kPa）；

K_0——土的侧压力系数或者静止土压力系数；

γ——墙后填土的重度（kN/m³）。

静止土压力系数 K_0 与土的性质、密实

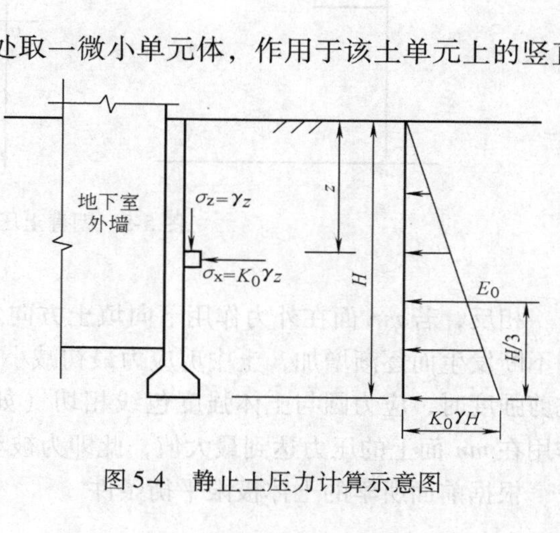

图 5-4 静止土压力计算示意图

程度等因素有关，一般砂土可取 0.35～0.50，粘性土为 0.50～0.70。对正常固结土，也可近似地按下列半经验公式计算。

$$K_0 = 1 - \sin\varphi' \tag{5-2}$$

式中 φ'——土的有效内摩擦角。

由式（5-1）可知静止土压力强度沿墙高呈三角形分布，如取单位墙长，则作用在墙上的静止土压力为

$$E_0 = \frac{1}{2}\gamma H^2 K_0 \tag{5-3}$$

式中 E_0——静止土压力（kN/m）；

H——挡土墙高度（m）。

静止土压力 E_0 的作用点在距离墙底的$\frac{1}{3}H$处，即三角形的形心处。

5.2.2 朗肯土压力理论

朗肯（Rankine）土压力理论是通过研究自重应力下，半无限土体内各点应力从弹性平衡状态发展为极限平衡状态的应力条件，而得出的土压力计算理论。其基本假定是：挡土墙墙背垂直光滑（墙与垂向夹角 $\alpha=0$，墙与土的摩擦角 $\delta=0$）；墙后填土面水平（$\beta=0$）。

如图 5-5 所示，当土体静止不动时，深度 z 处应力状态为 $\sigma_v=\sigma_z=\gamma z$，$\sigma_h=K_0\gamma z$，该点的应力状态如应力圆 I 所示。若以某一竖直光滑面 mn 代替挡土墙墙背，并假定 mn 面向外水平平移，此时 σ_v 不变，而 σ_h 则会随着水平位移的不断发生而逐渐减小。当 mn 的水平位移足够大时，应力圆与土体强度包线 τ_f 相切，应力状态如应力圆 Ⅱ 所示，表示土体达到主动极限平衡状态，此时若能维持土体不再向前移动，σ_h 减小至最小值，此即为主动土压力强度 σ_a。

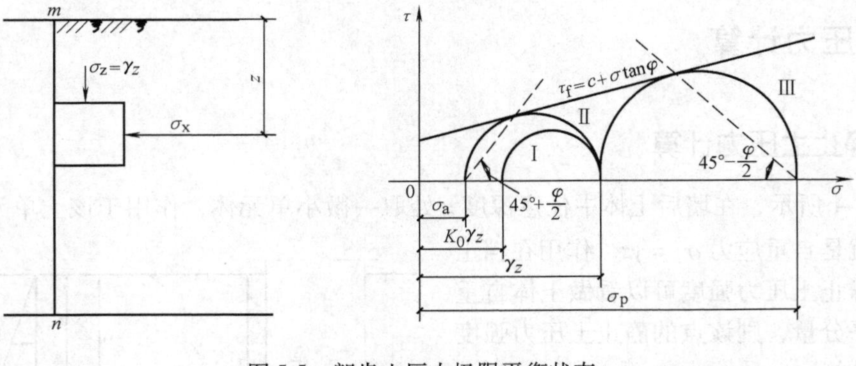

图 5-5 朗肯土压力极限平衡状态

相反，若 mn 面在外力作用下向填土方向水平移动，挤压土体，则 σ_h 会随着水平位移的不断发生而逐渐增加，土中剪应力最初减小，后来又逐渐反向增加，直至剪应力达到土的抗剪强度时，应力圆与土体强度包线相切（如应力圆 Ⅲ 所示）而达到被动极限平衡状态，作用在 mn 面上的压力达到最大值，此即为被动土压力强度 σ_p。

根据前面所学的土体极限平衡条件

$$\sigma_3 = \gamma z\tan^2\left(45° - \frac{\varphi}{2}\right) - 2c\tan\left(45° - \frac{\varphi}{2}\right)$$

$$\sigma_1 = \gamma z\tan^2\left(45° + \frac{\varphi}{2}\right) + 2c\tan\left(45° + \frac{\varphi}{2}\right)$$

可推得朗肯主动土压力和被动土压力计算公式。

1. 主动土压力计算

当土体处于朗肯主动极限平衡状态时，$\sigma_v = \gamma z = \sigma_1$，$\sigma_h = \sigma_3$，即为主动土压力强度 σ_a。由上述分析和土体极限平衡条件可知

无粘性土

$$\sigma_h = \sigma_3 = \sigma_a = \gamma z\tan^2\left(45° - \frac{\varphi}{2}\right) = \gamma z K_a \tag{5-4}$$

粘性土

$$\sigma_h = \sigma_3 = \gamma z\tan^2\left(45° - \frac{\varphi}{2}\right) - 2c\tan\left(45° - \frac{\varphi}{2}\right) = \gamma z K_a - 2c\sqrt{K_a} \tag{5-5}$$

式中 K_a——主动土压力系数，$K_a = \tan^2\left(45° - \frac{\varphi}{2}\right)$；

γ——墙后填土的重度（kN/m^3），地下水位以下用有效重度；

c——填土的粘聚力（kPa），粘性土 $c \neq 0$，而无粘性土 $c = 0$；

φ——内摩擦角（°）；

z——墙背土体距离地面的任意深度（m）。

由式（5-4）可见，无粘性土主动土压力沿墙高为直线分布，即与深度 z 成正比，如图 5-6b 所示。若取单位墙长计算，则主动土压力 E_a 为

$$E_a = \frac{1}{2}\gamma H^2\tan^2\left(45° - \frac{\varphi}{2}\right) = \frac{1}{2}\gamma H^2 K_a \tag{5-6}$$

E_a 通过三角形的形心，即作用在距墙底 $H/3$ 处。

由式（5-5）可知，粘性土的主动土压力强度由两部分组成：一部分是由土自重引起的土压力 $\gamma z K_a$；另一部分是由粘聚力 c 引起的负侧压力 $2c\sqrt{K_a}$。这两部分土压力叠加的结果如图 5-6c 所示，其中 ade 部分为负值，对墙背是拉力，但实际上墙与土在很小的拉力作用下就会分离，因此计算土压力时该部分应略去不计，粘性土的土压力分布实际上仅是 abc 部分。

图 5-6c 中 a 点离填土面的深度 z_0 称为临界深度。对于粘性土，令式（5-5）中 $z = 0$ 时，$\sigma_h = \sigma_3 = -2c\sqrt{K_a}$，这显然与挡土墙墙背直立、光滑无摩擦相矛盾，为此，需要对土压力强度表达式进行修正，令

$$\sigma_a = \gamma z_0 K_a - 2c\sqrt{K_a} = 0$$

由此可得临界深度

$$z_0 = \frac{2c}{\gamma\sqrt{K_a}} \tag{5-7}$$

修正后粘性土的土压力强度表达式为

$$\sigma_a = \begin{cases} 0 & \left(z \leqslant z_0 = \dfrac{2c}{\gamma\sqrt{K_a}}\right) \\ z\gamma K_a - 2c\sqrt{K_a} & (z > z_0) \end{cases} \tag{5-8}$$

粘性土的土压力分布如图5-6c 所示，土压力分布只有 abc 部分。若取单位墙长计算，则粘性土主动土压力 E_a 为三角形 abc 的面积，即有

$$E_a = \frac{1}{2}(H - z_0)(\gamma HK_a - 2c\sqrt{K_a}) = \frac{1}{2}\gamma H^2 K_a - 2cH\sqrt{K_a} + \frac{2c^2}{\gamma} \tag{5-9}$$

E_a 通过三角形的形心，即作用在距墙底$(H - z_0)/3$ 处。

2. 被动土压力计算

当挡土墙在外力作用下推挤土体而出现被动极限状态时，墙背土体中任一点的竖向应力保持不变，且成为小主应力，即 $\sigma_v = \gamma z = \sigma_3$，而 σ_h 达到最大值 σ_p，成为大主应力 σ_1，即 $\sigma_h = \sigma_1$，可以推出相应的被动主压力强度计算公式

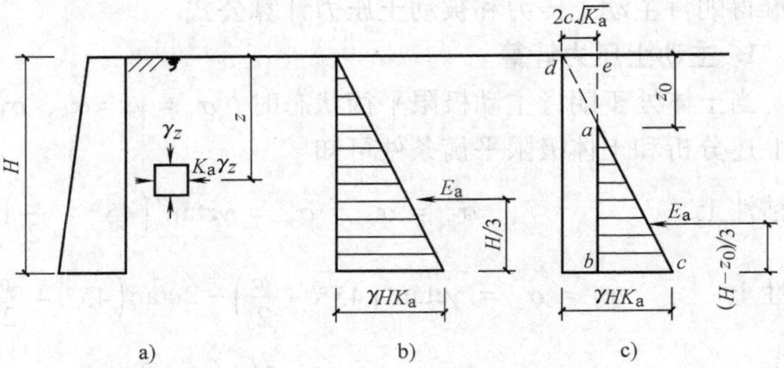

图5-6　朗肯主动土压力分布

a）主动土压力分布　b）无粘性土　c）粘性土

粘性土

$$\sigma_p = \gamma zK_p + 2c\sqrt{K_p} \tag{5-10}$$

无粘性土

$$\sigma_p = \gamma zK_p \tag{5-11}$$

式中　K_p——被动土压力系数，$K_p = \tan^2\left(45° + \frac{\varphi}{2}\right)$。

则其总被动土压力为

粘性土

$$E_p = \frac{1}{2}\gamma H^2 K_p + 2cH\sqrt{K_p} \tag{5-12}$$

无粘性土

$$E_p = \frac{1}{2}\gamma H^2 K_p \tag{5-13}$$

被动土压力 E_p 合力作用点通过三角形或梯形压力分布图的形心，如图5-7 所示。

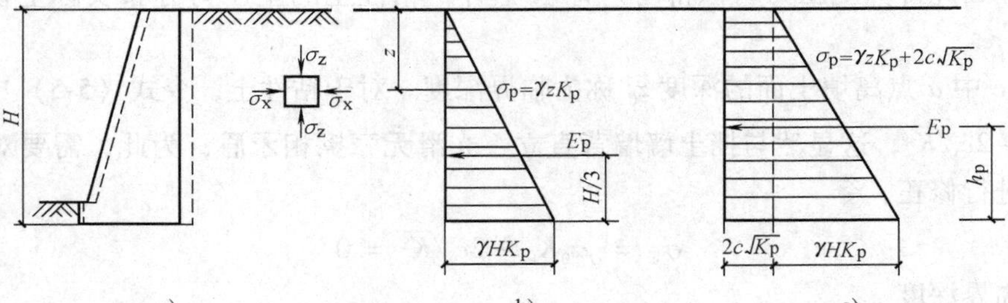

图5-7　被动土压力强度分布图

a）被动土压力的计算　b）无粘性土压力的分布　c）粘性土压力的分布

【例5-1】　已知某挡土墙墙背竖直光滑，填土面水平，墙高 $H = 5\text{m}$，土粘聚力 $c = 10\text{kPa}$，重度 $\gamma = 17.2\text{kN/m}^3$，内摩擦角 $\varphi = 20°$，试求主动土压力，并绘出主动土压力分布图。

【解】 墙背竖直光滑，填土面水平，满足朗肯土压力理论，故可以按式（5-5）计算沿墙高的土压力强度

$$\sigma_a = \gamma z K_a - 2c\sqrt{K_a}$$

其中

$$K_a = \tan^2\left(45° - \frac{20°}{2}\right) = 0.49$$

地面处 $\sigma_a = \gamma z K_a - 2c\sqrt{K_a} = 17.2 \times 0 \times 0.49 - 2 \times 10 \times \sqrt{0.49} = -14(\text{kPa})$

墙底处 $\sigma_a = \gamma z K_a - 2c\sqrt{K_a} = 17.2 \times 5 \times 0.49 - 2 \times 10 \times \sqrt{0.49} = 28.14(\text{kPa})$

因为填土为粘性土，故需要计算临界深度 z_0，由式（5-7）可得

$$z_0 = \frac{2c}{\gamma\sqrt{K_a}} = \frac{2 \times 10}{17.2 \times \sqrt{0.49}} = 1.66(\text{m})$$

绘制土压力分布图如图 5-8 所示，其总主动土压力为

$$E_a = \frac{1}{2} \times 28.14 \times (5 - 1.66) = 47(\text{kN/m})$$

主动土压力 E_a 的作用点离墙底的距离为

$$c_0 = \frac{H - z_0}{3} = 1.1\ (\text{m})$$

3. 几种特殊情况下的土压力计算

（1）填土表面有均布荷载 当墙后填土表面作用有均布荷载 q（kPa）时，可把荷载 q 视为由高度 $h = q/\gamma$ 的等效填土所产生，由此等效厚度填土对墙背产生土压力。在图 5-9 中，当土体静止不动时，深度 z 处应力状态应考虑 q 的影响，竖向应力为 $\sigma_v = \gamma z + q$，$\sigma_h = K_0\sigma_v = K_0$（$\gamma z + q$）。当达到主动极限平衡状态时，大主应力不变，即 $\sigma_1 = \sigma_v = \gamma z + q$，小主应力减小至主动土压力，即 $\sigma_3 = \sigma_a$。

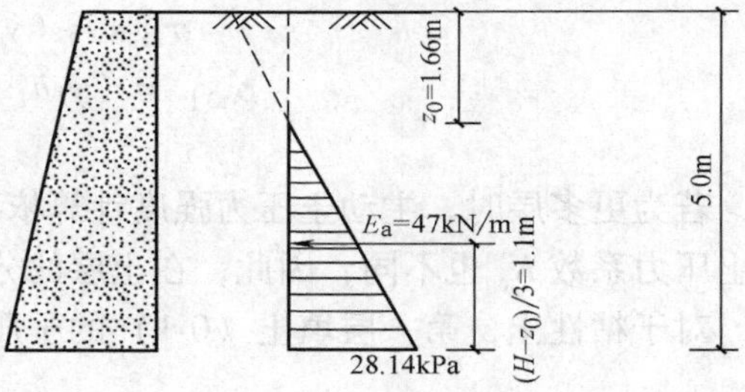

图 5-8 主动土压力分布图

无粘性土 $\sigma_a = \sigma_3 = \sigma_1 \tan^2\left(45° + \frac{\varphi}{2}\right) = (\gamma z + q)\tan^2\left(45° + \frac{\varphi}{2}\right) = (\gamma z + q)K_a$

粘性土

$$\begin{aligned}\sigma = \sigma_3 &= \sigma_1 \tan^2\left(45° + \frac{\varphi}{2}\right) - 2c\tan\left(45° + \frac{\varphi}{2}\right)\\ &= (\gamma z + q)\tan^2\left(45° + \frac{\varphi}{2}\right) - 2c\tan\left(45° + \frac{\varphi}{2}\right)\\ &= (\gamma z + q)K_a - 2c\sqrt{K_a}\end{aligned}$$

可见，对于无粘性土，主动土压力沿墙高分布呈梯形，作用点在梯形的形心，如图 5-9 所示。对于粘性土，临界深度 $z_0 = \dfrac{2c\ \sqrt{K_a} - qK_a}{\gamma K_a}$，当 $z_0 < 0$ 时，土压力为梯形分布；$z_0 \geqslant 0$ 时，土压力为三角形分布。沿挡土墙长度方向每延米的土压力为土压力强度的分布面积。

（2）填土为成层土 当挡土墙后填土由几种不同的土层组成时，仍可用朗肯理论计算土压力。当墙后有几层不同类型的土层时，先求出相应的竖向自重应力，然后乘以该土层的主动土压力系数，得到相应的主动土压力强度。

如图 5-10 所示，对于无粘性土

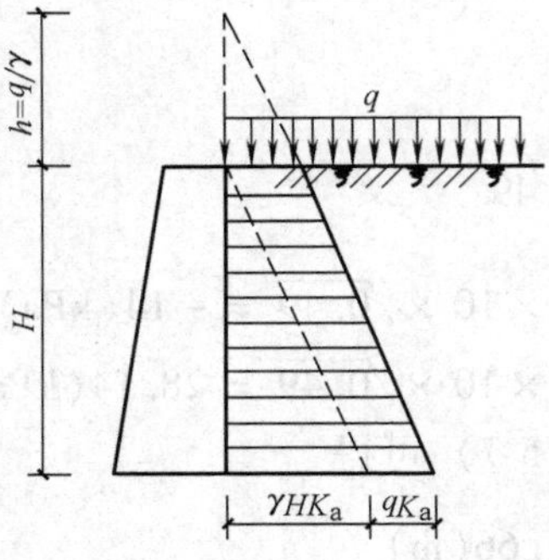

图 5-9　填土面有均布荷载的土压力计算

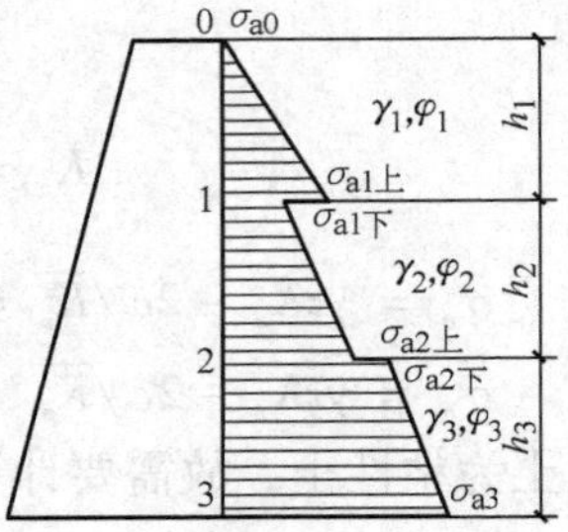

图 5-10　成层填土的土压力计算

$$\sigma_{a0} = 0$$
$$\sigma_{a1上} = \gamma_1 h_1 K_{a1}$$
$$\sigma_{a1下} = \gamma_1 h_1 K_{a2}$$
$$\sigma_{a2上} = (\gamma_1 h_1 + \gamma_2 h_2) K_{a2}$$
$$\sigma_{a2下} = (\gamma_1 h_1 + \gamma_2 h_2) K_{a3}$$
$$\sigma_{a3上} = (\gamma_1 h_1 + \gamma_2 h_2 + \gamma_3 h_3) K_{a3}$$
$$\cdots\cdots$$

若为更多层时，主动土压力强度计算依次类推。但应注意，由于各层土的性质不同，主动土压力系数 K_a 也不同，因此，在土层的分界面上，主动土压力强度会出现两个数值。

对于粘性土，第一层填土（0-1）的土压力强度

$$\sigma_{a0} = -2c_1\sqrt{K_{a1}}$$
$$\sigma_{a1上} = \gamma_1 h_1 K_{a1} - 2c_1\sqrt{K_{a1}}$$

第二层填土（1-2）的土压力强度

$$\sigma_{a1下} = \gamma_1 h_1 K_{a2} - 2c_2\sqrt{K_{a2}}$$
$$\sigma_{a2上} = (\gamma_1 h_1 + \gamma_2 h_2) K_{a2} - 2c_2\sqrt{K_{a2}}$$

说明：成层填土合力大小为分布图形的面积，作用点位于分布图形的形心处。

（3）填土中有地下水　当墙后填土有地下水时，作用在墙背上的侧压力由土压力和水压力两部分组成。如图 5-11 所示，*abdec* 部分为土压力分布图，*cef* 部分为水压力分布图。计算土压力时，地下水位以下取有效重度进行计算，总侧压力为土压力和水压力之和。

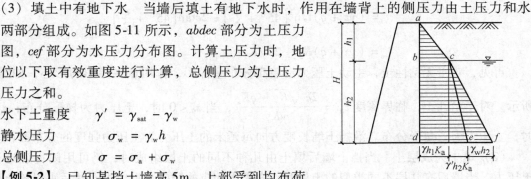

水下土重度　　$\gamma' = \gamma_{sat} - \gamma_w$

静水压力　　$\sigma_w = \gamma_w h$

总侧压力　　$\sigma = \sigma_a + \sigma_w$

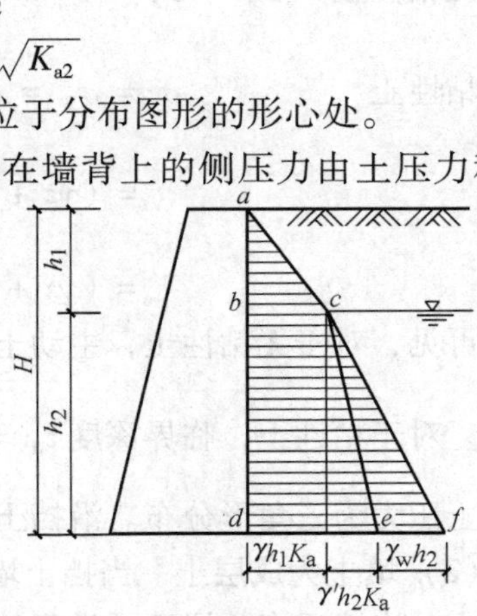

图 5-11　填土中有地下水的土压力计算

【例 5-2】　已知某挡土墙高 5m，上部受到均布荷载作用 $q = 15\text{kPa}$，其墙背竖直光滑，填土水平且填土

分两层并且含有地下水：$h_1=2\text{m}$，$\gamma_1=16.8\text{kN/m}^3$，$\varphi_1=30°$，$c_1=12\text{kPa}$；$h_2=3\text{m}$，$\gamma_2=20\text{kN/m}^3$，$\varphi_2=26°$，$c_2=14\text{kPa}$，如图 5-12a 所示。试求总侧压力及其作用点的位置，并绘制 σ_a 分布图。

【解】 墙背竖直光滑，填土面水平，满足朗肯土压力理论，故可以按照式（5-5）计算沿墙高的土压力强度

$$\sigma_a = \gamma z K_a - 2c\sqrt{K_a}$$

其中

$$K_{a1} = \tan^2\left(45° - \frac{30°}{2}\right) = 0.33,\quad \sqrt{K_{a1}} = 0.577$$

$$K_{a2} = \tan^2\left(45° - \frac{26°}{2}\right) = 0.39\quad \sqrt{K_{a2}} = 0.624$$

地面处 A 点

$$\sigma_a = qK_a - 2c\sqrt{K_a} = 15 \times 0.33 - 2 \times 12 \times 0.577 = -8.898(\text{kPa})$$

B 点

$$\begin{cases}\text{上层土}: \sigma_{a1} = (q+\gamma_1 h_1)K_{a1} - 2c_1\sqrt{K_{a1}} = 2.352(\text{kPa})\\ \text{下层土}: \sigma_{a2} = (q+\gamma_1 h_1)K_{a2} - 2c_2\sqrt{K_{a2}} = 1.482(\text{kPa})\end{cases}$$

墙底 C 处

$$\sigma_{a2} = (q+\gamma_1 h_1+\gamma_2 h_2)K_{a2} - 2c_2\sqrt{K_{a2}} = 13.182(\text{kPa})$$

静水压力

$$\sigma_w = \gamma_w h_w = 10 \times 3 = 30(\text{kPa})$$

因为填土为粘性土，故需要计算临界深度 z_0，可得

$$z_0 = \frac{2c_1}{\gamma_1\sqrt{K_{a1}}} - \frac{q}{\gamma_1} = \frac{2\times 12}{16.8\times 0.577} - \frac{15}{16.8} = 1.583(\text{m})$$

绘制土压力分布图如图 5-12b 所示，其总侧压力为

$$\begin{aligned} E &= (E_a + E_w)\\ &= \frac{1}{2}\times 2.352\times(2-1.583) + 1.482\times 3 + \frac{1}{2}\times(13.182+30-1.482)\times 3\\ &= 0.49 + 4.45 + 62.55\\ &= 67.49(\text{kN/m})\end{aligned}$$

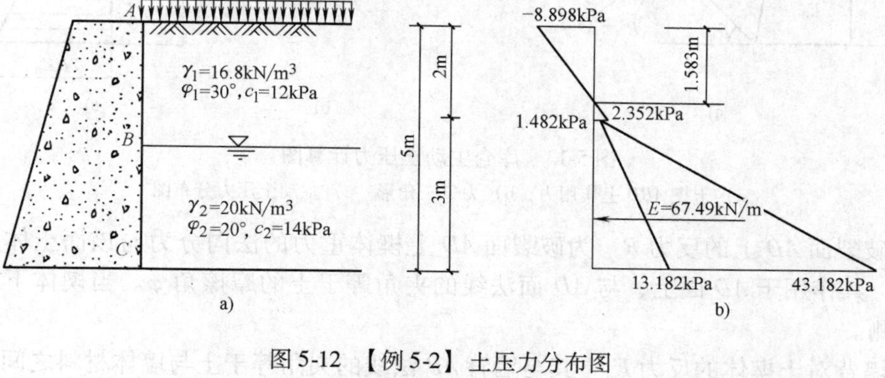

图 5-12 【例 5-2】土压力分布图

主动土压力 E 的作用点离墙底的距离为

$$c_0 = \frac{1}{E}\left[0.49\times\left(3+\frac{2-1.583}{3}\right)+4.45\times\left(\frac{1}{2}\times 3\right)+62.55\times\left(\frac{1}{3}\times 3\right)\right]$$
$$= 1.05\ (\mathrm{m})$$

5.2.3 库仑土压力理论

库仑土压力理论是根据墙后土体处于极限平衡状态并形成一滑动楔体时，从楔体的静力平衡条件得出的土压力计算理论。其基本假定为：①墙后填土是理想的散粒体（粘聚力 $c=0$）；②滑动破坏面为一平面；③滑动土楔体视为刚体。

1. 主动土压力计算

一般挡土墙的计算均属于平面应变问题，故在下述讨论中均沿墙的长度方向取 1m 进行分析，如图 5-13 所示挡土墙，当楔体 ABD 向下滑动，处于极限平衡状态时，作用在楔体结构的力有：

（1）重力 G　由土楔体 ABD 引起，根据几何关系可得

$$G = \triangle ABD\cdot\gamma = \frac{1}{2}AD\cdot BC\cdot\gamma$$

在 $\triangle ABD$ 中，利用正弦定理可得

$$AD = AB\cdot\frac{\sin(90^\circ-\alpha+\beta)}{\sin(\theta-\beta)},\qquad AB=\frac{H}{\cos\alpha}$$

$$BC = H\cdot\frac{\cos(\theta-\alpha)}{\cos\alpha}$$

所以

$$G = \frac{1}{2}AD\cdot BC\cdot\gamma = \frac{\gamma H^2}{2}\cdot\frac{\cos(\alpha-\beta)\cos(\theta-\alpha)}{\cos^2\alpha\sin(\theta-\beta)} \tag{5-14}$$

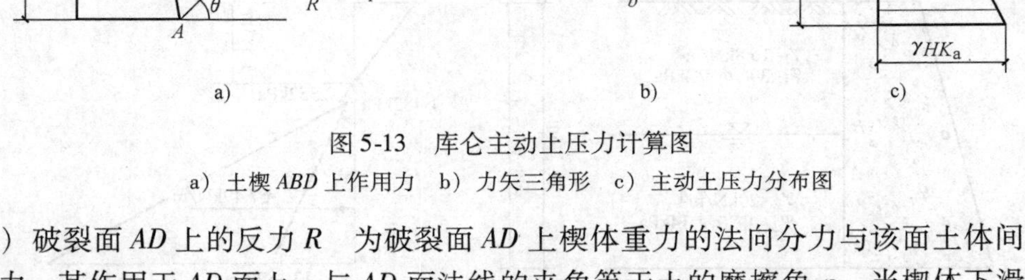

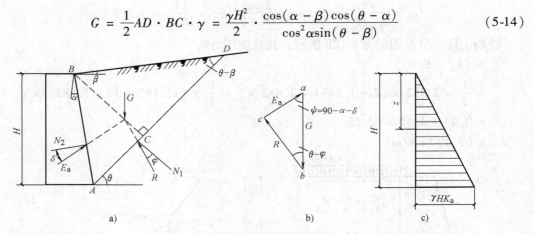

图 5-13　库仑主动土压力计算图

a）土楔 ABD 上作用力　b）力矢三角形　c）主动土压力分布图

（2）破裂面 AD 上的反力 R　为破裂面 AD 上楔体重力的法向分力与该面土体间的摩擦力的合力，其作用于 AD 面上，与 AD 面法线的夹角等于土的摩擦角 φ。当楔体下滑时，位于法线下侧。

（3）墙背对土楔体的反力 E_a　其与墙背 AB 法线的夹角等于土与墙体材料之间的外摩擦角 δ，该力与作用与墙背上的土压力大小相等，方向相反。

$$E_a = G\frac{\sin(\theta-\varphi)}{\sin\omega} = \frac{\gamma H^2}{2\cos^2\alpha}\cdot\frac{\cos(\alpha-\beta)\cos(\theta-\alpha)\sin(\theta-\varphi)}{\sin(\theta-\beta)\sin\omega} \tag{5-15}$$

其中 $$\omega = \frac{\pi}{2}+\delta+\alpha+\varphi-\theta$$

在上式中γ、H、α、β、φ、δ都已知，而滑动面AD与水平面的夹角θ是任意假定的。选定不同的θ角，可得到一系列相应的E_a值，即E_a是θ角的函数。因此，可以用微分中求极值的方法求得E_{amax}，即

$$\frac{dE}{d\theta} = 0 \tag{5-16}$$

可解得使E_a为极大值时填土的破坏角θ_{cr}为

$$\theta_{cr} = \arctan\left[\frac{\sin\beta\cdot s_q+\cos(\alpha+\varphi+\delta)}{\cos\beta\cdot s_q-\sin(\alpha+\varphi+\delta)}\right] \tag{5-17}$$

其中 $$s_q = \sqrt{\frac{\cos(\alpha+\delta)\sin(\varphi+\delta)}{\cos(\alpha-\beta)\sin(\varphi-\beta)}}$$

经整理后可得库仑主动土压力的一般式为

$$E_a = \frac{1}{2}\gamma H^2 K_a \tag{5-18}$$

式中 K_a——库仑主动土压力系数。

$$K_a = \frac{\cos^2(\varphi-\alpha)}{\cos^2\alpha\cos(\alpha+\delta)\left[1+\sqrt{\frac{\sin(\varphi+\delta)\sin(\varphi-\beta)}{\cos(\alpha+\delta)\cos(\alpha-\beta)}}\right]^2} \tag{5-19}$$

当墙背竖直（$\alpha=0$）、光滑（$\beta=0$）、填土面水平（$\delta=0$）时，

$$K_a = \tan^2\left(45°-\frac{\varphi}{2}\right)$$

$$E_a = \frac{1}{2}\gamma H^2\tan^2\left(45°-\frac{\varphi}{2}\right)$$

式中 K_a——库仑主动土压力系数，可由表5-1查得；

δ——墙背与墙后填土的摩擦角，可查表5-2确定。

此时库仑公式与朗肯公式完全相同。库仑主动土压力强度沿墙高呈三角形分布，主动土压力的合力作用点在距墙底$H/3$处，方向与墙背法线夹角为δ。

表5-1 库仑主动土压力系数K_a值

δ	α	β \ φ	15°	20°	25°	30°	35°	40°	45°	50°
0°	0°	0°	0.589	0.490	0.406	0.333	0.271	0.217	0.172	0.132
		10°	0.704	0.569	0.462	0.374	0.300	0.238	0.186	0.142
		20°		0.883	0.573	0.441	0.344	0.267	0.204	0.154
		30°				0.750	0.436	0.318	0.235	0.172
	10°	0°	0.652	0.560	0.478	0.407	0.343	0.288	0.238	0.194
		10°	0.784	0.655	0.550	0.461	0.384	0.318	0.261	0.211
		20°		1.015	0.685	0.548	0.444	0.360	0.291	0.231
		30°				0.925	0.566	0.433	0.337	0.262

（续）

δ	α	β \ φ	15°	20°	25°	30°	35°	40°	45°	50°
0°	20°	0°	0.736	0.648	0.569	0.498	0.434	0.375	0.322	0.274
		10°	0.896	0.768	0.663	0.572	0.492	0.421	0.358	0.302
		20°		1.205	2.834	0.688	0.576	0.484	0.405	0.337
		30°				1.169	0.740	0.586	0.474	0.385
	-10°	0°	0.540	0.433	0.344	0.270	0.209	0.158	0.117	0.083
		10°	0.644	0.500	0.389	0.301	0.229	0.171	0.125	0.088
		20°		0.785	0.482	0.353	0.261	0.190	0.136	0.094
		30°				0.614	0.331	0.226	0.155	0.104
	-20°	0°	0.497	0.380	0.287	0.212	0.153	0.106	0.070	0.043
		10°	0.595	0.439	0.323	0.234	0.166	0.114	0.074	0.045
		20°		0.707	0.401	0.274	0.188	0.125	0.080	0.047
		30°				0.498	0.239	0.147	0.090	0.051
10°	0°	0°	0.533	0.447	0.373	0.309	0.253	0.204	0.163	0.127
		10°	0.664	0.531	0.431	0.350	0.282	0.225	0.177	0.136
		20°		0.897	0.549	0.420	0.326	0.254	0.195	0.148
		30°				0.762	0.423	0.306	0.226	0.166
	10°	0°	0.603	0.520	0.448	0.384	0.326	0.275	0.230	0.189
		10°	0.759	0.626	0.524	0.440	0.369	0.307	0.253	0.206
		20°		1.064	0.674	0.534	0.432	0.351	0.284	0.227
		30°				0.969	0.564	0.427	0.332	0.258
	20°	0°	0.695	0.615	0.543	0.478	0.419	0.365	0.316	0.271
		10°	0.890	0.752	0.646	0.558	0.482	0.414	0.354	0.300
		20°		1.308	0.844	0.687	0.573	0.481	0.403	0.337
		30°				1.268	0.758	0.594	0.478	0.388
	-10°	0°	0.477	0.385	0.309	0.245	0.191	0.146	0.109	0.078
		10°	0.590	0.455	0.354	0.275	0.211	0.159	0.116	0.082
		20°		0.773	0.450	0.328	0.242	0.177	0.127	0.088
		30°				0.605	0.313	0.212	0.146	0.098
	-20°	0°	0.427	0.330	0.252	0.188	0.137	0.096	0.064	0.039
		10°	0.529	0.388	0.286	0.209	0.149	0.103	0.068	0.041
		20°		0.675	0.364	0.248	0.170	0.114	0.073	0.044
		30°				0.475	0.220	0.135	0.082	0.047
15°	0°	0°	0.518	0.434	0.363	0.301	0.248	0.201	0.160	0.125
		10°	0.656	0.522	0.423	0.343	0.277	0.222	0.174	0.135
		20°		0.914	0.546	0.415	0.323	0.251	0.194	0.147
		30°				0.777	0.422	0.305	0.225	0.165

（续）

δ	α	φ / β	15°	20°	25°	30°	35°	40°	45°	50°
15°	10°	0°	0.592	0.511	0.441	0.378	0.323	0.273	0.228	0.189
		10°	0.760	0.623	0.520	0.437	0.366	0.305	0.252	0.206
		20°		1.103	0.679	0.535	0.432	0.351	0.284	0.228
		30°				1.005	0.571	0.430	0.334	0.260
	20°	0°	0.690	0.611	0.540	0.476	0.419	0.366	0.317	0.273
		10°	0.904	0.757	0.649	0.560	0.484	0.416	0.357	0.303
		20°		1.383	0.862	0.697	0.579	0.486	0.408	0.341
		30°				1.341	0.778	0.606	0.487	0.395
	−10°	0°	0.458	0.371	0.298	0.237	0.186	0.142	0.106	0.076
		10°	0.576	0.442	0.344	0.267	0.205	0.155	0.114	0.081
		20°		0.776	0.441	0.320	0.237	0.174	0.125	0.087
		30°				0.607	0.308	0.209	0.143	0.097
	−20°	0°	0.405	0.314	0.240	0.180	0.132	0.093	0.062	0.038
		10°	0.509	0.372	0.275	0.201	0.144	0.100	0.066	0.040
		20°		0.667	0.352	0.239	0.164	0.110	0.071	0.042
		30°				0.470	0.214	0.131	0.080	0.046
20°	0°	0°			0.357	0.297	0.245	0.199	0.160	0.125
		10°			0.419	0.340	0.275	0.220	0.174	0.135
		20°			0.547	0.414	0.322	0.251	0.193	0.147
		30°				0.798	0.425	0.306	0.225	0.166
	10°	0°			0.438	0.377	0.322	0.273	0.229	0.019
		10°			0.521	0.438	0.367	0.306	0.254	0.208
		20°			0.690	0.540	0.436	0.354	0.286	0.230
		30°				1.051	0.582	0.437	0.338	0.264
	20°	0°			0.543	0.479	0.422	0.370	0.321	0.277
		10°			0.659	0.568	0.490	0.423	0.363	0.309
		20°			0.891	0.715	0.592	0.496	0.417	0.349
		30°				1.434	0.807	0.624	0.501	0.406
	−10°	0°			0.291	0.232	0.182	0.140	0.105	0.076
		10°			0.337	0.262	0.202	0.153	0.113	0.080
		20°			0.437	0.316	0.233	0.171	0.124	0.086
		30°				0.614	0.306	0.207	0.142	0.096
	−20°	0°			0.231	0.174	0.128	0.090	0.061	0.038
		10°			0.266	0.195	0.140	0.097	0.064	0.039
		20°			0.344	0.233	0.160	0.108	0.069	0.042
		30°				0.468	0.210	0.129	0.079	0.045

表 5-2 土对挡土墙墙背的摩擦角

挡土墙情况	摩擦角 δ	挡土墙情况	摩擦角 δ
墙背平滑，排水不良	$(0\sim0.33)\varphi$	墙背很粗糙，排水良好	$(0.5\sim0.67)\varphi$
墙背粗糙，排水良好	$(0.33\sim0.5)\varphi$	墙背与填土间不可能滑动	$(0.67\sim1.0)\varphi$

2. 被动土压力计算

当挡土墙在外力作用下挤压土体，楔体沿破裂面向上隆起而处于极限平衡状态时，同理可得作用于楔体上的三角形如图 5-14，此时由于楔体上隆，E_p 和 R 都位于法线上侧。按求主动土压力相同的方法可求得被动土压力 E_p 的库仑公式为

$$E_p=\frac{1}{2}\gamma H^2K_p \tag{5-20}$$

式中 K_p——被动土压力系数。

$$K_p=\frac{\cos^2(\varphi+\alpha)}{\cos^2\alpha\cos(\alpha-\delta)\left[1-\sqrt{\dfrac{\sin(\varphi+\delta)\sin(\varphi+\beta)}{\cos(\alpha-\delta)\cos(\alpha-\beta)}}\right]^2} \tag{5-21}$$

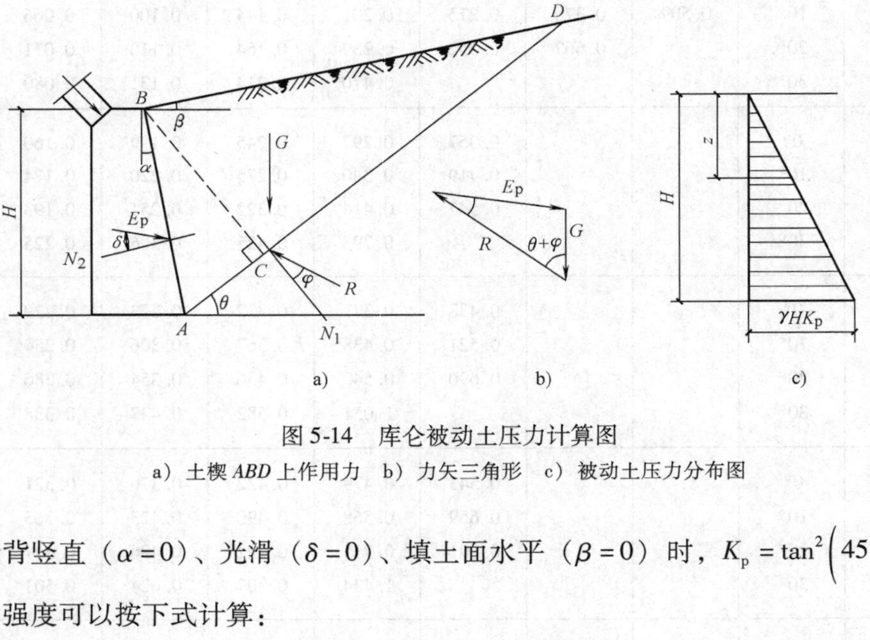

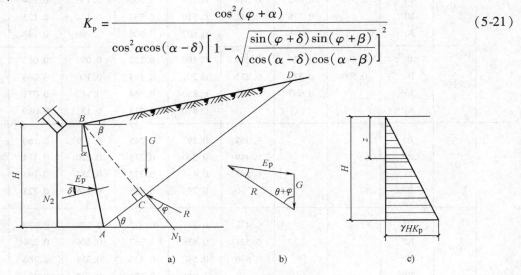

图 5-14 库仑被动土压力计算图

a）土楔 *ABD* 上作用力 b）力矢三角形 c）被动土压力分布图

若墙背竖直（$\alpha=0$）、光滑（$\delta=0$）、填土面水平（$\beta=0$）时，$K_p=\tan^2\left(45°+\dfrac{\varphi}{2}\right)$，被动土压力强度可以按下式计算：

$$E_p=\frac{1}{2}\gamma H^2K_p+2cH\sqrt{K_p} \tag{5-22}$$

5.2.4 朗肯土压力理论与库仑土压力理论的比较

朗肯土压力理论与库仑土压力理论是在不同的假定条件下，应用不同的分析方法得到的土压力计算公式。只有在简单的情况下（$\alpha=0$，$\delta=0$，$\beta=0$），用这两种理论计算的土压力值才相等，所以它们各自有不同的适用范围且计算结果存在差异。

对于粘性土和非粘性土都可以直接用朗肯理论计算，但由于该理论在推导过程中假定墙

背垂直、光滑，填土面水平，因此适用范围受到限制。此外，由于朗肯理论忽略了墙背与填土之间的摩擦力，使计算的主动土压力偏大，被动土压力偏小。

库仑理论适合于砂土、碎石土填料的挡土墙计算，考虑了墙背倾斜、填土面倾斜以及墙背与填土间的摩擦等多种因素影响。但由于该理论假定填土为理想的散粒体，故不能直接应用库仑公式计算粘性土的土压力。此外，库仑理论假定通过墙踵的破裂面为平面，而实际却为一曲面。实验证明，只有当墙背倾角及墙背与填土间的外摩擦角较小时，主动土压力的破裂面才接近平面，因此计算结果与实际有较大出入。至于被动土压力的计算，库仑理论误差较大，一般不用。

库仑理论适用范围较广，计算主动土压力值接近实际情况，并略微偏低，因此用来设计无粘性土重力式挡土墙一般是经济合理的。如果计算悬臂式和扶臂式挡土墙的主动土压力值，则用朗肯理论较方便。

5.3 挡土墙设计

5.3.1 挡土墙的类型

挡土墙是防止土体坍塌的构筑物，主要有以下类型：

（1）重力式挡土墙（图5-15a） 一般由毛石或者素混凝土构筑而成，靠自身重力来维持墙体稳定，墙身截面尺寸一般较大，适用于高度小于8m、地层稳定、开挖土石方时不会危及相邻建筑物的地段。重力式挡土墙结构简单，施工方便，取材较容易，是一种应用较广泛的挡土墙。

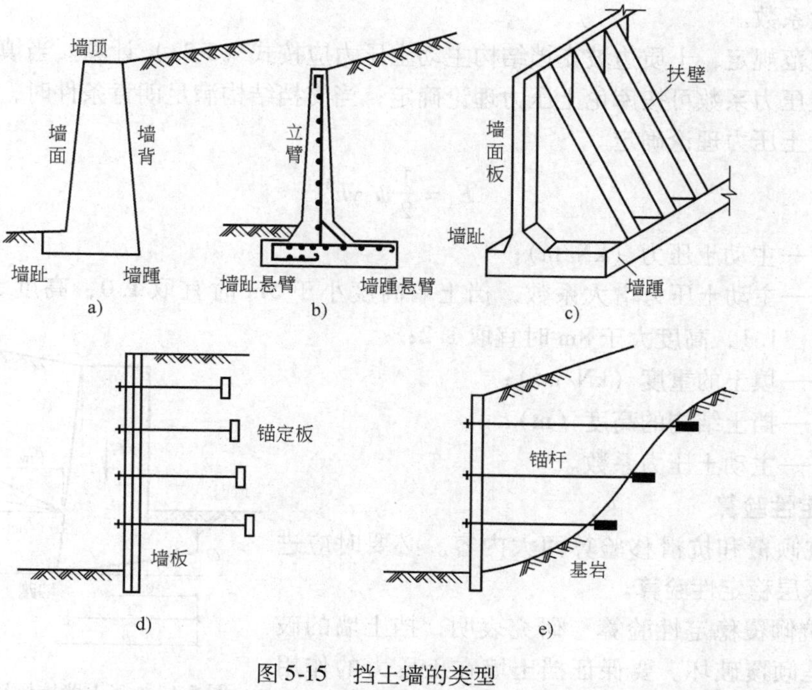

图5-15 挡土墙的类型

a）重力式挡土墙 b）悬臂式挡土墙 c）扶壁式挡土墙 d）锚定板式 e）锚杆式挡土墙

（2）悬臂式挡土墙（图 5-15b） 稳定主要由墙踵悬臂上的土重维持，墙体内部拉应力由钢筋承受。由于钢筋混凝土的受力特性被充分利用，故此类挡土墙的墙身截面尺寸小，在市政工程中常用。

（3）扶壁式挡土墙（图 5-15c） 当墙高大于 10m 时，挡土墙立壁挠度较大，为了增强立壁的抗弯性能，常常沿着墙的纵向每隔一定距离（0.8～1.0）h 设置一道扶壁，称为扶壁式挡土墙。扶壁间填土可增加抗滑和抗倾覆能力，一般用于重要的大型土建工程。扶壁式挡土墙设计时可初选截面尺寸，再将墙身及墙踵作为三边固定的板，用有限元或者有限差分进行优化设计。

（4）锚定板式（图 5-15d）与锚杆式挡土墙（图 5-15e） 锚定板挡土墙是由预制的钢筋混凝土面板立柱、钢拉杆和埋入土中的锚定板组成，挡土墙的稳定性由拉杆和锚定板保证。锚杆式挡土墙则是由伸入岩层的锚杆承受土压力的挡土墙结构。

5.3.2 重力式挡土墙的计算

设计挡土墙时，一般是先根据荷载大小、地基土工程地质条件、填土性质、建筑材料等条件凭经验初步拟定截面尺寸，然后逐项进行验算。若不满足，则修改截面尺寸或采取其他措施。

挡土墙的验算一般包括稳定性验算、地基承载力验算、墙身强度验算。

1. 土压力计算

大量的试算与实际观测结果对比显示，对于高大挡土结构来说，采用朗肯及库伦土压力理论计算的土压力往往偏小，分布偏差也较大，而且高大挡土墙通常不允许出现达到极限状态时的位移值。因此，《建筑地基基础设计规范》（GB 2007—2011）在土压力计算中计入了土压力增大系数。

根据规范规定，土质边坡支挡结构主动土压力应按式（5-23）计算。当填土为无粘性土时，主动土压力系数可按库伦土压力理论确定；当支挡结构满足朗肯条件时，主动土压力系数可按朗肯土压力理论确定。

$$E_a = \frac{1}{2}\psi_a \gamma h^2 k_a \tag{5-23}$$

式中 E_a——主动土压力（kN/m）；

ψ_a——主动土压力增大系数，挡土墙高度小于 5m 时宜取 1.0，高度 5～8m 时宜取 1.1，高度大于 8m 时宜取 1.2；

γ——填土的重度（kN/m^3）；

h——挡土结构的高度（m）；

k_a——主动土压力系数。

2. 稳定性验算

包括抗倾覆和抗滑移验算两大内容。必要时应进行地基的深层稳定性验算。

（1）抗倾覆稳定性验算 研究表明，挡土墙的破坏大部分是倾覆破坏。要保证挡土墙在土压力的作用下不发生绕墙趾 O 点的倾覆（图 5-16），必须要求抗倾

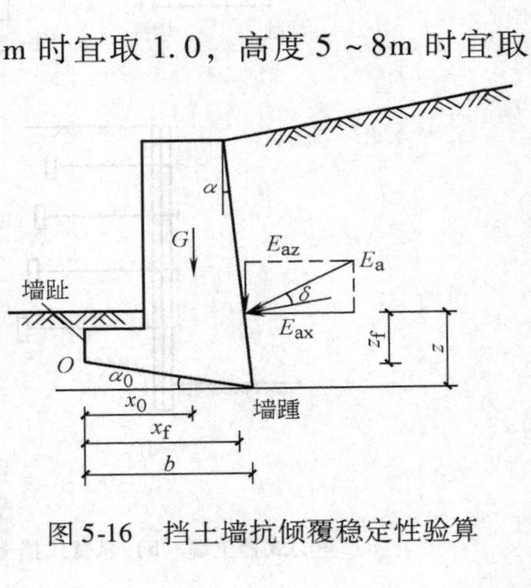

图 5-16 挡土墙抗倾覆稳定性验算

覆安全系数 K_t 满足要求。

$$K_t = \frac{Gx_0 + E_{az}x_f}{E_{ax}z_f} \geqslant 1.6 \tag{5-24}$$

式中 E_{az}——E_a 的竖向分力（kN/m），$E_{az} = E_a\sin(\alpha+\delta)$；

E_{ax}——E_a 的水平分力（kN/m），$E_{ax} = E_a\cos(\alpha+\delta)$；

G——挡土墙每延米自重（kN/m）；

z_f——土压力作用点离 O 点的高度（m），$z_f = z - b\tan\alpha_0$；

x_f——土压力作用点离 O 点的水平距离（m），$x_f = b - z\tan\alpha$；

α_0——挡土墙的基底倾角（°）；

x_0——挡土墙重心离墙趾的水平距离（m）；

b——基底的水平投影宽度（m）；

z——土压力作用点离墙踵的高度（m）。

挡土墙在软土地基上倾覆时，墙趾可能陷入土中，使力矩中心点内移从而导致抗倾覆安全系数降低，有时甚至会沿着圆弧滑动面发生整体性破坏，因此验算时应注意土的压缩性。验算悬臂式挡土墙时，可视土压力作用在墙踵的垂直面上，将墙踵悬臂以上土重计入挡土墙自重。

（2）抗滑移稳定性验算　在土压力的作用下，挡土墙也可能沿基础底面发生滑动（图5-17），因此要求基底的抗滑安全系数 $K_s \geqslant 1.3$，即

$$K_s = \frac{(G_n + E_{an})\mu}{E_{at} - G_t} \geqslant 1.3 \tag{5-25}$$

式中 E_{an}——E_a 在垂直于基底平面方向的分力，$E_{an} = E_a\sin(\alpha+\alpha_0+\delta)$；

E_{at}——E_a 在平行于基底平面方向的分力，$E_{at} = E_a\cos(\alpha+\alpha_0+\delta)$；

G_n——挡土墙自重在垂直于基底平面方向的分力，$G_n = G\cos\alpha_0$；

G_t——挡土墙自重在平行于基底平面方向的分力，$G_t = G\sin\alpha_0$；

μ——土对挡土墙基底的摩擦系数，可以查表5-3。

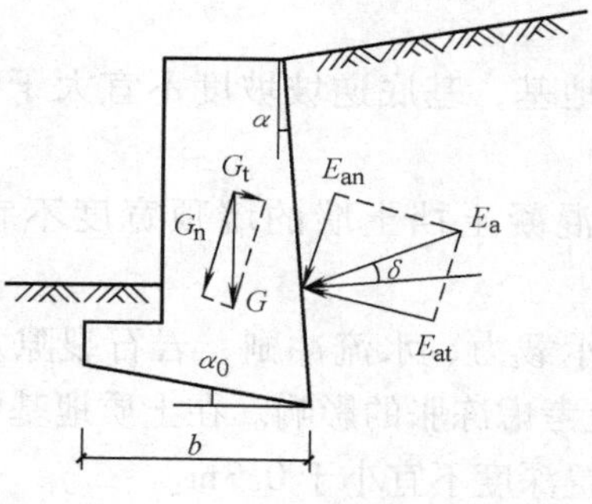

图5-17　挡土墙抗滑移稳定性验算

表5-3　土对挡土墙基底的摩擦系数

土的类别		摩擦系数 μ
粘土	可塑	0.25～0.30
	硬塑	0.30～0.35
	坚塑	0.35～0.45
粉土		0.30～0.40
中砂、粗砂、粒砂		0.40～0.50
碎石土		0.40～0.60
软质岩		0.40～0.60
表面粗糙的硬质岩		0.65～0.75

3. 地基承载力验算

挡土墙在自重及土压力的垂直分力作用下，基底压力按线性分布。其验算方法与天然地

基上的浅基础验算相同，同时基底合力的偏心距不应大于0.25倍基础的宽度。当基底下有软弱下卧层时，尚应进行软弱下卧层验算（见第6章内容）。

4. 墙身强度验算

挡土墙的墙身强度验算，应按现行《混凝土结构设计规范》（GB 50010—2010）和《砌体结构设计规范》（GB 50003—2011）规定，进行抗压强度和抗剪强度验算。

5.3.3 重力式挡土墙的构造措施

重力式挡土墙根据墙背的倾角不同可分为仰斜式、垂直式、俯斜式，如图5-18所示。仰斜式主动土压力最小，墙身截面经济，墙背可与开挖的临时边坡紧密贴合，但墙后填土的压实较为困难，因此多用于支挡挖方工程的边坡；俯斜式主动土压力最大，墙后填土施工较为方便，易于保证回填土质量而多用于填方工程；垂直式介于前两者之间，且多用于墙前原有地形较陡的情况，如山坡上建墙。

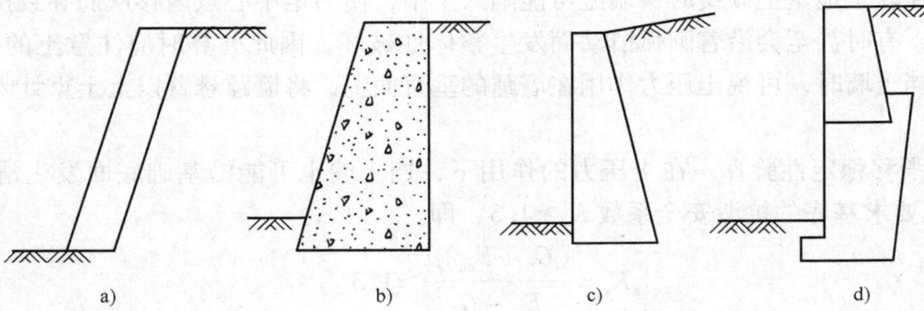

图5-18 重力式挡土墙的形式

a）仰斜式 b）垂直式 c）俯斜式 d）衡重式

重力式挡土墙的构造措施应符合下列规定：

（1）重力式挡土墙适用于高度小于8m、地层稳定、开挖土石方时不会危及相邻建筑物的地段。

（2）重力式挡土墙可在基底设置逆坡。对于土质地基，基底逆坡坡度不宜大于1∶10；对于岩质地基，基底逆坡坡度不宜大于1∶5。

（3）毛石挡土墙的墙顶宽度不宜小于400mm；混凝土挡土墙的墙顶宽度不宜小于200mm。

（4）重力式挡土墙的基础埋置深度，应根据地基承载力、水流冲刷、岩石裂隙发育及风化程度等因素进行确定。在特强冻胀、强冻胀地区应考虑冻胀的影响。在土质地基中，基础埋置深度不宜小于0.5m；在软质岩地基中，基础埋置深度不宜小于0.3m。

（5）重力式挡土墙应每间隔10～20m设置一道伸缩缝。当地基有变化时宜加设沉降缝。在挡土结构的拐角处，应采取加强的构造措施。

（6）支挡结构后面的填土，应选择透水性强的填料。当采用粘性土作填料时，宜掺入适量的碎石。在季节性冻土地区，应选择炉渣、碎石、粗砂等非冻胀性填料。

（7）支挡结构应进行排水设计。对于可以向坡外排水的支挡结构，应在支挡结构上设置排水孔。排水孔应沿着横竖两个方向设置，其间距宜取 2 ~ 3m，排水孔外斜坡度宜为5%，孔眼尺寸不宜小于 100mm。支挡结构后面应做好滤水层，必要时应作排水暗沟。支挡结构后面有山坡时，应在坡脚处设置截水沟。对于不能向坡外排水的边坡，应在支挡结构后面设置排水暗沟。挡土墙的排水设置如图 5-19 所示。

【例 5-3】 已知图 5-20 所示某挡土墙高 $H = 6.0\text{m}$，墙背倾角 $\alpha = 10°$，墙后填土倾角 $\beta = 10°$，墙背与填土摩擦角 $\delta = 20°$。墙后填土为中砂，其重度 $\gamma = 19.0\text{kN/m}^3$，内摩擦角 $\varphi = 30°$，粗砂地基承载力 $f = 170\text{kPa}$。设计此挡土墙。

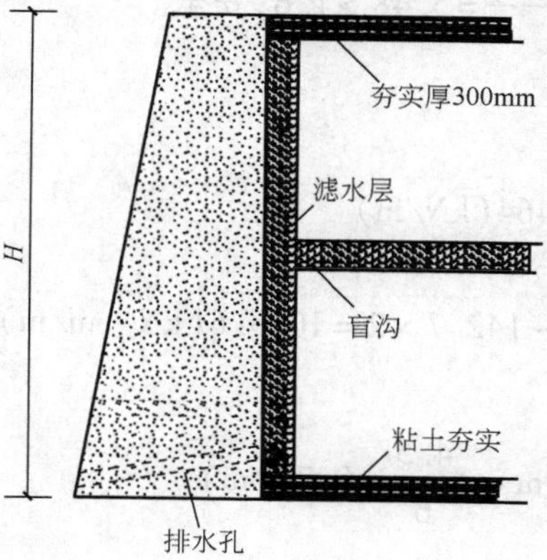

图 5-19 挡土墙的排水设施

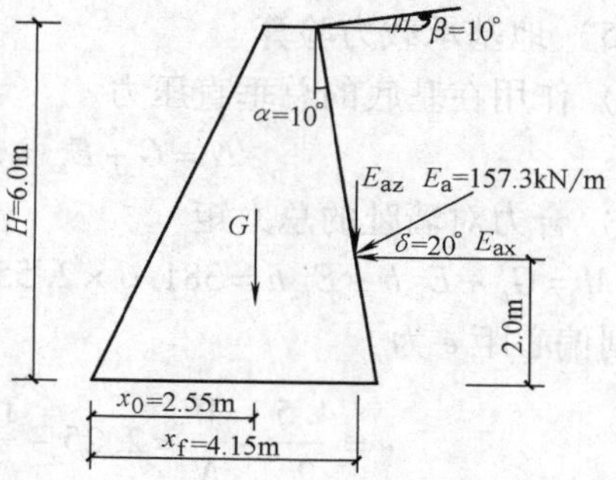

图 5-20 【例 5-3】图

【解】 (1) 初步选择挡土墙断面尺寸

该挡土墙拟采用混凝土重力式挡土墙，墙底倾角 $\alpha_0 = 0°$。根据构造要求，初步确定挡土墙顶宽 0.8m，底宽 4.5m。混凝土重度 $\gamma_{混} = 24\text{kN/m}^3$，则挡土墙自重

$$G = \frac{(0.8 + 4.5) \times H\gamma_{混}}{2} = 2.65 \times 6 \times 24 = 381.6(\text{kN/m})$$

$$G_n = G\cos\alpha_0 = 381.6 \times 1 = 381.6\text{kN/m}$$

$$G_t = G\sin\alpha_0 = 0$$

(2) 土压力计算

用库仑理论计算作用在墙上的主动土压力。由 $\alpha = 10°$，$\beta = 10°$，$\delta = 20°$，$\varphi = 30°$可得 $K_a = 0.438$，取主动土压力增大系数 $\psi_a = 1.1$，则

$$E_a = \frac{1}{2}\psi_a\gamma H^2 K_a = \frac{1}{2} \times 1.1 \times 19.0 \times 6^2 \times 0.438 = 164.8(\text{kN/m})$$

因而

$$E_{az} = E_a\sin(\alpha + \delta) = 164.8 \times \sin30° = 82.4(\text{kN/m})$$
$$E_{ax} = E_a\cos(\alpha + \delta) = 164.8 \times \cos30° = 142.7(\text{kN/m})$$
$$E_{an} = E_a\sin(\alpha + \alpha_0 + \delta) = E_a\sin(\alpha + \delta) = 82.4(\text{kN/m})$$
$$E_{at} = E_a\cos(\alpha + \alpha_0 + \delta) = E_a\cos(\alpha + \delta) = 142.7(\text{kN/m})$$

(3) 抗滑稳定性验算

墙底对地基粗砂的摩擦系数$\mu=0.5$，则抗滑移安全系数

$$K_s=\frac{(G_n+E_{an})\mu}{E_{at}-G_t}=\frac{(381.6+82.4)\times0.5}{142.7}=1.62>1.3,\text{安全。}$$

（4）抗倾覆稳定性验算

作用在挡土墙上的诸力对墙趾的力臂为：$x_0=2.55\text{m}$，$x_f=4.15\text{m}$，$z_f=2.0\text{m}$

则抗倾覆安全系数为

$$K_t=\frac{Gx_0+E_{az}x_f}{E_{ax}z_f}=\frac{381.6\times2.55+82.4\times4.15}{142.7\times2}=5.48>1.6,\text{安全。}$$

（5）地基承载力验算

1）作用在基底的总垂直压力

$$N=G+E_{az}=381.6+82.4=464(\text{kN/m})$$

2）合力对墙趾的总力矩

$$M=G_a+E_{az}b-E_{ax}h=381.6\times2.55+82.4\times4.15-142.7\times2=1029.6(\text{kN}\cdot\text{m/m})$$

则偏心距e为

$$e=\frac{4.5}{2}-\frac{M}{N}=2.25-\frac{1029.6}{464}=0.031(\text{m})<\frac{4.5}{6}=0.75(\text{m})$$

基底压力呈梯形分布。

3）承载力验算

$$p_{max}=\frac{N}{A}\left(1+\frac{6e}{B}\right)=\frac{464}{4.5\times1}\left(1+\frac{6\times0.031}{4.5}\right)=107.4(\text{kPa})<1.2f=204(\text{kPa})$$

$$p_{min}=\frac{N}{A}\left(1-\frac{6e}{B}\right)=\frac{464}{4.5}\left(1-\frac{6\times0.031}{4.5}\right)=98.8(\text{kPa})$$

$$p=\frac{1}{2}(p_{max}+p_{min})=103.1(\text{kPa})<f=170\text{kPa}$$

均满足要求（墙身强度验算略）。

5.4 土坡稳定分析

土木建筑工程中经常遇到各类土坡，包括天然土坡（山坡、河岸、湖边、海滨等）和人工土坡（基坑开挖，填筑路堤、堤坝等），如果处理不当，一旦失稳滑坡，不仅影响工程进度，甚至发生灾难性的后果。土坡滑动是指土坡上的部分岩体或土体在自然或人为因素的影响下，沿某一明显界面发生剪切破坏向坡下运动的现象。图5-21所示为简单土坡示意图。

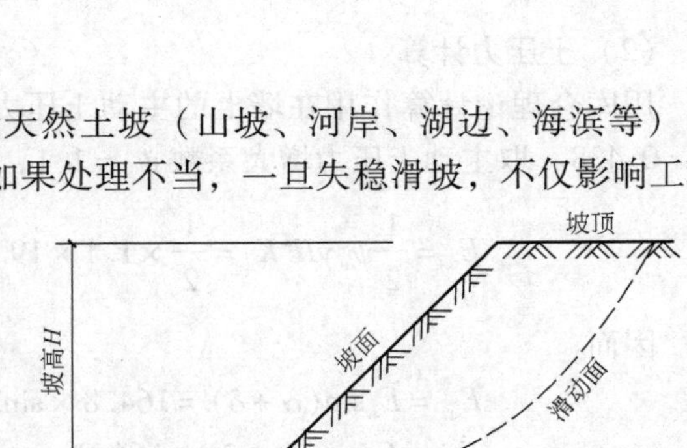

图5-21 简单土坡示意图

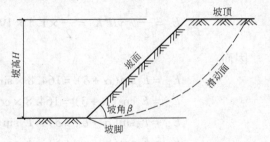

造成土坡失稳的常见原因有：①土的抗剪强度降低，如由于受雨、雪等自然天气影响，土体中的含水量或孔隙水压力增加，导

致土体抗剪强度降低，抗滑力减小；②土坡作用力的变化，如在土坡顶堆放材料或建造建筑物使坡顶受到荷载作用，或因打桩、地震、爆破等引起振动而改变原来的平衡状态；③水压力的作用，如雨水、地面水流入土坡中的竖向裂缝，对土坡产生侧向压力，促使土坡滑动。其根本原因在于土体内的剪应力大于其抗剪强度。

5.4.1 无粘性土坡稳定分析

由于无粘性土颗粒间无粘聚力存在，只有摩擦力，因此，只要坡面不滑动，土坡就能保持稳定，其稳定平衡条件如图 5-22 所示。

设坡面上某颗粒 M 所受重力为 W，砂的内摩擦角为 φ、坡角为 β、重力 W 沿坡面的切向和法向分力分别为

$$T = W\sin\beta \qquad (5\text{-}26)$$

$$N = W\cos\beta \qquad (5\text{-}27)$$

分力 T 将使土颗粒 M 向下滑动，是滑动力，而阻止土颗粒下滑的抗滑力则是由法向分力 N 引起的摩擦力（抗滑力）

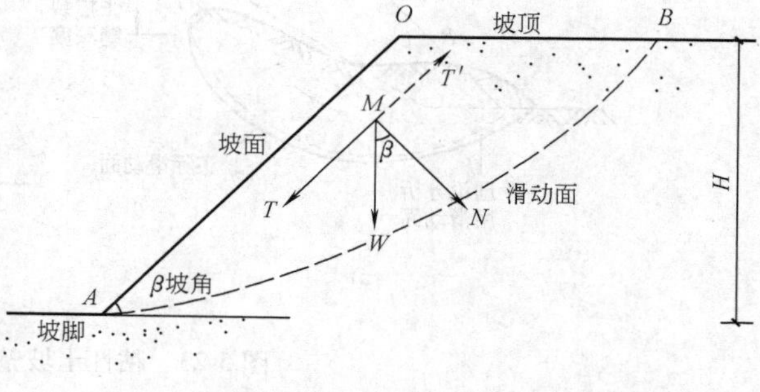

图 5-22 无粘性土坡稳定性分析

$$T' = N\tan\varphi = W\cos\beta\tan\varphi \qquad (5\text{-}28)$$

抗滑力和滑动力的比值称为稳定安全系数，用 K 表示，即

$$K = \frac{T'}{T} = \frac{W\cos\beta\tan\varphi}{W\sin\beta} = \frac{\tan\varphi}{\tan\beta} \qquad (5\text{-}29)$$

由上式可知，当坡角与土的内摩擦角相等（$\beta = \varphi$）时，土坡稳定安全系数 $K = 1$，此时，土坡处于极限平衡状态。由此可见，土坡稳定的极限坡角等于土的内摩擦角，称之为自然休止角。从式（5-29）还可以看出，无粘性土坡的稳定性只与坡角 β 有关，而与坡高 h 无关，只要 $\beta < \varphi(K > 1)$，土坡就是稳定的。为了保证土坡有足够的安全储备，可取 $K = 1.1 \sim 1.5$。

5.4.2 粘性土坡稳定分析

1. 整体稳定分析的基本概念

粘性土坡发生滑动时，滑动土体将沿着滑动面整体滑动，所以在分析粘性土土坡的稳定性时，首先要确定滑动面的形状和位置，而它与土性、土坡坡度以及硬土层的埋藏深度有关。

实测表明：均匀的粘性土坡的滑动面通常是一个曲面，其在平面上的投影与椭圆形的弧很相似，如图 5-23a 所示。为了简化计算，常把它假定为圆弧面。计算分析还表明：当土的内摩擦角约大于 3°时，最危险的滑动面常常会通过坡脚，因此，在选定可能的滑动面时，一般只考虑通过坡脚的圆弧面即坡脚圆。

粘性土坡圆弧滑动体整体稳定分析如图 5-23b 所示，$\widehat{ADC}$ 为一假定的滑弧，其圆心在 O 点，半径为 R。单位长度的滑动土体 $ABCDA$ 在重力 W 作用下处于极限平衡状态，滑动体具

有绕圆心 O 旋转而下滑的趋势。根据图示情况不难得知，使滑动体绕圆心 O 下滑的滑动力矩为 $M_s=Wd$。阻止土体滑动的力是滑弧上的抗滑力，其值等于土的抗剪强度 τ_f 与滑弧 $\widehat{ADC}$ 长度 $\hat{L}$ 的乘积，故阻止滑动体 ADC 向下滑动的抗滑力矩（对 O 点）为 $M_R=\tau_f\hat{L}R$。抗滑力矩与滑动力矩的比值即为该土坡在给定滑动面上的安全系数 K。

$$K \leqslant \frac{M_R}{M_s}=\frac{\tau_f\hat{L}R}{Wd} \tag{5-30}$$

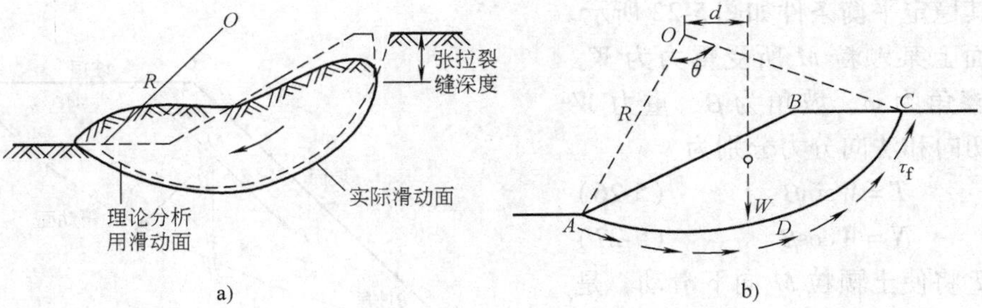

图 5-23　粘性土坡整体稳定分析

a）均质粘性土坡滑动面　b）土坡整体稳定分析示意图

由于计算一开始还不能确切知道最危险的滑动面的位置，因此，在分析时就要假设几个可能的滑动面进行试算，并确定相应的稳定安全系数，其中稳定安全系数最小的相应滑动面就是最危险的滑动面，如果最危险滑动面的安全系数值大于 1.0，则意味着给定的土坡已经满足了稳定的要求。《建筑地基基础设计规范》（GB 50007—2011）规定：最危险的滑动面上诸力对滑动中心所产生的抗滑力矩 M_R 与滑动力矩 M_s 应符合 $\frac{M_R}{M_s}\geqslant 1.2$。

整体圆弧稳定分析法适用于均质简单土坡。在此基础上，瑞典人彼德森提出了条分法概念，后经费伦纽斯、泰勒等人的不断改进和完善，形成了费伦纽斯条分法或瑞典条分法。条分法是对整体稳定分析法的一种重要改进，能比较准确地计算出沿滑动面的应力变化情况，至今仍得到广泛应用。

2. 费伦纽斯条分法

同土坡整体稳定分析法一样，费伦纽斯条分法也假定粘性土坡的破坏滑动面是圆弧面，按平面应变问题考虑。

（1）按比例绘制土坡剖面图，如图 5-24 所示。

（2）任选一点 O 为圆心，以 OA 为半径（R）作滑动圆弧面。土坡滑动面之上的土体 $ABCDA$ 具有向下滑动的趋势而处在极限平衡状态。

（3）将滑动面以上土体竖直分成宽度相等的若干土条并编号。

分条宽度可以是任意的，但采用下述分条方法可适当减少计算工作量。即取分条宽度 $b=R/10$，取编号为 0 的土条中心线与圆心的铅垂线相重合，然后向上、下对称编号。向下（坡脚方向）的土条编号为 -1，-2，-3，…；向上的编号为正号。这样一来，各土条底面倾角的正弦值 $\sin\alpha_i$（即 x_i/R）就分别等于 0，±0.1，±0.2，±0.3，…。随着计算机技术的提高和工程对计算精度要求的提高，分条的宽度还可以划分得更细（如取 $b=R/100$）。

（4）计算作用在土条 ef 上的力。从划分的土条中任取一土条 i（见图 5-24），作用在土条上的力包括：

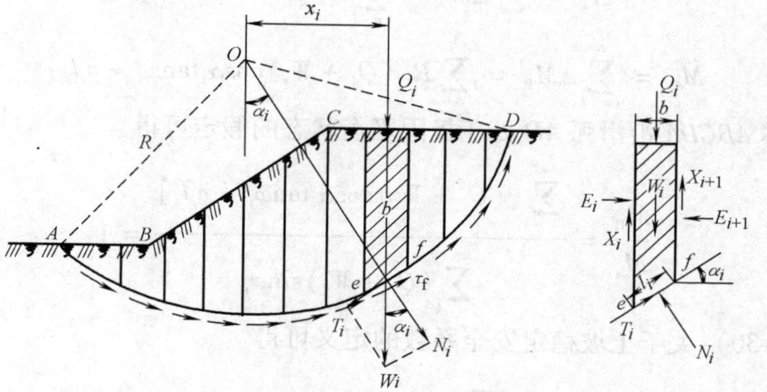

图 5-24　条分法计算土坡稳定示意图

1）土条表面的竖向作用力 Q_i，作用在土条的中心线上，大小已知。

2）土条的重力 W_i，其大小、方向、作用点位置均已知。

3）滑动面 ef 上的法向反力 N_i 及切向反力 T_i，假定它们都作用在滑动面 ef 的中点，其大小未知。

4）土条两侧面的法向力 E_i、E_{i+1} 及竖向剪切力 X_i、X_{i+1}，其中 E_i 和 X_i 可由前一个土条的平衡条件求得，而 E_{i+1} 和 X_{i+1} 的大小未知，E_{i+1} 的作用点位置也未知。

由上可知，土条的作用力中共有 5 个未知量：N_i、T_i、E_{i+1}、X_{i+1} 的大小和 E_{i+1} 的方向，但通过静力平衡和力矩平衡条件只能建立 3 个方程。为了求得 N_i、T_i 值的大小，必须作出某些适当的假定以简化问题。费伦纽斯条分法的假定是在讨论滑动体 $ABCDA$ 的整体稳定时不考虑土条两侧力的作用，亦即假设 E_i 和 X_i 的合力与 E_{i+1} 和 X_{i+1} 的合力大小相等、方向相反且作用线重合，因此土条两侧的作用力相互抵消。这时土条 i 仅有力 Q_i、W_i、N_i、T_i 作用其上。设该土条的底面弧长为 l_i，根据平衡条件可得

$$N_i=(Q_i+W_i)\cos\alpha_i \tag{5-31}$$

$$T_i=(Q_i+W_i)\sin\alpha_i \tag{5-32}$$

若假定在短的滑弧段 l_i 上应力等值，则可求得该滑弧段上土的抗剪强度如下

$$\tau_{fi}=\sigma_i\tan\varphi_i+c_i=\frac{1}{l_i}(N_i\tan\varphi_i+c_il_i)=\frac{1}{l_i}[(Q_i+W_i)\cos\alpha_i\tan\varphi_i+c_il_i] \tag{5-33}$$

式中　α_i——土条 i 底面的法线（亦即半径）与竖直线的夹角，此夹角也等于土条 i 底面的倾角；

l_i——滑弧段 ef 的弧长；

c_i、φ_i——ef 上土的粘聚力和内摩擦角。

（5）计算稳定安全系数 K。

土条 i 上的作用力对圆心 O 产生的下滑力矩 ΔM_s 和抗滑力矩 ΔM_R 分别为

$$\Delta M_s=T_iR=R(Q_i+W_i)\sin\alpha_i$$

$$\Delta M_R = \tau_{fi} l_i R = R[(Q_i + W_i)\cos\alpha_i \tan\varphi_i + c_i l_i]$$

整个滑动体沿 AD 弧对圆心 O 点的滑动力矩和抗滑力矩分别为

$$M_s = \sum_{i=-k}^{n} \Delta M_s = \sum_{i=-k}^{n} R(Q_i + W_i)\sin\alpha_i$$

$$M_R = \sum_{i=-k}^{n} \Delta M_R = \sum_{i=-k}^{n} R[(Q_i + W_i)\cos\alpha_i \tan\varphi_i + c_i l_i]$$

根据滑动体 $ABCDA$ 沿滑弧 AD 处于极限平衡状态的假定可得

$$\frac{M_R}{M_s} = \frac{\sum_{i=-k}^{n}[(Q_i + W_i)\cos\alpha_i \tan\varphi_i + c_i l_i]}{\sum_{i=-k}^{n}(Q_i + W_i)\sin\alpha_i} = 1 \tag{5-34}$$

应用式（5-30）关于土坡稳定安全系数的定义可得

$$K \leqslant \frac{M_R}{M_s} = \frac{\sum_{i=-k}^{n}[(Q_i + W_i)\cos\alpha_i \tan\varphi_i + c_i l_i]}{\sum_{i=-k}^{n}(Q_i + W_i)\sin\alpha_i} \tag{5-35}$$

对于均质土坡，$\varphi_i = \varphi$，$c_i = c$，所以有

$$K \leqslant \frac{\tan\varphi \sum_{i=-k}^{n}(Q_i + W_i)\cos\alpha_i + c\hat{L}}{\sum_{i=-k}^{n}(Q_i + W_i)\sin\alpha_i} \tag{5-36}$$

（6）假定几个可能的滑动面，分别计算相应的 K 值，并取 $K_{\min}$ 所对应的滑动面为最危险的滑动面。当 $K_{\min} > 1$，则土坡稳定（一般 $K_{\min} = 1.1 \sim 1.5$）。

土坡稳定计算工作量很大，故一般采用计算机完成。目前已有许多边坡稳定计算的程序。

5.5 土质边坡开挖与新填边坡坡度要求

在坡体整体稳定的条件下，土质边坡的开挖应符合下列规定：

（1）边坡的坡度允许值，应根据当地经验，参照同类土层的稳定坡度确定。当土质良好且均匀、无不良地质现象、地下水不丰富时，可按表 5-4 确定。

表 5-4 土质边坡坡度允许值

土的类别	密实度或状态	坡度允许值（高宽比）	
		坡高在 5m 以内	坡高为 5 ~ 10m
碎石土	密实	1∶0.35 ~ 1∶0.50	1∶0.50 ~ 1∶0.75
	中密	1∶0.50 ~ 1∶0.75	1∶0.75 ~ 1∶1.00
	稍密	1∶0.75 ~ 1∶1.00	1∶1.00 ~ 1∶1.25
粘性土	坚硬	1∶0.75 ~ 1∶1.00	1∶1.00 ~ 1∶1.25
	硬塑	1∶1.00 ~ 1∶1.25	1∶1.25 ~ 1∶1.50

注：1. 表中碎石土的充填物为坚硬或硬塑状态的粘性土。

2. 对于砂土或充填物为砂土的碎石土，其边坡坡度允许值均按自然休止角确定。

（2）土质边坡开挖时，应采取排水措施，边坡的顶部应设置截水沟。在任何情况下不应在坡脚及坡面上积水。

（3）边坡开挖时，应由上往下开挖，依次进行。弃土应分散处理，不得将弃土堆置在坡顶及坡面上。当必须在坡顶或坡面上设置弃土转运站时，应进行坡体稳定性验算，严格控制堆放的土方量。

（4）边坡开挖后，应立即对边坡进行防护处理。

对由填土而产生的新边坡，当填土边坡符合表5-5的要求时（压实系数参见10.2.2内容），可不设置支挡结构。当天然地面坡度大于20%时，应采取防止填土可能沿坡面滑动的措施，并应避免雨水沿斜坡排泄。

表5-5　压实填土的边坡坡度允许值

填土类型	边坡坡度允许值(高度比)		压实系数 λ_c
	坡高在8m以内	坡高为8~15m	
碎石、卵石	1:1.50~1:1.25	1:1.75~1:1.50	0.94~0.97
砂夹石(碎石卵石质量占总质量的30%~50%)	1:1.50~1:1.25	1:1.75~1:1.50	
土夹石(碎石卵石质量占总质量的30%~50%)	1:1.50~1:1.25	1:2.00~1:1.50	
粉质粘土，粘粒含量 $p_c \geqslant$ 10%的粉土	1:1.75~1:1.50	1:2.25~1:1.75	

思考题

5-1　土压力有哪几种？如何确定土压力类型？影响土压力的因素有哪些？

5-2　简要说明朗肯土压力理论及库仑土压力理论的适用范围。二者在计算方法上有何异同？

5-3　挡土墙有哪些类型？什么是重力式挡土墙？

5-4　简要说明重力式挡土墙的设计要点。

5-5　土坡稳定性的条分法原理是什么？

5-6　当抗倾覆稳定性系数和抗滑移稳定性系数不满足时该采取哪些措施？

5-7　土坡稳定有何意义？影响土坡稳定性的因素有哪些？

5-8　单项选择题

（1）土压力根据__________可分为主动土压力、静止土压力、被动土压力。

A. 墙后土体种类　　B. 墙的截面刚度

C. 墙后地下水位高度　　D. 墙的位移及土体所处的应力状态

（2）在相同条件下，主动土压力 E_a、被动土压力 E_p 及静止土压力 E_0 满足__________。

A. $E_a < E_p < E_0$　　B. $E_p < E_a < E_0$　　C. $E_0 < E_a < E_p$　　D. $E_a < E_0 < E_p$

（3）朗肯土压力理论是建立在一定的假定基础上的，所以其计算结果与实际有出入，所得的__________。

A. 主动土压力偏小，被动土压力偏大　　B. 主动土压力偏大，被动土压力偏大
C. 主动土压力偏大，被动土压力偏小　　D. 主动土压力偏小，被动土压力偏小

(4) 利用库仑公式计算挡土墙土压力时，所需的墙后填土强度指标是________。
A. 内摩擦角　B. 内聚力　C. 内摩擦角和内力　D. 外摩擦角

(5) 挡土墙的抗滑安全系数 K_s 应大于________。
A. 1.5　B. 1.3　C. 1.2　D. 1.1

(6) 重力式挡土墙后的主动土压力与墙背的形状有关，其中以________挡土墙的主动土压力为最小。
A. 仰斜式　B. 直立式　C. 折线式　D. 俯斜式

(7) 无粘性土土坡的稳定性________。
A. 与密实度无关　　B. 与坡高无关
C. 与土的内摩擦角无关　　D. 与坡角无关

(8) 下列措施中，________对提高挡土墙抗倾覆稳定性有利。
A. 采用粘性土作为填料　　B. 每隔一段距离设伸缩缝一道
C. 将墙趾做成台阶形　　D. 将墙底做成逆坡

(9) 不能减小主动土压力的措施是________。
A. 将墙后填土分层夯实　　B. 采取有效的排水措施
C. 墙后填土采用透水性较强的填料　　D. 采用俯斜式挡土墙

(10) 下列有关重力式挡土墙的构造措施中，________是不正确的。
A. 墙后应设置泄水孔　　B. 墙后填土宜选择透水性较强的填料
C. 粘性土不能用作填料　　D. 填土需分层夯实

习　题

5-1　已知某挡土墙高5m，其墙背竖直光滑，填土水平，$\gamma=18\text{kN/m}^3$，$\varphi=20°$，$c=12\text{kPa}$。试求主动土压力及其作用点位置，并绘制 σ_a 分布图。

5-2　已知某挡土墙高4.5m，其墙背竖直光滑，填土水平，并作用有均布荷载 $q=20\text{kPa}$，$\gamma=20\text{kN/m}^3$，$\varphi=30°$，$c=16\text{kPa}$。试求主动土压力及其作用点位置，并绘制 σ_a 分布图。

5-3　已知某挡土墙高5m，其墙背竖直光滑，填土水平，并作用有均布荷载 $q=10\text{kPa}$，墙后分两层土：上层厚2m，$\gamma_1=19.2\text{kN/m}^3$，$\varphi_1=30°$，$c_1=16\text{kPa}$；下层土厚3m，$\gamma_2=16.8\text{kN/m}^3$，$\varphi_2=20°$，$c_2=12\text{kPa}$。试求主动土压力及其作用点位置。

5-4　已知某挡土墙高6m，其墙背竖直光滑，填土水平，见图5-25，土重度 $\gamma=19\text{kN/m}^3$，内摩擦角 $\varphi=30°$，粘聚力 $c=0\text{kPa}$，$\gamma_{sat}=20\text{kN/m}^3$。试求主动土压力及其作用点位置，并绘制 σ_a 分布图。

5-5　知某挡土墙高6m，上部受到均布荷载作用 $q=15\text{kPa}$，其墙背竖直光滑，填土水平且填土分两层并且含有地下水：$h_1=3\text{m}$，$\gamma_1=18.6\text{kN/m}^3$，$\varphi_1=24°$，$c_1=12\text{kPa}$；$h_2=3\text{m}$，$\gamma_2=19.5\text{kN/m}^3$，$\varphi_2=20°$，$c_2=8\text{kPa}$，见图5-26。试求主动土压力及其作用点的位置，并绘制 σ_a 分布图。

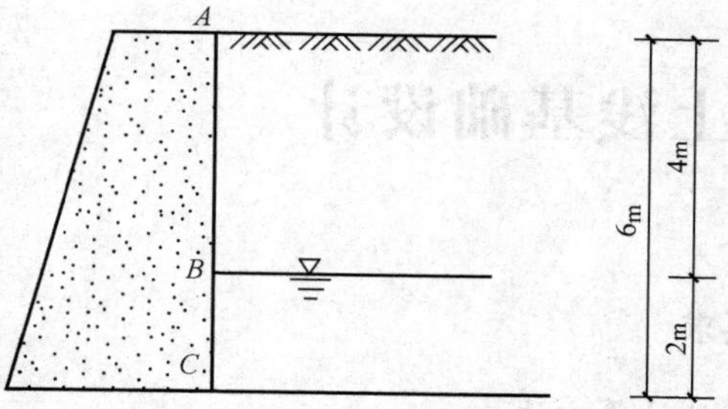
A
B
C
6m
4m
2m

图　5-25

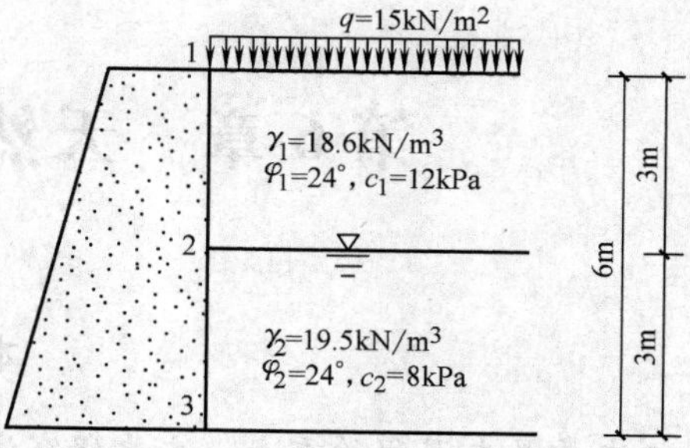
q=15kN/m2
1
2
3
γ1=18.6kN/m3
φ1=24°, c1=12kPa
γ2=19.5kN/m3
φ2=24°, c2=8kPa
3m
3m
6m

图　5-26

第6章　天然地基上浅基础设计

本章学习要求

- 本章是本课程的重点，主要研究浅基础的设计计算方法；
- 了解浅基础的设计要求、步骤及浅基础的类型；
- 了解基础埋置深度的确定条件；
- 掌握基础底面尺寸的确定方法及软弱下卧层的承载力验算；
- 掌握无筋扩展基础及配筋扩展基础的设计与计算。

6.1　概述

一般将设置在天然地基上，埋置深度小于5m的基础及埋置深度虽超过5m但小于基础宽度的基础统称为天然地基上的浅基础。在天然地基上修建浅基础，施工简单，造价低，因此，在保证建筑物安全和正常使用的条件下，应首先选用天然地基上浅基础的方案。

6.1.1　基础设计的要求与步骤

1. 一般设计要求

基础在上部结构传来的荷载及地基反力作用下产生内力，同时地基在基底压力作用下产生附加应力和变形。故基础设计不仅要使基础本身满足强度、刚度和耐久性的要求，还要满足地基对承载力和变形的要求，即地基应具有足够的强度和稳定性，并不产生过大的沉降和不均匀沉降，因此基础设计又统称为地基基础设计。

（1）地基承载力设计要求　建筑物基础设计时，要求基底压力满足下列要求：

当轴心荷载作用时

$$p_k \leqslant f_a \tag{6-1}$$

当有偏心荷载作用时，除应满足式（6-1）要求外，还需满足

$$p_{kmax} \leqslant 1.2 f_a \tag{6-2}$$

式中　p_k——相应于作用的标准组合时，基础底面处的平均压力值（kPa）；

p_{kmax}——相应于作用的标准组合时，基础底面边缘的最大压力值（kPa）；

f_a——修正后的地基持力层承载力待征值（kPa），按本书4.5节内容确定。

（2）地基变形设计要求　建筑物的地基变形计算值，不应大于地基变形允许值，即

$$s \leqslant [s] \tag{6-3}$$

式中　s——建筑物的地基变形计算值（地基最终变形量）；

$[s]$——建筑物的地基变形允许值，按表3-10规定采用。

（3）基础本身强度、刚度和耐久性的要求　基础是埋入土层一定深度的建筑物下部的承重结构，其作用是承受上部荷载，并将荷载传递到下部地基土层中。因此，基础结构本身

应有足够的强度和刚度，在地基反力作用下不会产生过大强度破坏，并具有改善沉降与不均匀沉降的能力。基础设计应符合现行国家标准《混凝土结构设计规范》（GB 50010—2010）和《砌体结构设计规范》（GB 50003—2011）等结构设计规范的规定。

基础设计时，必须根据建筑物的用途和安全等级、建筑布置和上部结构类型，充分考虑建筑场地和岩土地质条件，结合工期及造价等方面的要求，合理选择地基基础方案，以保证建筑物的安全和正常使用。

如果浅层天然地基中有良好土层时，应尽量选取浅层良好土层作为直接承受基础荷载的持力层，即采用天然地基上浅基础方案，以降低建设成本。

当天然地基土层较软弱（通常指承载力低于100kPa的土层），或具有特殊工程性质（如湿陷性黄土、膨胀土等），不适于采用天然地基方案时，可采用人工地基，或采用桩基础等深基础方案，将上部结构的荷载向深部地层传递。

《建筑地基基础设计规范》（GB 50007—2011）有关地基基础设计的基本规定参见第1.4节内容。

2. 天然地基上浅基础设计内容与步骤

（1）根据上部结构形式、荷载大小、工程地质及水文地质条件等选择基础的结构形式、材料并进行平面布置。

（2）确定基础的埋置深度。

（3）确定地基承载力。

（4）根据基础顶面荷载值及持力层的地基承载力，初步计算基础底面尺寸。

（5）若地基持力层下部存在软弱土层时，需验算软弱下卧层的承载力。

（6）甲级、乙级建筑物及部分丙级建筑物，尚应在承载力计算的基础上进行变形验算。

（7）基础剖面及结构设计。

（8）绘制施工图，编制施工技术说明书。

地基基础设计是一个受多因素影响的综合科学计算项目，整个设计过程是一个反复试算的过程，不满足规范要求的情况不允许出现，不科学的保守设计也绝不可取。在上述设计内容与步骤中，第(6)步以前如有不满足要求的情况，须对基础设计进行调整，如改变基础埋深、加大基础底面尺寸或改变基础类型和结构等，直至满足要求为止。

6.1.2 浅基础的类型

1. 无筋扩展基础

无筋扩展基础系指由砖、毛石、混凝土或毛石混凝土、灰土和三合土等材料组成的，且不需配置钢筋的墙下条形基础或柱下独立基础。它适用于多层民用建筑和轻型厂房。

无筋扩展基础所用的材料抗压强度较高，但抗拉、抗剪强度却较低。因此需通过限制基础的外伸宽度与基础高度的比值来限制其悬臂长度。由于受构造要求的影响，无筋扩展基础的相对高度都比较大，几乎不发生挠曲变形，所以此类基础也常被称为刚性基础或刚性扩展基础。

（1）砖基础　砖砌体具有一定的抗压强度，但抗拉强度和抗剪强度较低，砖基础所用材料的最低强度等级应符合表6-1的要求。地下水位以下或地基土潮湿时应采用水泥砂浆砌筑。砖基础底面以下一般设垫层，其剖面做成阶梯形，通常称大放脚，大放脚一般为二一间隔收，即一皮一收与两皮一收相间（基底必须保证两皮砖厚）或两皮一收，每收一次两边各收1/4 砖长（图6-1）。

表6-1 基础用砖、石料及砂浆最低强度等级

土的潮湿程度	粘土砖		混凝土砌块	石材	混合砂浆	水泥砂浆
	严寒地区	一般地区				
稍潮湿的	MU10	MU10	MU5	MU20	M5	M5
很潮湿的	MU15	MU10	MU7.5	MU20		M5
含水饱和的	MU20	MU15	MU7.5	MU30		M7.5

砖基础具有取材容易、价格便宜、施工简便的特点，因此广泛应用于6层及6层以下的民用建筑和墙承重厂房。

（2）毛石基础　毛石基础是选用未经风化的硬质岩石砌筑而成的。毛石和砂浆的强度等级应符合表6-1 的要求。为了保证锁结力，每一阶梯宜用三排或三排以上的毛石，阶梯形毛石基础每一阶伸出宽度不宜大于200mm，且台阶高度不宜小于400mm（图6-2）。

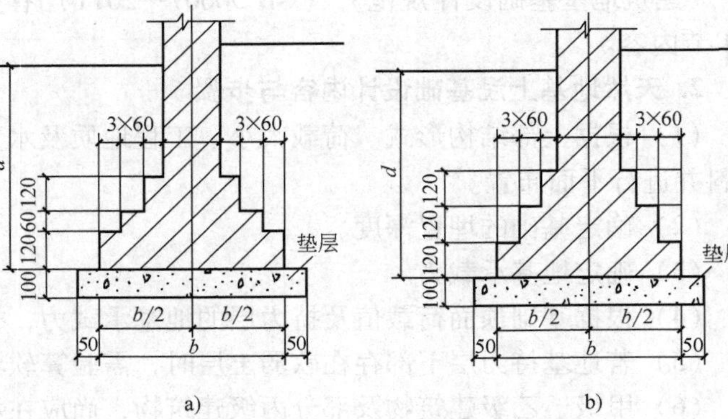

图6-1　砖基础

a）二一间隔收　b）两皮一收

（3）灰土基础　为了节约砖石材料，常在砖石大放脚下面做一层灰土垫层，这个垫层习惯上称为灰土基础（图6-3）。灰土是经过熟化后的石灰粉和粘性土按一定比例加适量水拌合夯实而成，配合比为3∶7或2∶8，一般多采用3∶7，即3份石灰粉掺入7份粘性土（体积比），通常称为三七灰土。

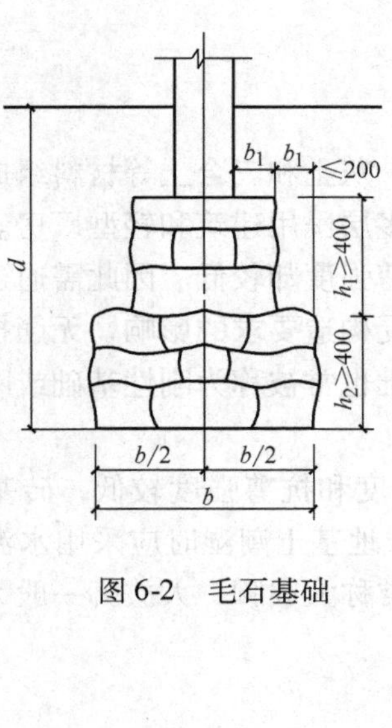

图6-2　毛石基础

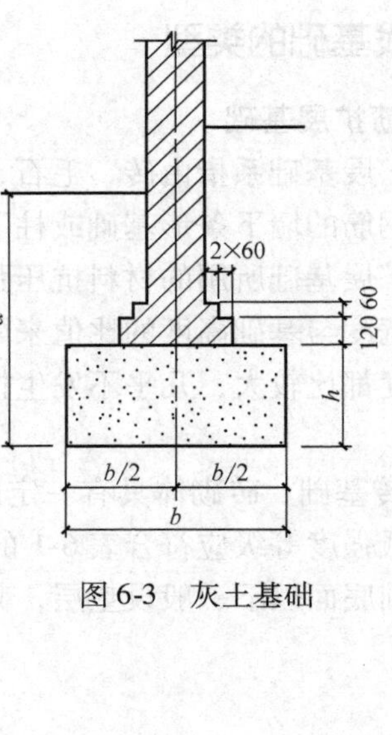

图6-3　灰土基础

灰土基础适用于5层和5层以下、土层比较干燥、地下水位较低的民用建筑。根据经验，3层及3层以上多采用三步灰土，厚450mm（灰土分层夯实，先虚铺约220～250mm，然后每层夯实后为150mm厚，通称一步）；3层以下多采用二步灰土，厚300mm。

灰土施工时，应控制其含水量，现场鉴定方法以用手紧握成团，两指轻捏即碎为宜。如土料水分过多或不足时，可以晾干或洒水润湿。

（4）三合土基础　三合土是由石灰、砂和骨料（碎石、碎砖或矿渣等）按体积比1:2:4～1:3:6配成，经适量水拌合后均匀铺入槽内，并分层夯实而成（每层虚铺220mm，夯至150mm）。然后在它上面砌大放脚，三合土铺至设计标高后，最后一遍夯打时，宜浇浓灰浆。待表面灰浆风干后，再铺上很薄一层砂子，最后整平夯实。三合土基础的优点是施工简单，造价低廉，但其强度较低，故一般用于地下水位较低的4层及4层以下的民用建筑，在我国南方地区应用较为广泛。

（5）混凝土和毛石混凝土基础　混凝土基础的强度、耐久性、抗冻性都较好，当荷载大或位于地下水位以下时，常采用混凝土基础。由于其水泥用量较大，故造价较砖、石基础高，为减少水泥用量，可掺入基础体积20%～30%的毛石，做成毛石混凝土基础（图6-4）。毛石尺寸不宜超过300mm，使用前需冲洗干净。

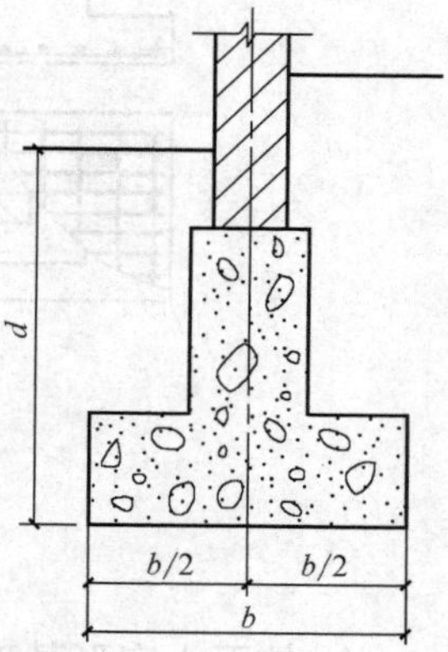

图6-4　毛石混凝土基础

2. 扩展基础

将上部结构传来的荷载，通过向侧边扩展成一定底面积，使作用在基底的压应力等于或小于地基土的允许承载力，而基础内部的应力应同时满足材料本身的强度要求，这种起到压力扩散作用的基础称为扩展基础。

扩展基础包括墙下钢筋混凝土条形基础（图6-5）和柱下钢筋混凝土独立基础（图6-6）。这种基础整体性较好，抗弯强度大，能发挥钢筋的抗拉性能及混凝土的抗压性能，在基础设计中广泛采用，特别适用于需要“宽基浅埋”的场合。由于钢筋混凝土扩展基础有很好的抗弯能力，因此也称为柔性基础。

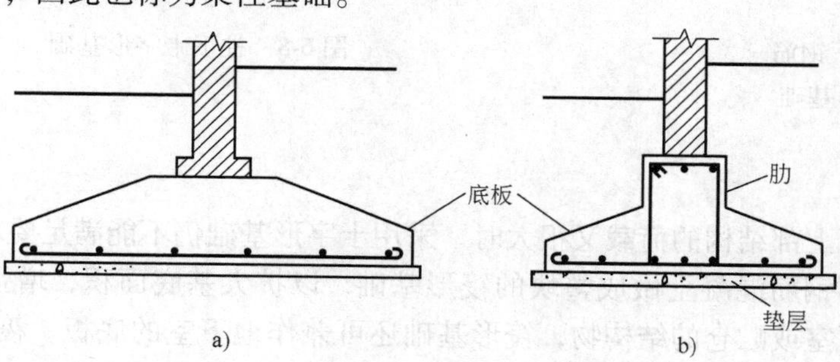

图6-5　墙下钢筋混凝土条形基础

a）无肋　b）有肋

3. 柱下钢筋混凝土条形基础

当荷载很大或地基土层软弱时，如采用柱下钢筋混凝土独立基础，基础底面积必然很大且相互靠近，为增加基础的整体性并方便施工，可将同一排的柱基础连在一起做成条形基础（图 6-7）。

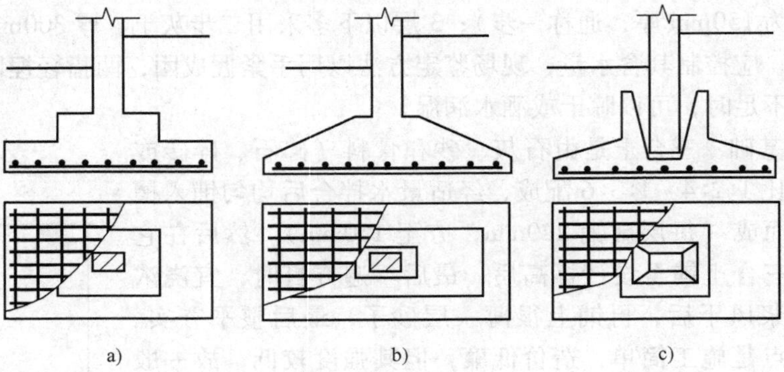

图 6-6　柱下钢筋混凝土独立基础

a）阶梯形基础　b）锥形基础　c）杯口基础

4. 柱下十字形基础

荷载较大的高层建筑，如土质较弱，为了增加基础的整体刚度，减少不均匀沉降，可在柱网下纵横方向设置钢筋混凝土条形基础，形成图 6-8 所示的十字形基础。

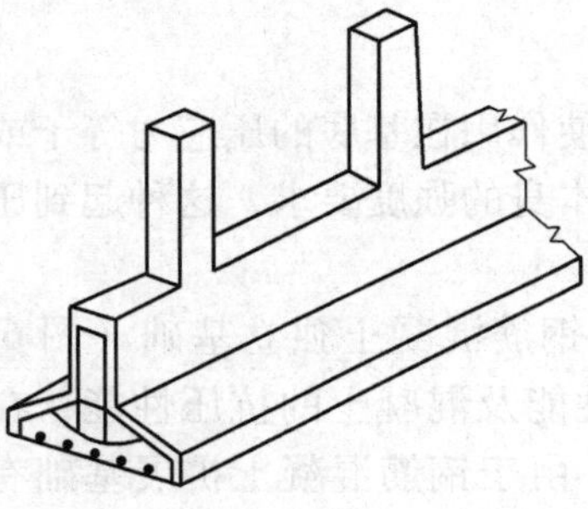

图 6-7　柱下钢筋混凝土条形基础

图 6-8　柱下十字形基础

5. 筏形基础

当地基软弱而上部结构的荷载又很大时，采用十字形基础仍不能满足要求或相邻基槽距离很小时，可采用钢筋混凝土做成整块的筏形基础，以扩大基底面积，增强基础的整体刚度。对于设有地下室或贮仓的结构物，筏形基础还可兼作地下室的底板。筏形基础的设计，可视为一个倒置的钢筋混凝土平面楼盖，当柱网间距小时，可做成平板式（图 6-9a）（平板式基础是在地基上做一块钢筋混凝土底板，柱子通过柱脚支承在底板上）；当柱网间距大时，可加肋梁以增加基础刚度，做成梁板式。梁板式筏形基础按梁板的位置不同又可分为两类，如将梁放在底板的下方称下梁式（图 6-9b），其底板表面平整，可作建筑物底层地面；而图 6-9c 是在底板上做梁，柱子支承在梁上称上梁式。

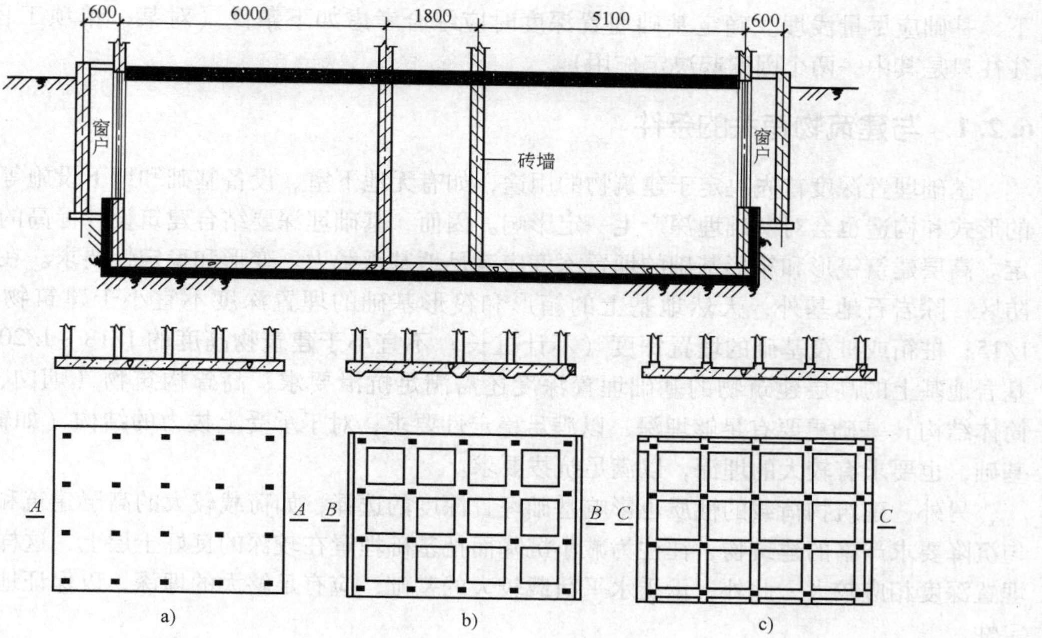

图 6-9　筏形基础

a）平板式　b）下梁式　c）上梁式

6. 箱形基础

箱形基础由筏形基础演变而成，它是由钢筋混凝土顶板、底板和纵横交叉的隔墙组成的空间整体结构（图 6-10）。基础内空可用作地下室，与实体基础相比可减少基底压力。箱形基础较适用于地基软弱、平面形状简单的高层建筑物基础。某些对不均匀沉降有严格要求的设备或构筑物，也可采用箱形基础。

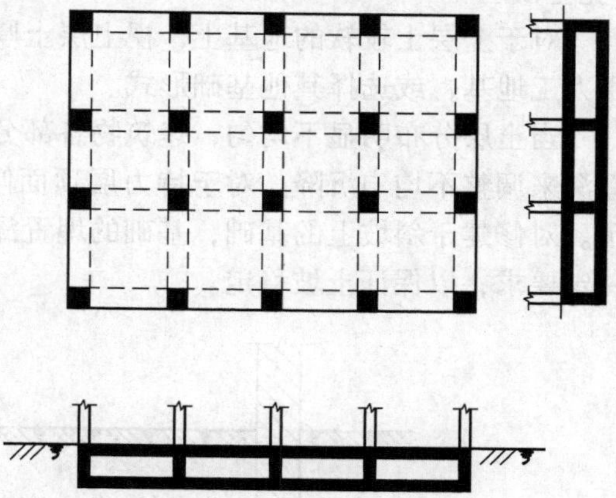

图 6-10　箱形基础

箱形基础、柱下条形基础、十字形基础、筏形基础都大量使用钢筋混凝土，尤其是箱形基础，钢筋和混凝土用量更大，施工复杂，故用这类基础时，应与其他类型的基础（如桩基等）作经济、技术比较后确定。

除上述基础类型外，在实际工程中还有一些浅基础形式，如壳体基础、圆板基础、圆环基础等。

6.2　基础埋置深度的确定

基础埋置深度一般是指基础底面距室外设计地面的距离。在满足地基稳定和变形的条件下，基础应尽量浅埋。确定基础埋置深度时应综合考虑如下条件（对某一单项工程来说，往往只是其中一两个因素起决定作用）。

6.2.1 与建筑物有关的条件

基础埋置深度首先决定于建筑物的用途，如有无地下室、设备基础和地下设施等，基础的形式和构造也会对基础埋深产生一定影响。因而，基础埋深要结合建筑设计标高的要求确定。高层建筑筏形和箱形基础的埋置深度应满足地基承载力、变形和稳定性要求。在抗震设防区，除岩石地基外，天然地基上的箱形和筏形基础的埋置深度不宜小于建筑物高度的1/15；桩箱或桩筏基础的埋置深度（不计桩长）不宜小于建筑物高度的1/18～1/20；位于基岩地基上的高层建筑物的基础埋置深度还需满足抗滑要求；高耸构筑物（烟囱、水塔、筒体结构）基础更要有足够埋深，以满足稳定性要求；对于承受上拔力的结构（如输电塔）基础，也要求有较大的埋深，以满足抗拔要求。

另外，建筑物荷载的性质也影响基础埋置深度的选择，如荷载较大的高层建筑和对不均匀沉降要求严格的建筑物，往往为减小沉降而把基础埋置在较深的良好土层上，这样，基础埋置深度相应较大。此外，承受水平荷载较大的基础，应有足够大的埋深，以保证地基的稳定性。

6.2.2 工程地质条件

地基土的工程地质条件是基础埋置深度的重要影响因素。

在工程上，直接支承基础的土层称为持力层，其下的各土层为下卧层。当上层土的承载力高于下层土的承载力时宜取上层土作为持力层，特别是对于上层为硬土层时，应尽量“宽基浅埋”。

对于上层土较软的地基土，视上层土厚度考虑是否挖除软土将基础放于好土层中，或采用人工地基，或选择其他基础形式。

当土层分布明显不均匀，建筑物各部分荷载差别较大时，同一建筑物可采用不同的基础埋深来调整不均匀沉降。对于持力层顶面倾斜的墙下条形基础可做成台阶状，如图6-11所示。对修建于斜坡上的基础，基础的埋置深度及基础底面外边缘线至坡前边缘的距离应满足一定要求，以保证土坡稳定。

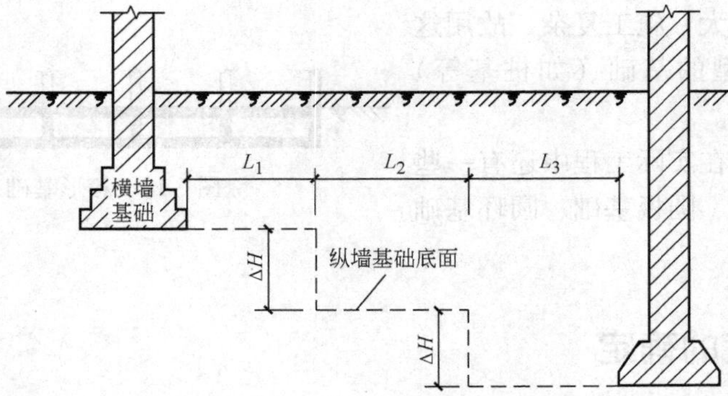

图6-11 埋置深度不同的基础及墙下台阶条形基础

6.2.3 水文地质条件

有潜水存在时，基础底面应尽量埋置在潜水位以上。若基础底面必须埋置在地下水位以下时，除应考虑施工时的基坑排水、坑壁围护（地基土扰动）等问题外，还应考虑地下水对混凝土的腐蚀性，地下水的防渗以及地下水对基础底板的上浮作用。

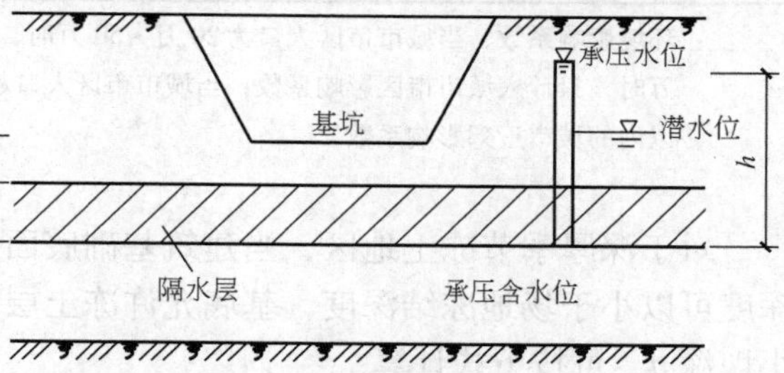

图 6-12　基坑下有承压水含水层

对埋藏有承压含水层的地基（图 6-12），选择基础埋深时，应防止基底因挖土减压而隆起开裂。必须控制基坑开挖深度，使承压含水层顶部的静水压力 u 与总覆盖压力 σ 的比值 $u/\sigma<1$，否则应降低地下承压水水头。式中静水压力 $u=\gamma_w h$，h 为承压含水层顶部压力水头高；总覆盖压力 $\sigma=\gamma_1 z_1+\gamma_2 z_2$，$\gamma_1$、$\gamma_2$ 分别为各土层的重度，水位下取饱和重度。

6.2.4 地基冻融条件

季节性冻土是冬季冻结、天暖解冻的土层。土体中的水冻结后，发生体积膨胀，而产生冻胀。位于冻胀区的基础在受到大于基底压力的冻胀力作用下，会被上抬，而冻土层解冻融解时，地基土又发生融陷，建筑物随之下沉。冻胀和融陷是不均匀的，往往会造成建筑物的开裂损坏。因此为避开冻胀区土层的影响，季节性冻土地区基础埋置深度宜大于场地冻结深度。

季节性冻土地基的场地冻结深度应按下式计算

$$z_d=z_0\psi_{zs}\psi_{zw}\psi_{ze} \tag{6-4}$$

式中　z_d——场地冻结深度（m），当有实测资料时按 $z_d=h'-\Delta z$ 计算；

h'——最大冻深出现时场地最大冻土层厚度（m）；

Δz——最大冻深出现时场地地表冻胀量（m）；

z_0——标准冻结深度（m），当无实测资料时，按规范附录 F 查取；

ψ_{zs}——土的类别对冻深的影响系数（见表 6-2）；

ψ_{zw}——土的冻胀性对冻深的影响系数（见表 6-3）；

ψ_{ze}——环境对冻深的影响系数（见表 6-4）。

表 6-2　土的类别对冻深的影响系数

土的类别	粘性土	细砂、粉砂、粉土	中、粗、砾砂	碎石土
影响系数 ψ_{zs}	1.0	1.2	1.3	1.4

表 6-3　土的冻胀性对冻深的影响系数

土的冻胀性	不冻胀性	弱冻胀	冻胀	强冻胀	特强冻胀
影响系数 ψ_{zw}	1.00	0.95	0.90	0.85	0.80

表 6-4　环境对冻深的影响系数

周围环境	村、镇、旷野	城市近郊	城市市区
影响系数 ψ_{ze}	1.00	0.95	0.90

注：环境影响系数，当城市市区人口为20 万～50 万时，按城市近郊取值；当城市市区人口大于50 万小于或等于100 万时，只计入城市市区影响系数；当城市市区人口超过100 万时，除计入城市市区影响系数外，尚应考虑5km以内的城市近郊影响系数。

对于深厚季节冻土地区，当建筑基础底面土层为不冻胀、弱冻胀、冻胀土时，基础埋置深度可以小于场地冻结深度，基底允许冻土层最大厚度应根据当地经验确定。此时，基础最小埋深 d_{min} 可按下式计算

$$d_{min} = z_d - h_{max} \tag{6-5}$$

式中　h_{max}——基础底面下允许冻土层的最大厚度（m）。没有地区经验时可按规范附录G查取。

在冻胀、强冻胀和特强冻胀地基上的建筑物，还应按规范规定采用防冻害措施。

对于冻胀土地基上的建筑物，还应采取相应的防冻害措施。

6.2.5　场地环境条件

气候变化或树木生长导致的地基土胀缩以及其他生物活动有可能危害基础的安全，因而基础底面应到达一定的深度，除岩石地基外，不宜小于0.5m。为了保护基础，一般要求基础顶面低于设计地面（一般指室内相邻基础的埋深地面）至少0.1m。

当存在相邻建筑物时，新建建筑物的基础埋深不宜大于原有建筑基础。当埋深大于原有建筑物的基础时，两基础间应保持一定净距，其数值应根据建筑荷载大小、基础形式和土质情况确定。根据《建筑地基基础设计规范》（GB 2007—2011）的规定，相邻建筑物基础间的净距可按表6-5 选用。当相邻建筑物较近时，应采取以下措施减小相互影响：

（1）尽量减小新建建筑物的沉降量。

（2）新建建筑物的基础埋深不宜大于原有建筑物的基础。

（3）选择对地基变形不敏感的结构形式。

（4）采取有效的施工措施（如分段施工）、支护措施以及对原有建筑物地基进行加固。

表 6-5　相邻建筑物基础间的净距　　（单位：m）

影响建筑物的预估平均沉降量 s/mm ＼ 被影响建筑物的长高比	$2.0 \leqslant \frac{L}{H_f} < 3.0$	$3.0 \leqslant \frac{L}{H_f} < 5.0$
70～150	2～3	3～6
160～250	3～6	6～9
260～400	6～9	9～12
>400	9～12	≥12

注：1. 表中 L 为建筑物长度或沉降缝分隔的单元长度（m）；H_f 为自基础底面标高算起的建筑物高度（m）；
2. 当被影响建筑物的长高比为 $1.5 < L/H_f < 2.0$ 时，其间净距可适当缩小。

如果基础邻近有管道或沟、坑等设施时，基础底面一般应低于这些设施的底面。临水建筑物，为防流水或波浪的冲刷，其基础底面应位于冲刷线以下。

6.3 基础底面尺寸的确定

在设计浅基础时，一般先确定基础的埋置深度，选定地基持力层并求出地基承载力特征值f_a，然后根据上部荷载或根据构造要求确定基础底面尺寸。

6.3.1 轴心荷载作用下基础底面积的确定

轴心荷载作用下，基础通常对称布置，基底压力p_k假定均匀分布，可按下式计算

$$p_k = \frac{F_k + G_k}{A} = \frac{F_k}{A} + \gamma_G \bar{d} \tag{6-6}$$

式中 F_k——相应于作用的标准组合时，上部结构传至基础顶面处的竖向力（kN）；

G_k——基础自重和基础上土重（kN）；

A——基础底面面积（m^2）；

γ_G——基础和基础上土的平均重度，一般取$20kN/m^3$，地下水位以下取有效重度；

$\bar{d}$——基础的平均埋深（m）。

由式（6-1）持力层承载力的要求，得

$$\frac{F_k}{A} + \gamma_G \bar{d} \leqslant f_a$$

由此可得矩形基础底面面积为

$$A \geqslant \frac{F_k}{f_a - \gamma_G \bar{d}} \tag{6-7}$$

对于条形基础，可沿基础长度的方向取单位长度进行计算，荷载同样是单位长度上的荷载，则基础宽度为

$$b \geqslant \frac{F_k}{f_a - \gamma_G \bar{d}} \tag{6-8}$$

式（6-7）和式（6-8）中的地基承载力特征值，在基础底面未确定以前可先只考虑深度修正，初步确定基底尺寸以后，再将宽度修正项加上，重新确定承载力特征值。直至设计出最佳基础底面尺寸。

6.3.2 偏心荷载作用下基础底面积的确定

对于偏心荷载作用下的基础底面尺寸常采用试算法确定。计算方法如下：

（1）先按轴心荷载作用条件，利用式（6-7）或式（6-8）初步估算基础底面尺寸。

（2）根据偏心程度，将基础底面积扩大10%～40%，并以适当的比例确定矩形基础的长（l）和宽（b），一般取$l/b=1\sim2$。

（3）计算基底平均压力和基底最大压力，并使其满足式（6-1）和式（6-2）。

这一计算过程可能要经过几次试算方能确定合适的基础底面尺寸。另外为避免基础底面由于偏心过大而与地基土翘离，箱形基础还要求基底边缘最小压力值或偏心距满足

$$p_{kmin} \geqslant 0 \tag{6-9}$$

$$e=\frac{M_k}{F_k+G_k}\leqslant l/6(\text{条形基础为 }b/6) \tag{6-10}$$

式中 e——偏心距（m）；

M_k——相应于作用的标准组合时，作用于基础底面的力矩值（kN·m）；

F_k——相应于作用的标准组合时，上部结构传至基础顶面的竖向力值（kN）；

G_k——基础自重和基础上的土重（kN）；

l——偏心方向的边长（m）。

若持力层下有相对软弱的下卧土层，还须对软弱下卧层进行强度验算。如果建筑物有变形验算要求，应进行变形验算。承受水平力较大的高层建筑和不利于稳定的地基上的结构还须进行稳定性验算。

6.3.3 软弱下卧层承载力验算

当持力层下地基受力范围内存在承载力明显低于持力层承载力的高压缩性土层（如沿海沿江一些地区，地表存在一层“硬壳层”，其下一般为很厚的软土层，其承载力明显低于上部“硬壳层”承载力）时，还必须对软弱下卧层的承载力进行验算。要求作用在软弱下卧层顶面处的附加应力和自重应力之和不超过下卧层顶面处经深度修正后的地基承载力特征值，即

$$p_z+p_{cz}\leqslant f_{az} \tag{6-11}$$

式中 p_z——相应于作用的标准组合时，软弱下卧层顶面处的附加压力值（kPa）；

p_{cz}——软弱下卧层顶面处的自重压力值（kPa）；

f_{az}——软弱下卧层顶面处经深度修正后的地基承载力特征值（kPa）。

关于附加压力值 p_z 的计算，《建筑地基基础设计规范》（GB 50007—2011）采用应力扩散简化计算方法。当持力层与下卧层的压缩模量比值 $E_{s1}/E_{s2}\geqslant 3$ 时，对于矩形或条形基础，可按压力扩散角的概念计算。如图 6-13 所示，假设基底附加压力（$p_0=p_k-p_c$）按某一角度 θ 向下传递。根据基底扩散面积上的总附加压力相等的条件可得软弱下卧层顶面处的附加压力：

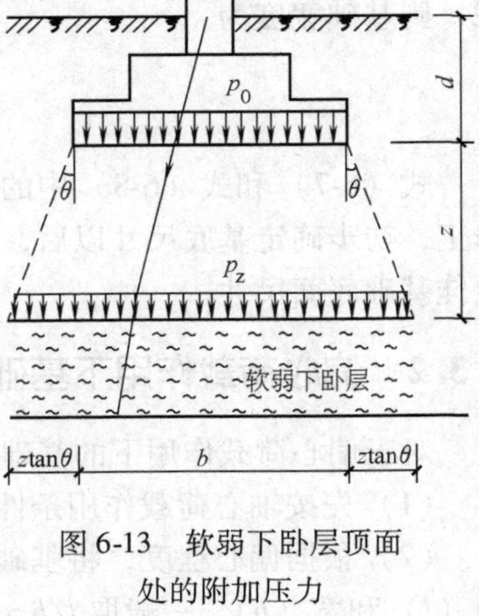

图 6-13 软弱下卧层顶面处的附加压力

矩形基础

$$p_z=\frac{lb(p_k-p_c)}{(b+2z\tan\theta)(l+2z\tan\theta)} \tag{6-12}$$

条形基础仅考虑宽度方向的扩散，并沿基础纵向取单位长度为计算单元，于是可得

$$p_z=\frac{b(p_k-p_c)}{b+2z\tan\theta} \tag{6-13}$$

式中 l——矩形基础底面的长度（m）；

b——矩形基础或条形基础底边的宽度（m）；

p_k——相应于作用的标准组合时，基础底面处的平均压力值（kPa）；

p_c——基础底面处土自重压力（kPa）；

z——基础底面到软弱下卧层顶面的距离（m）；

θ——地基压力扩散线与垂直线的夹角（°），可按表6-6采用。

表6-6　地基压力扩散角 θ 值

E_{s1}/E_{s2}	z/b	
	0.25	0.50
3	6°	23°
5	10°	25°
10	20°	30°

注：1. E_{s1} 为上层土压缩模量；E_{s2} 为下层土压缩模量。

2. $z/b<0.25$ 时取 $\theta=0°$，必要时，宜由试验确定；$z/b>0.50$ 时 θ 值不变。

3. z/b 在0.25与0.50之间可插值使用。

【例6-1】 某框架柱截面尺寸为400mm×300mm，传至室内外平均标高位置处竖向力标准值为 $F_k=700\text{kN}$，力矩标准值 $M_k=80\text{kN}\cdot\text{m}$，水平剪力标准值 $V_k=13\text{kN}$；基础底面距室外地坪为 $d=1.0\text{m}$，基底以上填土重度 $\gamma=17.5\text{kN/m}^3$，持力层为粘性土，重度 $\gamma=18.5\text{kN/m}^3$，饱和重度 $\gamma_{sat}=19.6\text{kN/m}^3$，孔隙比 $e=0.7$，液性指数 $I_L=0.78$，地基承载力特征值 $f_{ak}=226\text{kPa}$，持力层下为淤泥土，见图6-14，试确定柱基础的底面尺寸。

【解】（1）确定地基持力层承载力

先不考虑承载力宽度修正项，由 $e=0.7$，$I_L=0.78$，查表4-6得承载力修正系数 $\eta_b=0.3$，$\eta_d=1.6$，$\bar{d}=1+0.45/2=1.225$（m），则

$$f_a=f_{ak}+\eta_b\gamma(b-3)+\eta_d\gamma_m(d-0.5)=226+0+1.6\times17.5\times(1.0-0.5)=240(\text{kPa})$$

（2）用试算法确定基底尺寸

1）先不考虑偏心荷载，按中心荷载作用计算

$$A_0=\frac{F_k}{f_a-\gamma_G\bar{d}}=\frac{700}{240-20\times1.225}=3.25(\text{m}^2)$$

2）考虑偏心荷载时，面积扩大为 $A=1.2A_0=1.2\times3.25=3.90$（$\text{m}^2$）。取基础长度 l 和基础宽度 b 之比为 $l/b=1.5$，取 $b=1.6\text{m}$，$l=2.4\text{m}$，$l\times b=3.84\text{m}^2$。这里偏心荷载作用于长边方向。

3）验算持力层承载力：因 $b=1.6\text{m}<3\text{m}$，不考虑宽度修正，f_a 值不变。

基底压力平均值为

$$p_k=\frac{F_k}{lb}+\gamma_G\bar{d}$$

$$=\frac{700}{1.6\times2.4}+20\times1.225=206.7(\text{kPa})$$

基底压力最大值为

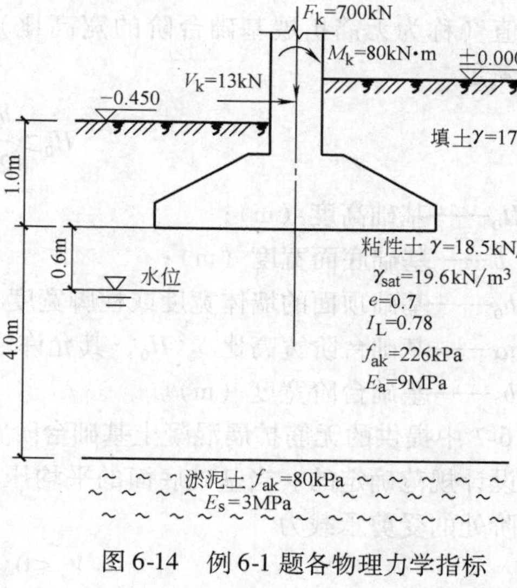

图6-14　例6-1题各物理力学指标

$$p_{max} = p_k + \frac{M_k}{W}$$

$$= 206.7 + \frac{(80 + 13 \times 1.225) \times 6}{2.4^2 \times 1.6} = 206.7 + 62.5 = 269.2(\text{kPa})$$

$$1.2f_a = 1.2 \times 240 = 288(\text{kPa})$$

由结果可知 $p_k < f_a$，$p_{max} < 1.2f_a$，满足要求。

(3) 软弱下卧层承载力验算

由 $E_{s1}/E_{s2} = 3$，$z/b = 4/1.6 = 2.5 > 0.5$，查表 6-6 可知，$\theta = 23°$，淤泥地基承载力修正系数 $\eta_b = 0$，$\eta_d = 1.0$。

软弱下卧层顶面处的附加压力为

$$p_z = \frac{lb(p_k - p_c)}{(b + 2z\tan\theta)(l + 2z\tan\theta)} = \frac{2.4 \times 1.6 \times (206.7 - 17.5 \times 1.0)}{(1.6 + 2 \times 4 \times \tan 23°)(2.4 + 2 \times 4 \times \tan 23°)} = 25.1(\text{kPa})$$

软弱下卧层顶面处的自重压力为

$$p_{cz} = \gamma_1 d + \gamma_2 h_1 + \gamma' h_2 = 17.5 \times 1 + 18.5 \times 0.6 + (19.6 - 10) \times 3.4 = 61.2(\text{kPa})$$

软弱下卧层顶面处的地基承载力修正特征值为

$$f_{az} = f_{akz} + \eta_d \gamma_m (d - 0.5)$$

$$= 80 + 1.0 \times \frac{17.5 \times 1 + 18.5 \times 0.6 + 9.6 \times 3.4}{5} \times (5 - 0.5) = 135.1(\text{kPa})$$

由计算结果可得 $p_{cz} + p_z = 61.2 + 25.1 = 86.3$（kPa）$< f_{az}$，满足要求。

6.4 无筋扩展基础设计

无筋扩展基础的设计主要是确定基础的尺寸。如图 6-15 所示，在确定基础尺寸时，除应满足地基承载力要求外，还应保证基础内的拉应力和剪应力不超过基础材料的强度设计值，因此一般通过对基础构造的限制来实现这一要求，即基础的外伸宽度与基础高度的比值（称为无筋扩展基础台阶的宽高比）必须小于表 6-7 所规定的允许值。则基础高度应满足

$$H_0 \geqslant \frac{b - b_0}{2\tan\alpha} \tag{6-14}$$

式中 H_0——基础高度（m）；

b——基础底面宽度（m）；

b_0——基础顶面的墙体宽度或柱脚宽度（m）；

$\tan\alpha$——基础台阶宽高比 $b_2 : H_0$，其允许值可按表 6-7 选用，α 角称为刚性角；

b_2——基础台阶宽度（m）。

表 6-7 中提供的无筋扩展混凝土基础台阶宽高比的允许值，是根据材料力学、现行混凝土结构设计规范确定的。当基础底面的平均压力值超过 300kPa 时，按下式验算墙（柱）边缘或变阶处的受剪承载力

$$V_s \leqslant 0.366 f_t A \tag{6-15}$$

式中 V_s——相应于作用的基本组合时的地基土平均净反力产生的沿墙（柱）边缘或变阶处单位长度的剪力设计值（kN）；

A——沿墙（柱）边缘或变阶处混凝土基础单位长度面积（m^2）。

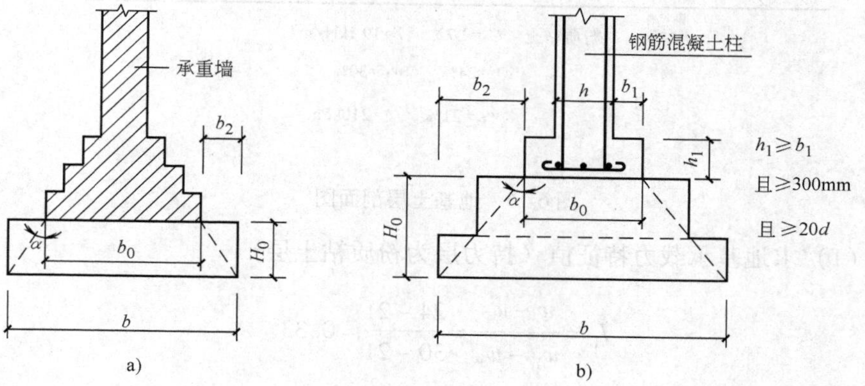

图 6-15 无筋扩展基础构造示意图

d—柱中纵向钢筋的直径

表 6-7 无筋扩展基础台阶宽高比的允许值

基础材料	质量要求	台阶宽高比的允许值		
		$p_k \leqslant 100$	$100 < p_k \leqslant 200$	$200 < p_k \leqslant 300$
混凝土基础	C15 混凝土	1:1.00	1:1.00	1:1.25
毛石混凝土基础	C15 混凝土	1:1.00	1:1.25	1:1.50
砖基础	砖不低于 MU10，砂浆不低于 M5	1:1.50	1:1.50	1:1.50
毛石基础	砂浆不低于 M5	1:1.25	1:1.50	
灰土基础	体积比为 3:7 或 2:8 的灰土，其最小干密度：粉土 1550kg/m³；粉质粘土 1500kg/m³；粘土 1450kg/m³	1:1.25	1:1.50	
三合土基础	体积比为 1:2:4～1:3:6（石灰:砂:骨料），每层约虚铺 220mm，夯至 150mm	1:1.50	1:2.00	

注：1. p_k 为荷载效应标准组合时基础底面处的平均压力值（kPa）。

2. 阶梯形毛石基础的每阶伸出宽度，不宜大于 200mm。

3. 当基础由不同材料叠加组成时，应对接触部分作抗压验算。

4. 混凝土基础单侧扩展范围内基础底面处的平均压力值超过 300kPa 时，尚应进行抗剪验算。

【例 6-2】 某厂房柱断面 600mm×400mm。基础受竖向荷载标准值 $F_k = 780kN$，力矩标准值 120kN·m，水平荷载标准值 $V = 40kN$，作用点位置在 ±0.000 处。地基土层剖面如图 6-16 所示。基础埋置深度 1.8m，试设计柱下无筋扩展基础。

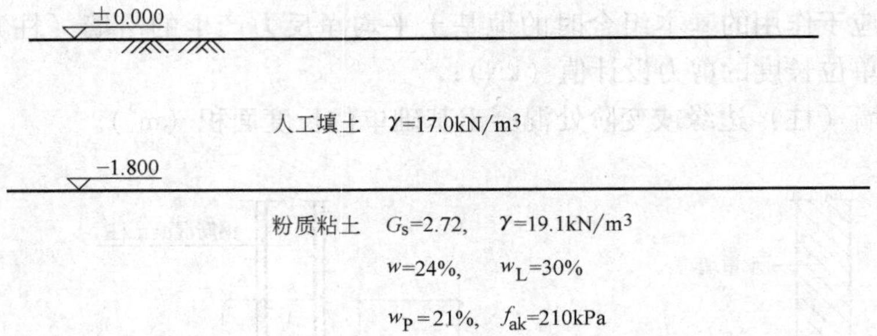

图 6-16　地基土层剖面图

【解】（1）求地基承载力特征值（持力层为粉质粘土层）

$$I_L=\frac{w-w_P}{w_L-w_P}=\frac{24-21}{30-21}=0.33$$

$$e=\frac{G_s(1+w)\gamma_w}{\gamma}-1=\frac{2.72\times(1+0.24)\times10}{19.1}-1=0.766$$

查表 4-6 得 $\eta_b=0.3$，$\eta_d=1.6$。先考虑深度修正

$$f_a=f_{ak}+\eta_d\gamma_m(d-0.5)=210+1.6\times17\times(1.8-0.5)=245.4(\text{kPa})$$

（2）按中心荷载作用计算

$$A_0\geqslant\frac{F_k}{f_a-\gamma_G\bar{d}}=\frac{780}{245.4-20\times1.8}=3.73(\text{m}^2)$$

扩大至 $A=1.3A_0=4.85$（m^2）。

取 $l=1.5b$，则 $b=\sqrt{\frac{A}{1.5}}=\sqrt{\frac{4.85}{1.5}}=1.8$（m），$l=2.7\text{m}$

（3）地基承载力验算

基础宽度小于 3m，不必再进行宽度修正。

基底压力平均值

$$p_k=\frac{F_k}{lb}+\gamma_G d=\frac{780}{2.7\times1.8}+20\times1.8=196.5(\text{kPa})$$

基底压力最大值为

$$p_{kmax}=p_k+\frac{M_k}{W}=196.5+\frac{(120+40\times1.8)\times6}{2.7^2\times1.8}=196.5+87.8=284.3(\text{kPa})$$

$$1.2f_a=1.2\times245.4=294.5(\text{kPa})$$

由结果可知 $p_k<f_a$，$p_{kmax}<1.2f_a$，满足要求。

（4）基础剖面设计

基础材料选用 C15 混凝土，查表 6-7，台阶宽、高比允许值为 1:1，则基础高度

$$H_0=(l-l_0)/2=(2.7-0.6)/2=1.05(\text{m})=1050(\text{mm})$$

式中　l——基础表面长边；

　　l_0——柱子长边。

做成 3 个台阶，长度方向每阶高宽均为 350mm，宽度方向取每阶宽 240mm，则宽度 $b = 240 \times 6 + 400 = 1840(\mathrm{mm})$。基础剖面尺寸见图 6-17。

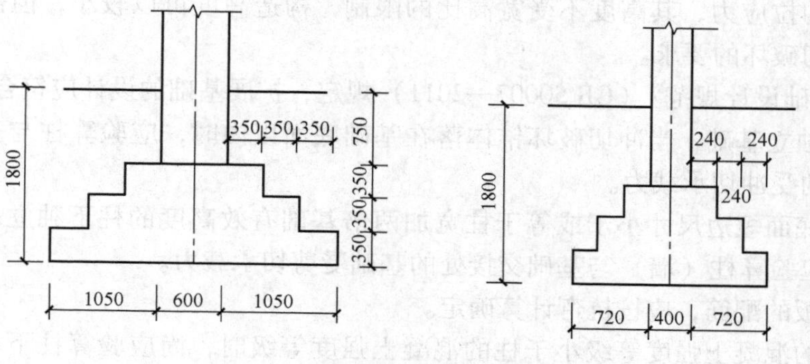

图 6-17　基础剖面尺寸

【例 6-3】　某承重墙厚 240mm，地基土表层为杂填土，厚度为 0.65m，重度 $17.3\mathrm{kN/m^3}$，其下为粉土，重度 $18.3\mathrm{kN/m^3}$，粘粒含量 $\rho_c = 12.5\%$，承载力特征值 170kPa，地下水在地表下 0.8m 处，上部墙体传来荷载效应标准值为 190kN/m。试设计该墙下无筋扩展基础。

【解】（1）确定基础埋深

初选基础底面在水位面处，则基础埋深 $d = 0.8\mathrm{m}$。

（2）确定基础宽度 b

计算持力层承载力修正特征值：由粉土粘粒含量 $\rho_c = 12.5\%$，查表 4-6，得 $\eta_b = 0.3$，$\eta_d = 1.5$

$$f_a = f_{ak} + \eta_d \gamma_m (d - 0.5) = 170 + 1.5 \times \frac{0.65 \times 17.3 + 0.15 \times 18.3}{0.8} \times (0.8 - 0.5) = 177.9(\mathrm{kPa})$$

基础宽度 $b \geqslant \dfrac{F_k}{f_a - \gamma_G d} = \dfrac{190}{177.9 - 20 \times 0.8} = 1.17\mathrm{m}$，取 $b = 1.2\mathrm{m}$。

（3）确定基础剖面尺寸

方案Ⅰ：采用 MU10 砖和 M5 砂浆，二一间隔收砌法砌筑砖基础，砖基础的台阶允许宽高比 1∶1.5，基底做 100mm 厚素混凝土垫层。则

基础高度 $H_0 \geqslant \dfrac{b - b_0}{2\tan\alpha} = \dfrac{(1200 - 240) \times 1.5}{2} = 720\ (\mathrm{mm})$

基础顶面应有 100mm 的覆盖土，这样，基础底面最小埋置深度为

$$d_{\min} = 100 + 720 + 100 = 920(\mathrm{mm}) > 800\mathrm{mm}$$

不满足要求，不能采用该方案。

方案Ⅱ：采用砖和混凝土两种材料，下部采用 300mm 厚 C15 混凝土，其上砌筑砖基础。砌法如图 6-18 所示。

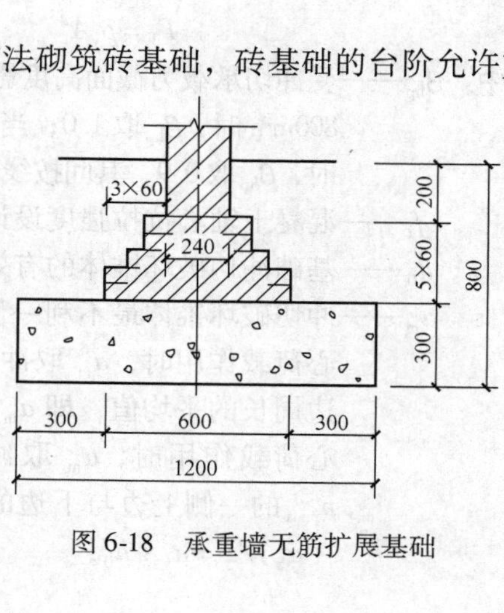

图 6-18　承重墙无筋扩展基础

6.5 扩展基础设计

扩展基础是指柱下钢筋混凝土独立基础和墙下钢筋混凝土条形基础。这种基础通过钢筋来承受弯曲产生的拉应力，其高度不受宽高比的限制，构造高度可以较小，但需要满足抗弯、抗剪和抗冲切破坏的要求。

《建筑地基基础设计规范》（GB 50007—2011）规定，扩展基础的设计应符合下列要求：

（1）对柱下独立基础，当冲切破坏锥体落在基础底面以内时，应验算柱与基础交接处以及基础变阶处的受冲切承载力。

（2）对基础底面短边尺寸小于或等于柱宽加两倍基础有效高度的柱下独立基础，以及墙下条形基础，应验算柱（墙）与基础交接处的基础受剪切承载力。

（3）基础底板的配筋，应按抗弯计算确定。

（4）当基础的混凝土强度等级小于柱的混凝土强度等级时，尚应验算柱下基础顶面的局部受压承载力。

6.5.1 柱下钢筋混凝土独立基础

1. 受冲切承载力计算

当基础承受柱子传来的荷载时，若柱子周边处基础的高度不够，就会发生如图6-19所示的冲切破坏，即从柱子周边起，沿45°斜面拉裂，形成冲切角锥体。在基础变阶处也可能发生同样的破坏。产生破坏的原因是由于冲切破坏面上的主拉应力超过了基础混凝土的抗拉强度。因此，柱下钢筋混凝土独立基础的高度由抗冲切验算确定。

轴心荷载作用时，为保证基础不发生冲切破坏，在基础冲切锥范围以外（图6-20所示阴影部分），由地基净反力在破坏锥面上引起的冲切力 F_l 应小于基础冲切破坏面上混凝土的受冲切承载力。偏心荷载作用时，基底净反力呈梯形分布，冲切破坏斜面位于靠近 p_{jmax} 的一侧，如图6-21所示。

柱下独立基础的受冲切承载力可按下式验算

$$F_l \leqslant 0.7\beta_{hp} f_t a_m h_0 \tag{6-16}$$

$$F_l = p_y A_l \tag{6-17}$$

式中 β_{hp}——受冲切承载力截面高度影响系数，当 h 不大于800mm时，β_{hp}取1.0；当 h 大于或等于2000mm时，β_{hp}取0.9，其间按线性内插法取用；

f_t——混凝土轴心抗拉强度设计值（kPa）；

h_0——基础冲切破坏锥体的有效高度（m）；

a_m——冲切破坏锥体最不利一侧计算长度（m），轴心荷载作用时，a_m 取冲切锥破坏面上边与下边周长的平均值，即 $a_m = 2(a_t + b_t + 2h_0)$；偏心荷载作用时，$a_m$ 取冲切破坏面位于靠近 p_{jmax} 的一侧上边与下边的平均值，即 $a_m = (a_t + a_b)/2 = a_t + h_0$；

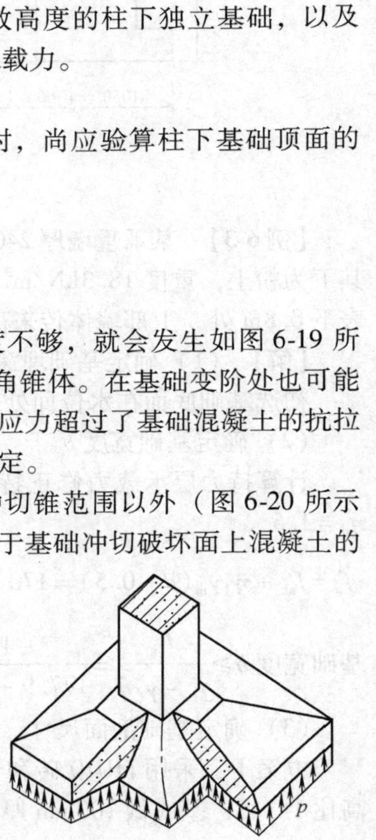

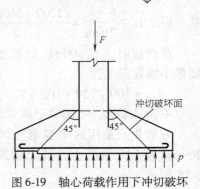

图6-19 轴心荷载作用下冲切破坏

a_t——冲切破坏锥体最不利一侧斜截面的上边长（m），当计算柱与基础交接处的受冲切承载力时，取柱宽；当计算基础变阶处的受冲切承载力时，取上阶宽；

a_b——冲切破坏锥体最不利一侧斜截面在基础底面积范围内的下边长（m），当冲切破坏锥体的底面落在基础底面以内（图6-21a、b），计算柱与基础交接处的受冲切承载力时，取柱宽加两倍基础有效高度；当计算基础变阶处的受冲切承载力时，取上阶宽加两倍该处的基础有效高度；

p_y——扣除基础自重及其上土重后相应于作用的基本组合时的地基土单位面积净反力（kPa），对偏心受压基础可取基础边缘处最大地基土单位面积净反力；

A_l——冲切验算时取用的部分基底面积（m^2），轴心荷载作用时，A_l 为图6-20中阴影部分面积；偏心荷载作用时，A_l 为图6-21a、b中的阴影面积 $ABCDEF$；

F_l——相应于作用的基本组合时作用在 A_l 上的地基土净反力设计值（kPa）。

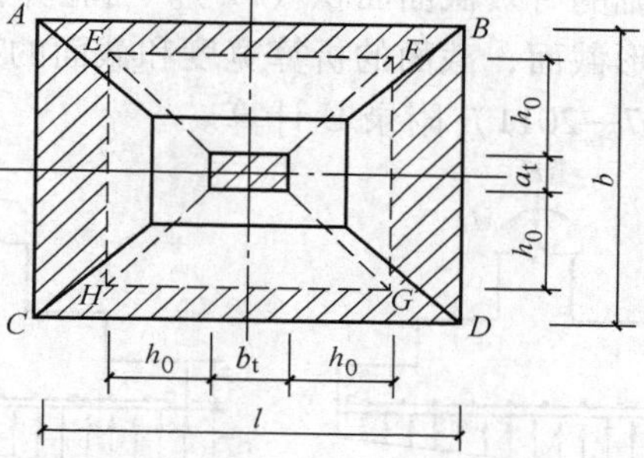

图6-20　轴心荷载作用下阶形基础受冲切承载力计算简图

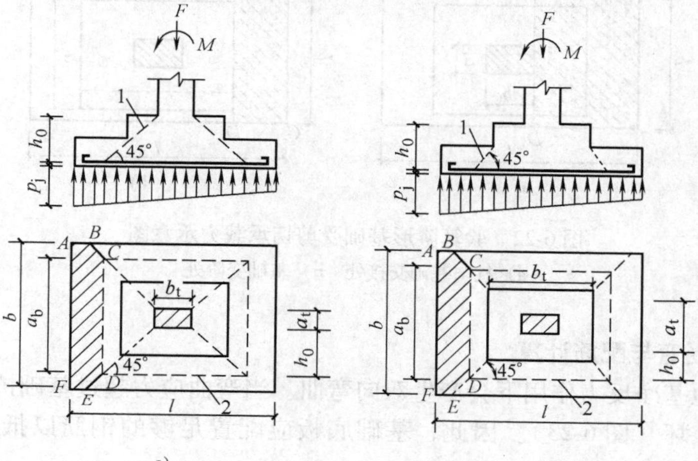

图6-21　偏心荷载作用下阶形基础受冲切承载力计算简图

a）柱与基础交接处　b）基础变阶处

1—冲切破坏锥体最不利一侧的斜截面　2—冲切破坏锥体的底面线

2. 受剪切承载力计算

为保证柱下独立基础双向受力状态，基础底面两个方向的边长一般都保持在相同或相近的范围内，试验结果和大量工程实践表明，当冲切破坏锥体落在基础底面以内时，此类基础的截面高度由受冲切承载力控制。

考虑到实际工作中柱下独立基础底面两个方向的边长比值有可能大于2，此时基础的受力状态接近于单向受力，柱与基础交接处不存在受冲切的问题，因此，这种情况下仅需对基础进行斜截面受剪承载力验算即可。规范规定，当基础底面短边尺寸小于或等于柱宽加两倍基础有效高度时，按下式验算柱与基础交接处截面受剪承载力

$$V_s \leqslant 0.7\beta_{hs} f_t A_0 \tag{6-18}$$

$$\beta_{hs} = (800/h_0)^{1/4} \tag{6-19}$$

式中 V_s——柱与基础交接处的剪力设计值（kN），即图6-22中的阴影面积乘以基底平均净反力；

β_{hs}——受剪切承载力截面高度影响系数，当 $h_0 < 800$mm 时，取 $h_0 = 800$mm；当 $h_0 > 2000$mm 时，取 $h_0 = 2000$mm；

A_0——验算截面处基础的有效截面面积（m^2）。当验算截面为阶形或锥形时，可将其截面折算成矩形截面，截面的折算宽度和截面的有效高度按《建筑地基基础规范》（GB 50007—2011）附录U计算。

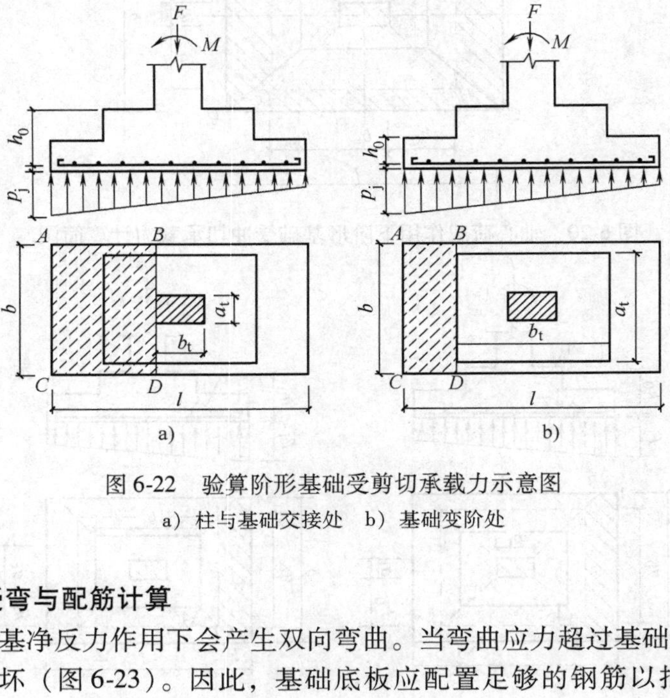

图6-22　验算阶形基础受剪切承载力示意图

a）柱与基础交接处　b）基础变阶处

3. 基础底板受弯与配筋计算

基础底板在地基净反力作用下会产生双向弯曲。当弯曲应力超过基础抗弯强度时，基础底板将发生弯曲破坏（图6-23）。因此，基础底板应配置足够的钢筋以抵抗基础的弯曲变形。

分析时可将基础底板按对角线分成4个区域，如图6-24所示。沿柱边缘截面Ⅰ—Ⅰ处的弯矩由阴影部分的地基净反力所产生，截面Ⅱ—Ⅱ的情况与此类同。一般取柱边缘及变阶处作为验算截面。

对于中心荷载作用或偏心作用而偏心距小于或等于1/6倍基础偏心方向长的情况，当台阶的宽高比小于或等于2.5时，任意截面的弯矩可按下式计算（图6-24）

$$M_{\mathrm{I}} = \frac{1}{12}a_1^2\left[(2l + a')\left(p_{max} + p - \frac{2G}{A}\right) + (p_{max} - p)l\right] \tag{6-20}$$

$$M_{\text{II}} = \frac{1}{48}(l-a')^2(2b+b')\left(p_{\max}+p_{\min}-\frac{2G}{A}\right) \tag{6-21}$$

式中　M_{I}、M_{II}——任意截面Ⅰ-Ⅰ、Ⅱ-Ⅱ处相应于作用的基本组合时的弯矩设计值（kN·m）；

a_1——任意截面Ⅰ-Ⅰ至基底边缘最大反力处的距离（m）；

l、b——基础底面的边长（m）；

$p_{\max}$、$p_{\min}$——相应于作用的基本组合时的基础底面边缘最大和最小地基反力设计值（kPa）；

p——相应于作用的基本组合时在任意截面Ⅰ-Ⅰ处基础底面地基反力设计值（kPa）；

G——考虑作用分项系数的基础自重及其上的土自重（kN）；当组合值由永久作用控制时，$G=1.35G_k$。

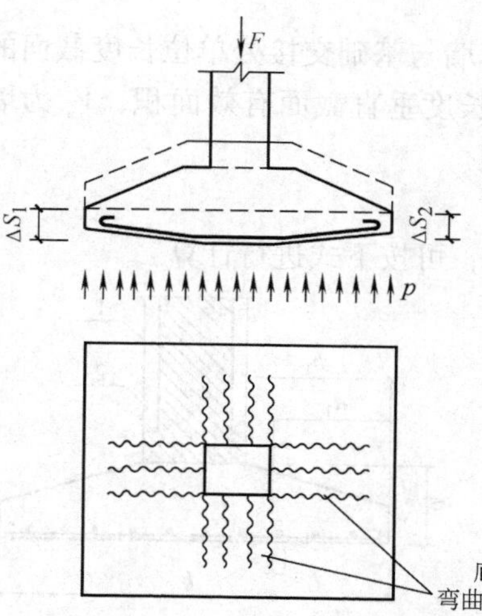

图6-23　柱基础底板弯曲破坏

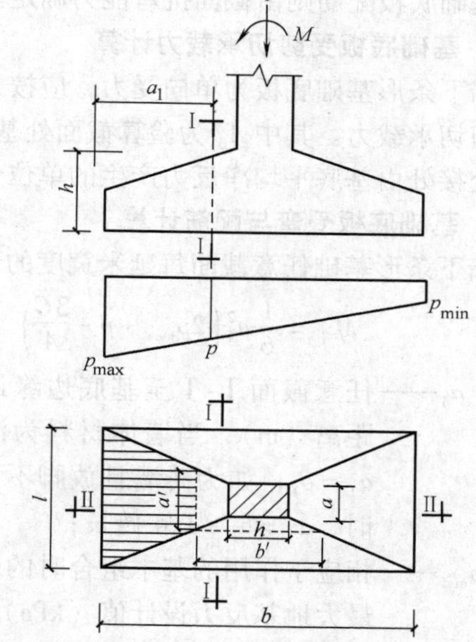

图6-24　矩形基础底板的计算示意图

基础底板配筋除应满足计算和最小配筋率要求外，尚应符合构造要求。考虑到基础高度一般是由冲切或剪切承载力控制，基础板相对较厚，如果用其计算最小配筋量可能导致底板用钢量不必要的增加，因此，《建筑地基基础设计规范》（GB 50007—2011）提出对阶形以及锥形独立基础，可将其截面折算成矩形，其折算截面的宽度 b_0 及截面有效高度 h_0 按规范附录U确定，并按最小配筋率0.15%计算基础底板的最小配筋量。底板配筋可按下式计算

$$A_{s\text{I}} \geqslant \frac{M_{\text{I}}}{0.9f_y h_0} \tag{6-22a}$$

$$A_{s\text{II}} \geqslant \frac{M_{\text{II}}}{0.9f_y(h_0-d)} \tag{6-22b}$$

式中　d——钢筋直径。

当柱下独立柱基底面长短边之比 ω 在大于或等于 2、小于或等于 3 的范围时，基础底板短向钢筋应按下述方法布置：将短向全部钢筋截面面积乘以 λ 后求得的钢筋，均匀分布在与柱中心线重合的宽度等于基础短边的中间带宽范围内（图 6-25），其余的短向钢筋则均匀分布在中间带宽的两侧。长向配筋应均匀分布在基础全宽范围内。λ 按下式计算

$$\lambda = 1 - \frac{\omega}{6} \tag{6-23}$$

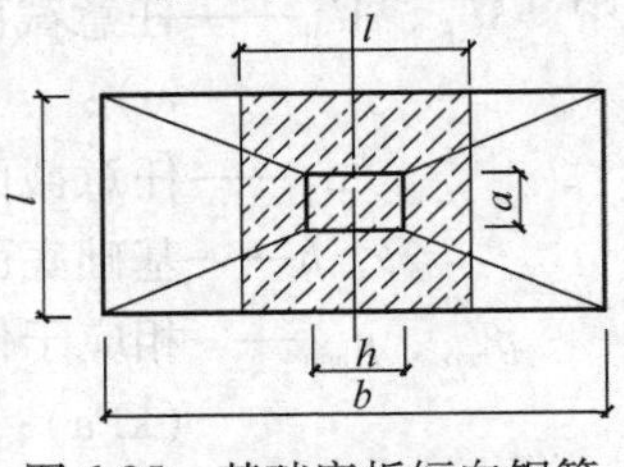

图 6-25　基础底板短向钢筋布置示意图

6.5.2　墙下钢筋混凝土条形基础

墙下钢筋混凝土条形基础的内力计算一般可按平面应变问题处理，在长度方向可取单位长度计算。墙下钢筋混凝土条形基础宽度由地基承载力确定，基础高度由混凝土抗剪条件确定，基础底板配筋则由截面抗弯能力确定。

1. 基础底板受剪切承载力计算

墙下条形基础底板为单向受力，应按式（6-18）验算墙与基础交接处单位长度截面的基础受剪切承载力。其中 A_0 为验算截面处基础底板的单位长度垂直截面有效面积，V_s 为墙与基础交接处由基底平均净反力产生的单位长度剪力设计值。

2. 基础底板受弯与配筋计算

墙下条形基础任意截面每延米宽度的弯矩（图 6-26），可按下式进行计算

$$M_{\mathrm{I}} = \frac{1}{6}a_1^2\left(2p_{\max} + p - \frac{3G}{A}\right) \tag{6-24}$$

式中　a_1——任意截面Ⅰ-Ⅰ至基底边缘最大反力处的距离（m），当墙体材料为混凝土时，取 $a_1 = b_1$；如为砖墙且放脚不大于 1/4 砖长时，$a_1 = b_1 + 1/4$ 砖长；

$p_{\max}$——相应于作用的基本组合时的基础底面边缘最大地基反力设计值（kPa）；

p——相应于作用的基本组合时在任意截面Ⅰ-Ⅰ处基础底面地基反力设计值（kPa）；

G——考虑作用分项系数的基础自重及其上的土自重（kN）；当组合值由永久作用控制时，$G = 1.35G_k$。

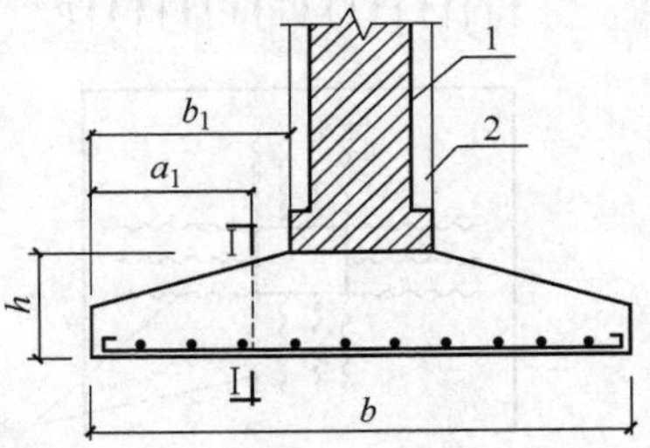

图 6-26　墙下条形基础的计算示意图

1—砖墙　2—混凝土墙

墙下条形基础底板配筋按式（6-22a）计算，每延米宽度的配筋除满足计算和最小配筋率要求外，尚应符合构造要求。

6.5.3　扩展基础的构造要求

扩展基础的构造，应符合下列规定：

（1）锥形基础的边缘高度不宜小于 200mm，且两个方向的坡度不宜大于 1∶3，阶梯形基础的每阶高度，宜为 300～500mm。

（2）垫层的厚度不宜小于 70mm，垫层混凝土强度等级不宜低于 C10。

（3）扩展基础受力钢筋最小配筋率不应小于0.15%，底板受力钢筋的最小直径不宜小于10mm，间距不宜大于200mm，也不宜小于100mm。墙下钢筋混凝土条形基础纵向分布钢筋的直径不宜小于8mm；间距不宜大于300mm；每延米分布钢筋的截面面积应不小于受力钢筋截面面积的15%。当有垫层时钢筋保护层的厚度不应小于40mm；无垫层时不应小于70mm。

（4）混凝土强度等级不应低于C20。

（5）当柱下钢筋混凝土独立基础的边长和墙下钢筋混凝土条形基础的宽度大于或等于2.5m时，底板受力钢筋的长度可取边长或宽度的0.9倍，并宜交错布置（图6-27）。

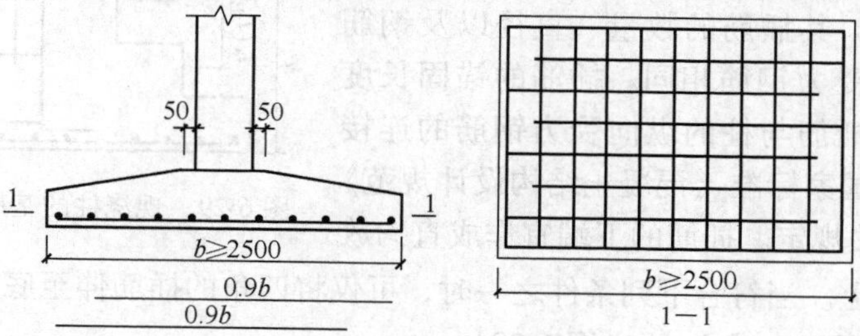

图6-27 柱下独立基础底板受力钢筋布置

（6）钢筋混凝土条形基础底板在T形及十字形交接处，底板横向受力钢筋仅沿一个主要受力方向通长布置，另一方向的横向受力钢筋可布置到主要受力方向底板宽度1/4处；在拐角处底板横向受力钢筋应沿两个方向布置（图6-28）。

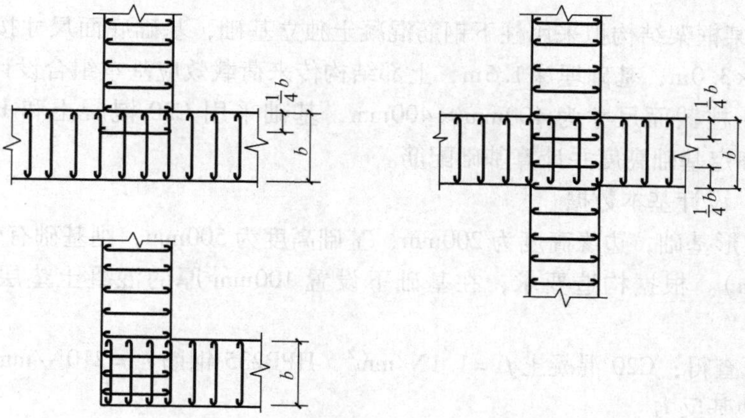

图6-28 墙下条形基础纵横交叉处底板受力钢筋布置

钢筋混凝土柱和剪力墙纵向受力钢筋在基础内的锚固长度（l_a）应根据现行国家标准《混凝土结构设计规范》（GB 50010—2010）有关规定确定。

抗震设防烈度为6度、7度、8度和9度地区的建筑工程，纵向受力钢筋的抗震锚固长度（l_{aE}）计算为：

一、二级抗震等级纵向受力钢筋的抗震锚固长度（l_{aE}）应按下式计算

$$l_{aE} = 1.15 l_a \tag{6-25}$$

三级抗震等级纵向受力钢筋的抗震锚固长度（l_{aE}）应按下式计算

$$l_{aE} = 1.05 l_a \tag{6-26}$$

四级抗震等级纵向受力钢筋的抗震锚固长度（l_{aE}）应按下式计算

$$l_{aE} = l_a \tag{6-27}$$

式中 l_a——纵向受拉钢筋的锚固长度（m）。

当基础高度小于 l_a（l_{aE}）时，纵向受力钢筋的锚固总长度除符合上述要求外，其最小直锚段的长度不应小于 $20d$，弯折段的长度不应小于 150mm。

现浇柱的基础，其插筋的数量、直径以及钢筋种类应与柱内纵向受力钢筋相同。插筋的锚固长度应满足上述规定，插筋与柱的纵向受力钢筋的连接方法，应符合现行国家标准《混凝土结构设计规范》（GB 50010）的有关规定。插筋的下端宜作成直钩放在基础底板钢筋网上。当符合下列条件之一时，可仅将四角的插筋伸至底板钢筋网上，其余插筋锚固在基础顶面下 l_a 或 l_{aE} 处（图 6-29）。

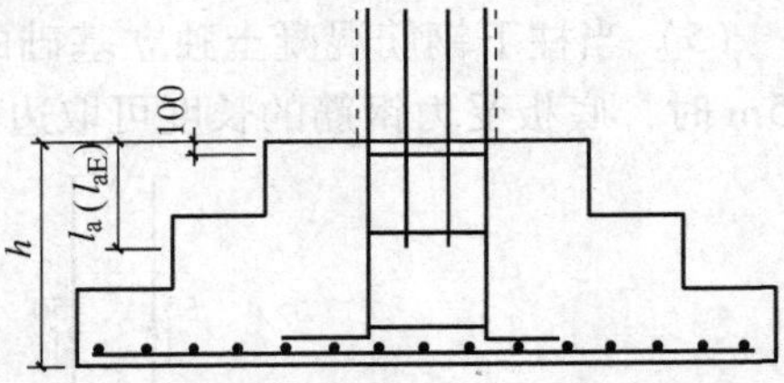

图 6-29　现浇柱的基础中插筋构造示意

（1）柱为轴心受压或小偏心受压，基础高度大于或等于 1200mm。

（2）柱为大偏心受压，基础高度大于或等于 1400mm。

6.6 扩展基础设计实例

【例 6-4】 某框架结构拟采用柱下钢筋混凝土独立基础，基础底面尺寸按地基承载力条件确定为 2.2m×3.0m，基础埋深 1.5m，上部结构传来荷载效应基本组合设计值 $F = 750\text{kN}$，$M = 110\text{kN·m}$，柱截面尺寸为 400mm×400mm，基础采用 C20 混凝土和 HPB235 级钢筋（图 6-30）。试确定基础高度并计算基础配筋。

【解】（1）设计基本数据

假设采用锥形基础，边缘高度为 200mm，基础高度为 500mm，则基础有效高度 $h_0 = 500 - 45 = 455$（mm）。根据构造要求，在基础下设置 100mm 厚的混凝土垫层，强度等级为 C10。

从规范中可查得：C20 混凝土 $f_t = 1.1\text{N/mm}^2$，HPB235 钢筋 $f_y = 210\text{N/mm}^2$。

（2）计算地基反力

$$G = 1.35G_k = 1.35 \times 20 \times 2.2 \times 3 \times 1.5 = 267.3\ (\text{kN})$$

$$p_{\min}^{\max} = \frac{F+G}{A} \pm \frac{M}{W} = \frac{750+267.3}{3 \times 2.2} \pm \frac{110}{\frac{1}{6} \times 2.2 \times 3^2} = 154.1 \pm 33.3 = \begin{matrix} 187.4 \\ 120.8 \end{matrix}\ (\text{kPa})$$

（3）基础高度验算

$$P_{j\max} = P_{\max} - \frac{G}{A} = 187.4 - \frac{267.3}{3 \times 2.2} = 146.9\ (\text{kPa})$$

偏心荷载作用下，冲切破坏发生于最大基底反力一侧，如图 6-30a 所示。基础矩形长度 $l = 2.2\text{m}$，柱截面边长 $a_t = b_t = a = 0.4\text{m}$，$a_t + 2h_0 = 0.4 + 0.455 = 1.31$（m）$< l$，则

$$A_1=\left(\frac{b}{2}-\frac{b_t}{2}-h_0\right)l-\left(\frac{l}{2}-\frac{a_t}{2}-h_0\right)^2$$
$$=\left(\frac{3}{2}-\frac{0.4}{2}-0.455\right)\times 2.2-\left(\frac{2.2}{2}-\frac{0.4}{2}-0.455\right)^2=1.66(\mathrm{m}^2)$$
$$F_1=P_{j\max}\cdot A_1=146.9\times 1.66=243.9(\mathrm{kN})$$
$$a_m=\frac{a_t+a_b}{2}=\frac{0.4+(0.4+2\times 0.455)}{2}=0.855(\mathrm{m})$$
$$0.7\beta_{hp}f_t a_m h_0=0.7\times 1.0\times 1.1\times 10^3\times 0.855\times 0.455=299.6(\mathrm{kN})$$

满足 $F_1\leqslant 0.7\beta_{hp}f_t a_m h_0$ 的条件，故选用基础高度 $h=500\mathrm{mm}$ 合适。

（4）基础底板配筋

设计控制截面在柱边，此时相应的

$$a_1=(3-0.4)/2=1.3(\mathrm{m})$$
$$a'=b'=0.4(\mathrm{m})$$
$$p=p_{\min}+(p_{\max}-p_{\min})\frac{b-a_1}{b}=120.8+(187.4-120.8)\times\frac{3-1.3}{3}=158.5(\mathrm{kPa})$$
$$M_{\mathrm{I}\max}=\frac{1}{12}a_1^2\left[(2l+a')\left(p_{\max}+p-\frac{2G}{A}\right)+(p_{\max}-p)l\right]$$
$$=\frac{1}{12}\times 1.3^2\left[(2\times 2.2+0.4)\left(187.4+158.5-\frac{2\times 267.3}{3\times 2.2}\right)+(187.4-158.5)\times 2.2\right]$$
$$=156.5(\mathrm{kN\cdot m})$$
$$A_{s\mathrm{I}}=\frac{M_{\mathrm{I}\max}}{0.9f_y h_0}=\frac{156.5\times 10^6}{0.9\times 210\times 455}=1821(\mathrm{mm}^2)$$

选用 12 ϕ 16（$A_{s\mathrm{I}}=2412\mathrm{mm}^2$），沿长边方向设置。

$$M_{\mathrm{II}\max}=\frac{1}{48}(l-a')^2(2b+b')\left(p_{\max}+p_{\min}-\frac{2G}{A}\right)$$
$$=\frac{1}{48}(2.2-0.4)^2(2\times 3+0.4)\times\left(187.4+120.8-\frac{2\times 267.3}{3\times 2.2}\right)$$
$$=98.2(\mathrm{kN\cdot m})$$
$$A_{s\mathrm{II}}=\frac{M_{\mathrm{II}\max}}{0.9f_y h_0}=\frac{98.2\times 10^6}{0.9\times 210\times(455-16)}=1183.5(\mathrm{mm}^2)$$

选用 16 ϕ 10（$A_{s\mathrm{II}}=1256\mathrm{mm}^2$），沿短边方向设置。

基础配筋见图 6-30。

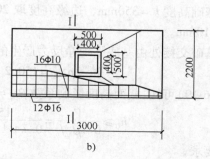

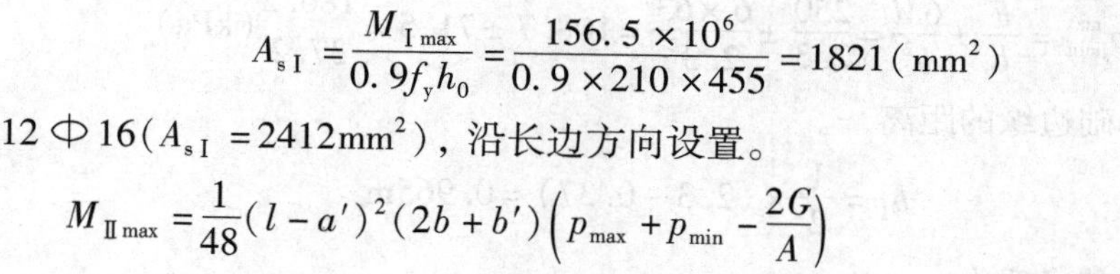

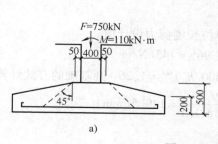

图 6-30　例题 6-4 附图

【例 6-5】 某办公楼为砌体承重结构，外墙厚 370mm，拟采用墙下钢筋混凝土条形基础。上部结构传至 ±0.000 处的荷载标准值为 $P_k = 220\text{kN/m}$，$M_k = 45\text{kN}\cdot\text{m/m}$，荷载设计值为 $F = 250\text{kN/m}$，$M = 63\text{kN}\cdot\text{m/m}$，基础埋深 1.92m（从室内地面算起，室内外高差 0.45m），地基持力层承载力特征值 $f_a = 158\text{kPa}$。试设计该外墙基础。

【解】 （1）材料选用

根据构造要求，该基础选用 C20 的混凝土，钢筋采用 HPB235 级，基础的垫层采用 100mm 厚 C10 素混凝土。

从规范中可查得：C20 混凝土 $f_t = 1.1\text{N/mm}^2$，HPB235 级钢筋 $f_y = 210\text{N/mm}^2$。

（2）基础底面尺寸确定

基础平均埋深 $$d = (1.92\times2 - 0.45)/2 = 1.7\ (\text{m})$$

基础底面宽度 $$b = \frac{F_k}{f_a - \gamma_G d} = \frac{220}{158 - 20\times1.7} = 1.77\ (\text{m})$$

初选 $$b = 1.3\times1.77 = 2.3\text{m}$$

地基承载力验算

$$p_{k\max} = \frac{F_k + G_k}{b} + \frac{6M_k}{b^2} = \frac{220 + 20\times1.7\times2.3}{2.3} + \frac{6\times45}{2.3^2}$$
$$= 180.7\text{kPa} < 1.2f_a = 189.6\text{kPa}$$

满足要求。

（3）地基净反力计算

$$p_{j\min}^{j\max} = \frac{F}{b} \pm \frac{6M}{b^2} = \frac{250}{2.3} \pm \frac{6\times63}{2.3^2} = 108.7 \pm 71.5 = \frac{180.2}{37.2}\ (\text{kPa})$$

验算截面距基础边缘的距离

$$b_1 = \frac{1}{2}\times(2.3 - 0.37) = 0.965\text{m}$$

验算截面的地基净反力

$$p_{j1} = p_{j\min} + (p_{j\max} - p_{j\min})\frac{b - b_1}{b} = 37.2 + (180.2 - 37.2)\times\frac{2.3 - 0.965}{2.3} = 120.2(\text{kPa})$$

$p_{j\max}$ 与 p_{j1} 的平均值

$$p_j = \frac{1}{2}(p_{j\max} + p_{j1}) = \frac{1}{2}\times(180.2 + 120.2) = 150.2(\text{kPa})$$

（4）基础截面高度确定

初选基础高度 $h = 350\text{mm}$，边缘高度取 200mm，基础保护层厚度取 40mm，则基础有效高度 $h_0 = 310\text{mm}$。

墙与基础交接处由基底平均净反力产生的单位长度剪力设计值

$$V_S = p_j b_1 = 150.2\times0.965 = 145\text{kN/m}$$

由式(6-19)可知，截面高度影响系数 $\beta_{hs} = (800/h_0)^{1/4} = 1.26$，则基础的有效计算高度

$$h_0 \geqslant \frac{V}{0.7\beta_{hs}f_t} = \frac{150.9}{0.7\times1.26\times1.1} = 149.5(\text{mm})$$

满足要求。

（5）基础底板配筋计算

计算截面选在墙边缘，则 $a_1 = b_1 = 0.965\text{m}$

$$G = 1.35G_k = 1.35 \times 20 \times 2.3 \times 1 \times 1.92 = 119.2(\text{kN})$$

$$p_{\min}^{\max} = p_{\text{jmin}}^{\text{jmax}} + \frac{G}{A} = \frac{180.2}{37.2} + \frac{119.2}{1 \times 2.3} = \frac{232}{89}(\text{kPa})$$

$$p = 89 + (232 - 89) \times \frac{2.3 - 0.965}{2.3} = 169.8(\text{kPa})$$

计算底板最大弯矩

$$M_1 = \frac{1}{6}a_1^2\left(2p_{\max} + p - \frac{3G}{A}\right)$$

$$= \frac{1}{6} \times 0.965^2 \times \left(2 \times 232 + 169.8 - \frac{3 \times 119.2}{1 \times 2.3}\right)$$

$$= 74.2\text{kN} \cdot \text{m/m}$$

计算底板配筋

$$\frac{M_{\max}}{0.9h_0f_y} = \frac{74.2 \times 10^6}{0.9 \times 310 \times 210} = 1266\text{mm}^2$$

因此，受力钢筋选用Φ 14 @ 110mm（$A_s = 1399\text{mm}^2$）；根据构造要求，纵向分布筋选取Φ 8@250mm（$A_s = 201\text{mm}^2$）。

基础剖面如图 6-31 所示。

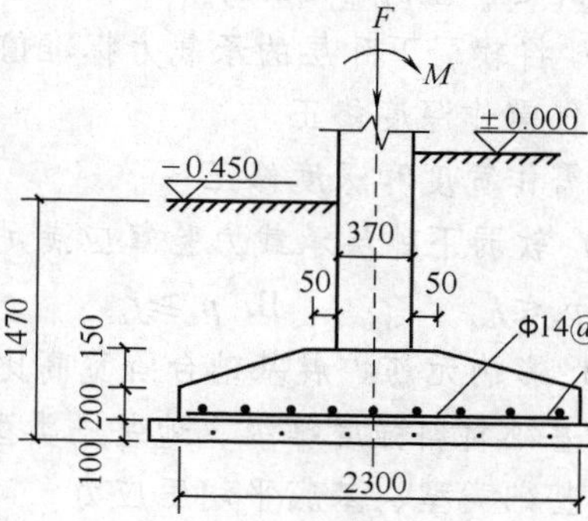

图 6-31　例题 6-5 附图

思　考　题

6-1　简述天然地基上浅基础设计的内容和一般步骤。

6-2　天然地基上浅基础设计的原则是什么？影响基础埋置深度的因素有哪些？

6-3　冻胀土地基对建筑物有何影响？如何确定季节性冻土地区基础埋深？

6-4　基础的结构和材料类型有哪些？其各自适用性如何？

6-5　何谓基础的刚性角？为什么基础的宽度要小于基础两边刚性角的范围？

6-6　当存在相邻建筑物时，如何处理新建建筑物与原有建筑物基础埋深的关系？若相邻建筑物较近时，应采取什么措施减少互相影响？

6-7　为什么在基础设计中要进行软弱下卧层验算？

6-8　当基础埋深较浅而基础和底面积很大时宜采用何种基础？

6-9　单项选择题

（1）下列基础中，适宜宽基浅埋的基础是________。

A. 砖基础　　B. 毛石基础　　C. 混凝土基础　　D. 钢筋混凝土基础

（2）软土地基表层有一定厚度的硬壳层时，最为经济可行的基础方案是________。

A. 换土垫层　　B. 桩基础　　C. 地下连续墙　　D. 宽基浅埋

（3）在天然地基上进行基础设计时，基础的埋深不宜________。

A. 在冻结深度以下　　B. 在地下水位以上

C. 小于相邻原有建筑基础　　D. 大于相邻原有建筑基础

（4）为了保护基础不受人类和生物活动的影响，基础顶面至少应低于设计地面________。

A. 0.1m　　B. 0.2m　　C. 0.3m　　D. 0.5m

(5) 偏心荷载作用下，按持力层地基承载力设计基础底面尺寸时，应满足的条件是________。

A. $p \leqslant f_a$、$e \leqslant L/6$（L 为偏心一侧基底边长）

B. $p \leqslant f_a$、$e \geqslant L/6$

C. $p_{kmax} \leqslant 1.2f_a$、$e \leqslant L/6$

D. $p_k \leqslant f_a$ 且 $p_{kmax} \leqslant 1.2f_a$、$e \leqslant L/6$

(6) 将软弱下卧层的承载力标准值修正为设计值时，________。

A. 仅需作深度修正　　B. 仅需作宽度修正

C. 需作宽度和深度修正　　D. 仅当基础宽度大于3m时才需作宽度修正

(7) 软弱下卧层承载力验算应满足的条件是________。

A. $p_z \leqslant f_{az}$　　B. $p_z \geqslant f_{az}$　　C. $p_z + p_{cz} \leqslant f_{az}$　　D. $p_z + p_{cz} \geqslant f_{az}$

(8) 影响无筋扩展基础台阶宽高比允许值的因素有________。

A. 基础材料强度等级、地基土类型　　B. 基础材料强度等级、基底平均压应力

C. 基础类型、基底平均压应力　　D. 基础类型、地基土类型

(9) 基础底面尺寸大小________。

A. 仅取决于持力层承载力　　B. 仅取决于下卧层承载力

C. 取决于持力层和下卧层承载力　　D. 取决于地基承载力和变形要求

(10) 柱下钢筋混凝土基础的高度一般是由________。

A. 抗拉条件控制　　B. 抗弯条件控制

C. 抗冲切条件控制　　D. 宽高比允许值控制

(11) 柱下钢筋混凝土基础底板中的钢筋________。

A. 双向均为受力筋　　B. 双向均为分布筋

C. 长向为受力筋，短向为分布筋　　D. 短向为受力筋，长向为分布筋

习　题

6-1　甲地区，地基上层软下层硬，见表6-8，在一幢三层楼近旁新建一幢六层住宅，建成后原有三层楼没有因新建六层楼而下沉开裂。设计者根据这一经验，在地基为上层硬下层软的乙地区，新建六层住宅（楼房、荷载、尺寸都与甲地区相同），却引起了附近三层已建住宅的开裂。问原因何在？试加以分析。

表　6-8

	甲地区	乙地区
上层	粘土、流塑 $E_s = 3$MPa	卵石 $E_s = 30$MPa
下层	卵石 $E_s = 30$MPa	粘土、流塑 $E_s = 3$MPa

6-2　某柱承受上部结构传来的荷载 $F_k = 750$kN，$M_k = 80$kN·m，已知地基土为均质粉土，$\gamma = 18$kN/m³，$f_{ak} = 150$kPa，$\eta_b = 0.3$，$\eta_d = 1.5$，基础埋深1.2m，试确定该基础的底面尺寸。

6-3　某柱基础底面尺寸为2m×3m，上部结构传来荷载 $F_k = 1000$kN，基础埋深 $d =$

1.5m，地基土质情况自上而下为：杂填土厚 1m，$\gamma=16.5\mathrm{kN/m^3}$；粘土厚 2m，$\gamma=18.2\mathrm{kN/m^3}$，$E_s=10\mathrm{MPa}$，$f_{ak}=190\mathrm{kPa}$，$e=0.8$，$I_L=0.75$；淤泥质土厚 3m，$\gamma=17\mathrm{kN/m^3}$，$E_s=2\mathrm{MPa}$，$f_{ak}=80\mathrm{kPa}$；以下为密实砂土层。试验算基础底面尺寸是否满足要求。

6-4 某学生宿舍楼设计采用无筋扩展基础。承重墙厚 240mm，上部结构传至基础顶面轴心荷载 $F_k=200\mathrm{kN}$，从室外地面起算基础埋深 1.0m，室内外高差 0.3m，场地土层从上向下为：第一层填土 1.0m 厚，$\gamma=16.6\mathrm{kN/m^3}$；第二层粘土 2.0m 厚，$\gamma=18.6\mathrm{kN/m^3}$，$E_s=10\mathrm{MPa}$，$f_{ak}=185\mathrm{kPa}$，$\eta_b=0$，$\eta_d=1.0$；第三层淤泥质土 $E_s=2.0\mathrm{MPa}$，$f_{ak}=88\mathrm{kPa}$。试设计该墙下无筋扩展基础。

6-5 某框架柱采用钢筋混凝土独立基础。柱子截面尺寸为 450mm×450mm，基础底面尺寸按地基承载力条件确定为 2.5m×3.5m，上部结构传至基础顶面的荷载设计值为 $F=775\mathrm{kN}$，$M=135\mathrm{kN\cdot m}$，基础采用 C20 混凝土和 HPB235 级钢筋，基础埋深 1.5m，试设计该基础并绘制基础剖面图。

6-6 已知某厂房墙厚 240mm，墙下采用钢筋混凝土条形基础。作用在基础顶面的荷载设计值 $F=265\mathrm{kN/m}$，$M=10.6\mathrm{kN\cdot m/m}$。基础底面宽度 b 已由地基承载力条件确定为 2.2m，基础埋深 $d=1.5\mathrm{m}$，试设计该基础并绘制基础剖面图。

第 7 章　桩基础设计

本章学习要求

- 了解桩基础的适用条件及分类；
- 熟悉单桩竖向承载力的确定方法；
- 掌握桩基的设计步骤及简单桩基的设计计算。

7.1　概述

7.1.1　桩基础的基本概念

1. 桩基础的定义和适用条件

桩基础简称桩基，由延伸到地层深处的基桩和连接桩顶的承台组成，如图 7-1。

桩基可由单根桩构成，如一柱一桩的独立基础；也可由两根以上的基桩构成，形成群桩基础，荷载通过承台传递给各基桩桩顶。若桩身全部埋于土中，承台底面与土体接触，则称为低承台桩基础；若桩身上部露出地面而承台底位于地面以上，则称为高承台桩基础。建筑桩基通常为低承台桩基础，而桥梁和码头桩基则多为高承台桩基础。

桩基础是建筑物常用的基础形式之一，具有承载力高、稳定性好、沉降量小等特性，在建筑工程中应用广泛，一般来说，下列情况可考虑选用桩基础方案：

(1) 高层建筑和重型厂房下，天然地基承载力与变形不能满足要求时。

(2) 地基软弱，且采用地基加固措施技术上不可行或经济上不合理时。

(3) 地基软硬不均或荷载分布不均，天然地基不能满足建（构）筑物对沉降差异限制的要求时。

(4) 地基土性不稳定，如液化土、湿陷性黄土、季节性冻土、膨胀土等，要求采用桩基将荷载传至下部土性稳定的土层时。

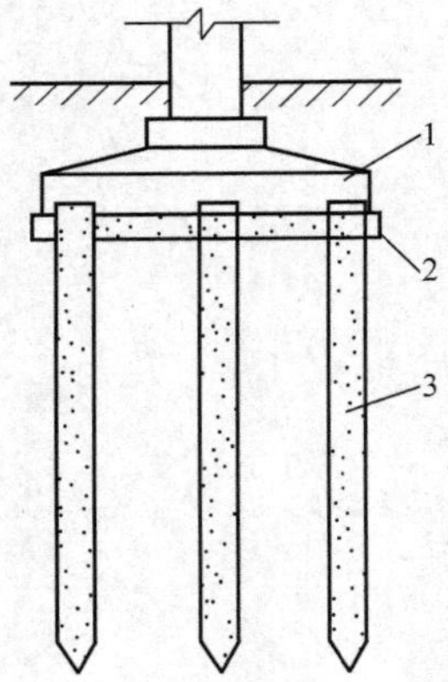

图 7-1　桩基础

1—承台　2—垫层　3—基桩

(5) 建筑物受到相邻建筑物或地面堆载影响，采用浅基础将会产生过量沉降或倾斜时。

(6) 用于大型或精密机械设备的基础，或用于动力机械基础以降低基础振幅等。

2. 桩基础的特点

与天然地基上的浅基础相比，桩基础具备如下特点：

(1) 从施工上看，桩基础应采用特定的施工机械或手段，把基础结构置入深处较好的地层中。

（2）从传力特点看，桩基础的入土深度即桩长与基础结构宽度即桩径之比较大，因此在决定桩基础的承载力时，基础侧面的摩阻支承力不但不能忽略，有时甚至起主要作用。

（3）浅基础下的地基可能有不同破坏模式，但桩基础下却往往只发生刺入即冲切剪切破坏。

（4）相对于浅基础，桩基础由于其传力机理的复杂性，目前尚有许多问题有待研究，因此，详尽勘察、慎重选型、合理设计、精心施工，是桩基础工程应予遵循的准则。

7.1.2 桩基础的分类

1. 按桩的承载性能分类

桩在竖向荷载作用下，桩顶部的荷载由桩与桩侧岩土层间的侧阻力和桩端的端阻力共同承担。由于桩侧、桩端岩土的物理力学性质以及桩的尺寸和施工工艺不同，桩侧和桩端阻力的大小以及它们分担荷载的比例有很大差异，据此将桩分为摩擦型桩和端承型桩。

（1）摩擦型桩　摩擦型桩是指在竖向极限荷载作用下，桩顶荷载全部或主要由桩侧阻力承受。根据桩侧阻力分担荷载的大小，摩擦型桩又可以分为摩擦桩和端承摩擦桩两类。摩擦桩是指在竖向极限荷载作用下，桩顶荷载由桩侧阻力承受，桩端阻力忽略不计，见图 7-2a；端承摩擦桩是指在竖向极限荷载作用下，桩顶荷载主要由桩侧阻力承担，桩端阻力占比例较小，见图 7-2b。

（2）端承型桩　端承型桩是指在竖向极限荷载作用下，桩顶荷载全部或主要由桩端阻力承担。根据桩端阻力发挥的程度和分担荷载的比例，端承型桩可以分为端承桩和摩擦端承桩两类。在竖向极限荷载作用下，桩顶荷载绝大部分由桩端阻力承担，桩侧阻力可以忽略不计的称为端承桩，见图 7-2c；在竖向极限荷载作用下，桩顶荷载主要由桩端阻力承担，桩侧阻力占比例较小的称为摩擦端承桩，见图 7-2d。

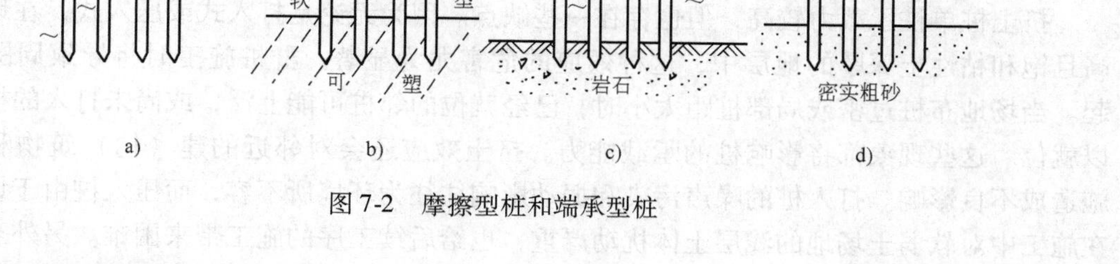

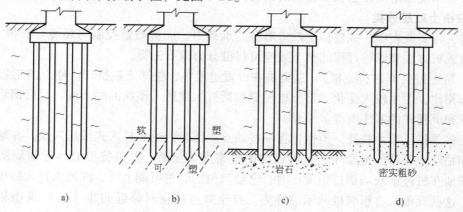

图 7-2　摩擦型桩和端承型桩

2. 按桩身材料分类

（1）木桩　木桩的长度一般为 4 ~ 10m，直径约 180 ~ 260mm，承重木桩常用杉木、松木、柏木和橡木等坚韧耐久的木材。

木桩的桩顶应平整，并加铁箍，以保护桩顶在打桩时不受损伤。木桩下端应削成棱锥形，桩尖长度为桩直径的 1 ~ 2 倍，便于将桩打入土中。

木桩容易制作，储运方便，打桩设备简单，造价低，我国古代的建筑广泛使用了木桩基础。但是木桩基础承载力低，使用寿命较短，尤其是在地下水位以下的木桩，极易腐蚀破坏。

（2）混凝土桩　混凝土桩是目前最广泛使用的桩型。分为混凝土预制桩和混凝土灌注桩（简称灌注桩）两类。由于配置了受力钢筋，不仅能承压，而且可以承受拉拔荷载和水平荷载等复杂情况，适用于各种地层，成桩直径和长度可变范围大，因此作为承载桩，广泛应用于大中型建筑工程中。

（3）钢桩　常见的是型钢和钢管两类。由于型钢桩桩身抗压强度高、抗弯强度大，常用于临时支撑结构和永久性的码头工程；H 型钢桩与钢管桩则常用于承受垂直荷载；另外，其贯入性能好，能穿越相当厚度的硬土层，以提供很高的竖向承载力；钢桩施工比较方便，易于裁接，工艺质量稳定，施工速度快。但是，由于钢材相对较贵，且存在环境腐蚀问题，钢桩在我国采用较少。

（4）组合桩　即不同入土深度分段用不同材料的桩。这类桩只在很特殊的条件下采用，一般地下水位以下多用混凝土桩，地下水位以上用木桩或钢桩。

3. 按桩的使用功能分类

（1）竖向抗压桩　一般的房屋建筑，在正常工作的条件下（如不承受地震荷载，或抗震设防烈度不高而建筑物高度亦不大），主要承受上部结构传来的竖向荷载，因此大多采用此类桩。

（2）水平受荷桩　港口工程的板桩、基坑的支护桩等，都是主要承受水平荷载的桩。此时桩身的稳定依靠桩侧土的抗力，往往还设置水平支撑或拉锚以承受部分水平力。

（3）抗拔桩　指主要承受拉拔荷载的桩。如板桩墙背的锚桩和受浮力的构筑物在浮力作用下自身不能稳定而在底板下设置的锚桩。

4. 按挤土效应分类

大量工程实践表明：成桩挤土效应对桩的承载力、成桩质量控制与环境等有很大影响，因此根据成桩方法和成桩过程的挤土效应可将桩分为以下三类。

（1）挤土桩（亦称排土桩）　这类桩在设置过程中，桩周土被挤开，使土的工程性质与天然状态相比，发生较大变化。挤土桩主要包括打入或压入预制混凝土桩、封底钢管桩和混凝土管桩和沉管式的灌注桩等。

挤土桩单桩承载力较高，但也存在一些缺点。因为无论是打入式或压入式，在地下水位高且饱和粘性土深厚的地层中，这种效应的危害尤为显著。群桩施工时将导致周围地面隆起。当场地布桩过密或局部桩距太小时，已经就位的邻桩可能上浮，或尚未打入的桩桩底难以就位。这些现象都将影响桩的承载能力。挤土效应还会对邻近的建（构）筑物和市政设施造成不良影响。打入桩的噪声污染和振动影响往往为环境所不容，而压入桩由于设备过重在施工中对软弱土场地的浅层土体扰动严重，也给后续工序的施工带来困难。另外当持力层顶面起伏变化太大时，由于预制桩段的节长品种有限，存在大量截桩造成的浪费问题。

（2）部分挤土桩（亦称少量排土桩）　这类桩在设置过程中，由于挤土作用轻微，故桩周土的工程性质变化不大。如打入的截面厚度不大的工字形钢和 H 型钢桩、开口钢管桩和螺旋钻成孔桩等。

（3）非挤土桩（亦称非排土桩）　这类桩在设置过程中，将相应于桩身体积的土挖出，因而对桩周土无挤压作用，包括各种形式的钻孔桩、挖孔桩以及预钻孔埋桩等，其中钻孔灌注桩应用最广泛。

钻孔灌注桩直径一般可达到2m，甚至更大，桩长度可达数米至一二百米，因而适用于多种土层条件。人工挖孔桩在技术上，桩径和桩长可随承载力的不同要求进行调整，且在挖孔过程中，可以核实桩侧土层情况；在质量上，能够清除孔底虚土，且可采取串桶下料、人工振捣的方法浇注桩芯混凝土，容易全面满足设计要求；在经济上，单方混凝土造价较低，又能根据受力要求，扩大桩底，实现一柱一桩的布置方式，节省承台费用；在施工上，由于成孔机具简单，能适应狭窄场地，又能多孔同时挖进，缩短了工期，也具有明显的优势。

挖孔桩的主要缺点有：在地下水难以抽尽的或将引发严重的流砂、流泥的土层中难于成孔，甚至无法成孔；孔内空间狭小，劳动条件差，因而当孔深较大时，需注意施工人员安全；当其扩大桩端的优势不能发挥时，由于桩芯加上护壁的最小直径在1m以上，所以混凝土用量大，按每平方米建筑面积计算的造价较高。

5. 按桩径大小

（1）小直径桩　凡直径小于250mm的桩称为小直径桩。由于桩径小，施工机械、场地要求及施工方法都比较简单。一般适用于中小工程和基础加固。例如，用于苏州虎丘塔倾斜加固的树根桩，桩径为90mm，属于小直径桩。

（2）中等直径桩　凡直径大于250mm小于800mm的桩称为中等直径桩。中等直径桩具有较高的承载力，成桩方法和施工工艺很多，是目前工业与民用建筑工程中大量应用的桩型。

（3）大直径桩　凡直径大于等于800mm的桩称为大直径桩。由于大直径桩桩径大，而且桩端还可以扩大，因此单桩承载力很高。通常可应用于高层建筑、重型设备基础，并可实现一柱一桩的优良结构形式，但是施工时对成桩质量要求很高，必须切实保证每一根桩的质量。

7.2　桩的承载力

7.2.1　竖向荷载下单桩的工作性能

在桩顶轴向荷载 Q 作用下，桩身横截面上产生轴向力和竖向位移。由于桩身和桩周土的相互作用，随桩身变形而下移的桩周土在桩侧表面将产生竖向摩阻力。随着桩顶荷载的增加，桩身轴力 N_z 和桩侧摩阻力 τ_z 都不断发生变化。

如果在进行单桩竖向静载荷试验时，沿桩身某些截面设置测量应力和位移的传感器，那么，在桩顶荷载 Q 作用下，桩身任意深度 z 处的轴力 N_z 和桩侧摩阻力 τ_z 都可以确定。

通过试验资料可知，对于密实砂土中的桩，由于桩土的相互作用，由地面起到等于10~20倍桩径的深度以内，摩阻力随深度线性增加，深度更大时，摩阻力接近均匀分布；设置在粘土中的大量排土桩，其摩阻力沿深度常按近乎抛物线的规律分布，见图7-3a，桩身中段的摩阻力比下段大。在相同的设置方法和土层条件下的摩擦桩，由于桩长不同，摩阻力的分布图形和大小也不一样。由于桩侧土产生向上的摩阻力 τ_z，桩身轴力一般随深度的增加而减少，见图7-3b。

载荷试验中，当 Q 较小时，荷载主要由桩身上段的摩阻力支承。Q 增加到一定数值时，桩端产生位移，桩端阻力 $N_l(N_z,\ z=l)$ 的作用才开始明显表露出来。由试验可知，当桩侧与土之间的相对位移量约为 4 ~6mm（对粘性土）或 6 ~10mm（对砂土）时，摩阻力达到其极限值 τ_u。而桩端位移达到桩径的 $0.10d \sim 0.25d$（d 为桩径）时，桩端阻力才达到其极限值，其中低值适用于持力层为硬粘性土或砂土的大量排土桩，高值则适用于不排土桩。

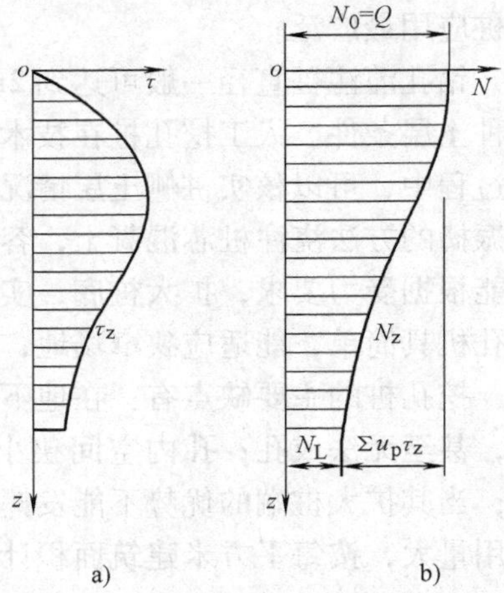

图 7-3　桩侧摩阻力和桩身轴力分布

7.2.2　单桩竖向极限承载力

单桩竖向极限承载力是指单桩在竖向荷载作用下，达到破坏状态前或出现不适于继续承载的变形时所对应的最大荷载。其取决于土对桩的支承阻力和桩身的材料强度。在工程实践中，一般由土对桩的支承阻力所控制，对于端承桩、超长桩以及桩身质量有缺陷的桩，也可能由桩身材料强度控制。

确定单桩竖向极限承载力的方法有很多，工程中常用的有：单桩竖向静载荷试验法、静力触探法、标准贯入试验法等。实践表明，单桩竖向极限承载力的确定就其可靠性而言，仍以传统的静载试验为最高。

单桩竖向静载荷试验是在建筑场地沉入试桩，通过在桩顶逐级加荷并观测和记录其沉降量，直到破坏为止，绘制荷载-沉降曲线，然后对该曲线进行分析，确定出各试桩的竖向承载力极限值。

试验通常采用油压千斤顶加载，千斤顶的反力装置一般用下列两种形式：

1）锚桩横梁反力装置（图 7-4a）。这种装置试桩与两侧锚桩之间的中心距不小于 4 倍的桩径，并不小于 2.0m。如采用工程桩作锚桩时，锚桩数量不得少于 4 根，并应检测静载试验过程中锚桩的上拔量。

2）压重平台反力装置（图 7-4b）。这种装置要求压重平台的支墩边至试桩的净距不小于 4 倍的桩径，并不小于 2.0m。压重量不得少于预计试桩破坏荷载的 1.2 倍。压重应在试验开始前一次加上，并均匀稳固放置于平台上。

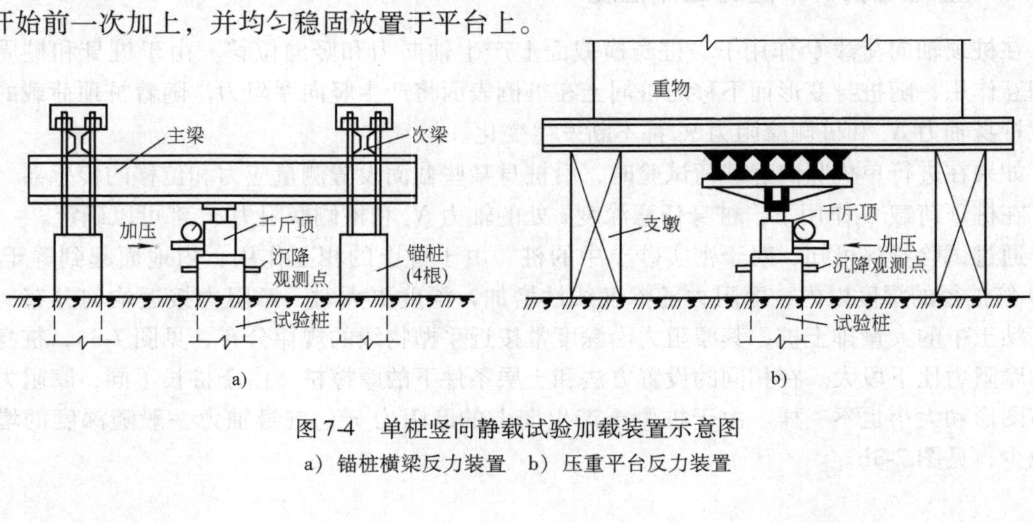

图 7-4　单桩竖向静载试验加载装置示意图

a）锚桩横梁反力装置　b）压重平台反力装置

开始试验的时间：预制桩在砂土中入土 7 天后开始；粘性土不得少于 15 天；对于饱和软粘土不得少于 25 天。灌注桩应在桩身混凝土达到设计强度后，才能进行。

加荷方式：采用慢速维持荷载法。加荷分级不应小于 8 级，每级荷载宜为预估极限荷载的 1/8 ~ 1/10。每级加载后，1h 内第 5min、10min、15min 各读一次，以后间隔 15min 各测读一次。1h 后，每隔 30min 读一次。在每级荷载作用下，桩顶沉降连续两次每 1h 不超过 0.1mm，即认为已达到相对稳定，可施加下一级荷载。

对一般持力层上的桩，当出现下列情况之一者，即可终止加载：

1）当荷载-沉降（Q-S）曲线上有可判定极限承载力的陡降段，且桩顶总沉降量（S）超过 40mm。

2）$\Delta S_{n+1}/\Delta S_n \geqslant 2$，且经 24h 尚未达到稳定标准。其中 ΔS_{n+1} 为第 $n+1$ 级荷载的沉降增量；ΔS_n 为第 n 级荷载的沉降增量；桩底支承在坚硬岩（土）层上，桩的沉降量很小时，最大加载量不应小于设计荷载的 2 倍。

3）25m 以上的非嵌岩桩，Q-S 曲线呈缓变型时，加载至 $S \geqslant 60$mm。

4）在特殊条件下，可根据具体要求加载至 $S \geqslant 100$mm。

在满足终止加载条件后开始卸载。每级卸载值为加载的两倍。每级卸载后，间隔 15min、15min、30min 各测读一次，即总共测读 60min 即可卸下一级荷载。全部卸载完毕，隔 3 ~ 4h 再测读一次。

单桩竖向极限承载力可通过绘制 Q-S 曲线和其他辅助分析所需曲线，参照下列规定确定：

1）当陡降段明显时，取相应于陡降起点的荷载值，见图 7-5a。

2）当出现上述终止加载条件之 2）的情况，取前一级荷载值。

3）Q-S 曲线呈缓变型时，取桩顶总沉降量 $S = 40$mm 所对应的荷载值。当桩长大于 40m 时，宜考虑桩身的弹性压缩，见图 7-5b。

4）按上述方法判断有困难时，可结合其他辅助分析方法综合判定。对桩基沉降有特殊要求者，应根据具体情况选取。

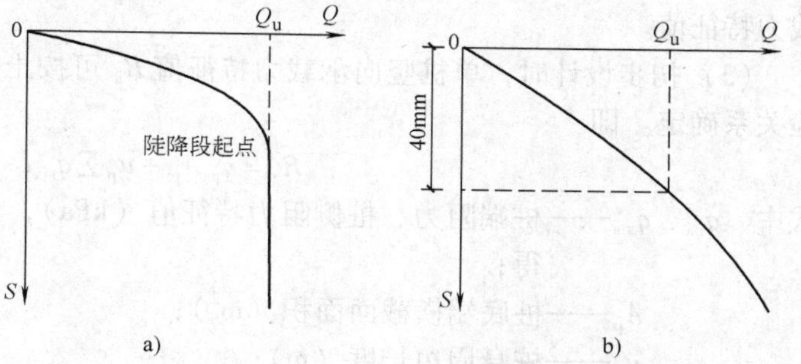

图 7-5　由 Q-S 曲线确定极限荷载

a）明显转折点法　b）按沉降量取值法

参加统计的试桩，当满足其极差不超过平均值的 30% 时，可取其平均值为单桩竖向极限承载力。极差超过平均值的 30% 时，宜增加试桩数量并分析极差过大的原因，结合工程实际情况确定极限承载力。对桩数为 3 根及 3 根以下的柱下桩台，取最小值作为极限承载力。

静力触探和标准贯入试验参见本书 8.3 节内容。

7.2.3　单桩竖向承载力特征值

作用于桩顶的竖向荷载主要由桩侧和桩端土体承担，而地基土体为大变形材料，当桩顶荷载增加时，随着桩顶变形的相应增长，单桩承载力也逐渐增大，很难定出一个真正的

“极限值”；此外，建筑物的使用也存在功能上的要求，往往基桩承载力尚未充分发挥，桩顶变形已超出正常使用的限值。因此，单桩竖向承载力应为不超过桩顶荷载-变形曲线线性变形阶段的比例界限荷载，即表示正常使用极限状态计算时采用的单桩承载力值。为与国际标准（结构可靠性总原则）ISO2394 中相应的术语“特征值”（characteristic value）相一致，故称为单桩竖向承载力特征值。

《建筑地基基础设计规范》（GB 50007—2011）规定：当按单桩承载力确定桩的数量时，传至承台底面上的荷载效应应按正常使用极限状态采用标准组合，相应的抗力限值应采用单桩承载力特征值。

单桩竖向承载力特征值应按下列规定确定：

（1）单桩竖向承载力特征值应通过单桩竖向静载荷试验确定。在同一条件下的试桩数量，不宜少于总桩数的 1%，且不应少于 3 根。

单桩竖向承载力特征值 R_a 按下式确定：

$$R_a = \frac{R_u}{K} \tag{7-1}$$

式中　R_u——单桩竖向极限承载力；

K——安全系数，取 $K=2$。

当桩端持力层为密实砂卵石或其他承载力类似的土层时，对单桩承载力很高的大直径端承型桩，可采用深层平板载荷试验确定桩端土的承载力特征值。深层平板载荷试验要点参见《建筑地基基础设计规范》（GB 50007—2011）附录 D。

（2）地基基础设计等级为丙级的建筑物，可采用静力触探及标准贯入试验参数确定承载力特征值。

（3）初步设计时，单桩竖向承载力特征值 R_a 可按土的物理指标与承载力参数之间的经验关系确定。即

$$R_a = q_{pa}A_p + u_p \sum q_{sia} l_i \tag{7-2}$$

式中　q_{pa}、q_{sia}——桩端阻力、桩侧阻力特征值（kPa），由当地静载荷试验结果统计分析算得；

A_p——桩底端横截面面积（m^2）；

u_p——桩身周边长度（m）；

l_i——第 i 层岩土的厚度（m）。

桩端嵌入完整及较完整的硬质岩中，当桩长较短且入岩较浅时，可按下式估算单桩竖向承载力特征值：

$$R_a = q_{pa}A_p \tag{7-3}$$

式中　q_{pa}——桩端岩石承载力特征值；当桩端无沉渣时，应根据岩石饱和单轴抗压强度标准值按《建筑地基基础设计规范》（GB 50007—2011）5.2.6 条确定，或按规范附录 H 用岩基载荷试验确定。

7.2.4　桩身强度验算

桩身强度应满足桩的承载力设计要求；对预制桩，尚应进行运输、吊装和锤击等过程中的强度和抗裂验算。

按桩身混凝土强度计算桩的承载力时，应按桩的类型和成桩工艺的不同将混凝土的轴心抗压强度设计值乘以工作条件系数 φ_c。桩轴心受压时桩身强度按下式计算

$$Q \leqslant \varphi_c A_p f_c \tag{7-4a}$$

当桩顶以下5倍桩身直径范围内螺旋式箍筋间距不大于100mm，且为钢筋耐久性得到保证的灌注桩，可适当计入桩身纵向钢筋的抗压作用。即

$$Q \leqslant \varphi_c A_p f_c + 0.9 f'_y A'_s \tag{7-4b}$$

式中 Q——相应于作用的基本组合时的单桩竖向力设计值（kN）；

f_c——混凝土轴心抗压强度设计值（kPa），按现行国家标准《混凝土结构设计规范》（GB 50010—2010）取值；

A_p——桩身横截面面积（m^2）；

φ_c——工作条件系数，非预应力预制桩取0.75，预应力桩取0.55～0.65，灌注桩取0.6～0.8（水下灌注桩、长桩或混凝土强度等级高于C35时用低值）；

f'_y——纵向主筋抗压强度设计值（kN）；

A'_s——纵向主筋截面面积（m^2）。

7.3 桩基础设计

7.3.1 桩基础设计要求和步骤

1. 设计要求

桩基础设计必须做到结构上安全、技术上可行和经济上合理，具体而言，桩基的设计应满足三方面的要求：

（1）在外荷载的作用下，桩与地基之间的相互作用能保证有足够的竖向（抗拔或抗压）或水平承载力。

（2）桩基的沉降（或沉降差）、水平位移及桩身挠曲在容许范围内。

（3）应考虑技术和经济上的合理性与可行性。

2. 设计步骤

一般桩基础设计按下列步骤进行：

（1）调查研究、收集相关的设计资料。

（2）根据工程地质勘探资料、荷载、上部结构的条件要求等确定桩基持力层。

（3）选定桩材、桩型、尺寸，确定基本构造。

（4）计算并确定单桩承载力。

（5）根据上部结构及荷载情况，初拟桩的平面布置和数量。

（6）根据桩的平面布置拟定承台尺寸和底面高程。

（7）桩基础验算；桩身、承台结构设计。

（8）绘制桩基（桩和承台）的结构施工图。

7.3.2 桩基础类型的选择

确定桩型一般应经过三个步骤：

（1）根据上部结构的荷载水平与场地土层分布列出可用的桩型。

（2）根据设备条件和环境因素决定允许用的桩型。

（3）根据经济比较决定采用的桩型。

上述步骤（1）可根据文献资料和实践经验进行选择；步骤（2）则必须通过调查和实地考察作出结论；步骤（3）一般应通过计算作出结论，其中工期长短应作为参与经济比较的一项重要因素。

从楼层多少和荷载大小来看，10层以下的，可考虑采用直径500mm左右的灌注桩和边长为400mm的预制桩；10～20层的可采用直径800～1000mm的灌注桩和边长450～500mm的预制桩；20～30层的可用直径1000～1200mm的钻（冲、挖）孔灌注桩和边长等于或大于500mm的预制桩；30～40层的可用直径大于1200mm的钻（冲、挖）孔灌注桩和直径500～550mm的预应力管桩和大直径钢管桩；楼层更多的可用直径更大的灌注桩。目前国内采用的人工挖孔桩，最大直径达5m。

当土中存在大孤石、废金属残渣以及花岗岩残积层中未风化的石英岩脉时，如采用预制桩，将会遇到难以克服的困难。当土层分布很不均匀时，如采用预制钢筋混凝土桩时，桩的预制长度较难掌握。由于预制桩的质量较易保证，在场地土层分布比较均匀的条件下，采用预应力混凝土管桩是比较合理的方案，当然应考虑施工对环境的影响。

7.3.3　桩的规格与承载力确定

1. 桩长

桩长指的是自承台底至桩端的长度尺寸。在承台底面标高确定之后，确定桩长即是选择持力层和确定桩底（端）进入持力层深度的问题。一般应选择较硬土层作为桩端持力层，桩底进入持力层的深度，因地质条件、荷载及施工工艺而异，一般宜为1～3倍桩径。在确定桩底进入持力层深度时，尚应根据有关专门规范的规定考虑特殊土、岩溶以及震陷、液化等影响。嵌岩灌注桩周边嵌入完整和较完整的未风化、微风化、中等风化硬质岩体的最小深度，不宜小于0.5m。当持力层下面存在软弱下卧层时，持力层厚度不宜小于$4d$。嵌岩桩（端承桩）要求桩底下$3d$范围内应无软弱夹层、断裂带、洞穴和空隙分布。

上述桩长是设计中预估的桩长。在实际工程中，场地土层往往起伏不平或层面倾斜，岩层往往形状复杂，所以还得提出施工中决定桩长的条件。一般而言，对打入桩，主要由侧摩阻力提供支承力时，以设计桩底标高作为主要控制条件，最后贯入度作为参考条件；主要由端承力提供支承力时，以最后贯入度为控制条件，设计桩底标高作为参考条件。对于钻、冲、挖孔灌注桩，以验明持力层的岩土性质为主，同时注意核对标高。此外，对位于坡地岸边的桩基尚应根据桩基稳定性验算的要求决定桩长。

2. 断面尺寸

如采用混凝土灌注桩，断面尺寸均为圆形，其直径一般随成桩工艺有较大变化。对于沉管灌注桩，直径一般为300～500mm之间；对钻孔灌注桩，直径多为500～1200mm；对扩底钻孔灌注桩，扩底直径一般为桩身直径的1.5～2倍。

混凝土预制桩断面常用方形，边长一般不超过550mm。

3. 桩身构造

（1）桩身混凝土强度等级要求：设计使用年限不少于50年时，非腐蚀环境中预制桩的混凝土强度等级不应低于 C30，预应力桩的混凝土强度等级不应低于 C40，灌注桩的混凝土强度等级不应低于 C25；二$_b$ 类环境及三类、四类、五类微腐蚀环境中的混凝土强度等级不应低于 C30；在腐蚀环境中的桩，桩身混凝土的强度等级应符合现行国家标准《混凝土结构设计规范》（GB 50010—2010）的有关规定。

（2）桩身配筋要求：桩主筋配置应经计算确定。预制桩的最小配筋率不宜小于 0.8%（锤击沉桩）、0.6%（静压沉桩），预应力桩的最小配筋率不宜小于 0.5%；灌注桩的最小配筋率不宜小于 0.2% ~0.65%（小直径桩取大值）。桩顶以下 3 ~5 倍桩身直径范围内，箍筋宜适当加强加密。

（3）桩身纵向钢筋配筋长度要求：

1）受水平荷载和弯矩较大的桩，配筋长度应通过计算确定。

2）桩基承台下存在淤泥、淤泥质土或液化土层时，配筋长度应穿过淤泥层、淤泥质土层或液化土层。

3）坡地岸边的桩、8 度及 8 度以上地震区的桩、抗拔桩、嵌岩端承桩应通长配筋。

4）钻孔灌注桩构造钢筋的长度不宜小于桩长的 2/3；桩施工在基坑开挖前完成时，其钢筋长度不宜小于基坑深度的 1.5 倍。

（4）桩身配筋可根据计算结果及施工工艺要求，沿桩身纵向不均匀配筋。腐蚀环境中的灌注桩主筋直径不宜小于 16mm，非腐蚀性环境中灌注桩主筋直径不应小于 12mm。

（5）灌注桩主筋混凝土保护层厚度不应小于 50mm，预制桩混凝土保护层厚度不应小于 45mm，预应力管桩混凝土保护层厚度不应小于 35mm；腐蚀环境中的灌注桩混凝土保护层厚度不应小于 55mm。

4. 确定单桩承载力特征值

首先，根据土的物理指标与承载力参数之间的经验关系，初步估算单桩承载力特征值。然后，按《建筑地基基础设计规范》（GB 50007—2011）规定，通过静载荷试验确定单桩承载力特征值，作为设计的依据。

7.3.4 桩的数量与平面布置

1. 桩的根数

桩基中所需桩的根数可按承台荷载和单桩承载力确定。当轴心受压时，桩数 n 应满足下式要求。

$$n \geqslant \frac{F_k + G_k}{R_a} \tag{7-5}$$

式中 n——桩的根数；

F_k——荷载效应标准组合时上部结构传至桩基承台顶面的竖向力（kN）；

G_k——承台与承台上方填土重力标准值（kN），G_k 与桩数 n 有关，因而需通过试算确定。

对于偏心受压情况，亦可按式（7-5）进行估算，只是要注意应将估算的 n 值适当放大，一般放大系数为 1.1 ~1.2。

2. 平面布置

（1）桩的间距　桩的间距一般是指桩与桩之间的最小中心距。不同的桩型有不同的要求，通常取（3～4）d（桩径），其最小要求参见表7-1。中心距过小，桩施工时互相影响大；中心距过大，则桩承台尺寸太大，不经济。

规范规定：摩擦型桩的中心距不宜小于桩身直径的3倍；打底灌注桩的中心距不宜小于扩底直径的1.5倍，当扩底直径大于2m时，桩端净距不宜小于1m；在确定桩距时，应考虑施工工艺中挤土等效应对邻近桩的影响。同时规范指出，对于密集群桩以及挤土型桩，应加大桩距；对于端承型桩，特别是非挤土端承桩和嵌岩桩可以放宽桩距限制。

表7-1　桩的最小中心距

土类和成桩工艺		一般情况	排数≥3排，桩数≥9根，摩阻支承为主桩基
非挤土和部分挤土灌注桩		2.5d	3.0d
挤土灌注桩	穿越非饱和土	3.0d	3.5d
	穿越饱和软土	3.5d	4.0d
挤土预制桩		3.0d	3.5d
打入式敞口管桩和H型钢桩		3.0d	3.5d

（2）桩的平面布置　根据桩基的受力情况，桩可采用多种形式的平面布置。如等间距布置、不等间距布置，以及正方形、矩形网格，三角形、梅花形等布置形式。布置时，应尽量使上部荷载的中心与桩群的中心重合或接近，以使桩基中各桩受力比较均匀。对于独立柱基础，通常布置成梅花形或行列式；对于条形基础，通常布置成一字形，小型工程一排桩，大中型工程两排桩；对于烟囱、水塔基础，通常布置成圆环形。桩离桩承台边缘的净距应不小于$d/2$。

布桩时应注意以下几点：

1）既要布置紧凑，使得承台面积尽可能减小，又要充分发挥各桩的作用。要做到这一点，除了取合适的桩距外，还要使永久荷载的合力点与桩群截面的形心尽可能接近。

2）尽量对结构受力有利。如对墙体落地的结构沿墙下布桩；对带梁桩筏基础沿梁位布桩；尽量避免采用板下布桩，一般不在无墙的门洞部位布桩。

3）尽量使桩基在承受水平力和力矩较大的方向有较大的断面抵抗矩，如承台长边与力矩较大的平面取向一致，以及在横墙外延线上布置探头桩等。

7.3.5　桩基础的设计计算

1. 群桩中单桩承载力验算

（1）群桩中单桩桩顶竖向力计算

轴心竖向力作用下

$$Q_k = \frac{F_k + G_k}{n} \tag{7-6}$$

偏心竖向力作用下

$$Q_{ik} = \frac{F_k + G_k}{n} \pm \frac{M_{xk} y_i}{\sum y_i^2} \pm \frac{M_{yk} x_i}{\sum x_i^2} \tag{7-7}$$

式中　F_k——相应于作用的标准组合时，作用于桩基承台顶面的竖向力（kN）；

G_k——桩基承台自重及承台上填土自重标准值（kN）；

Q_k——相应于作用的标准组合时，轴心竖向力作用下任一单桩的竖向力（kN）；

n——桩基中的桩数；

Q_{ik}——相应于作用的标准组合时，偏心竖向力作用下第 i 根桩的竖向力（kN）；

M_{xk}、M_{yk}——相应于作用的标准组合时，作用于承台底面通过桩群形心的 x、y 轴的力矩（kN·m）；

x_i、y_i——桩 i 至桩群形心的 y、x 轴的距离（m）。

（2）群桩中单桩承载力计算

轴心竖向力作用下

$$Q_k \leqslant R_a \tag{7-8}$$

偏心竖向力作用下，除满足公式（7-8）外尚应满足下式要求。

$$Q_{ikmax} \leqslant 1.2R_a \tag{7-9}$$

式中　R_a——单桩竖向承载力特征值（kN）；

Q_{ikmax}——相应于作用的标准组合时偏心竖向力作用下群桩中受荷最大的单桩竖向力（kN）。

2. 桩基沉降计算

对以下建筑物的桩基应进行沉降验算：

（1）地基基础设计等级为甲级的建筑物桩基。

（2）体型复杂、荷载不均匀或桩端以下存在软弱土层的设计等级为乙级的建筑物桩基。

（3）摩擦型桩基。

嵌岩桩、丙级建筑物桩基、对沉降无特殊要求的条形基础下不超过两排桩的桩基、起重机工作级别 A5 及 A5 以下的单层工业厂房且桩端下为密实土层的桩基，可不进行沉降验算。当有可靠地区经验时，对地质条件不复杂、荷载均匀、对沉降无特殊要求的端承型桩基也可不进行沉降验算。

桩基础最终沉降量的计算采用单向压缩分层总和法，参见《建筑地基基础设计规范》（GB 50007—2011）附录 R 的规定。

桩基础的沉降不得超过建筑物的沉降允许值，并应符合表 3-10 的规定。

7.4　桩承台设计

7.4.1　概述

承台是上部结构与群桩之间相联系的结构部分，通常为现浇混凝土结构，相当于一个浅基础。其作用一是把多根桩联结成整体，共同承受上部荷载；二是把上部结构荷载通过承台传递到各根桩的顶部。

承台有多种形式，如柱下独立桩基承台、箱形承台、筏形承台、柱下梁式承台、墙下条形承台等。其中柱下独立桩基承台有板式、锥式和阶形三类。

试验表明，承台有以下两种破坏形式：

（1）受弯破坏　当承台厚度较小，而配筋数量又不足时，常发生弯曲破坏。为了防止发生这种破坏，在承台底部要配有足够数量的钢筋。

（2）冲切和受剪破坏　当承台厚度较小，但配筋数量较多时，常发生冲切或受剪破坏。为了防止发生这种破坏，承台板要有足够的厚度。

承台设计时均应进行抗冲切、抗剪及抗弯计算，并应符合构造要求。当承台的混凝土强度等级低于柱或桩的混凝土强度等级时，尚应验算柱下或桩上承台的局部受压承载力。

下面主要介绍柱下独立桩基板式承台的设计计算。

7.4.2 构造要求

（1）桩基承台的宽度不应小于500mm。边桩中心至承台边缘的距离不宜小于桩的直径或边长，且桩的外边缘至承台边缘的距离不小于150mm。对于条形承台梁，桩的外边缘至承台梁边缘的距离不小于75mm。

（2）承台的最小厚度不应小于300mm。

（3）矩形承台钢筋应按双向均匀通长布置（图7-6a），钢筋直径不宜小于10mm，间距不宜大于200mm。

（4）承台梁的主筋除满足计算要求外，尚应符合现行国家标准《混凝土结构设计规范》（GB 50010）关于最小配筋率的规定，主筋直径不宜小于12mm，架立筋直径不宜小于10mm，箍筋直径不宜小于6mm（图7-6b）。

（5）承台混凝土强度等级不应低于C20；纵向钢筋的混凝土保护层厚度不应小于70mm，当有混凝土垫层时，不应小于40mm。

（6）桩顶嵌入承台内的长度不应小于50mm。主筋伸入承台内的锚固长度不应小于钢筋直径（HPB300级）的30倍和钢筋直径（HRB335级和HRB400级）的35倍。

（7）承台之间的连接应符合下列要求：

1）单桩承台，宜在两个互相垂直的方向上设置联系梁。

2）两桩承台，宜在其短向设置联系梁。

3）有抗震要求的柱下独立承台，宜在两个主轴方向设置联系梁。

4）联系梁顶面宜与承台位于同一标高。联系梁的宽度不应小于250mm，梁的高度可取承台中心距的1/10～1/15，且不小于400mm。

5）联系梁的主筋应按计算要求确定。联系梁内上下纵向钢筋直径不应小于12mm且不应少于两根，并应按受拉要求锚入承台。

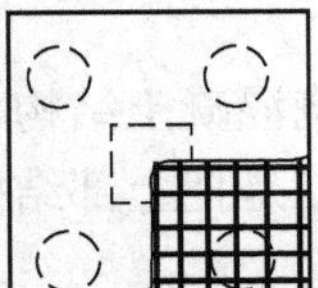
a)

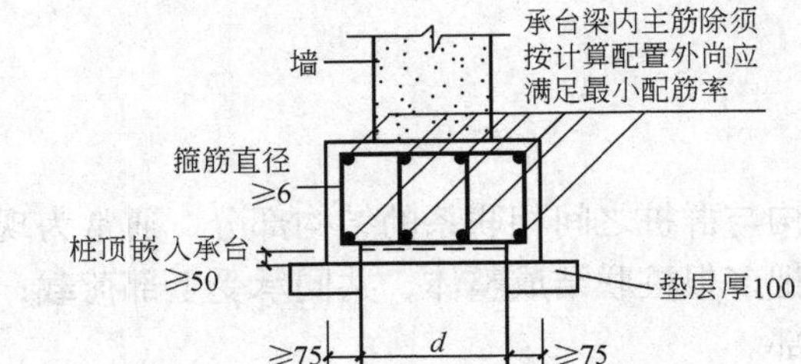

b)

图7-6 承台配筋示意图

7.4.3 抗冲切计算

1. 柱对承台的冲切

柱对承台的冲切如图7-7所示，可按式（7-10）计算。

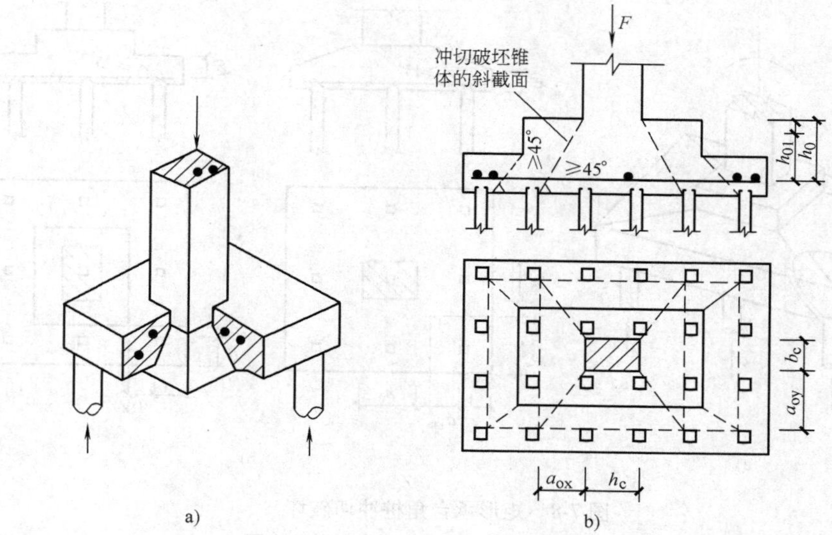

图 7-7　柱对承台的冲切破坏

a）承台的冲切破坏　b）承台的冲切计算示意图

$$F_l \leqslant 2[\beta_{ox}(b_c + a_{oy}) + \beta_{oy}(h_c + a_{ox})]\beta_{hp}f_t h_0 \tag{7-10}$$

$$F_l = F - \sum N_i$$

$$\beta_{ox} = \frac{0.84}{\lambda_{ox} + 0.2},\ \beta_{oy} = \frac{0.84}{\lambda_{oy} + 0.2}$$

式中　F_l——扣除承台及其上填土自重，作用在冲切破坏锥体上相应作用的基本组合时的冲切力设计值（kN），冲切破坏锥体应采用自柱边或承台变阶处至相应桩顶边缘连线构成的锥体，锥体与承台底面的夹角不小于45°；

h_0——冲切破坏锥体的有效高度（m）；

β_{hp}——受冲切承载力截面高度影响系数，当 h 不大于 800mm 时取 1；当 h 大于 2000mm 时取 0.9，其间按线性内插法取用；

β_{ox}、β_{oy}——冲切系数；

λ_{ox}、λ_{oy}——冲跨比，$\lambda_{ox} = a_{ox}/h_0$，$\lambda_{oy} = a_{oy}/h_0$，其中 a_{ox}、a_{oy} 为柱边或变阶处至桩边的水平距离；当 $a_{ox}(a_{oy}) < 0.2h_0$ 时，取 $a_{ox}(a_{oy}) = 0.2h_0$；当 $a_{ox}(a_{oy}) > h_0$ 时，取 $a_{ox}(a_{oy}) = h_0$；

F——柱根部轴力设计值（kN）；

$\sum N_i$——冲切破坏锥体范围内各桩的净反力设计值之和（kN）。

对中低压缩性土上的承台，当承台与地基土之间没有脱空现象时，可根据地区经验适当减小柱下桩基础独立承台受冲切计算的承台厚度。

2. 角桩对承台的冲切

多桩矩形承台受角桩冲切如图 7-8 所示，可按式（7-11）进行计算。

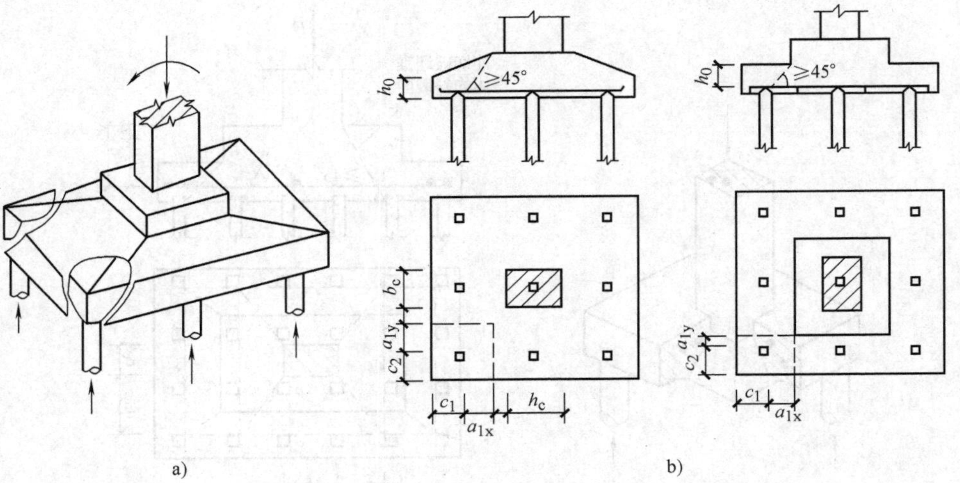

图 7-8　矩形承台角桩冲切破坏

a）角桩冲切破坏　b）角桩冲切计算示意图

$$N_l \leqslant \left[\beta_{1x}\left(c_2+\frac{a_{1y}}{2}\right)+\beta_{1y}\left(c_1+\frac{a_{1x}}{2}\right)\right]\beta_{hp}f_t h_0 \tag{7-11}$$

$$\beta_{1x}=\frac{0.56}{\lambda_{1x}+0.2};\ \beta_{1y}=\frac{0.56}{\lambda_{1y}+0.2}$$

式中　N_l——扣除承台和其上填土自重后，角桩桩顶相应于作用的基本组合时的竖向力设计值（kN）；

β_{1x}、β_{1y}——角桩冲切系数；

λ_{1x}、λ_{1y}——角桩冲跨比，取值范围在 0.2 ~ 1.0，$\lambda_{1x}=a_{1x}/h_0$，$\lambda_{1y}=a_{1y}/h_0$；

c_1、c_2——从角桩内边缘至承台外边缘的距离（m）；

a_{1x}、a_{1y}——从承台底角桩内边缘引 45°冲切线与承台顶面（或承台变阶面）相交点至角桩内边缘的水平距离（m）；

h_0——承台外边缘的有效高度（m）。

7.4.4　抗剪计算

桩下桩基独立承台应分别对柱边和桩边、变阶处和桩边联线形成的斜截面进行受剪计算（图 7-9）。当柱边外有多排桩形成多个剪切斜截面时，尚应对每个斜截面进行验算。

斜截面受剪承载力可按下式计算

$$V \leqslant \beta_{hs}\beta f_t b_0 h_0 \tag{7-12}$$

式中　V——扣除承台及其上填土自重后，相应于作用的基本组合时斜截面的最大剪力设计值（kN）；

b_0——承台计算截面处的计算宽度（m）。阶梯形承台变阶处的计算宽度、锥形承台的计算宽度应按《建筑地基基础设计规范》（GB 50007—2011）附录 U 确定；

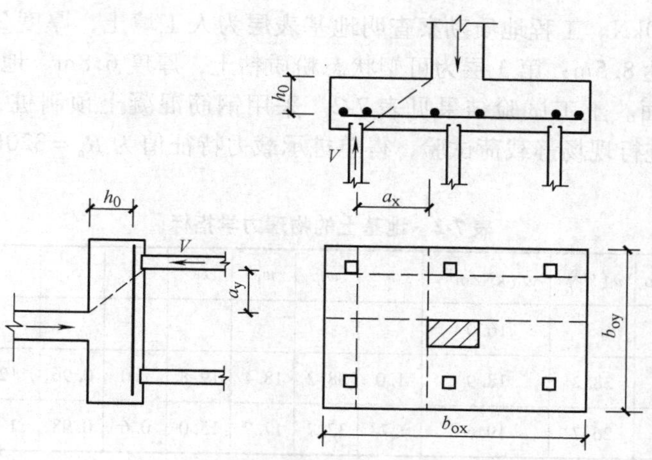

图 7-9　承台斜截面受剪计算示意图

h_0——计算宽度处的承台有效高度（m）；

β——剪切系数，$\beta=\dfrac{1.75}{\lambda+1.0}$；

β_{hs}——受剪切承载力截面高度影响系数，$\beta_{hs}=(800/h_0)^{1/4}$；

λ——计算截面的剪跨比，$\lambda_x=a_x/h_0$，$\lambda_y=a_y/h_0$；其中 a_x、a_y 为柱边或承台变阶处至 x、y 方向所计算的一排桩的桩边的水平距离；当 $\lambda<0.3$ 时，取为0.3；当 $\lambda>3$ 时，取为3。

7.4.5　受弯计算

对多桩矩形承台，弯矩计算截面取在柱边，见图 7-10。

弯矩 M_x、M_y 按下式计算。

$$M_x=\sum N_i y_i \tag{7-13}$$

$$M_y=\sum N_i x_i \tag{7-14}$$

式中　M_x、M_y——垂直于 y 轴和 x 轴方向的计算截面处的弯矩设计值（kN·m）；

y_i、x_i——垂直于 x 轴和 y 轴方向自桩轴线到相应计算截面的距离（m）；

N_i——扣除承台及其上填土自重后，相应于作用的基本组合时的第 i 根桩竖向力设计值（kN）。

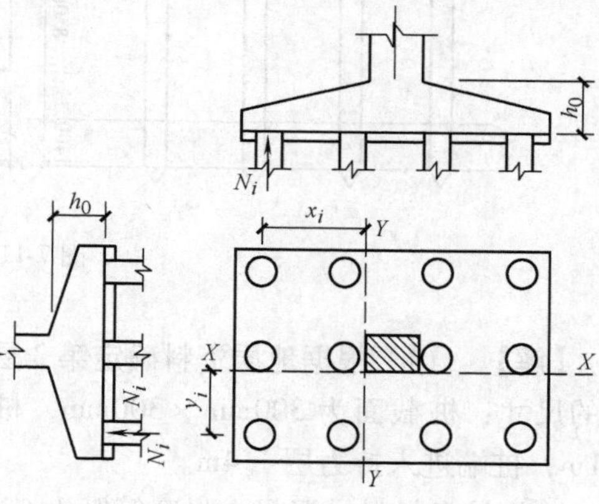

图 7-10　承台弯矩计算示意

7.5　桩基础设计实例

【例 7-1】　如图 7-11 所示，某工程为二级建筑物，位于软土地区，采用桩基础。已知上部结构传来的相当于荷载效应标准组合的基础顶面竖向荷载 $F_k=3200\text{kN}$，弯矩 $M_k=350\text{kN}$

·m，水平力 $T_k=40kN$。工程地质勘察查明地基表层为人工填土，厚度2.0m；第2层为软塑状态粘土，厚度达8.5m；第3层为可塑状态粉质粘土，厚度6.8m。地下水位埋深2.0m，位于第2层粘土顶面。土工试验结果见表7-2。采用钢筋混凝土预制桩，截面为300mm×300mm，长10m，进行现场静载荷试验，得单桩承载力特征值为 $R_a=320kN$。试设计此工程的桩基础。

表7-2 地基土的物理力学指标

编号	土层名称	层厚/m	$w(\%)$	$\gamma/(kN/m^3)$	e	w_L	w_P	I_P	I_L	S_i	c	φ	E_s	F_k
1	人工填土	2		16.0										
2	灰色粘土	8.5	38.2	18.9	1.0	38.2	18.4	19.8	1.0	0.96	12	18.6	4.6	115
3	粉质粘土	6.8	26.7	19.6	0.78	32.7	17.7	15.0	0.6	0.98	18	28.5	7.0	220

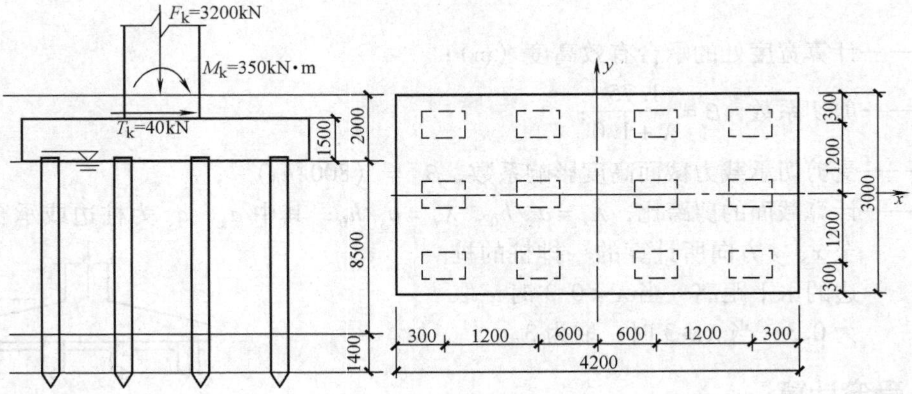

图7-11 【例7-1】图

【解】 (1) 根据地质资料确定第3层粉质粘土为桩端持力层。采用与现场载荷试验相同的尺寸：桩截面为300mm×300mm，桩长10m。考虑桩承台埋深2.0m，桩顶嵌入承台0.1m，桩端进入持力层1.4m。

(2) 桩身材料：混凝土强度等级为C30，钢筋用HRB335级钢筋4根，直径16mm。

(3) 单桩竖向承载力特征值 $R_a=320kN$。

(4) 估算桩数及承台面积

1）桩的数量

$$n \geqslant \frac{F_k}{R_a}=\frac{3200}{320}=10$$

考虑承台、土重及偏心距的影响，乘以1.2的扩大系数，取桩数 $n=12$。

2）桩的中心距，查表7-1，桩的最小中心距3.5d（挤土预制桩），取中心距为1200mm。

3）桩的排列，采用行列式，桩基在受弯方向排列4根，另一方向排列3根，如图7-11所示。

4）根据桩的排列及桩承台构造要求（承台边缘至边桩中心的距离不宜小于桩的直径，

且桩的外边缘至承台边缘的距离不小于150mm），桩承台尺寸取为4.2m×3.0m。承台设计埋深为2.0m，位于人工填土层以下，粘土层顶部。则承台及上覆土重

$$G_k = 4.2 \times 3.0 \times 2.0 \times 20 = 504\ (\text{kN})$$

（5）单桩受力验算

1）按中心受压桩平均受力计算，应满足下式要求

$$Q_k = \frac{F_k + G_k}{n} = \frac{3200 + 504}{12} = 308.7\ (\text{kN}) < R_a，满足要求。$$

2）按偏心荷载考虑承台四角最不利的桩的受力情况，按式（7-7）计算

$$Q_k = \frac{F_k + G_k}{n} \pm \frac{M_{yk} x_i}{\sum x_i^2}$$

$$= \frac{3200 + 504}{12} \pm \frac{(350 + 40 \times 1.5) \times 1.8}{6 \times (0.6^2 + 1.8^2)}$$

$$= 308.7 \pm 34.2 = \begin{matrix} 342.9 \\ 274.5 \end{matrix}\ (\text{kN})$$

$$Q_{kmax} = 342.9\text{kN} \leqslant 1.2R_a = 1.2 \times 320 = 384\ (\text{kN})$$

$$Q_{kmin} = 274.5\text{kN} > 0。$$

偏心荷载作用下，桩受力安全。

（6）沉降计算（略）

【例7-2】 桩基承台的承载力验算

某桩基承台布置如图7-12所示，柱截面尺寸为450mm×600mm，作用在基础顶面的荷载设计值为：$F = 2800\text{kN}$，$M = 210\text{kN}\cdot\text{m}$（作用于长边方向），$H = 145\text{kN}$，采用截面为350mm×350mm的预制混凝土方桩，承台边长为：$a = 2.8\text{m}$，$b = 1.75\text{m}$，承台埋深1.3m，承台高0.8m，桩顶伸入承台50mm，钢筋保护层取40mm，承台有效高度为 $h_0 = 0.8 - 0.05 - 0.04 = 0.71\ (\text{m}) = 710\ (\text{mm})$。承台混凝土强度等级为C20，配置HRB335级钢筋。试验算该承台的承载力。

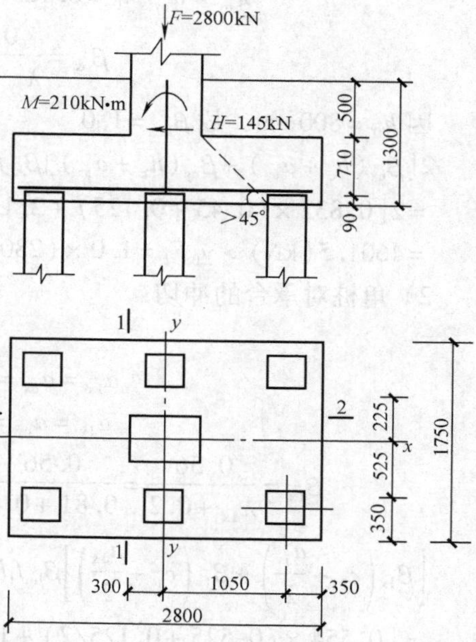

图7-12 【例7-2】图

【解】 （1）计算桩顶荷载设计值

取承台及其上土的平均重度 $\gamma_G = 20\text{kN/m}^3$，则桩顶平均竖向力设计值为：

$$N = \frac{F + G}{n} = \frac{2800 + 1.2 \times 20 \times 2.8 \times 1.75 \times 1.3}{6} = 492.1\ (\text{kN})$$

$$N_{\substack{max \\ min}} = N \pm \frac{(M + Hh)x_{max}}{\sum x_i^2} = 492.1 \pm \frac{(210 + 145 \times 0.8) \times 1.05}{4 \times 1.05^2} = 492.1 \pm 77.6 = \begin{matrix} 569.7 \\ 414.5 \end{matrix}\ (\text{kN})$$

（2）承台受弯承载力计算

$$x_i = 1050 - 600/2 = 750\ (\text{mm}) = 0.75\ (\text{m})$$

$$y_i = 525 - 450/2 = 300\ (\text{mm}) = 0.3\ (\text{m})$$

由式（7-11）、式（7-12）可得 $M_x = \sum N_i y_i = 3 \times 492.1 \times 0.3 = 442.89\ (\text{kN}\cdot\text{m})$

$$A_s = \frac{M_x}{0.9f_y h_0} = \frac{442.89 \times 10^6}{0.9 \times 300 \times 710} = 2310\ (\text{mm}^2)$$ 选用22 Φ 12，$A_s = 2488\text{mm}^2$

$$M_y = \sum N_i x_i = 2 \times 569.7 \times 0.75 = 854.55\ (\text{kN} \cdot \text{m})$$

$$A_s = \frac{M_y}{0.9f_y h_0} = \frac{854.55 \times 10^6}{0.9 \times 300 \times 710} = 4458\ (\text{mm}^2)$$ 选用14 Φ 20，$A_s = 4398\text{mm}^2$

（3）承台受冲切承载力验算

1）柱对承台的冲切

$$\lambda_{ox} = a_{ox}/h_0 = 0.575/0.710 = 0.81 < 1.0$$

$$\beta_{ox} = \frac{0.84}{\lambda_{ox} + 0.2} = \frac{0.84}{0.81 + 0.2} = 0.832$$

$$\lambda_{oy} = a_{oy}/h_0 = 0.125/0.710 = 0.176 < 0.2，取\ \lambda_{oy} = 0.20$$

$$\beta_{ox} = \frac{0.84}{\lambda_{oy} + 0.2} = \frac{0.84}{0.2 + 0.2} = 2.10$$

因 $h_0 = 800\text{mm}$，故 $\beta_{hp} = 1.0$

$$2[\beta_{ox}(b_c + a_{oy}) + \beta_{oy}(h_c + a_{ox})]\beta_{hp} f_t h_0$$
$$= 2[0.832 \times (0.45 + 0.125) + 2.1 \times (0.6 + 0.575)] \times 1.0 \times 1.1 \times 10^3 \times 0.710$$
$$= 4601.5(\text{kN}) > \gamma_0 F_l = 1.0 \times (2800 - 0) = 2800\text{kN}$$ 满足要求。

2）角桩对承台的冲切

$$c_1 = c_2 = 0.525\text{m}$$

$$a_{1x} = a_{ox} = 0.575\text{m}, \lambda_{1x} = \lambda_{ox} = 0.810$$

$$a_{1y} = a_{oy} = 0.125\text{m}, \lambda_{1y} = \lambda_{oy} = 0.20$$

$$\beta_{1x} = \frac{0.56}{\lambda_{1x} + 0.2} = \frac{0.56}{0.81 + 0.2} = 0.554, \beta_{1y} = \frac{0.56}{\lambda_{1y} + 0.2} = \frac{0.56}{0.2 + 0.2} = 1.4$$

$$\left[\beta_{1x}\left(c_2 + \frac{a_{1y}}{2}\right) + \beta_{1y}\left(c_1 + \frac{a_{1x}}{2}\right)\right]\beta_{hp} f_t h_0$$
$$= [0.554 \times (0.525 + 0.125/2) + 1.4 \times (0.525 + 0.575/2)] \times 1 \times 1.1 \times 10^3 \times 0.710$$
$$= 1142.6(\text{kN}) > \gamma N_{max} = 569.7\text{kN}$$，满足要求。

（4）承台受剪承载力计算

剪跨比与以上冲跨比相同，故对1-1斜截面

$$\lambda_x = \lambda_{ox} = 0.810，\beta = \frac{1.75}{\lambda + 1.0} = \frac{1.75}{0.81 + 1.0} = 0.967$$

因 $h_0 = 710\text{mm} < 800\text{mm}$，故取 $\beta_{hs} = 1.0$

$$\beta_{hs}\beta f_t b_0 h_0 = 1.0 \times 0.967 \times 1100 \times 1.75 \times 0.71$$
$$= 1321.6(\text{kN}) > 2\gamma_0 N_{max} = 2 \times 1.0 \times 569.7 = 1139.4(\text{kN})$$ 满足要求。

对2-2斜截面，因取 $\lambda = 0.3$，其受剪切承载力更大，故验算从略。

思 考 题

7-1 试从材料、荷载传递、功能、制作方法、承台位置、设置效应等角度对桩进行分类。端承桩与摩擦桩的受力情况有什么不同？本地区目前采用较多的较经济的桩型是什么？

7-2 何为单桩竖向承载力？确定单桩竖向承载力的方法有哪几种？

7-3 已知桩的静载试验成果曲线，如何确定单桩竖向承载力特征值？

7-4 桩基础设计包括哪些内容？偏心受压情况下，桩的数量如何确定？桩基础初步设计后还要进行哪些验算？如果验算不满足要求应如何解决？

7-5 单项选择题

（1）________属于非挤土桩。

A. 实心的混凝土预制桩　B. 下端封闭的管桩　C. 沉管灌注桩　D. 钻孔桩

（2）某场地在桩身范围内有较厚的粉细砂层，地下水位较高，若不采取降水措施，则不宜采用________。

A. 钻孔桩　B. 人工挖孔桩　C. 预制桩　D. 沉管灌注桩

（3）在同一条件下，进行静载荷试验的桩数不宜少于总桩数的________。

A. 1%　B. 2%　C. 3%　D. 4%

（4）采用静载荷试验确定单桩的承载力时，出现________情况，即可终止加荷。

A. 某级荷载作用下，桩的沉降量为前一级荷载作用下沉降量的5倍

B. 某级荷载作用下，桩的沉降量为前一级荷载作用下沉降量的3倍

C. 某级荷载作用下，桩的沉降量大于等于前一级荷载作用下沉降量的2倍，且经24h尚未达到稳定标准

D. 已达到锚桩最大抗拔力或压重平台的最大重量时

（5）《建筑地基基础设计规范》(GB 50007—2011)规定，除设计等级为丙级的建筑物外，单桩竖向承载力特征值应采用________确定。

A. 理论公式计算　B. 估算法　C. 竖向静载荷试验　D. 室内土工试验

（6）桩的间距(中心距)一般采用________桩径。

A. 3~4倍　B. 1倍　C. 2倍　D. 6倍

（7）对下列哪些建筑物的桩基可不进行沉降验算？________

A. 地基基础设计等级为甲级的建筑物桩基

B. 体型复杂、荷载不均匀或桩端以下存在软弱土层的设计等级为乙级的建筑物桩基

C. 摩擦型桩基

D. 当有可靠地区经验时，对地质条件不复杂、荷载均匀、对沉降无特殊要求的端承型桩基

（8）承台边缘至桩中心的距离不宜小于桩的直径或边长，边缘挑出部分不应小于________。

A. 100mm　B. 150mm　C. 200mm　D. 250mm

（9）承台的厚度是由________承载力决定的。

A. 受弯　B. 受剪切　C. 受冲切　D. 受冲切和受剪切

（10）桩基承台发生冲切的原因是________。

A. 底板配筋不足　B. 承台的有效高度不足

C. 钢筋保护层不足　D. 承台平面尺寸过大

习　题

7-1 某工程为混凝土灌注桩。在建筑场地现场已进行的3根桩的静载荷试验(直径

377mm 的振动沉管灌注桩），其报告提供的桩的极限承载力标准值分别为：380kN、375kN、395kN。要求确定单桩竖向承载力特征值 R_a。

7-2　已知柱截面尺寸 500mm × 600mm，计至地面处的柱底荷载 $F_k = 8000kN$，$M_{xk} = 200kN \cdot m$，$M_{yk} = 600kN \cdot m$，拟采用 500mm × 500mm 钢筋混凝土预制方桩。单桩竖向承载力特征值 $R_a = 1500kN$。初选承台布置形式与埋深如图 7-13 所示，试设计柱下独立承台桩基础（承台混凝土强度等级 C25，钢筋采用Ⅱ级）。

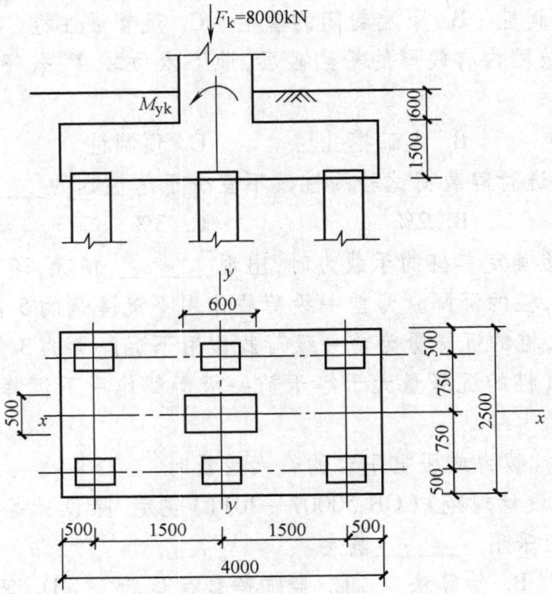

图 7-13　习题 7-2 图

第 8 章　工程地质勘察

本章学习要求

- 了解工程地质勘察的目的、任务和要求；
- 了解几种常用的工程地质勘探方法；
- 掌握勘察报告的编制要点，学会阅读和使用工程地质勘察报告。

8.1　工程地质概述

工程地质与建筑物的关系十分密切。这时因为各类建筑物无不建在地球表面，因此，地表的工程地质条件的优劣，直接影响建筑物的地基与基础设计方案的类型、施工工期和工程投资的大小。同时，由于不同地区工程地质条件在性质上、主次关系配合上的不同，其勘察任务、勘察手段和评价内容也随之而异。本节仅对地质构造、地形地貌、水文地质条件作简要介绍。

8.1.1　地质构造

在漫长的地质历史发展过程中，地壳在内、外力作用下，不断运动演变，所造成的地层形态（如地壳中岩体的位置、产状及其相互关系等）统称为地质构造。它决定着场地岩土分布的均一性和岩体的工程地质性质，是评价建筑场地工程地质条件所应考虑的基本因素。

1. 褶皱构造

地壳中层状岩层在水平运动的作用下，使原始的水平产状的岩层弯曲起来，形成褶皱构造（图 8-1）。褶皱的基本单元，即岩层的一个弯曲称为褶曲。其基本形式只有两种，即背斜和向斜（图 8-2）。背斜由核部地质年代较老和翼部较新的岩层组成，横剖面呈凸起弯曲的形态。向斜则由核部新岩层和翼部老岩层组成，横剖面呈向下凹曲形态。

必须指出，在山区见到的褶曲，一般来说其形成的年代久远，由于长期暴露地表使得部分岩层，尤其是软质或裂隙发育的岩石受到风化和剥蚀作用的严重破坏而丧失了完整的褶曲形态（如图 8-3）。

2. 断裂构造

岩体受力断裂使原有的连续完整性遭受破坏而形成断裂构造。沿断裂面两侧的岩层未发生位移或仅有微小错动的断裂构造，称为节理；反之，如发生了相对的位移，则称为断层。

分居于断层面两侧相互错动的两个断块（图 8-4、图 8-5），其中位于断层面之上的称为上盘，位于断层面之下的称为下盘。若按断块之间的相对错动的方向来划分，上盘下降，下盘上升的断层，称为正断层；反之，上盘上升，下盘下降的断层称为逆断层；如两断块水平互错，则称为平移断层（图 8-6）。

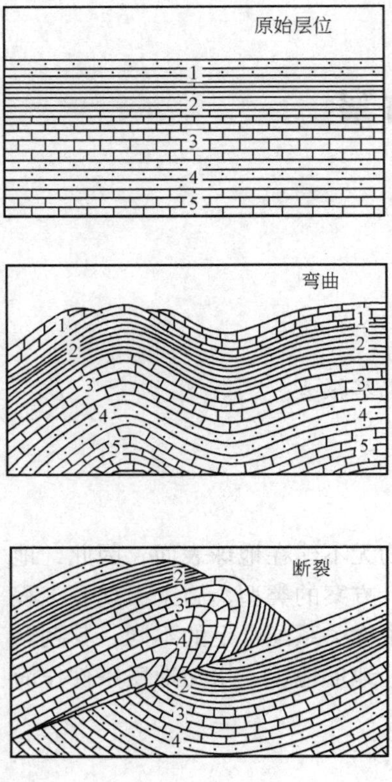

图 8-1　地壳水平运动过程
1，4—砂岩　2—页岩　3，5—石灰岩

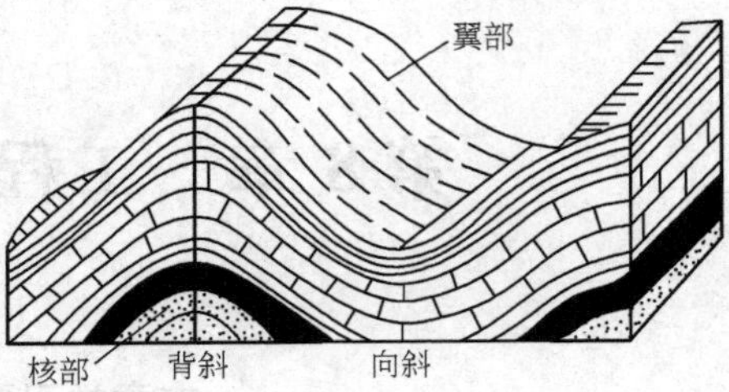

图 8-2　背斜与向斜示意图

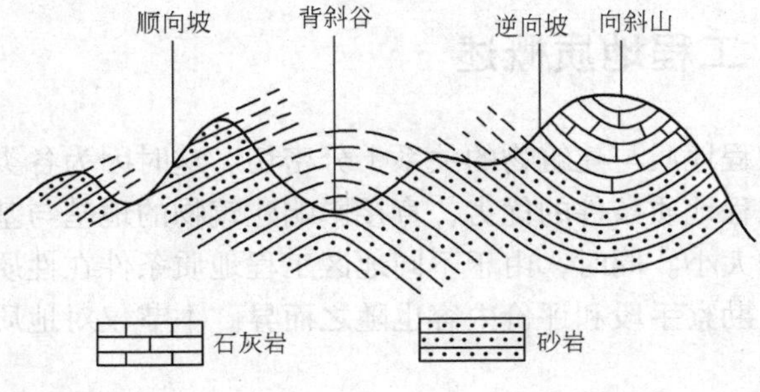

图 8-3　经过侵蚀后残留的褶曲地形的剖面示意图

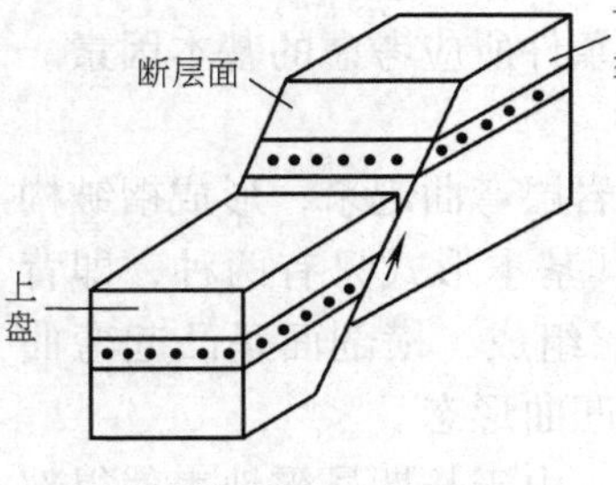

图 8-4　正断层

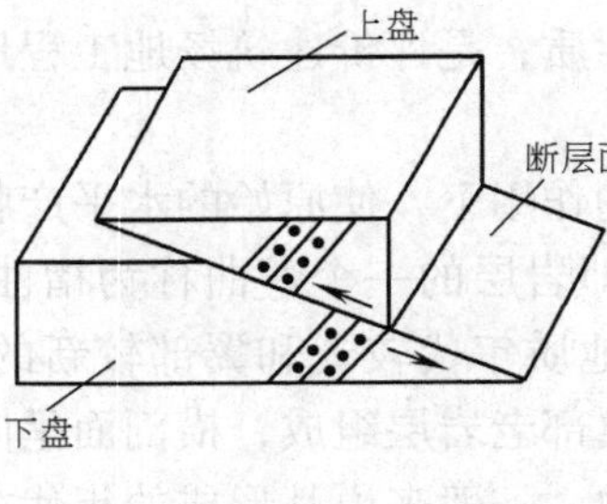

图 8-5　逆断层

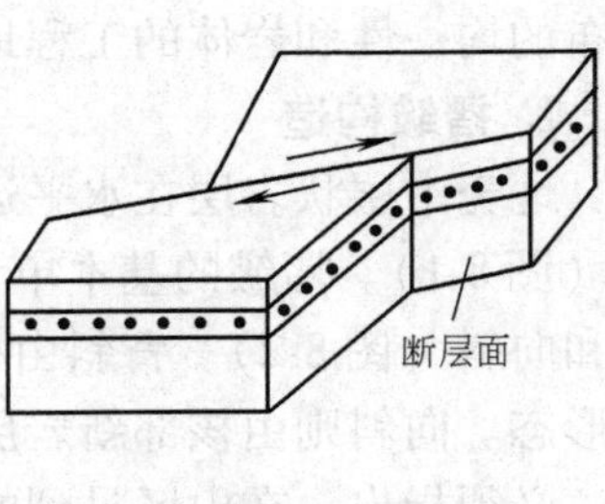

图 8-6　平移断层

8.1.2　地形地貌

场地的地形地貌特征是勘察中最初判别建筑场地复杂程度的重要依据，对建筑物的布局及各种建筑物的形式、规模以及施工条件也有直接影响，并在很大程度上决定着勘察的工作方法和工作量。

地形指的是地表形态的外部特征，如高低起伏、坡度大小和空间分布等。但是，如果研究地形形成的地质原因和年代，及其在漫长的地质历史中不断演化的过程和将来的发展趋势，那么，这种从地质学和地理学观点考察的地表形态就叫做地貌。在岩土工程勘察中，常按地形的成因类型、形态类型等进行地貌单元的划分。由于每种地貌单元都有其形成和演化的历史过程，反映出不同的特征和性质，所以，在建筑场址选择、地基处理以及勘察工作的安排时，都要考虑地貌条件。常见的地貌单元有山地、丘陵、平原等。

8.1.3 水文地质条件

存在于地面下土和岩石的孔隙、裂隙或溶洞中的水称为地下水。一般说来，建筑场地的水文地质条件主要包括地下水的埋藏条件、地下水位及其动态变化、地下水化学成分及其对混凝土的腐蚀性等。地下水按其埋藏条件又可分为上层滞水、潜水和承压水三种类型。上层滞水是指埋藏在地表浅处，局部隔水透镜体的上层，且具有自由水面的地下水。它的分布范围有限，其来源主要是由大气降水补给。潜水是指埋藏在地表以下第一个稳定隔水层以上的具有自由水面的地下水，它一般埋藏在第四纪沉积层及基岩的风化层中。承压水是指充满于两个连续的稳定隔水层之间的含水层中的地下水，它承受一定的静水压力。

8.2 工程地质勘察的目的、任务和要求

8.2.1 工程地质勘察的目的与任务

工程地质勘察的目的在于使用各种勘察手段和方法，调查研究和分析评价建筑场地和地基的工程地质条件，为设计和施工提供所需的工程地质资料。

工程勘察是一项综合性的地质调查工作，其基本任务包括：

（1）通过工程地质勘察，查明场地的工程地质条件。

1）调查场地的地形地貌，包括场地地形地貌的形态特征、地貌的成因类型及单元的划分。

2）查明场地的地层条件，包括岩土性质、成因类型、年代、分布规律及埋藏条件。对岩层尚应查明风化程度及不同地层的接触关系；对土层应着重区分特殊性土的分布范围及其工程地质特征。

3）调查场地的地质构造，包括岩层产状及褶皱类型；节理裂隙的性质、产状、数量、延伸方向及充填胶结情况；断层的类型、产状、位置、断距、破碎带宽度及充填胶结情况；晚近期构造活动的特点及与地震活动的关系等。

4）查明场地的水文地质条件，包括地下水的类型、埋藏、补给、排泄条件、水位变化幅度、岩土渗透性及地下水腐蚀性等。

5）确定场地有无不良（物理）地质现象，如滑坡、崩塌、岩溶、土洞、冲沟、泥石流、地震液化、岸边冲刷等。如有，则应查明其成因、分布、形态、规模及发育程度，判断它们对工程可能造成的危害。

6）测定岩土的物理力学性质指标，并指出可靠、适用的岩土参数。

此外，还应了解与岩土工程有关的水文、气象条件，如洪水淹没范围、最高洪水位及其发生时间，大气降水的聚集、径流、排泄、土层最大冻结深度等。

（2）根据场地的工程地质条件并结合工程特点和要求，进行岩土工程分析评价。

1）统计和选定岩土计算参数。

2）进行咨询性的岩土工程设计。

3）预测或研究岩土工程施工和运营中可能发生或已经发生的问题，提出预防或处理方案。

在进行岩土工程分析评价时，不仅要考虑地质条件的因素，而且还应考虑建筑类型、结构特点、施工环境、施工技术、工期及资金等因素对岩土工程的要求或制约，作出定性分析和定量评价，并进行不同工程方案的技术经济分析和论证。岩土工程分析评价不仅仅是描述地质条件和提供岩土性质指标，而是要提出解决岩土工程问题的具体方法。因此，岩土工程分析评价在勘察报告中占有重要的位置。

(3) 编制岩土工程勘察报告书。

(4) 对于重要工程或场地工程地质条件复杂的工程，在施工阶段或使用期间必须进行现场监测。必要时，应根据监测资料对设计、施工方案作出适当调整或采取补救措施，以保证工程安全。

必须强调的是，在勘察过程中，特别是在进行岩土工程分析评价时，岩土工程师应与结构工程师密切配合，使分析评价既符合岩土工程的实际特点，又能满足结构设计的要求。

根据工程重要性等级、场地复杂程度等级和地基复杂程度等级，岩土工程勘察等级可按下列条件划分。

甲级：在工程重要性、场地复杂程度和地基复杂程度等级中，有一项或多项为一级。

乙级：除勘察等级为甲级和丙级以外的勘察项目。

丙级：工程重要性、场地复杂程度和地基复杂程度等级均为三级。

须说明的是，建筑在岩质地基上的一级工程，当场地复杂程度等级和地基复杂程度等级均为三级时，岩土工程勘察等级可定为乙级。

8.2.2 房屋建筑和构筑物工程勘察基本要求

1. 工作内容

房屋建筑和构筑物（以下简称建筑物）的岩土工程勘察，应在搜集建筑物上部荷载、功能特点、结构类型、基础形式、埋置深度和变形限制等方面资料的基础上进行。其主要工作内容应有：

(1) 查明场地和地基的稳定性、地层结构、持力层和下卧层的工程特性、土的应力历史和地下水条件以及不良地质作用等。

(2) 提供满足设计施工所需的岩土参数，确定地基承载力，预测地基变形性状。

(3) 提出地基基础、基坑支护、工程降水和地基处理设计与施工方案的建议。

(4) 提出对建筑物有影响的不良地质作用的防治方案建议。

(5) 对于抗震设防烈度等于或大于6度的场地，进行场地与地基的地震效应评价。

2. 各阶段勘察要求

建筑工程设计分为可行性研究、初步设计和施工图设计三个阶段。为了提供各设计阶段所需的工程地质资料，建筑物的岩土工程勘察也相应分为可行性研究勘察、初步勘察和详细勘察三个阶段。可行性研究勘察应符合选择场址方案的要求；初步勘察应符合初步设计的要求；详细勘察应符合施工图设计的要求；场地条件复杂或有特殊要求的工程，宜进行施工勘察。

场地较小且无特殊要求的工程可合并勘察阶段。当建筑物平面布置已经确定，且场地或其附近已有岩土工程资料时，可根据实际情况，直接进行详细勘察。

（1）可行性研究勘察（选址勘察） 可行性研究勘察，应对拟建场地的稳定性和适宜性做出评价，并应符合下列要求：

1）搜集区域地质、地形地貌、地震、矿产、当地的工程地质、岩土工程和建筑经验等资料。

2）在充分搜集和分析已有资料的基础上，通过踏勘了解场地的地层、构造、岩性、不良地质作用和地下水等工程地质条件。

3）当拟建场地工程地质条件复杂，已有资料不能满足要求时，应根据具体情况进行工程地质测绘和必要的勘探工作。

4）当有两个或两个以上拟选场地时应进行比选分析。

在选定场址时，应避开场地等级或地基等级为一级的地区或地段，同时应避开地下有未开采的有价值矿藏的地区。勘察工作结束时必须对场地的稳定性和适宜性作出评价，写成报告作为选址的依据。

（2）初步勘探（初勘） 在场址选定批准后进行初步勘察，初勘的目的在于对场地内各拟建建筑地段的稳定性作出评价，为确定建筑物总体平面布置和建筑物的地基基础方案提供资料和依据；对不良地质现象的防治提供资料和建议。初勘的主要工作有：

1）搜集拟建工程的有关文件、工程地质和岩土工程资料以及工程场地范围的地形图。

2）初步查明地质构造、地层结构、岩土工程特性和地下水埋藏条件。

3）查明场地不良地质作用的成因、分布、规模、发展趋势，并对场地的稳定性作出评价。

4）对抗震设防烈度等于或大于6度的场地，应对场地和地基的地震效应作出初步评价。

5）季节性冻土地区，应调查场地土的标准冻结深度。

6）初步判定水和土对建筑材料的腐蚀性。

7）高层建筑初步勘察时，应对可能采取的地基基础类型、基坑开挖与支护、工程降水方案进行初步分析评价。

初步勘察的勘探工作应符合下列要求：

1）勘探线应垂直地貌单元、地质构造和地层界线布置。

2）每个地貌单元均应布置勘探点，在地貌单元交接部位和地层变化较大的地段，勘探点应予加密。

3）在地形平坦地区，可按网格布置勘探点。

对每个地貌单元或每幢重要建筑物都应设有控制性勘探孔（勘探孔是指钻孔、探井、触探孔等）并到达预定深度，其他一般性勘探孔只需达到适当深度即可。前者一般占勘探孔总数的1/5～1/3。勘探线和勘探点的间距、勘探孔深度可根据岩土工程等级按现行国家标准《岩土工程勘察规范》GB50021—2001（2009年版）选定。在井、孔中取试样或进行原位测试的竖向间距应按地层的特点和土的均匀性确定。各土层一般均需采取试样或取得测试数据，详见现行国家标准《岩土工程勘察规范》GB50021—2001（2009年版）的规定。

（3）详细勘探（详勘） 经过可行性研究和初步勘探之后，场地工程地质条件已基本查明，详勘的任务就在于针对单体建筑物或建筑群提出详细的岩土工程资料和设计、施工所需的岩土参数；对建筑地基作出岩土工程评价，并对地基类型、基础形式、地基处理、基坑支护、工程降水和不良地质作用的防治等提出建议。详勘主要应进行下列工作：

1）搜集附有坐标和地形的建筑总平面图，场区的地面整平标高，建筑物的性质、规模、荷载、结构特点、基础形式、埋置深度、地基允许变形等资料。

2）查明不良地质作用的类型、成因、分布范围、发展趋势和危害程度，提出整治方案的建议。

3）查明建筑范围内岩土层的类型、深度、分布、工程特性，分析和评价地基的稳定性、均匀性和承载力。

4）对需进行沉降计算的建筑物，提供地基变形计算参数，预测建筑物的变形特征。

5）查明埋藏的河道、沟浜、墓穴、防空洞、孤石等对工程不利的埋藏物。

6）查明地下水的埋藏条件，提供地下水位及其变化幅度。

7）在季节性冻土地区，提供场地土的标准冻结深度。

8）判定水和土对建筑材料的腐蚀性。

详勘的手段主要以勘探、原位测试和室内土工试验为主，必要时可以补充一些物探和工程地质测绘和调查工作。详勘勘探点的布置应按岩土工程等级确定：对一、二级建筑物，宜按主要柱列线或建筑物的周边线布置；对三级建筑物可按建筑物或建筑群的范围布置；对重大设备基础，应单独布置勘探点，且数量不宜少于3个。勘探点间距视建筑物和岩土工程等级而定。

详细勘探孔深度以能控制地基主要受力层为原则，当基础短边不大于5m，且在地基沉降计算深度内又无软弱下卧层存在时，勘探孔深度对条形基础一般为$3b$（b为基础宽度），对单独基础为$1.5b$，但不应小于5m。对须进行变形验算的地基，控制性勘探孔应超过地基沉降计算深度。在一般情况下，控制性勘探孔深度应考虑建筑物基础宽度、地基土的性质和相邻基础影响，按现行国家标准《岩土工程勘察规范》GB50021—2001（2009年版）选定。

取试样和进行原位测试的井、孔数量，应按地基土层的均匀性、代表性和设计要求确定，一般占勘探孔总数的1/2～1/3，对安全等级为一级的建筑物每幢不得少于3个，试样或进行原位测试部位的竖向间距，一般在地基主要受力层内间隔1～2m，但对每个场地或每幢独立的重要建筑物，每一主要土层的试样一般不少于6个，原位测试数据一般不少于6组。对位于地基主要受力层内厚度大于0.5m的夹层或透镜体，一般均需采取试样或进行原位测试。

（4）施工勘察　遇下列各种情况，都应配合设计、施工单位进行施工勘察，解决施工中的工程地质问题，并提出相应的勘察资料。

1）对较重要建筑物的复杂地基，需进行施工勘察。

2）基槽开挖后，地质条件与原勘察资料不符，并可能影响工程质量时。

3）深基础施工设计及施工中需进行有关地基监测工作。

4）当软弱地基处理时，需进行设计和检验工作。

5）地基中溶洞或土洞较发育，需进一步查明及处理。

6）施工中出现边坡失稳，需进行观测和处理。

当需进行基坑开挖、支护和降水设计时，勘察工作应包括基坑工程勘察的内容。在初步设计阶段，应根据岩土工程条件，初步判定开挖可能发生的问题和需要采取的支护措施；在详细勘察阶段，应针对基坑工程设计的要求进行勘察；在施工阶段，必要时尚应进行补充勘察。

8.3 工程地质勘探方法

勘探是工程地质勘察过程中查明地下地质情况的一种必要手段，它是在地面的工程地质测绘和调查所取得的各项定性资料基础上，进一步对场地内部的工程地质条件进行定量的评价。常见的工程地质勘探方法主要有坑探、钻探、触探和地球物理勘探等。

8.3.1 坑探

坑探是在建筑场地中开挖探井（探槽、探洞）以揭示地层并取得有关地层构成及空间分布状态的直观资料和原状岩土试样。这种方法不必使用专门的钻探机具，对地层的观察直接明了，是一种合适条件下广泛应用的最常规勘探方法。当场地地质变化比较复杂时，利用坑探能直接观察地层的结构和变化，但其勘探深度往往较浅、劳动强度大、安全性差、适应条件要求严格等特点常使其应用受到很大限制。探井的平面形状一般为1.5m×1.0m的矩形或直径0.8~1.0m的圆形，其勘探深度视地层的土质和地下水埋藏深度等条件而定，较深的探坑在必要时须采取有效措施保护坑壁岩土体的稳定性，以保证安全。对坝址、地下工程、大型边坡工程等，为了查明深部的岩土层性质、产状或地质构造特征，常采用探槽、竖井、平洞等进行地质勘探工作。

在探井中取样的一般方法是先在井底或井壁的给定深度处取出一柱状土块，土块的尺寸必须大于取土筒的直径和长度；将土块削成直径欠于取土筒的圆柱状，将柱状土样（毛样）放入取土筒中，上下两端削断、刮平后盖上金属筒盖；用熔腊密封取土筒（土样在取样后立即进行试验时可用胶带纸密封）贴上标签并注明土样的上下方向以备试验之用。土样在土筒中应紧贴土筒，以免土样在运输过程中来回晃动而发生损害，同时还须注意不能硬将土样压入筒内而使其产生挤压或扰动。

8.3.2 钻探

钻探通过钻机在地层中钻孔来鉴别和划分地层，并在孔中预定位置取样，用以测定土层的物理力学性质，此外，土的某些性质也可直接在孔内进行原位测试。钻探所用钻机主要分回转式与冲击式两种。回转式钻机是利用钻机的回转器来带动钻具旋转，磨、削钻孔底部岩土体，再使用管状钻（压）具，采取圆柱形的原状岩土体样本。冲击式钻机是利用卷扬机来带动有一定重量的钻具上下反复冲击，使钻头击碎钻孔底部岩土体形成钻孔，再使用抽筒来抽取岩石碎块或扰动土样。取出的岩土试样同坑探法一样封存。当需要采取原状试样而又采用冲洗、冲击、振动等一类方法进行钻进时，应在预计取样位置1.0m以上改用回转钻进。由于钻机取样一般会对岩土样产生一定的扰动，所以毛样的直径一般也较大。

布置于被勘察场地中的钻孔分为技术钻孔和鉴别钻孔两种，前者在对地层进行鉴别、观察的同时还要间隔一定距离采取岩土试样，而后者则不需要采取岩土试样，仅作鉴别和观察地层之用。按土体的性质差异，取土器一般分为两种，一种是锤击取土器，另一种是静压法取土器。锤击法取土以重锤少击效果为好；静压法以快速压入为好。

8.3.3 触探

触探法是用探杆连接探头，以动力或静力方式将探头（通常为金属探头）贯入土层，通过触探头贯入岩土体所受到的阻抗力或阻抗指标大小来间接判断土层工程力学性态的一类勘探方法和原位测试技术。必须指出，触探既是一种勘探方法，也是一种测试技术。作为勘探方法，触探可用于划分土层，确定岩土体的均匀性；作为测试技术，触探结果则可用以估算或判定地基承载能力和土的变形指标等。

按将触探头贯入岩土体的方式不同，可将其划分为静力触探和动力触探两类。

1. 静力触探

静力触探是利用机械或油压装置，借助静压力将触探头压入土层，利用电测技术测量探头所受到的贯入阻力，再通过贯入阻力大小来判定土的力学性质好坏和地基岩土的承载能力、变形指标大小，见图 8-7 所示。与其他常规的勘探手段相比，触探法能快速、连续地探测土层及其性质的变化。

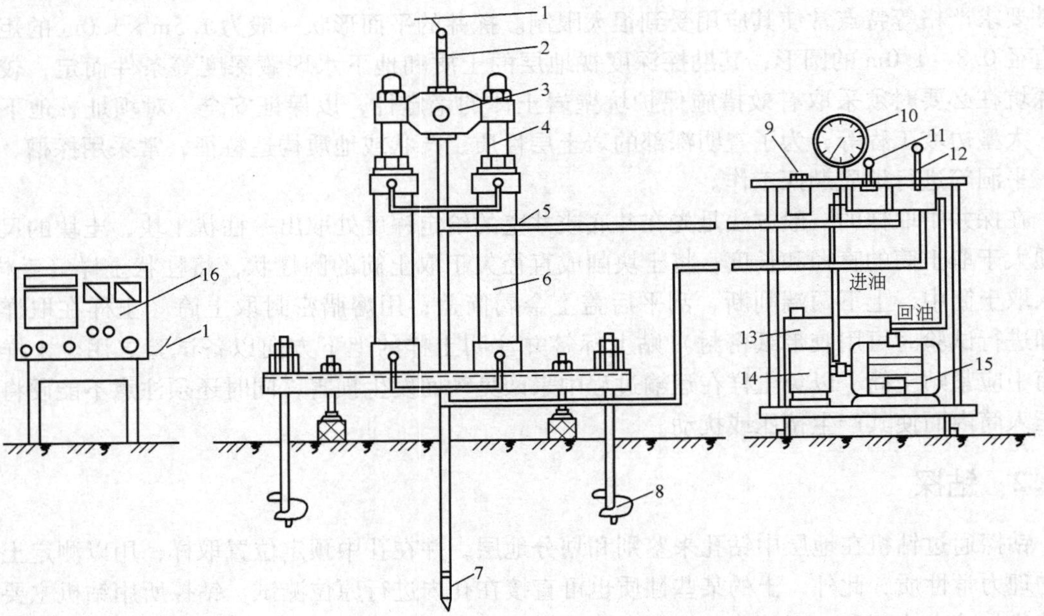

图 8-7　双缸油压式静力触探设备

1—电缆　2—触探杆　3—卡杆器　4—活塞杆　5—油管　6—油缸　7—触探头　8—地锚　9—倒顺开关　10—压力表　11—节流阀　12—换向阀　13—油箱　14—油泵　15—电动机　16—记录器

静力触探设备中的核心部分是触探头，它是土层贯入阻力的传感器。当连接在触探杆端部的探头以给定的速度匀速贯入土层时，探头附近一定范围内的土体对探头产生贯入阻力，贯入阻力的大小间接反映了该部分岩土体的物理力学性质的变化。一般而言，对于同一种岩土体，触探贯入阻力越大，土层的力学性质越好；反之，触探贯入阻力越小，岩土体越软弱。因此，只要测得探头的贯入阻力，就能据此评价岩土体工程性质，估算或判定地基承载能力和岩土的变形指标。触探头（图 8-8）贯入土中时，探头套所受到的贯入阻力通过顶柱传到空心柱上部，使粘贴在空心柱上的电阻应变片产生拉伸变形，把探头贯入时所受的土阻力转变成电信号并通过接收仪器测量出来，再根据事先标定好的结果换算出或转变成贯入阻力测试结果。

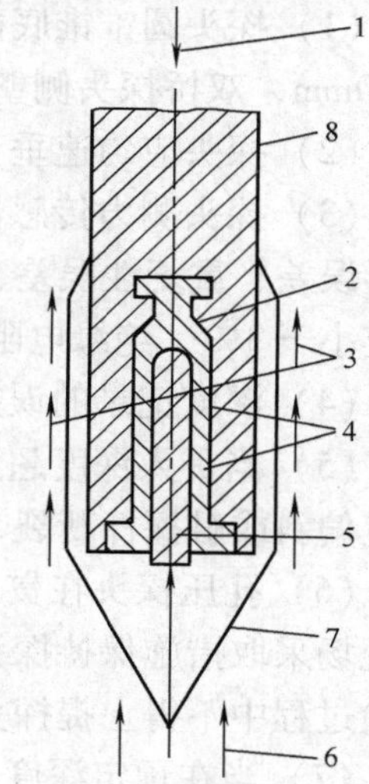

图 8-8 静力触探头工作原理示意图

1—贯入力 2—空心柱 3—侧壁摩阻力 4—电阻应变片 5—顶柱 6—锥尖阻力 7—探头套 8—探头管

按触探头的结构不同，静力触探试验被分为单桥静力触探试验和双桥静力触探试验两类。单桥探头（图 8-9）所测得的是既包括锥尖阻力又包括侧壁摩阻力的总贯入阻力 P（kN），并定义比贯入阻力 p_s 为

$$p_s=\frac{P}{A} \tag{8-1}$$

式中 A——探头截面面积。

双桥探头可以同时分别直接测出锥尖总阻力 Q_c（kN）和侧壁总摩阻力 P_f（kN）大小，其内部结构和电桥结构也较单桥探头复杂。锥尖阻力 q_c（kPa）、侧壁摩阻力 f_s（kPa）可表示为

$$q_c=\frac{Q_c}{A} \tag{8-2}$$

$$f_s=\frac{P_f}{F_s} \tag{8-3}$$

式中 F_s——探头外套筒的总表面积。

根据锥尖阻力和侧壁摩阻力可以计算出同一深度处的岩土体摩阻力 R_s。

$$R_s=\frac{f_s}{q_c}\times 100\% \tag{8-4}$$

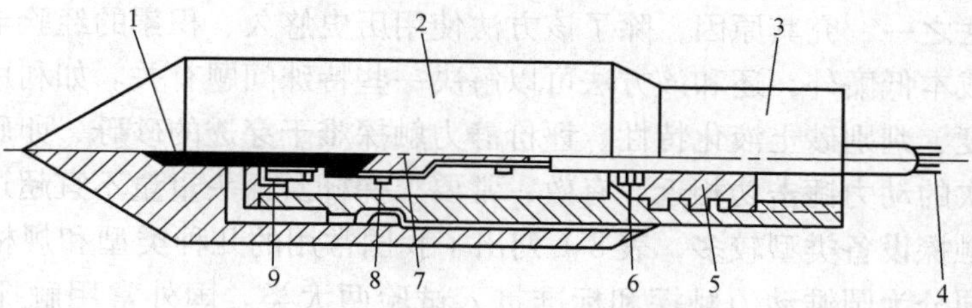

图 8-9 单桥探头结构示意图

1—顶柱 2—外套筒 3—探头管 4—四芯电缆 5—密封圈 6—橡胶塞或胶布垫 7—空心柱 8—电阻应变片 9—防水盘根

根据静力试验结果来划分土层、判定土的类别、估算地基岩土的承载能力和变形指标时，应结合相邻钻孔资料和地区经验进行。因此，采用静力触探试验时，应与钻探相配合，以期取得较好的结果。

静力触探试验适用于软土、一般粘性土、粉土、砂土和含少量碎石的土。静力触探可根据工程需要采用单桥探头、双桥探头和带孔隙水压力测量的单、双桥探头，可测定比贯入阻

力 p_s、锥尖阻力 q_c、侧壁摩阻力 f_s 和探头贯入土体时的孔隙水压力 u。

静力触探试验的技术要求应符合下列规定：

（1）探头圆锥锥底截面积应采用 $10cm^2$ 或 $15cm^2$，单桥探头侧壁高度应分别采用 57mm 或 70mm，双桥探头侧壁面积应采用 $150 \sim 300cm^2$，锥尖锥角应为 60°。

（2）探头应匀速垂直压入土中，贯入速率为 1.2m/min。

（3）探头测力传感器应连同仪器、电缆进行定期标定，室内探头标定测力传感器的非线形误差、重复性误差、滞后误差、温度漂移、归零误差均应小于 1% FS，现场试验归零误差应小于 3%，绝缘电阻不小于 500MΩ。

（4）深度记录的误差不应大于触探深度的 ±1%。

（5）当贯入深度超过 30m 或穿过厚层软土后再贯入硬土层时，应采取措施防止触探孔发生偏斜或触探杆断裂，也可配置测斜探头，测量触探孔的偏斜角，校正土层界线的深度。

（6）孔压探头在贯入前，应在室内保证探头的应变腔已排除气泡，为液体所饱和，并在现场采取措施保持探头的饱和状态，直至探头进入地下水位以下的土层为止；在孔压静探试验过程中不得上提探头。

（7）当在预定深度进行孔压消散试验时，应测量停止贯入后不同时间的孔压值，其计时间隔由密而疏、合理控制；试验过程不得松动探杆。

2. 动力触探

动力触探是让一定质量的穿心落锤以一定落距自由落下，将连接在探杆前端一定形状（圆锥或圆筒形）、尺寸的探头贯入岩土体，记录贯入一定厚度岩土层所需的锤击数，并以此锤击数间接判断岩土体力学及工程性质的一种原位测试方法。

由于土层的种类、性质和状态等存在差异，动力触探试验时，贯入同样厚度土层所需的锤击数自然不同。将锤击数作为综合反映岩土体性能的一种指标，再将锤击数与室内有关试验和载荷试验等进行对比和相关分析，建立起彼此之间的相关关系经验公式，便可以通过动力触探的锤击数大小，推求土的相关工程性质指标和地基承载力。动力触探是当前国内外广泛使用的测试方法之一，究其原因，除了该方法使用历史悠久、积累的经验丰富以及设备简单、易于操作、成本低廉外，还和该方法可以解决一些特殊问题有关。如利用动力触探试验确定砂土密实程度、判别砂土液化特性、评价静力触探难于穿透的砂砾、卵砾石层的承载力等。为保持每击次的动力锤击功相近、有效，常要求探杆及探头重量不宜超过锤重的 2 倍。

国内外动力触探设备类型较多，表 8-1 列出了我国常用的几种类型和规格。动力触探试验按探头结构不同分为圆锥动力触探和标准贯入试验两大类。国外常用触探能量（锤的质量、落距和重力加速度三者之积）与探头面积之比来反映动力触探能力，并将该比值定义为能量指数。表 8-1 前三种能量指数依次为 4、11、28，与国外常用几种规格相仿。能量指数大、贯入能力强，适宜于硬土和碎石类土；对软土则宜选用能量指数小的类型规格。

国内除按能量指数反映动力触探能力外，也有按动力触探的理想自由落锤能力 E^* 来反映其触探能力的。E^* 越大，触探能力越强。

$$E^* = \frac{1}{2}Mu^2 \tag{8-5}$$

式中 M——锤的质量；

u——锤自由下落碰撞探杆前的速度。

表 8-1　国内常用动力触探试验设备及类型规格

类型		锤质量/kg	落距/cm	探头或贯入器	贯入指标	触探杆外径/mm
圆锥动力触探	轻型	10	50	圆锥探头、锥角 60°，锥底直径 4.0cm，截面积 12.6cm²	贯入 30cm 的锤击数 N_{10}	25
	重型	63.5	76	圆锥探头、锥角 60°，锥底直径 7.4cm，截面积 43cm²	贯入 10cm 的锤击数 $N_{63.5}$	42
	超重型	120	100	圆锥探头、锥角 60°，锥底直径 7.4cm，截面积 43cm²	贯入 10cm 的锤击数 N_{120}	50～63
标准贯入		63.5	76	对开管式贯入器，外径 5.1cm，内径 3.5cm，刃口角 19°47′，长度 70cm	贯入 30cm 的锤击数 N	42

轻型动力触探设备主要由锥形探头、触探杆和落锤三部分组成，见图 8-10。探杆为直径 25mm 的金属杆（多为质量较轻的硬铝合金），锤的质量为 10kg，落距 50cm。试验时先用轻便钻具钻至试验土层标高，将探杆放入，使探头接触试验土层表面连续锤击探杆，使探头贯入土体中，测记每贯入 30cm 的锤击数，并将其记为 N_{10}。试验时要始终保持探杆垂直。如遇硬土层，当贯入 30cm 的锤击数超过 100 击时，可停止对硬层的试验，换成钻具钻穿硬层后再重新连续试验。当需要了解、描述土层时，可换成钻具取土。

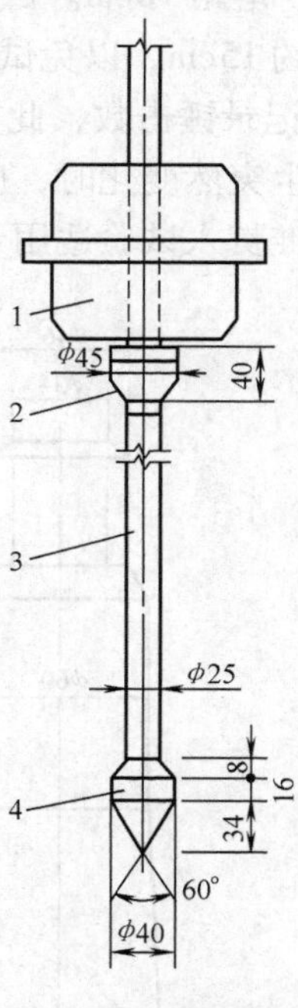

图 8-10　轻型动力触探设备

1—穿心锤　2—锤垫

3—触探杆　4—圆锥探头

轻型动力触探试验一般用于低等级建筑物的地基勘察和施工验槽，贯入深度不宜大于 4.0m。

重型动力触探试验的探头外形如图 8-11 所示，导杆、探杆和落锤同标准贯入试验。试验时可以自地表向下连续贯入，也可以分段贯入。重型动力触探试验的穿心锤质量为 63.5kg，落距 76cm，锤击速率以 15～30 击/min 为佳。对于密实或坚硬的土体，可记录每贯入 10cm 的锤击数 $N_{63.5}$；而对于较松软的土层，则是记录每一阵击的贯入量，再来换算锤击数，换算公式如下

$$N_{63.5} = \frac{n \times 10}{s} \tag{8-6}$$

式中　n——每一阵击的锤击数（一般取 5 击为一阵击）；

s——每一阵击的贯入量（cm）。

随着试验深度的增加，触探杆的加长，探杆的挠曲变形及其与孔壁间的摩擦所消耗的能量增加，锤的反弹作用也消耗了相当的落锤能量，特别是当落锤质量小于锤击物件（触探杆、贯入器等）质量时，落锤动能的相当一部分消耗在被击物件上，这些都会导致锤击数的增大，地层应力的增大也会使锤击数增加，因而使所得的锤击数不能正确反映下部土层的软硬和强度、变形指标，所以建议进行修正。

但另一方面，触探杆自重的加大会导致静力贯入作用的增加，这种作用与上述的动能损耗等在某种程度上起着相互抵消的作用。因此某些国家的规范或有些使用单位不考虑锤击数值的深度修正，而有的则考虑其修正。当有地下水影响时，有的还建议应考虑地下水影响进行锤击数修正。具体修正与否，则完全取决于使用经验及不同的探测对象，实际应用时应灵活掌握。但需要注意，为了消除或减小探杆与孔壁土的摩擦力，《岩土工程勘察规范》（GB50021—2001）建议每贯入1.0m，宜将探杆转动一圈半；当贯入深度超过10m时，每贯入20cm就宜将探杆转动一次。当连续3次的$N_{63.5}$大于50击时，宜改用超重型动力触探。

对于埋深较大或厚度较大的卵石层、厚度不大但非常密实的卵石层、灰土垫层以及碎石、渣土类的挤密桩，可考虑使用超重型动力触探进行地基勘察或检测。超重型的探头尺寸与重型动力触探相同，但锤的质量为120kg，落距为100cm，其试验方法、数据整理等与前相同。

标准贯入试验除探头结构形式不同外，其余与重型动力触探试验相同，即穿心锤质量63.5kg，落距76cm。试验设备情况如图8-12。试验时先试用钻进机具钻进到距试验土层标高以上约15cm，以免试验土层受到扰动；将贯入器垂直打入土层15cm不计数，然后再打入30cm，记录锤击数，此数即为标准贯入击数N；将贯入器继续打入5～10cm，看击数有无变化，发生突然变化时，应考虑加密测点，无突然变化时，可提出贯入器，停止对该土层的试验。标准贯入试验适用于砂土、粉土和一般粘性土。

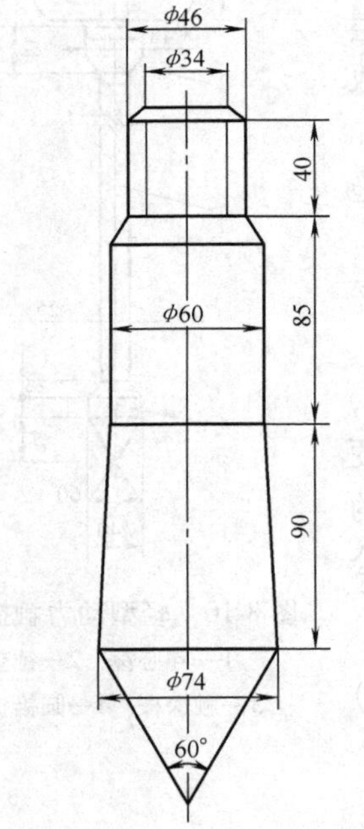

图8-11　重型动力触探头外形尺寸

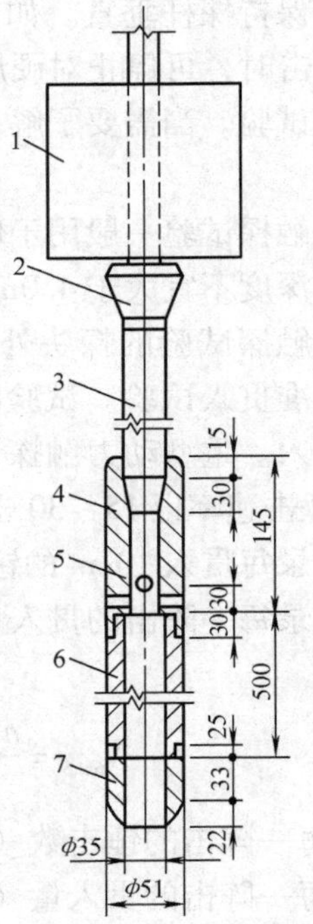

图8-12　标准贯入试验设备
1—穿心锤　2—锤垫　3—钻杆
4—贯入器头　5—出水孔
6—贯入器身（由两个半圆形管合并而成）
7—贯入器靴

关于标准贯入试验，《岩土工程勘察规范》（GB50021—2001）规定如下：

1）标准贯入试验孔采用回转钻进，并保持孔内水位略高于地下水位。当孔壁不稳定时，可用泥浆护壁，钻至试验标高以上15cm处，清除孔底残土后再进行试验。

2）采用自动脱钩的自由落锤法进行锤击，并减小导向杆与锤间的摩阻力，避免锤击时的偏心和侧向晃动，保持贯入器、探杆、导向杆联接后的垂直度，锤击速率应小于30击/min。

3）贯入器打入土中15cm后，开始记录每打入10cm的锤击数，累计打入30cm的锤击数为标准贯入试验锤击数N。当锤击数已达50击而贯入深度未达30cm时，可记录50击的实际贯入深度。按下式换算成相当于30cm的标准贯入试验锤击数N，并终止试验。

$$N = 30 \times \frac{50}{\Delta s} \tag{8-7}$$

式中　Δs——50击时的贯入度（cm）。

4）标准贯入试验成果N可直接标在工程地质剖面图上，也可绘制单孔标准贯入击数N与深度关系曲线或直方图。统计分层标贯击数平均值时，应剔除异常值。

5）标准贯入试验锤击数N值，可对砂土、粉土、粘性土的物理状态，土的强度、变形参数，地基承载力，单桩承载力，砂土和粉土的液化，成桩的可能性等做出评价。应用N值时是否修正和如何修正，应根据建立统计关系时的具体情况确定。

8.3.4 地球物理勘探

地球物理勘探（简称物探）也是一种兼有勘探和测试双重功能的技术。该方法之所以能够被广泛用来研究和解决各种地质问题，主要是因为不同的岩石、土层和地质构造等具有不同的物理性质，利用岩土体及地质构造的诸如导电性、磁性、弹性、湿度、密度、热传导性、放射性等的差异，通过专门的物探仪器进行量测，就可以区别和推断有关的地质问题。

对地基勘探的下列方面宜应用物探：

（1）作为大型工程地质勘探或某些专门地质问题勘探中钻探的先行手段，了解隐蔽的地质界线、界面或异常点、异常带等，为经济合理、有针对性地确定钻探方案提供依据。

（2）作为钻探的辅助手段，在钻孔之间增加地球物理勘探点，为钻探成果的内插、外推提供依据。

（3）用来测定岩土体的某些特殊参数，如波速、动弹性模量、土对金属的腐蚀性等。

（4）探测深部地层中的矿产、水资源以及地质构造情况等。

常用的物探方法主要有：电阻率法、电位法、地震、声波、电视测井等。

8.4 工程地质勘察报告

8.4.1 工程地质勘察报告的编制

各项工程建设在设计和施工之前，必须按基本建设程序进行岩土工程勘察，勘察工作的最终成果是以《工程地质勘察报告书》的形式提出的。工程地质勘察报告的目的性很明确，就是通过各种勘察手段（如现场钻探、原位测试、室内土工试验等）获取建筑场地岩土层的分布规律和物理力学性质指标，通过归纳、整理、分析研究，为地基的设计和整治利用提供具有一定可靠程度的计算依据。除此之外，勘察报告还是基础施工的参考资料和编制基础工程预决算的依据之一。对于工程设计师而言，全面掌握勘察报告中所包含的工程地质信息，仔细研究报告中为解决工程问题所提出的合理建议，正确选择地基和基础的形式，是非常必要的，这往往对建筑物的安全、功能和造价有很大影响。对基础施工人员来说，勘察成果对合理选择和使用施工机具，预测并解决施工中可能碰到的问题，也具有极大的参考价值。

报告以简要明确的文字和图表两种形式编写而成，具体内容除应满足《岩土工程勘察规范》（GB50021—2001）的相关内容外，还和勘察阶段、任务要求、工程特点和地质条件等有关。一个单项工程的勘察报告书一般包括以下内容：

1. 文字部分

（1）工程概况、勘察任务、勘察基本要求、勘察技术要求及勘察工作简况。

（2）场地位置、地形地貌、地质构造、不良地质现象及地震设防烈度等。

（3）场地的岩土类型、地层分布、岩土结构构造或风化程度、场地土的均匀性、岩土的物理力学性质、地基承载力以及变形和动力等其他设计计算参数或指标。

（4）地下水的埋藏条件、分布变化规律、含水层的性质类型、其他水文地质参数、场地土或地下水的腐蚀性以及地层的冻结深度。

（5）关于建筑场地及地基的综合工程地质评价以及场地的稳定性和适宜性等结论。

（6）针对工程建设中可能出现或存在的问题，提出相关的处理方案，预防防治措施和施工建议。

2. 图表部分

（1）勘察点（线）的平面布置图和场地位置示意图　勘察点平面布置图和场地位置示意图是在勘察任务书所附的场地地形图的基础上绘制的，图中应注明建筑物的位置，各类勘探、测试点的编号、位置（力求准确），并用图例表将各勘探、测试点及其地面标高和探测深度表示出来。图例还应对剖面连线和所用其他符号加以说明。

（2）钻孔柱状图　钻孔柱状图是根据钻孔的现场记录整理出来的，记录中除了注明钻进所用的工具、方法和具体事项外，其主要内容是关于地层的分布和各层岩土特征和性质的描述。在绘制柱状图之前，应根据室内土工试验成果及保存的土样对分层的情况和野外鉴别记录加以认真的校核。当现场测试和室内试验成果与野外鉴别不一致时，一般应以测试试验成果为准；只有当样本太少且缺乏代表性时，才以野外鉴别为准，存在疑虑较大时，应通过补充勘察重新确定。

绘制柱状图时，应自下而上对地层进行编号和描述，并按公认的勘察规范所认定的图例和符号以一定比例绘制。在柱状图上还应同时标出取土深度、标准贯入试验等原位测试位置、地下水位等资料。柱状图只能反映场地某个勘探点的地层竖向分布情况，而不能说明地层的空间分布情况，也不能完全说明整个场地地层在竖向的分布情况。

（3）工程地质剖面图　工程地质剖面图是通过彼此相邻的数个钻孔柱状图得来的，它能反映某一勘探线上地层竖向和水平向的分布情况（空间分布状态）。剖面图的垂直距离和水平距离可采用不同的比例尺。由于勘探线的布置常与主要地貌单元或地质构造轴线相垂直，或与建筑物的轴线相一致，故工程地质剖面图是勘察报告的最基本图件之一。

绘制工程地质剖面图时，应首先将勘探线的地形剖面线画出，并标出钻孔编号，然后绘出勘探线上各钻孔中的地层层面，并在钻孔符号的两侧分别标出各土层层面的高程和深度，再将相邻钻孔中相同的土层分界点以直线相连。当某地层在邻近钻孔中缺失时，该层可假定于相邻两孔中间消失。剖面图中还应标出原状土样的取样位置、原位测试位置及地下水的深度。

（4）综合地质柱状图　综合地质柱状图是通过场地所有钻孔柱状图而得，比例为1∶50～1∶200。须清楚表示场地的地层新老次序和地层层次，图上应注明层厚和地质年代，并对各层岩土的主要特征和性质进行概括描述，以方便设计单位进行参数选取和图纸设计。

（5）土工试验成果总表和其他测试成果图表（如现场载荷试验、标准贯入试验、静力触探试验等原位测试成果图表）　土工试验成果总表和其他测试成果图是工程设计师最为关心的勘察成果资料，是地基基础方案选择的重要依据，因此应将室内土工试验和现场原位测试的直接成果详细列出。必要时，还应附以分析成果图（例如静力载荷试验 *P-S* 曲线、触探成果曲线等）。

由于场地和地基岩土的差异、建筑类型的不同和勘察精度的高低，不同项目的勘察报告反映的侧重点当然有所不同。因此上述报告书的内容并不是每一份勘察报告都必须全部具备的，具体编写时可视工程实际要求酌情简化。总之，要根据勘察项目的实际情况，尽量做到报告内容齐全、重点突出、条理通顺、文字简练、论据充实、结论明确、简明扼要、合理适用。

8.4.2　工程地质勘察报告的阅读与使用

岩土工程勘察报告是建筑物基础设计和基础施工的依据，因此对设计和施工人员来说正确阅读、理解和使用勘察报告是非常重要的。应当全面熟悉勘察报告的文字和图表内容，了解勘察的结论建议和岩土参数的可靠程度，把拟建场地的工程地质条件与拟建建筑物的具体情况和要求联合起来进行综合分析。在确定基础设计方案时，要结合场地具体的工程地质条件，充分挖掘场地有利的条件，通过对若干方案的对比、分析、论证，选择安全可靠、经济合理且在技术上可以实施的较佳方案。在此过程中以下几点应引起设计人员的重视。

1. 场地稳定性评价

这里涉及到区域稳定性和场地地基稳定性两方面的问题。前者是指一个地区或区域的整体稳定，如有无新的、活动的构造断裂带通过；后者是指一个具体的工程建筑场地有无不良地质现象及其对场地稳定性的直接与潜在的威胁。原则上采取区域稳定性和地基稳定性相结合的观点。当地区的区域稳定性条件不利时，找寻一个地基好的场地，会改善区域稳定性条件。对勘察中指明宜避开的危险场地，则不宜布置建筑物，如不得不在其中较为稳定的地段进行建筑，须事先采取有效的防范措施，以免中途更改场地或花费极高的处理费用。对建筑场地可能发生的不良地质现象，如泥石流、滑坡、崩塌、岩溶、塌陷等，应查明其成因、类型、分布范围、发展趋势及危害程度，采取适当的整治措施。因此，勘察报告的综合分析首先是评价场地的稳定性和适宜性，然后才是地基土的承载力和变形问题。

2. 持力层的选择

如果建筑场地是稳定的，或在一个不太利于稳定的区域选择了相对稳定的建筑地段，地基基础的设计必须满足地基承载力和基础沉降要求；如果建筑物受到的水平荷载较大或建在倾斜场地上，尚应考虑地基的稳定性问题。基础的形式有深、浅之分，前者主要把所承受的荷载相对集中地传递到地基深部，而后者则通过基础底面，把荷载扩散分布于浅部地层，因而基础形式不同，持力层选择时侧重点不一样。

对浅基础（天然地基）而言，在满足地基稳定和编写要求的前提下，基础应尽量浅埋。如果上层土的地基承载力大于下层土时，尽量利用上层土作基础持力层。若遇软弱地基，有时可利用上部硬壳层作为持力层。冲填土、建筑垃圾和性能稳定的工业废料，当均匀性和密实度较好时，亦可利用作为持力层而不应一概予以挖除。如果荷载影响范围内的地层不均匀，有可能产生不均匀沉降时，应采取适当的防治措施，或加固处理，或调整上部荷载的大小。如果持力层承载力不能满足设计要求，则可采取适当的地基处理措施，如软弱地基的深层搅拌、预压堆载、化学加固，湿陷性地基的强夯密实等。需要指出的是，由于勘察详细程度有限，加之地基土特殊的工程性质和勘察手段本身的局限性，勘察报告不可能做到完全准确地反映场地的全部特征，因而在阅读和使用勘察报告时，应注意分析和发现问题，对有疑问的关键性问题应设法进一步查明，布置补充勘察，确保工程万无一失。

对深基础而言，主要的问题是合理选择桩端持力层。一般的，桩端持力层宜选择层位稳定的硬塑-坚硬状态的低压缩性粘性土层和粉土层，中密以上的砂土和碎石土层，中-微风化的基岩。当以第四纪松散沉积层作桩端持力层时，持力层的厚度宜超过6~10倍桩身直径或桩身宽度。持力层的下部不应有软弱地层和可液化地层。当持力层下的软弱地层不可避免时，应从持力层的整体强度及变形要求考虑，保证持力层有足够的厚度。此外，还应结合地层的分布情况和岩土层特征，考虑成桩时穿过持力层以上各地层的可能性。

地基的承载力和变形特征是选择持力层的关键，而地基承载力和变形特性实际上由众多的因素所决定，单纯依靠某种方法确定承载力指标和变形参数未必十分合理，因此其取值可以通过多种测试手段，并结合当地的实践经验适当予以调整。

3. 考虑环境效应

任何一个基础设计方案的实施不可能仅局限于拟建场地范围内，它或多或少，或直接或间接要对场地周围的环境甚至工程本身产生影响。如降排水时地下水位要下降，基坑开挖时要引起坑外土体的位移变形和坑底土的回弹，打桩时产生挤土效应，灌注桩施工时泥浆排放对环境产生污染等。因此选定基础方案时就要预测到施工过程中可能出现的岩土工程问题，并提出相应的防治措施和合理的施工方法。现行国家标准《岩土工程勘察规范》GB50021—2001（2009年版）已经对这些问题的分析、计算与论证作了相应的规定，设计和施工人员在阅读和使用勘察报告时，应不仅仅局限于掌握有关的工程地质资料，而要从工程建设的全过程出发来分析和考虑问题。

总之，阅读工程地质勘察报告，可以了解拟建场地的地层地貌，正确选择持力层，了解下卧层，确定基础的埋深，决定基础的选型，甚至上部结构的选型。

8.5 工程地质勘察报告实例

××学校教学楼（4号楼）和教工宿舍（5号楼）

岩土工程勘察报告

（详细勘察）（勘察编号：7706）

（一）工程概况

拟建××学校教学楼和宿舍楼，由××市××建筑设计院设计，××市××建筑设计院进行岩土工程勘察。拟建工程为教学楼（4号楼）和教工宿舍（5号楼）；整平后场地高程为2.50m，填土高约2m。4号楼的底层截面尺寸为8m×36m，拟采用钢筋混凝土框架结构，初步估算传至柱底的竖向荷载约670kN；5号楼的底层截面尺寸为6m×20m，开间3.3m，采用横墙承重的混合结构，墙底竖向荷载约88kN/m。

本次勘察的任务和要求：查明场地地层的分布及其物理力学性质在水平方向和垂直方向的变化情况；地基土的性质；地下水情况；提供地基土的承载力；对水和土对建筑材料的腐蚀性作出评价；对地基和基础设计方案提出建议；对不良地质现象提出治理意见；提出地基处理的方案。

（二）场地描述

拟建场地位于河流西岸Ⅰ级阶地上，紧邻该河东侧土堤。5号楼坐落于原有2号楼的西南面，该处5年前以水力冲填筑高，地面高程与整平高程一致，地势平坦。4号楼坐落于原3号楼背面，天然地面标高约0.50m，地势低平。

（三）地层分布

据钻探显示，拟建场区的地层自上而下分为六层［参见钻孔平面布置图（图8-13）及工程地质剖面图（图8-14）］。

①冲填土：浅黄色细砂。主要矿物成分为石英，粘粒含量很少。层厚约2m，稍湿，中密。

②粉土：呈褐黄色，含氧化铁及植物根。层厚为0.92～1.00m。硬塑至可塑，稍湿至很湿。

③淤泥：呈黑灰色，含多量的有机质，有臭味，夹有薄层粉砂或细砂，偶见贝壳，为三角洲冲击物。层厚4.60～7.49m，软塑，饱和。

④细砂：呈灰色，本层只见于钻孔Z_1，层厚2.21m，稍密，饱和。

⑤粉质粘土：呈棕红色，有紫红条纹和白色斑点，为基岩强风化形成的残积物。层厚3.29～5.24m，层面高程变化于5.13～10.21m之间。硬塑（上部0.4～0.6m为可塑状态），稍湿。

⑥基岩：红色页岩，属白垩系，表层强风化，本层钻进深度约2.10～2.40m。

冲填土、淤泥及粉质粘土的主要物理力学性质指标、压缩性指标和地基承载力标准值见表8-2。其中，地基土承载力根据本次勘察成果并结合地区勘察经验综合确定，压缩性指标根据土工试验成果取平均值。

表8-2　某学校4、5号楼工程土的物理力学性质指标值

主要指标		天然含水量 w（%）	土的天然重度 γ /(kN/m^3)	孔隙比 e	液限 w_L（%）	塑限 w_P（%）	塑性指数 I_P	液性指数 I_L	压缩模量 E_{S1-2} /MPa	变形模量 E_0 /MPa	抗剪强度指标标准值（固结快剪试验） 粘聚力 c_k/kPa	内摩擦角 φ_k（°）	地基承载力标准值 f_k/kPa
①	冲填土	12	17.9	0.79						17.5			130
③	淤泥	75.0	15.2	2.09	47.3	26.0	21.3	2.55	2.18		6	6	39.5
⑤	粉质粘土	20.8	19.1	0.71	29.4	18.2	11.2	0.23	11.4		28	24	289

注：1. 淤泥层及粉质粘土层的承载力标准值按《建筑地基基础设计规范》表格确定，冲填土的承载力标准值根据静载荷试验确定。

2. 淤泥层及粉质粘土层各取土样7件，表中为其测得的指标经统计分析后所得的算术平均值。

（四）地下水情况

场地地下水为潜水，水位高程为-0.73m，略受潮水涨落的影响，但变化不大。根据邻近该场区的某厂同样地质条件下的测试资料，地下水化学成分对混凝土无腐蚀性。淤泥层的渗透系数为 7.5×10^{-6}cm/s。

（五）本场地地层建筑条件评价

（1）冲填土（细砂）层，冲填已达 5 年，处于中密稍湿状态，按载荷试验成果，本层具有一定的承载力。

（2）粉土层，虽处于硬塑、可塑状态，但厚度不大，又含有植物根等杂物，不宜直接支承三、四层以上的建筑物。

（3）淤泥层，含水量高，孔隙比大，抗剪强度低，属高压缩性土，不宜作为地基持力层。

（4）细砂层，只分布在局部地段。

（5）粉质粘土层，承载力较高。

（六）结论和建议

（1）5 号楼可采用天然地基上浅基础。建议尽量减少基础埋深，充分利用冲填土厚度，并应对软弱下卧层（淤泥层）进行验算。上部结构应采取适当措施，以减少建筑物的不均匀沉降。

（2）在 4 号楼拟建位置上部主要为高压缩性土，层厚变化较大，地面又有填土荷载，如采用浅基础，须特别注意建筑物的不均匀沉降以及钢筋混凝土框架对不均匀沉降的敏感性等问题。如利用填土层（勘察时）作为持力层，则须对填土层进行测试工作（如载荷试验等）。如采用桩基础，可选硬塑粉质粘土层作为桩基持力层，桩尖进入粉质粘土层的深度不宜小于 3 倍桩径。由于粉质粘土层的上层面起伏不平，各基础采用的桩长会有较大的差别，其中，拟建位置西端（主要在补加的钻孔 Z_{10} 以西）所需的桩长较大。

（七）附件

（1）钻孔平面布置图（图号：7706—1）。

（2）钻孔柱状图（图号：略）。

（3）工程地质剖面图（图号：7706—10）。

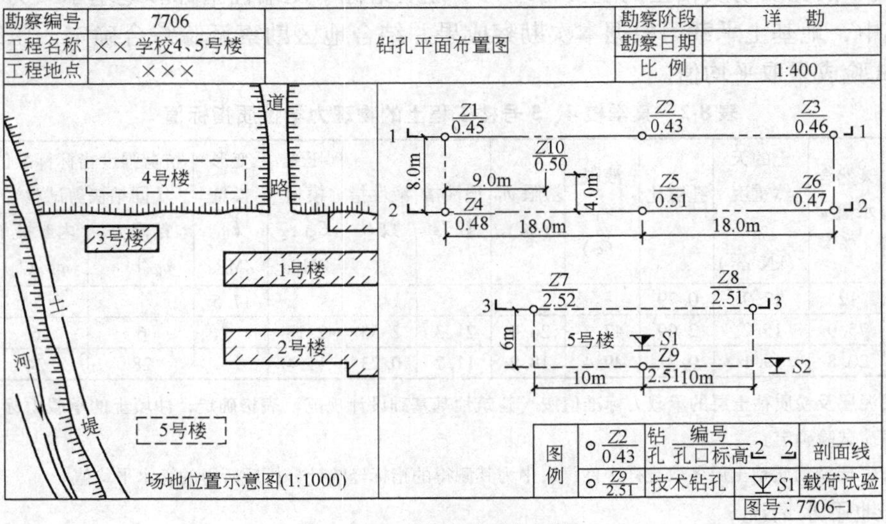

图 8-13　钻孔平面布置图

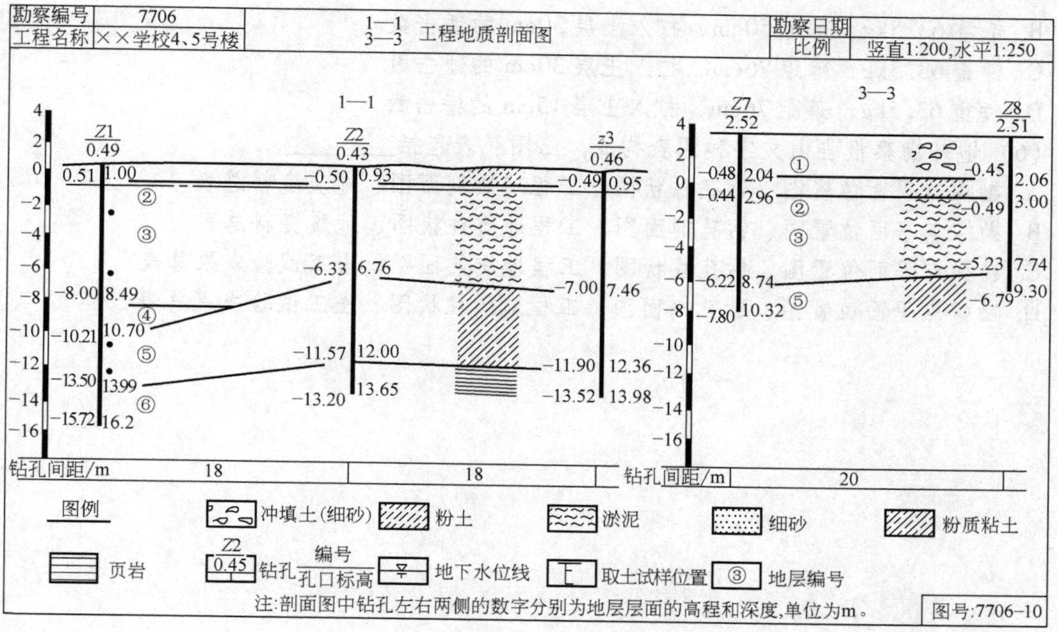

图 8-14　工程地质剖面图

思　考　题

8-1　地质构造分为哪几种类型？什么是地形地貌？地下水分为哪几种类型？

8-2　工程地质勘察的目的和任务是什么？

8-3　房屋建筑和构筑物工程勘察的主要工作内容有哪些？

8-4　建筑物岩土工程勘察分哪几个阶段进行？各阶段的勘察工作主要有哪些？

8-5　常见的工程地质勘探方法主要有哪些？请比较各种方法的优缺点。

8-6　一个单项工程的勘察报告书一般包括哪些内容？

8-7　如何阅读和使用工程地质勘察报告？阅读使用勘察报告重点应注意哪些问题？

8-8　单项选择题

(1) 工程地质勘察报告中的地下水位一般是指________。

A. 潜水水位　　B. 承压水位　　C. 上层滞水水位　　D. 毛细水上升水位

(2) 地质勘查的任务不包括________。

A. 查明场地工程地质条件　　B. 岩土工程评价

C. 基础承载力计算　　D. 编制勘查报告

(3) 地质勘探方法不包括________。

A. 坑探　　B. 钻探　　C. 触探　　D. 基坑验槽

(4) 地基勘察中的触探试验包括________。

A. 动力触探与静力触探　　B. 静力触探与轻便触探

C. 静力触探与标准贯入　　D. 动力触探与标准贯入

(5) 标准贯入锤击数 N 是指________。

A. 锤重 10kg、落距 76cm、打入土层 30cm 的锤击数

B. 锤重 63.5kg、落距 50cm、打入土层 30cm 的锤击数

C. 锤重 63.5kg、落距 76cm、打入土层 30cm 的锤击数

D. 锤重 63.5kg、落距 76cm、打入土层 15cm 的锤击数

(6) 地基勘察报告由文字和图表构成，三图一表包括________。

A. 勘探点平面位置图、钻孔柱状图、工程地质剖面图、地质资料总表

B. 勘探点平面位置图、钻孔剖面图、工程地质柱状图、地质资料总表

C. 勘探点平面位置图、钻孔柱状图、工程地质剖面图、土工试验成果总表

D. 勘探点平面位置图、钻孔剖面图、工程地质柱状图、土工试验成果总表

第9章 基坑工程

本章学习要求

- 了解深基坑支护的特点及支护结构的类型；
- 熟悉悬臂式排桩和单层支点支护结构的计算方法；
- 了解基坑稳定分析的一般步骤。

9.1 概述

9.1.1 基坑支护工程的特点

我国大量的基坑工程始于20世纪80年代，由于城市高层建筑的迅速发展，地下停车场、高层建筑的深埋、人防工程等各种需要，高层建筑需建设一定的地下室，这就涉及到地下室基坑的开挖支护问题。近年来，由于城市地铁工程的迅速发展，地铁车站、局部区间明挖等也涉及到大量的基坑工程。此外，水利、电力也存在着地下厂房、地下泵房等的基坑开挖问题。伴随着高层建筑的发展，出现了大量的深基坑工程，对于二层地下室而言其基坑深度一般为－(8～10)m，三层地下室的基坑深度一般为－(12～15)m，四层地下室的基坑深度一般为－(15～18)m。目前，国内高层建筑地下室最深的是福州新世纪大厦，地下六层，基坑深度为－25.6m，局部－27m；首都国家大剧院的地下室为三层，基坑深度更是达到了－32.5m。另外，基坑的规模也越来越大，以往高层建筑是一个单体的基坑，面积往往较小，现在几幢高层建筑连同裙房，形成高层建筑的大底盘，基坑面积往往超过1万多平方米，最大的北京东方广场达9万多平方米。

基坑支护结构主要起挡土作用，以使基坑开挖和基础结构施工安全顺利进行，并保证在深基础施工期间对临近建筑物和周围的地上和地下工程不产生危害。一般深基坑的支护结构是临时性的结构，当基础施工完毕后即失去作用。

由于基坑支护工程涉及到岩土工程、结构工程及施工工艺，因而它是一门综合性的学科，更由于岩土工程的复杂性，它又是一门经验性很强的工程学科。面对各种各样的地基土和复杂的环境条件进行施工作业，基坑支护工程存在以下一些不确定因素：

（1）外力的不确定性　作用在支护结构上的外力不是一成不变的，而是随着环境条件、施工方法和施工步骤等因素的变化而变化的。

（2）变形的不确定性　变形控制是支护结构设计的关键，但影响变形的因素很多，围护墙体的刚度、支撑（或锚杆）体系的布置和构件的截面特性、地基土的性质、地下水的变化、潜蚀和管涌以及施工质量和现场管理水平等等均为产生变形的原因。

（3）土性的不确定性　地基土的非均匀性（成层）和地基土的特性不是常量，在基坑的不同部位、不同施工阶段土性是变化的，地基土对支护结构的作用或提供的抗力也随之发生变化。

（4）一些偶然因素变化所引起的不确定性　施工场地内土压力分布的意外变化，事先没有掌握的地下障碍或地下管线的发现以及周围环境的改变等等，这些事前未曾预料的因素均会影响基坑的正常施工和使用。

由于基坑支护工程设计与施工复杂性日益突出，造价进一步提高，工程事故频繁发生，因此，已成为地基基础工程领域的一个难点和热点问题。

基坑支护工程的主要特点是：

（1）基坑支护工程主要集中在城市，市区的建筑密度很大，并经常在密集的建筑群中施工，场地狭小，挖土不能放坡，临近又有建筑物和市政地下管道，因此，其施工的条件往往很差，难度很大，所以对基坑稳定和变形的控制要求很严。

（2）基坑开挖与支护是一门技术性很强的综合学科，从基坑支护事故分析可知，不少事故同勘察、支护设计、开挖作业、施工质量、监控量测、现场管理等因素有关，而事故的发生又往往具有突发性。

（3）由于存在着许多不确定因素，很难对基坑工程的设计与施工制定一套标准模式，或用一套严密的理论和计算方法把握施工中可能发生的各种变化，因而，目前只能采用理论计算与地区经验相结合的半经验、半理论的方法来进行设计。因此要求现场施工技术人员具有丰富的工程经验和高度的责任感，能及时处理由于各种意外变化所产生的不利情况，只有这样，才能有效地防止或减少基坑工程事故的发生。

（4）基坑支护工程大多为临时性工程，因此，在实际工程中常常得不到建设方应有的重视，一般不愿意投入较多的资金，可是，一旦出现事故，处理起来十分困难，造成的经济损失又十分巨大。

目前，国内基坑工程已有大量的实践经验，创造了许多深基坑施工的新技术，取得了较大的进步，如地下连续墙、排桩支护、锚固支护、深层搅拌支护、喷网锚固支护、逆作法施工等。设计时，应该根据不同支护类型的优缺点、使用条件，科学合理地选择支护方案。其中最重要的控制条件是支护结构的稳定、强度和变形。

9.1.2 深基坑支护结构类型

深基坑支护设计中首要的任务就是选择合适的结构类型，然后进行支护结构的计算分析。同一个基坑，若采用不同的支护类型，造价相差可能是巨大的，如深圳罗湖车站的支护形式的优化，节省了造价一千多万元造价，其中最大的优化是在强风化岩层中，把桩+锚杆的支护类型优化为土钉墙支护。而在某些地方，如软土或砂层较厚而周边民居又近的地方，当采用土钉支护时，又会造成危险。因此，不同的深基坑支护类型有不同的适用范围和条件。常见深基坑支护结构的类型如下。

1. 土钉墙支护结构

土钉墙支护结构是由被加固的原位土体、布置较密的土钉和喷射于坡面上的混凝土面板组成的（图9-1）。土钉一般是通过钻孔、插筋、注浆来设置的，但也可通过直接打入较粗的钢筋或钢管形成。土钉墙支护结构适用于地下水位以上的粘性土、砂土和碎石土等地层，不适用于淤泥或淤泥质土层，支护深度不超过18m。

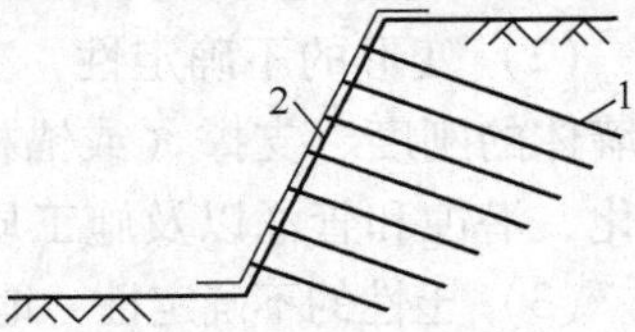

图9-1 土钉墙支护结构
1—土钉 2—喷射混凝土面层

2. 水泥土桩墙支护结构

水泥土桩墙支护结构是利用水泥作为固化剂，通过特制的深层搅拌机械在地基深部将水泥和土体强制拌和，便可形成具有一定强度和遇水稳定的水泥土桩。水泥土桩桩与桩或排与排之间可相互咬合紧密排列，也可按网格式排列（图 9-2）。水泥土桩墙属于重力式支护结构，适用于软土地区的基坑支护。

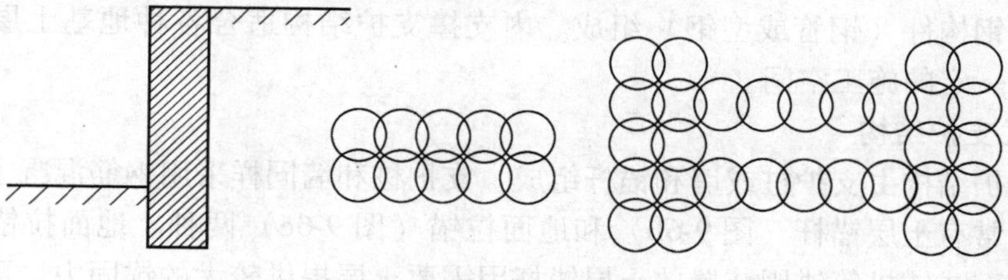

图 9-2　水泥土重力挡墙简图

3. 排桩支护结构

如图 9-3 所示，排桩是沿基坑侧壁排列设置的支护桩及冠梁所组成的支护结构。当基坑不太深时可采用悬臂式；当基坑较深时可与内支撑、锚杆等配合组成挡土结构。桩的间距根据土质条件可密排或有一定间距，当桩的间距过大时，为保护桩间土不致塌落，也可在桩间加土钉支护。当地下水丰富时，也可以在桩间用旋喷桩或定喷止水用于有止水要求的场地。排桩的桩型通常有灌注桩（包括钻孔灌注桩和挖孔灌注桩）、预制桩、钢板桩等。

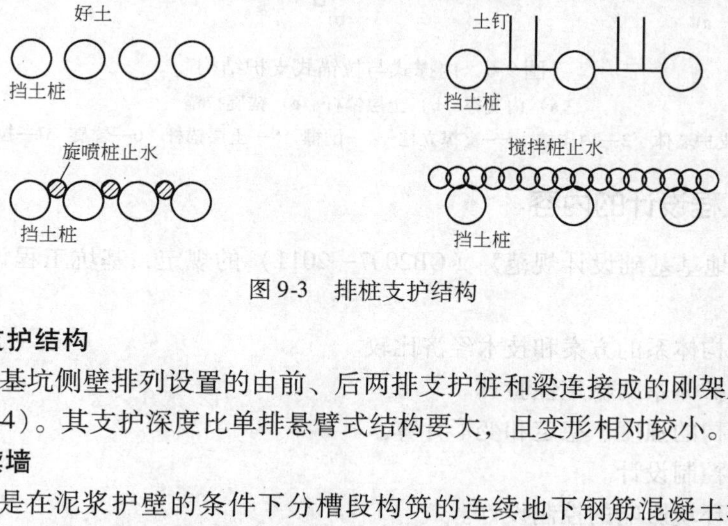

图 9-3　排桩支护结构

4. 双排桩支护结构

双排桩是沿基坑侧壁排列设置的由前、后两排支护桩和梁连接成的刚架及冠梁所组成的支护结构（图 9-4）。其支护深度比单排悬臂式结构要大，且变形相对较小。

5. 地下连续墙

地下连续墙是在泥浆护壁的条件下分槽段构筑的连续地下钢筋混凝土墙体（图 9-5）。具有整体刚度大、防渗性能好，能承受较大的侧土压力，对周围建筑物和地下管线危害小等特点，适用于各种复杂施工环境和多种地质条件。地下连续墙单独用作支护结构成本较高，如作为主体结构地下室外墙采用逆作法施工，实现两墙合一，则能降低成本。

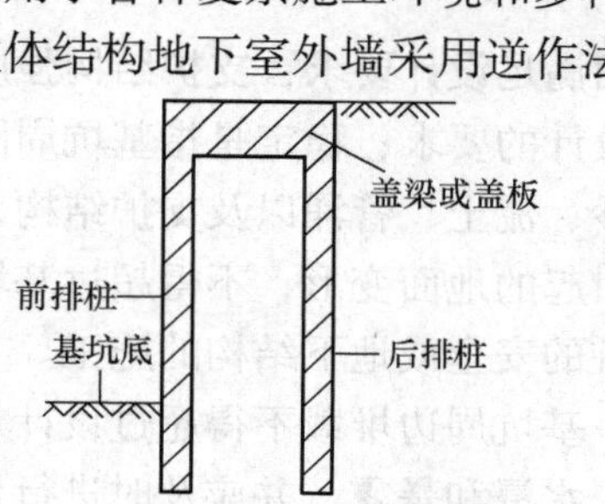

图 9-4　双排桩支护结构

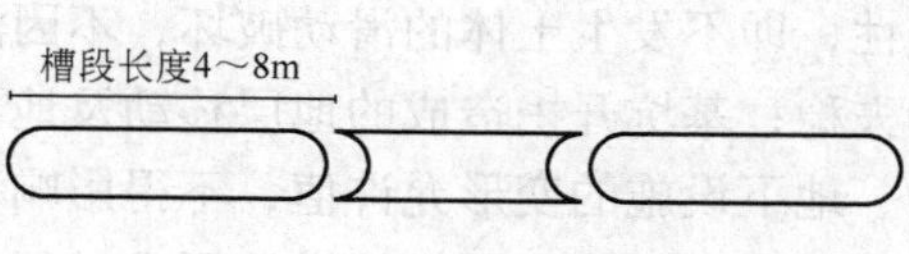

图 9-5　地下连续墙支护简图

6. 内撑式支护结构

内撑式支护结构由支护桩或墙和内支撑组成（图9-6a）。支护桩通常采用钢筋混凝土桩或钢板桩，支护墙通常采用地下连续墙。内支撑是在基坑内对支护结构加设的支护结构，由钢筋混凝土或钢构件（钢管或型钢）组成。内支撑支护结构适合各种地基土层，但设置的内支撑会占用一定的施工空间。

7. 拉锚式支护结构

拉锚式支护结构由支护桩或墙和锚杆组成。支护桩和墙同样采用钢筋混凝土桩和地下连续墙。锚杆通常有土层锚杆（图9-6b）和地面拉锚（图9-6c）两种。地面拉锚需要有足够的场地设置锚碇或锚桩等锚固装置。土层锚杆因需要土层提供较大的锚固力，不宜用于软粘土地层中。

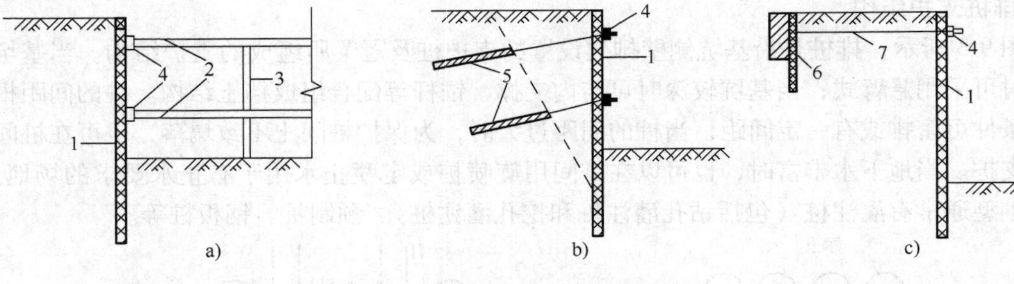

图9-6　内撑式与拉锚式支护结构

a）内支撑　b）土层锚杆　c）锚碇拉锚

1—支护墙体　2—内支撑　3—支撑立柱　4—围檩　5—土层锚杆　6—锚碇　7—拉杆

9.1.3　基坑工程设计的内容

根据《建筑地基基础设计规范》（GB2007—2011）的规定，基坑工程设计应包括下列内容：

（1）支护结构体系的方案和技术经济比较。

（2）基坑支护体系的稳定性验算。

（3）支护结构的强度、稳定和变形计算。

（4）地下水控制设计。

（5）对周边环境影响的控制设计。

（6）基坑土方开挖方案。

（7）基坑工程的监测要求。

基坑支护结构设计应从强度、稳定和变形三个方面满足设计要求：支护结构强度，包括支撑体系或锚杆结构的强度，应满足构件强度和稳定设计的要求；稳定是指基坑周围土体的稳定性，即不发生土体的滑动破坏，不因渗流造成流砂、流土、管涌以及支护结构、支撑体系的失稳；基坑开挖造成的地层移动及地下水位变化引起的地面变形，不得超过基坑周围建筑物、地下设施的变形允许值，不得影响基坑工程基桩的安全或地下结构的施工。

基坑土方开挖应严格按设计要求进行，不得超挖。基坑周边堆载不得超过设计规定。土方开挖完成后应立即施工垫层，对基坑进行封闭，防止水浸和暴露，并应及时进行地下结构施工。

基坑工程施工过程中的监测应包括对支护结构和对周边环境的监测，并提出各项监测要求的报警值。随基坑开挖，通过对支护结构桩、墙及其支撑系统的内力、变形的测试，掌握其工作性能和状态。通过对影响区域内的建筑物、地下管线的变形监测，了解基坑降水和开挖过程中对其影响的程度，做出在施工过程中基坑安全性的评价。基坑监测项目见表9-1。

表9-1　基坑监测项目

地基基础设计等级	支护结构水平位移	临近建(构)筑物沉降与地下管线变形	地下水位	锚杆拉力	支撑轴力或变形	立柱变形	桩墙内力	地面沉降	基坑底隆起	土侧向变形	孔隙水压力	土压力
甲级	✓	✓	✓	✓	✓	✓	✓	✓	✓	✓	△	△
乙级	✓	✓	✓	✓	△	△	△	△	△	△	△	△
丙级	✓	✓	○	○	○	○	○	○	○	○	○	○

注：1. ✓为应测项目，△为宜测项目，○为可不测项目。

2. 对深度超过15m的基坑宜设坑底土回弹监测点。

3. 基坑周边环境进行保护要求严格时，地下水位监测应包括对基坑内、外地下水位进行监测。

9.2　排桩支护结构计算

按基坑开挖深度及支挡结构受力情况，排桩支护可分为以下几种情况：

（1）无支撑（悬臂）支护结构：当基坑开挖深度不大时，可利用悬臂作用挡住墙后土体。

（2）单支撑结构：当基坑开挖深度较大时，不能采用无支撑支护结构，可以在支护结构顶部附近设置一单支撑（或拉锚）。

（3）多支撑结构：当基坑开挖深度较深时，可设置多道支撑，以减少挡墙挡压力。

一般情况下，排桩支护结构可简化为一个受到侧向土压力作用的受力结构，其计算方法主要分为极限平衡法、弹性地基梁法、有限元法。有限元法计算复杂，一般工程应用不够方便；弹性地基梁法相对于有限元法计算工作量大为减少，《建筑基坑支护技术规程》（JGJ 120—2012）推荐采用此法（参见该规程的相关规定）；极限平衡法假定较为简单，虽难以表达支护结构体系各参数变化的要求，但计算简便，可以手算，并被设计人员所熟悉。

9.2.1　悬臂式排桩支护计算

如图9-7所示，悬臂排桩在基坑底面以上外侧主动土压力作用下，排桩将向基坑内侧倾移，而下部则反方向变位，即排桩将绕基坑底以下某点（如图中b点）旋转。点b处墙体无变位，故受到大小相等、方向相反的二力（静止土压力）作用，其净压力为零。点b以上墙体向左移动，其左侧作用被动土压力，右侧作用主动土压力；点b以下则相反，其右侧作用被动土压力，左侧作用主动土压力。因此，作用在墙体上各点的净土压力为各点两侧的被动土压力和主动土压力之差，其沿墙身的分布情况如图9-7b所示，简化成线性分布后的悬臂排桩计算图式为图9-7c，即可根据静力平衡条件计算排桩的入土深度和内力。布鲁姆法

（Blum）将图 9-7c 桩脚出现的被动土压力 E_p'以一个集中力 E_p'代替，则可简化计算，如图 9-7d 所示。

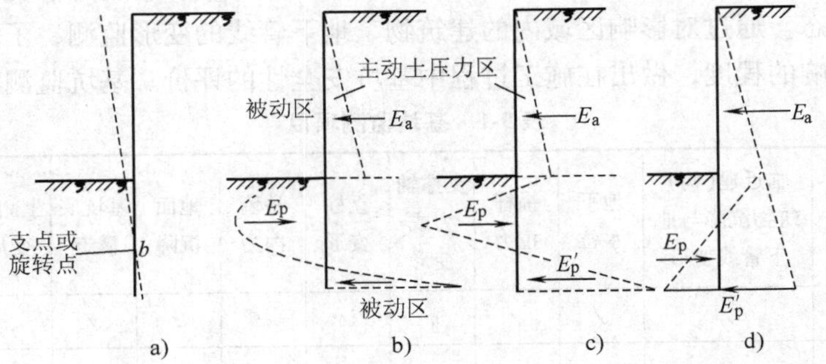

图 9-7 悬臂排桩的变位及土压力分布图

a）变位示意图 b）土压力分布图 c）悬臂排桩计算图 d）Blum 计算图式

下面分别介绍以上两种方法。

1. 静力平衡法

如图 9-8 所示，当单位宽度排桩墙两侧所受的净土压力相平衡时，排桩则处于稳定状态，相应的排桩入土深度即为排桩保证其稳定性所需的最小入土深度，可根据静力平衡条件即水平平衡方程 $\sum H=0$ 和对桩底的力矩平衡方程 $\sum M=0$ 求得。

（1）排桩墙前后的土压力分布

第 n 层土底面对排桩墙主动土压力为

$$e_{an}=\left(q_n+\sum_{i=1}^{n}\gamma_i h_i\right)\tan^2(45°-\varphi_n/2)-2c_n\tan(45°-\varphi_n/2) \quad (9\text{-}1)$$

第 n 层土底面对排桩墙底被动土压力为

$$e_{pn}=\left(q_n+\sum_{i=1}^{n}\gamma_i h_i\right)\tan^2(45°+\varphi_n/2)+2c_n\tan(45°+\varphi_n/2) \quad (9\text{-}2)$$

式中 q_n——地面递到 n 层土底面的垂直荷载；

γ_i——i 层土底天然重度；

h_i——i 层土的厚度；

φ_n——n 层土的内摩擦角；

c_n——n 层土的内聚力。

对 n 层土底面的垂直荷载 q_n，可根据地面附加荷载、邻近建筑物基础底面附加荷载 q_0 分别计算。

（2）建立并求解静力平衡方程，求得排桩入土深度

1）计算桩底墙后主动土压力 e_{a3} 及墙被动土压力 e_{p3}，然后进行迭加，求出第一个土压力为零的，该点离坑底距离为 u。

2）计算 d 点以上土压力合力，求出至 d 点的距离 y。

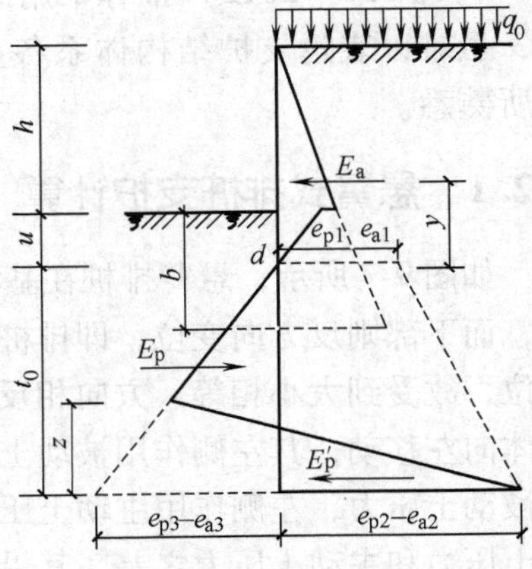

图 9-8 静力平衡法计算悬臂排桩

3）计算 d 点处墙前主动土压力 e_{a1} 及墙后被动土压

力 e_{p1}。

4）计算柱底墙前主动土压力 e_{a2} 和墙后被动土压力 e_{p2}。

根据作用在挡墙结构上的全部水平作用力平衡条件和绕挡墙底部自由端力矩总和为零的条件，得：

$$\sum H=0 \qquad E_a+[(e_{p3}-e_{a3})+(e_{p2}-e_{a2})]\cdot\frac{z}{2}-(e_{p3}-e_{a3})\cdot\frac{t_0}{2}=0 \tag{9-3}$$

$$\sum M=0 \qquad E_a\cdot(t_0+y)+\frac{z}{2}\cdot[(e_{p3}-e_{a3})+(e_{p2}-e_{a2})]\cdot\frac{z}{3}-(e_{p3}-e_{a3})\cdot\frac{t_0}{2}\cdot\frac{t_0}{3}=0 \tag{9-4}$$

整理后可得 t_0 的四次方程式：

$$t_0^4+\frac{e_{p1}-e_{a1}}{\beta}\cdot t_0^3-\left[\frac{6E_a}{\beta^2}(2y\beta+(e_{p1}-e_{a1})\right]t_0-\frac{6E_a y(e_{p1}-e_{a1})+4E_a^2}{\beta^2}=0 \tag{9-5}$$

式中 $\beta=\gamma_n[\tan^2(45°+\varphi_n/2)-\tan^2(45°-\varphi_n/2)]$

求解上述四次方程，即可得排桩嵌入 d 点以下的深度 t_0 值。

为安全起见，实际嵌入坑底面以下的入土深度取

$$t=u+1.2t_0 \tag{9-6}$$

（3）计算排桩最大弯矩

排桩墙最大弯矩的作用点，即结构端面剪力为零的点。例如对于均质的非粘性土，如图 9-7 所示，当剪力为零的点在基坑底面以下深度为 b 时，即有

$$\frac{b^2}{2}\gamma K_p-\frac{(h+b)^2}{2}\gamma K_a=0 \tag{9-7}$$

式中 $K_a=\tan^2(45°-\varphi/2)$；$K_p=\tan^2(45°+\varphi/2)$。

由上式解得 b 后，可求得最大弯矩

$$M_{max}=\frac{h+b(h+b)^2}{3}\gamma K_a-\frac{b}{3}\frac{b^2}{2}\gamma K_p=\frac{\gamma}{6}[(h+b)^3K_a-b^3K_p] \tag{9-8}$$

2. 布鲁姆法

布鲁姆（H. Blum）建议以图 9-7d 代替 9-7c，即原来桩脚出现的被动土压力以一个集中力 E_p' 代替，计算结果如图 9-9 所示。

为求桩插入深度，对桩底 C 点取矩，根据 $\sum M_c=0$ 有

$$\sum P(l+x-a)-E_p\frac{x}{3}=0 \tag{9-9}$$

式中 $E_p=\gamma(K_p-K_a)x\cdot\frac{x}{2}=\frac{\gamma}{2}(K_p-K_a)\cdot x^2$，代入式（9-9）得

$$\sum P(l+x-a)-\frac{\gamma}{6}(K_p-K_a)\cdot x^3=0$$

化简后得

$$x^3-\frac{6\sum P}{\gamma(k_p-k_a)}x-\frac{6\sum P(l-a)}{\gamma(K_p-K_a)}=0 \tag{9-10}$$

式中　$\sum P$——主动土压力、水压力的合力；

a——$\sum P$ 合力距地面距离，$l=h+u$；

u——土压力为零距坑底的距离，可根据净土压力零点处墙前被动土压力强度和墙后主动土压力相等的关系求得，按式（9-11）计算。

$$u=\frac{K_a h}{(K_p-K_a)} \tag{9-11}$$

从式（9-12）的三次式计算求出 x 值，排桩的插入深度

$$t=u+1.2x \tag{9-12}$$

布鲁姆（H. Blum）曾作出一个曲线图，如图 9-9c 所示，可求得 x。

令 $\xi=\frac{x}{l}$，代入式（9-10）得

$$\xi^3=\frac{6\sum P}{\gamma l^2(K_p-K_a)}(\xi+1)-\frac{6a\cdot\sum P}{\lambda l^3(K_p-K_a)}$$

再令 $m=\frac{6\sum P}{\gamma l^2(K_p-K_a)}$，$n=\frac{6a\cdot\sum P}{\lambda l^3(K_p-K_a)}$，则

$$\xi^3=m(\xi+1)-n \tag{9-13}$$

式中 m 及 n 值很容易确定，因其只与荷载及排桩长度有关。m 及 n 值确定后，在布鲁姆理论曲线（图 9-9c）上将 n 及 m 连成直线并延长即可求得 ξ 值。同时由于 $x=\xi l$，得出 x 值，则可按式（9-14）得到桩的插入深度：

$$t=u+1.2x=u+1.2\xi l \tag{9-14}$$

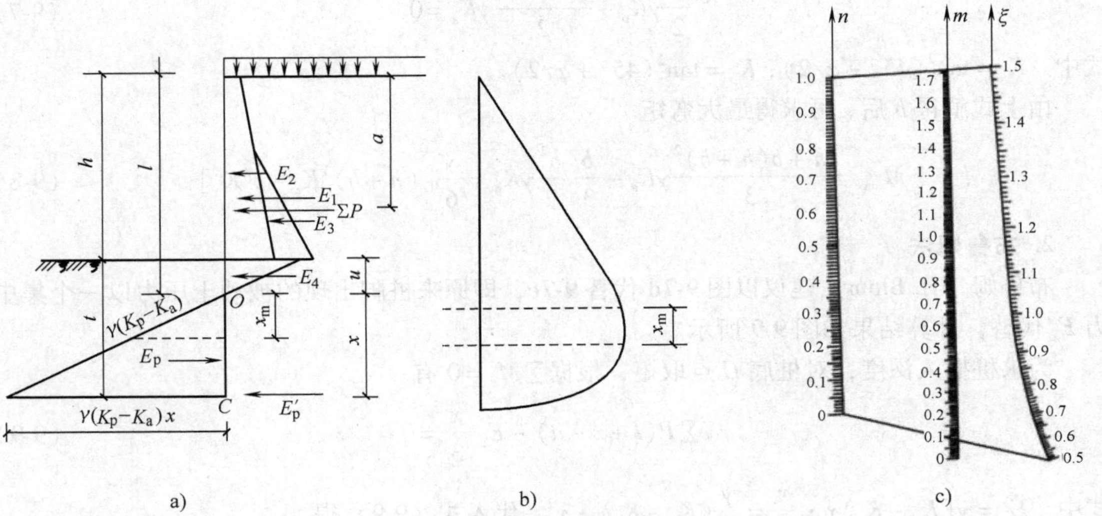

图 9-9　布鲁姆法计算悬臂排桩

a）土压力分布图　b）弯矩图　c）布鲁姆理论计算曲线

最大弯矩在剪力 $Q=0$ 处，设从 O 点往下 x_m 处 $Q=0$，则有

$$\sum P-\frac{\gamma}{2}(K_p-K_a)x_m^2=0$$

$$x_m = \sqrt{\frac{2\sum P}{\gamma(K_p - K_a)}} \tag{9-15}$$

最大弯矩

$$M_{max} = \sum P \cdot (l + xm - a) - \frac{\gamma(K_p - K_a)x_m^3}{6} \tag{9-16}$$

求出最大弯矩后，对钢板桩可以核算截面尺寸，对灌注桩可以核定直径及配筋计算。

【例 9-1】 某工程基坑挡土桩设计。可采用 ϕ100cm 挖孔桩，基坑开挖深度 6.0m，基坑边堆载 $q = 10\text{kN/m}^2$（图 9-10）。

地基土层自地表向下分别为：

（1）粉质粘土：可塑，厚 1.1～3.1m；

（2）中粗砂：中密～密实，厚 2～5m，$\varphi = 34°$，$\gamma = 20\text{kN/m}^3$；

（3）砾砂：密实，未钻穿，$\varphi = 34°$。

试设计挖孔桩。

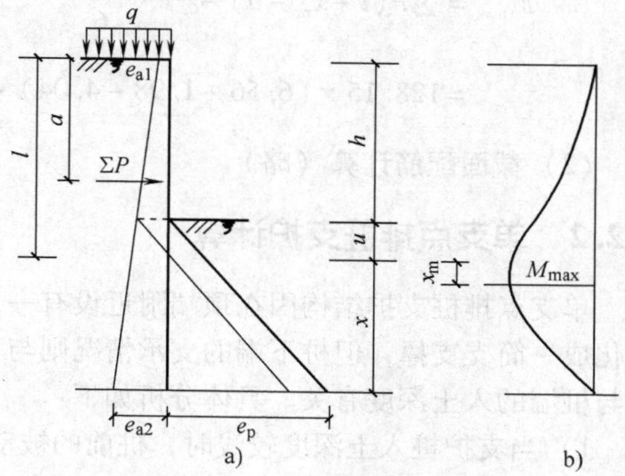

图 9-10 挖孔桩悬臂挡墙计算

a）土压力分布 b）弯矩图

【解】（1）求桩的插入深度

$$K_a = \tan^2(45° - \varphi/2) = \tan^2(45° - 34°/2) = 0.53^2 = 0.28$$

$$K_p = \tan^2(45° + \varphi/2) = \tan^2(45° + 34°/2) = 1.88^2 = 3.53$$

$$e_{a1} = qK_a = 10 \times 0.2809 = 2.8\text{kN/m}^2$$

$$e_{a2} = (q + \gamma h)K_a = (10 + 20 \times 6) \times 0.2809 = 36.51\text{kN/m}^2$$

$$u = \frac{\gamma h K_a}{\gamma(K_p - K_a)} = \frac{36.51}{20(3.53 - 0.28)} = 0.56\text{m}$$

$$\sum P = \frac{(2.8 + 36.51) \times 6}{2} + \frac{0.56 \times 36.51}{2} = 128.18\text{kN/m}^2$$

$$a = \frac{2.863 + 33.71 \times \frac{6}{2} \times \frac{6}{3} \times 2 + 36.51 \times \frac{0.56}{2} \times 6.19}{128.15} = 4.04\text{m}$$

$$m = \frac{6\sum P}{\gamma(K_p - K_a)} = \frac{6 \times 128.15}{20(3.53 - 0.28) \times 6.56^2} = 0.2749$$

$$n = \frac{6\sum P}{\gamma(K_p - K_a)l^3} = \frac{6 \times 128.15 \times 4.04}{20(3.53 - 0.28) \times 6.56^3} = 0.1693$$

查布鲁姆理论的计算曲线，得

$$\xi = 0.67$$

$$x = \xi l = 0.67 \times 6.56 = 4.40\text{m}$$

$$t = 1.2x + u = 1.2 \times 4.40 + 0.56 = 5.84\text{m}$$

桩的总长：6 + 5.84 = 11.84m，取 12.0m。

（2）求最大弯矩

最大弯矩位置：

$$x_m=\sqrt{\frac{2\sum P}{\gamma(K_p-K_a)}}=\sqrt{\frac{2\times128.15}{20\times(3.53-0.28)}}=1.98\text{m}$$

最大弯矩：

$$M_{max}=\sum P(l+x_m-a)-\frac{\gamma(K_p-K_a)x_m^3}{6}$$

$$=128.15\times(6.56+1.98-4.04)-\frac{20\times(3.53-0.28\times1.983)}{6}=492.61\text{kN}\cdot\text{m}$$

（3）截面配筋计算（略）

9.2.2 单支点排桩支护计算

单支点排桩支护结构因在顶端附近设有一支撑或拉锚，可认为在支锚点处无水平移动而简化成一简支支撑，但桩下端的支承情况则与其入土深度有关。因此，单支点支护结构的计算与桩墙的入土深度有关。具体分析如下：

1）当支护桩入土深度较浅时，桩前的被动土压力全部发挥，桩的底端可能有少许向前位移的现象发生。此时桩前后的被动土压力和主动土压力对支锚点的力矩相等，桩体处于极限平衡状态。由此得出的跨间正弯矩为最大值 M_{max}，但入土深度为最小值 t_{min}。

2）支护桩入土深度增加，大于 t_{min} 时（图 9-11b），则桩前的被动土压力得不到充分发挥与利用，这时桩底端仅在原位置转动一角度而不致有位移现象发生，这时桩底的土压力等于零。未发挥的被动土压力可作为安全度。

3）支护桩入土深度继续增加，墙前墙后都出现被动土压力，支护桩在土中处于嵌固状态，相当于上端简支下端嵌固的超静定梁。它的弯矩已大大减小而出现正负两个方向的弯矩。其底端的嵌固弯矩 M_2 的绝对值略小于跨间弯矩 M_1 的数值，净土压力零点与弯矩零点位置接近（图 9-11c）。

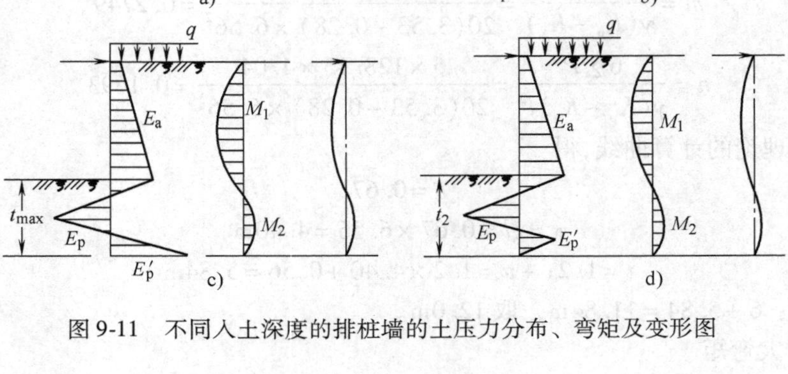

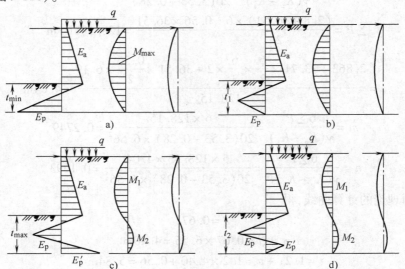

图 9-11 不同入土深度的排桩墙的土压力分布、弯矩及变形图

4）支护桩的入土深度进一步增加（图9-11d），这时桩的入土深度已过深，墙前墙后的被动土压力都不能充分发挥和利用，它对跨间弯矩的减小不起太大的作用，因此支护桩入土深度过深是不经济的。

以上4种状态中，第4种的支护桩入土深度已嫌过深而不经济，所以设计时都不采用。第3种是目前常采用的工作状态，一般使正弯矩为负弯矩的110%～115%作为设计依据，但也有采用正负弯矩相等作为依据的。由该状态得出的桩虽然较长，但因弯矩较小，可以选择较小的断面，同时因入土较深，比较安全可靠；若按第1、2种情况设计，可得较小的入土深度和较大的弯矩，对于第1种情况，桩底可能有少许位移。

1. 自由端单支点支护桩的计算（平衡法）

图9-12是自由端单支点支护结构的断面，桩的后面为主动土压力，前侧为被动土压力。可采用下列方法确定桩的最小入土深度 t_{min} 和水平向每延米所需支点力（或锚固力）R。

如图9-12所示，取支护单位宽度，对 A 点取矩，令 $M_A=0$，$\sum E=0$，则有

$$M_{Ea1}+M_{Ea2}-M_{EP}=0 \tag{9-17}$$

$$R=E_{a1}+E_{a2}-E_P \tag{9-18}$$

式中 M_{Ea1}、M_{Ea2}——基坑底以上及以下主动土压力合力对 A 点的力矩；

E_{EP}——被动土压力合力对 A 点的力矩；

E_{a1}、E_{a2}——基坑底以上及以下主动土压力合力；

E_P——被动土压力合力。

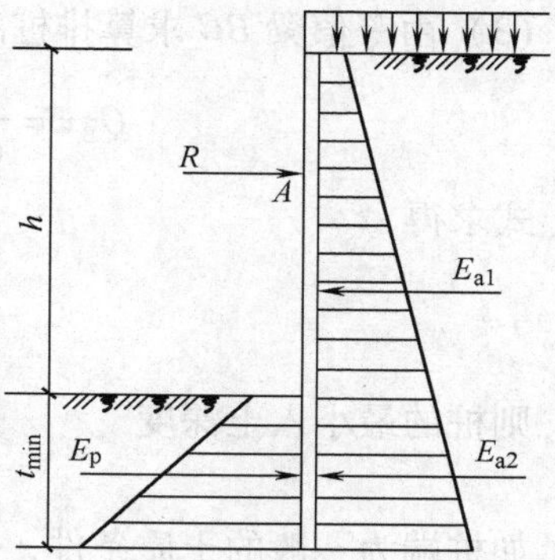

图9-12 单支点排桩支护的静力平衡计算简图

2. 等值梁法

桩入坑底土内有弹性嵌固（铰结）与固定两种，现按前述第3种情况，即可当作一端弹性嵌固另一端简支的梁来研究。挡墙两侧作用主动土压力与被动土压力，如图9-13a所示。在计算过程中所要求出的仍是桩的入土深度、支撑反力及跨中最大弯矩。

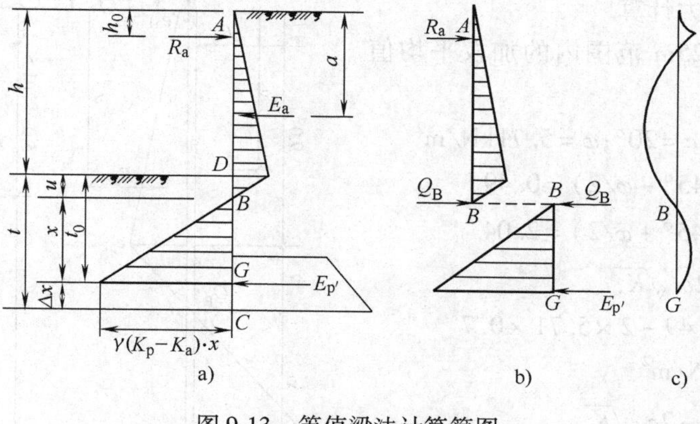

图9-13 等值梁法计算简图

单支撑挡墙下端为弹性嵌固时，其弯矩图如图9-13c所示，若在得出此弯矩图前已知弯矩零点位置，并于弯矩零点处将梁（即桩）断开以简支计算，则不难看出所得该段的弯矩

图将同整梁计算时一样，此断梁段即称为整梁该段的等值梁。对于下端为弹性支撑的单支撑挡墙其净土压力零点位置与弯矩零点位置很接近，因此可在压力零点处将排桩划开作为两个相联的简支梁来计算。这种简化计算法就称为等值梁法，其计算步骤如下：

（1）根据基坑深度、勘察资料等，计算主动土压力与被动土压力，求出土压力零点 B 的位置，按式（9-11）计算 B 点至坑底的距离 u 值；

（2）由等值梁 AB 根据平衡方程计算支点反力 R_a 及 B 点剪力 Q_B

$$R_a=\frac{E_a(h+u-a)}{h+u-h_0} \tag{9-19}$$

$$Q_B=\frac{E_a(a-h_0)}{h+u-h_0} \tag{9-20}$$

（3）由等值梁 BG 求算排桩的入土深度，取 $\sum M_G=0$，则

$$Q_B x=\frac{1}{6}[K_p\gamma(u+x)-K_a\gamma(h+u+x)]x^2$$

由上式求得

$$x=\sqrt{\frac{6Q_B}{\gamma(K_p-K_a)}} \tag{9-21}$$

则桩的最小入土深度

$$t_0=u+x \tag{9-22}$$

如桩端为一般的土质条件，应乘系数 1.1～1.2，即

$$t=(1.1\sim1.2)t_0 \tag{9-23}$$

（4）由等值梁 AB 计算最大弯矩 M_{max}。由于作用于桩上的力均已求得，M_{max} 可以很方便地求出。

【例 9-2】 某工程开挖深度 10m，采用单点支护结构，地质资料和地面荷载如图 9-14 所示。试计算排桩。

【解】 采用等值梁法计算

（1）主动土压力计算

γ、c、φ 值按 25m 范围内的加权平均值计算得：

$$\gamma=18.0\text{kN/m}^2;c=20°;\varphi=5.71\text{kN/m}^2$$

$$K_a=\tan^2(45°-\varphi/2)=0.49$$

$$K_p=\tan^2(45°+\varphi/2)=2.04$$

$$\begin{aligned}e_{a1}&=qK_a-2c\sqrt{K_a}\\&=28\times0.49-2\times5.71\times0.7\\&=5.73\text{kN/m}^2\end{aligned}$$

$$\begin{aligned}e_{a2}&=(q+\gamma h)K_a-2c\sqrt{K_a}\\&=(28+18\times10)\times0.49-2\times5.71\times0.7\\&=93.93\text{kN/m}^2\end{aligned}$$

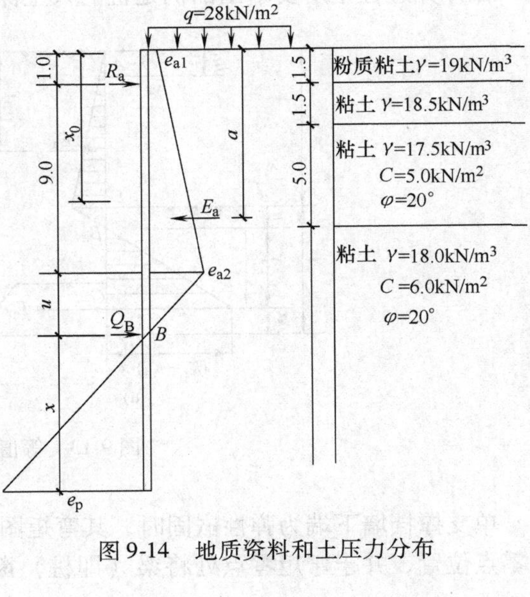

图 9-14　地质资料和土压力分布

（2）计算土压力零点位置

$$u=\frac{e_{a2}-2c\sqrt{K_p}}{\gamma(K_p-K_a)}=\frac{93.93-2\times5.71\times1.43}{18(2.04-0.49)}=2.78\text{m}$$

(3) 计算支撑反力 R_a 和 Q_B

$$E_a=\frac{1}{2}\times(5.73+93.93)\times10+\frac{1}{2}\times93.93\times2.78=628.86\text{kN/m}$$

$$a=\frac{5.73\times\frac{10^2}{2}+(93.93-5.73)\times\frac{10}{2}\times\frac{2}{3}\times10+\frac{1}{2}\times93.93\times2.78\times\left(10+\frac{3.37}{3}\right)}{628.86}$$

$$=\frac{286.5+2940+1426.62}{628.86}=7.40\text{m}$$

$$R_a=\frac{E_a(h+u-a)}{h+u-h_0}=\frac{628.86\times(10+2.78-7.40)}{10+2.78-1.0}=287.20\text{kN/m}$$

$$Q_B=\frac{E_a(a-h_0)}{h+u-h_0}=\frac{628.86\times(7.40-1.0)}{10+2.78-1.0}=341.66\text{kN/m}$$

(4) 计算排桩的入土深度 t

$$x=\sqrt{\frac{6Q_B}{\gamma(K_p-K_a)}}=\sqrt{\frac{6\times341.66}{18\times(2.04-0.49)}}=8.57\text{m}$$

$$t=(1.1\sim1.2)t_0=(1.1\sim1.2)\times11.35=12.49\sim13.62\text{m}$$

取 $t=13.0\text{m}$，排桩长 $10+13=23\text{m}$

(5) 最大弯矩 M_{max}

先求 $Q=0$ 的位置 x_0，再求该点 M_{max}。

$$R_a-5.73x_0-\frac{1}{2}\cdot\frac{x_0^2}{10}\cdot(93.93-5.73)=0$$

$$287.20-5.73x_0-4.41x_0^2=0\qquad x_0=7.45\text{m}$$

$$M_{max}=287.20\times(7.45-1.0)-\frac{5.73\times7.45^2}{2}-\frac{1}{6}\times\frac{88.2\times7.45^2}{10}=1085.6\text{kN}\cdot\text{m}$$

9.2.3 多支点排桩支护计算

当基坑比较深、土质较差时，单支点支护结构不能满足基坑支挡的强度和稳定性要求时，可以采用多层支撑的多支点支护结构。支撑层数及位置应根据土质、基坑深度、支护结构、支撑结构和施工要求等因素确定。

目前对多支撑支护结构的计算方法很多，一般有等值梁法（连续梁法）、支撑荷载的1/2分担法、逐层开挖支撑力不变法、有限元法等。下面主要介绍一下前两种计算方法。

1. 等值梁法

多支撑的等值梁法的计算原理与单支点的等值梁法的计算原理相同，一般可当作刚性支承的连续梁计算（即支座无位移），并应根据分层挖土深度与每层支点设置的实际施工阶段建立静力计算体系，而且假定下层挖土不影响上层支点的水平力。如图 9-15 所示的基坑支护系统，应按以下各施工阶段的情况分别进行计算：

1）在设置支撑 A 以前的开挖阶段（图 9-15a），可将挡墙作为一端嵌固在土中的悬臂桩。

2）在设置支撑 B 以前的开挖阶段（图 9-15b），挡墙是两个支点的静定梁，两个支点分别是 A 及净土压力为零的一点。

3）在设置支撑 C 以前的开挖阶段（图 9-15c），挡墙是具有三个支点的连续梁，三个支点分别为 A、B 及净土压力为零的一点。

4）在浇筑底板以前的开挖阶段（图 9-15d），挡墙是具有四个支点的三跨连续梁。

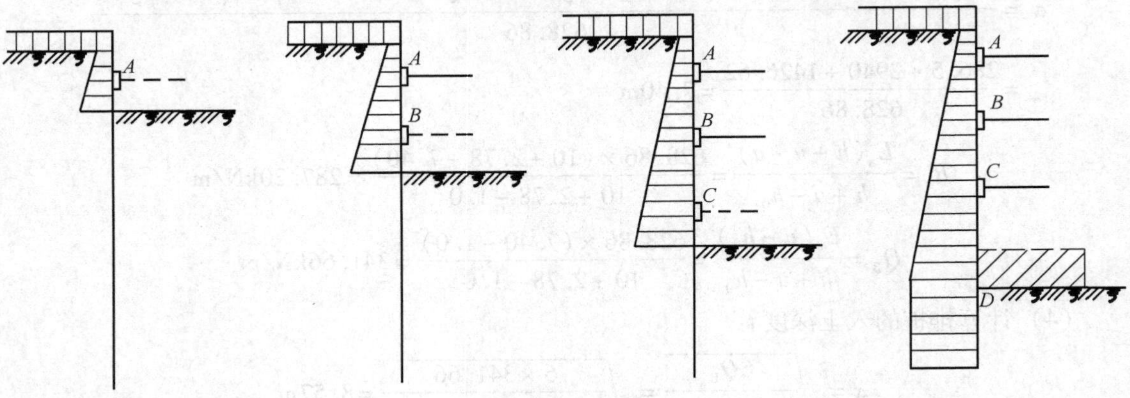

图 9-15　各施工阶段的计算简图

2. 支撑荷载的 1/2 分担法

支撑荷载的 1/2 分担法是多支撑支护结构的一种简化计算方法。对多支点的支护结构，若支护墙后的主动土压力分布采用太沙基（Terzaghi）和佩克（Peck）假定的图式（图 9-16），则支撑或拉锚的内力及其支护墙的弯矩，可按以下经验法计算：

（1）每道支撑或拉锚所受的力是相应于相邻两个半跨的土压力荷载值。

（2）若土压力强度为 q，对于连续梁，其最大支座弯矩（三跨以上）为 $M=\dfrac{ql^2}{10}$，最大跨中弯矩为 $M=\dfrac{ql^2}{20}$。

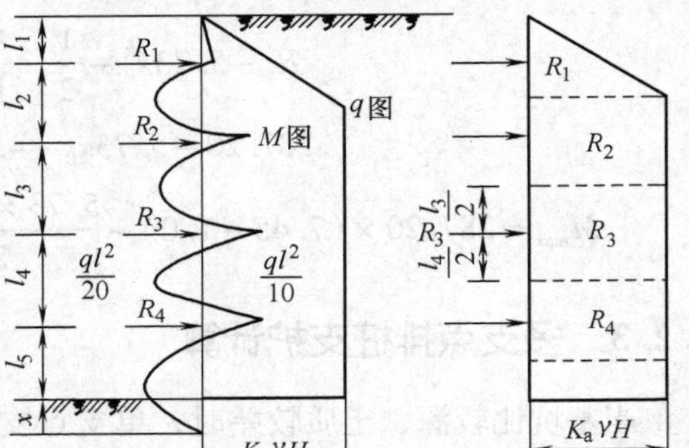

图 9-16　支撑荷载的 1/2 分担法

9.3　基坑稳定分析

对有支护的基坑进行土体稳定分析，是基坑工程设计的重要环节之一。基坑稳定分析的目的是为了确定基坑侧壁支护结构在给定条件下的合理嵌固深度，或验算拟定支护结构设计的稳定性。基坑稳定分析，参见《建筑基坑支护规程》（JGJ—2012）的规定。

目前，基坑稳定分析主要包括下列几个方面：

（1）整体稳定性分析　采用圆弧滑动法验算支护结构和地基的整体抗滑动稳定性时，应注意支护结构一般有内支撑或外锚拉结构且墙面垂直的特点，不同于边坡稳定性验算的圆弧滑动。有支护的滑动面的圆心一般靠近基坑内侧附近，应通过试算确定最危险的滑动面和最小安全系数。

（2）支护结构踢脚稳定性分析　验算最下道支撑以下的主、被动土压力区的压力绕最下道支撑支点的转动力矩是否平衡。在坑内墙前极限被动土压力计算中，考虑墙体与坑内土体之间的摩擦角 δ 的影响，同时也考虑到地基土的粘聚力。

（3）基坑底部土体的抗隆起稳定性分析　基坑底部土体的抗隆起稳定性分析具有保证基坑稳定和控制基坑变形的重要意义。对适用不同地质条件的现有不同抗隆起稳定性计算公式，应按工程经验规定保证基坑稳定的最低安全系数。

（4）基坑的渗流稳定性分析　在饱和软粘土中开挖基坑，都需要进行支护，支护结构通常采用排桩、地下连续墙、搅拌桩或具有止水措施的冲（钻）孔灌注桩等。由于地下水位很高，因此很容易造成基坑底部的渗流破坏，所以设计支护结构嵌固深度时，必须考虑抵抗渗流破坏的能力，具有足够的渗流稳定安全度。

（5）基坑底土突涌的基坑稳定性分析　如果在基底下的不透水层较薄，而且在不透水层下面具有较大水压的滞水层或承压水层时，当上覆土重不足以抵挡下部的水压时，基底就会隆起破坏，墙体就会失稳，所以在设计、施工前必须要查明地层情况以及滞水层和承压水层水头的情况。

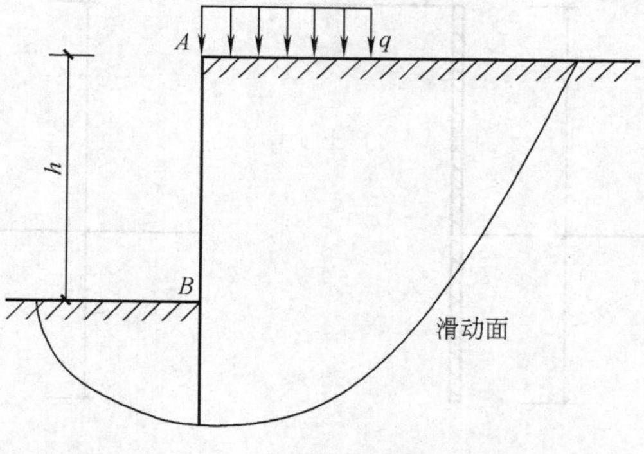

图 9-17　基坑整体性失稳破坏示意图

基坑整体稳定性分析，实际上是对具有支护结构的直立土坡的分析，确保直立土坡稳定时支护结构的嵌固深度。如图 9-17 所示，当有支护结构时，粘性土坡滑动土体的滑动面有可能通过支护结构底部。

用条分法来分析土坡的整体稳定性时，假定土是均质而又各向同性的，滑动面是通过支护结构底部的圆弧，滑动土体是一个刚体，各土条之间相互作用力的大小和位置为已知，按平面问题考虑，参见本书 5.4 节相关内容。

基坑其他稳定性分析本书从略。

思　考　题

9-1　基坑支护工程是一项临时性工程，但为什么会引起人们的关注？

9-2　深基坑支护的特点是什么？支护结构的类型有哪些？

9-3　什么是排桩支护结构？排桩支护结构的形式有哪几种？

9-4　单层支点支护结构常见的破坏形式有哪些？

9-5　简述悬臂式排桩和单层支点支护结构的计算步骤。

9-6　简述基坑稳定分析计算的步骤。

习 题

9-1 如图9-18所示的地层，在砂层中开挖基坑深 $H=5\text{m}$，拟采用悬壁式排桩护壁，砂的重度 $\gamma=16.9\text{kN/m}^3$，内摩擦角 $\varphi=30°$，地下水位于地面下25m。试计算该支护结构需要的进入基坑底以下的深度和最大弯矩值位置及大小。

9-2 如图9-19所示，砾石的重度 $\gamma=20.4\text{kN/m}^3$，内摩擦角 $\varphi=35°$，其余条件与习题9-1相同，试按照《建筑基坑支护技术规程》（JGJ120—1999）给定的计算方法计算该悬臂支护结构需要的进入基坑底以下的深度和最大弯矩值位置及大小。

9-3 如图9-20所示一基坑支护工程，$H=6.5\text{m}$，砂土的重度 $\gamma=17.2\text{kN/m}^3$，饱和重度 $\gamma_{sat}=18.9\text{kN/m}^3$，内摩擦角 $\varphi=32°$，砾石的 $\gamma_{sat}=22.0\text{kN/m}^3$，内摩擦角 $\varphi=35°$，地下水位于地面下4m，试计算：

（1）若采用悬臂支护结构时需要进入基坑底的深度；

（2）若采用单层支护结构，在 H_1 位置采用锚杆，试确定锚杆所受的锚拉力及需要打入基坑的深度值。

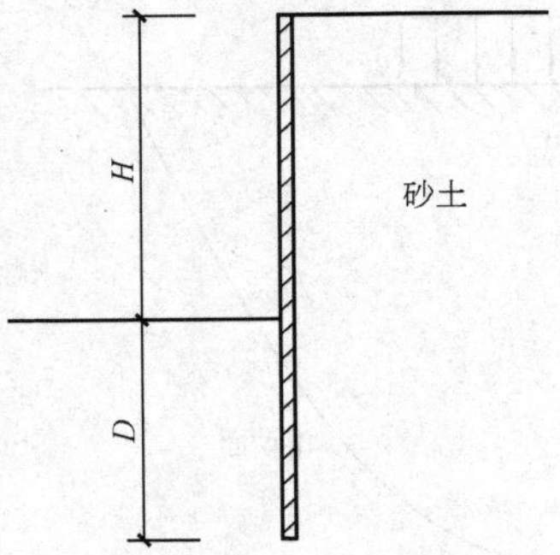

图9-18 习题9-1图

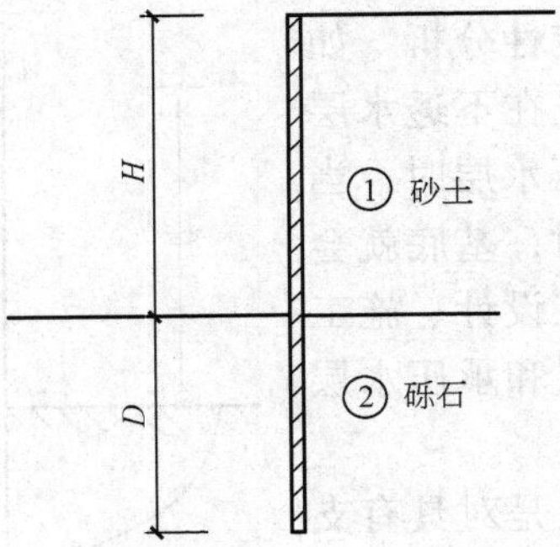

图9-19 习题9-2图

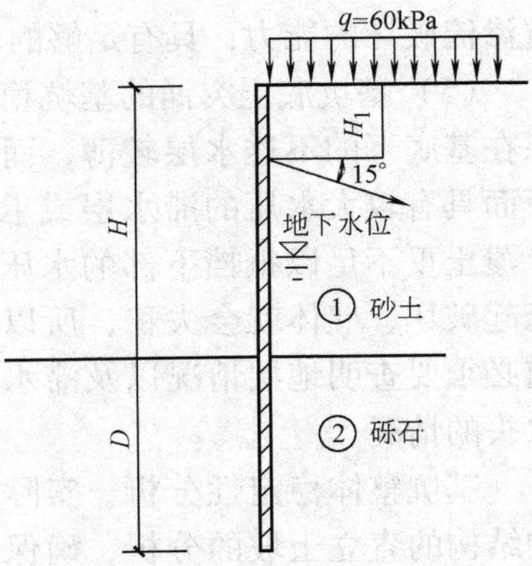

图9-20 习题9-3图

第10章 地 基 处 理

本章学习要求

- 了解地基处理的目的、分类和适用范围；
- 熟悉常用地基加固的原理，学会换土垫层法、强夯法等地基处理的设计计算。

10.1 概述

10.1.1 地基处理的目的

地基处理的目的是利用置换、夯实、挤密、排水、胶结、加筋和化学等方法对地基土进行加固，以改善地基土的强度、稳定性、变形、渗透性、动力特性、湿陷性和胀缩性等。

建（构）筑物的地基问题，概括地说，可以包含以下四个方面：

1. 强度及稳定性

当地基的抗剪强度不足以支承上部结构的自重及外荷载时，地基就会产生局部或整体剪切破坏。它会影响建（构）筑物的正常使用，甚至会引起建（构）筑物的开裂或破坏。

2. 变形

当地基在上部结构的自重及外荷载作用下产生太大的变形时，就会影响建（构）筑物的正常使用，特别是超过建筑物所能容许的不均匀沉降时，结构可能开裂破坏。沉降量较大时，不均匀沉降也较大。湿陷性黄土遇水发生剧烈的变形、膨胀土的胀缩等也可以包括在这类问题中。

3. 渗漏

渗漏是指由于地基中地下水的流动而引起的有关问题，例如，因水量损失或因潜蚀和管涌而可能导致的建（构）筑物倒塌。

4. 液化

地震、机器设备以及车辆的振动、波浪作用和爆破等动力荷载可能引起地基土，特别是饱和松散粉细砂（包括部分粉土）产生液化、失稳和震陷等危害。

地基问题的处理恰当与否，直接关系到整个工程的质量可靠性、投资合理性及施工进度。因此，地基处理的重要性已越来越被人们认识和了解。

10.1.2 地基处理的分类和适用范围

地基处理方法的分类有很多种，可以从地基处理的原理、目的、性质、时效和动机等不同角度进行分类。其中最常用的是根据地基处理的原理进行分类，见表10-1。

表 10-1 常用地基处理的方法、原理及适用范围

分类	方法	加固原理	适用范围
碾压夯实	机械碾压法，重锤夯实法	利用压实原理，通过机械碾压夯击，把表面地基土压实	适用于碎石土、砂土、粉土、低饱和度的粘性土、杂填土等
置换	换填垫层法	挖除浅层软弱土或不良土，分层碾压或夯实换填材料，按换填材料不同可分为砂垫层、碎石垫层、粉煤灰垫层、干渣垫层。灰土垫层等。垫层可有效地扩散基底压力，提高地基承载力，减少沉降量	适用于各种浅层软弱土地基
	EPS 轻填法	发泡聚苯乙烯（EPS）重度只有土的 1/50～1/100，并具有较高的强度和低压缩性，用于填土料，可有效减少作用于地基的荷载，且根据需要用于地基的浅层置换	适用于软弱土地基上的填方工程
排水固结	加载预压法	在预压荷载作用下，通过一定的预压时间，天然地基被压缩、固结，地基土的强度提高，压缩性降低；当天然土层的渗透性较低时，为了缩短渗透固结的时间，加快固结速率，可在地基中设置竖向排水通道，如砂井、排水板等；加载预压的荷载，一般可利用建筑物自身荷载、堆载或真空预压等	适用于软土、粉土、杂填土、冲填土等
	超载预压法	基本原理同加载预压法，但预压荷载超过上部结构的荷载；一般在保证地基稳定的前提下，超载预压方法的效果更好，特别是对降低地基次固结沉降十分有效	适用于淤泥质粘土和粉土
深层挤密	强夯法	利用起重机械将大吨位的夯锤吊起，从 8～40m 的高处自由下落，对土体进行强力夯实。该法在作用机理上与重锤夯实法有所不同，它是利用巨大的冲击能，使土中出现冲击波和很大的应力，迫使土中孔隙压缩，土粒趋向紧密排列，并迅速固结，从而提高地基强度，降低其压缩性，防止砂土地基液化。强夯加固的影响深度在 10m 以上（国外已达 40m）	适用于碎石土、砂土、低饱和度的粉土与粘性土、湿陷性黄土、杂填土和素填土地基的深层加固
	振冲法	振冲法是利用振冲器的振动作用和高压水流的水冲作用，使得饱和砂层发生液化，砂粒重新排列，孔隙率降低；同时，利用振冲器的水平振冲力，回填碎石料使得砂层挤密，达到提高地基承载力，降低沉降的目的；一般加固深度≤10m，以 6～8m 范围为佳	不加填料的振冲法仅适用于处理粘粒含量小于 10% 的粗砂、中砂地基；加填料的振冲法适用于处理砂土和粉土等地基
	挤密法	挤密法是指在软弱土层中挤土成孔，从侧向将土挤密，然后再将碎石、砂、灰土、石灰或矿渣等填料充填密实成柔性的桩体，并与原地基形成一种复合地基，从而达到提高地基承载力和减小地基沉降的目的	适用于松散砂土、杂填土、非饱和粘性土地基、黄土地基
加筋	加筋土法	在土体中加入起抗拉作用的筋材，例如土工合成材料、金属材料等，通过筋土间作用，达到减小或抵抗土压力，调整基底接触应力的目的。可用于支挡结构或浅层地基处理	浅层软弱土地基处理、挡土墙结构
	锚固法	主要有土钉和土锚法。土钉加固作用依赖于土钉与其周围土间的相互作用；土锚则依赖于锚杆另一端的锚固作用。两者主要功能是减少或承受水平向作用力	边坡加固，土锚技术应用中，必须有可以锚固的土层、岩层或构筑物
	竖向加固体复合地基法	在地基中设置小直径刚性桩、低强度等级混凝土桩等竖向加固体，例如 CFG 桩、二灰混凝土桩等，形成复合地基，提高地基承载力，减少沉降量	各类软弱土地基，尤其是较深厚的软土地基

（续）

分类	方法	加固原理	适用范围
化学固化	深层搅拌法	利用深层搅拌机械，将固化剂（一般的无机固化剂为水泥、石灰、粉煤灰等）在原位与软弱土搅拌成桩柱体，形成桩柱体复合地基，可以提高地基承载力，减少变形。水泥系深层搅拌法，分为喷浆搅拌法和喷粉搅拌法两类	饱和软粘土地基，对于有机质较高的泥炭质土或泥炭、含水量很高的淤泥和淤泥质土，适用性宜通过试验确定
	灌浆或注浆法	有渗入灌浆、劈裂灌浆、压密灌浆以及高压注浆等多种方法，浆液的种类较多	类软弱土地基，岩石地基加固，建筑物纠偏等加固处理

注：二灰为石灰和粉煤灰的拌合料。

10.2 碾压夯实法

10.2.1 土的压实原理

实践证明，在一定的压实能量下，只有在某个特定的含水量范围内，土才能被压实到最大干密度，这个特定的含水量称为最优含水量，可以通过室内击实试验测定。

粘性土的击实试验方法是：将测定的粘性土分别制成含水量不同的几个松散土样，用同样的击实能逐一进行击实，然后测定各试样的含水量 w 和干密度 ρ_d，绘成 ρ_d-w 关系曲线，如图 10-1 所示。曲线的极值 ρ_{dmax} 为最大干密度，相应的含水量即为最优含水量 w_{op}。从图中可以看出含水量偏高或偏低时均不能压实，其原因是：含水量偏低时，土颗粒周围的结合水膜很薄，润滑作用不太明显，土粒相对移动不容易，击实困难；含水量偏高时，孔隙中存在自由水，击实时孔隙中过多水分不易立即排出，妨碍土颗粒间的相互靠拢，所以击实效果也不好。而土的含水量接近最优含水量时，土粒的结合水膜较厚，土粒间的连接较弱，从而使土颗粒易于移动，获得最佳的击实效果。试验表明：最优含水量与土的塑限相近，大致为 $w_{op}=w_p+2$；同时，最优含水量将随夯击能量的大小与土的矿物组成变化而有所不同。当夯击能加大时，最大干密度将加大而最优含水量将降低；而当固相中粘土矿物增多时，最优含水量将增大而最大干密度将下降。

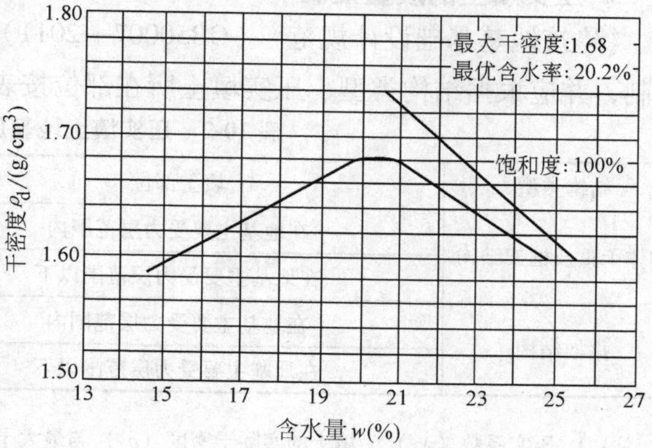

图 10-1　ρ_d-w 关系曲线

砂性土压实时表现出的性质与粘性土几乎相反。干砂在压力与振动作用下，易趋密实；而饱和砂土，因容易排水，也容易被压实；惟有稍湿的砂土，因颗粒间的表面张力作用使砂土颗粒互相约束而阻止其相互移动，压实效果反而不好。

10.2.2 填土地基设计

压实填土包括分层压实和分层夯实两类填土。当利用压实填土作为建筑工程的地基持力层时，在平整场地前，应根据结构类型、填料性能和现场条件等，对拟压实的填土提出质量要求。未经检验查明以及不符合质量要求的压实填土，均不得作为建筑工程的地基持力层。

拟压实的填土地基应根据建筑物对地基的具体要求，进行填方设计。填方设计的内容包括填料的性质、压实机械的选择、密实度要求、质量监督和检验方法等。对重大的填方工程，必须在填方设计前选择典型的场区进行现场试验，取得填方设计参数后，才能进行填方工程的设计与施工。

1. 压实填土的填料

压实填土的填料，应符合下列规定：

（1）级配良好的砂土或碎石土。以卵石、砾石、块石或岩石碎屑作填料时，分层压实时其最大粒径不宜大于200mm，分层夯实时其最大粒径不宜大于400mm。

（2）性能稳定的矿渣、煤渣等工业废料。

（3）以粉质粘土、粉土作填料时，其含水量宜为最优含水量，可采用击实试验确定。

（4）挖高填低或开山填沟的土石料，应符合设计要求。

（5）不得使用淤泥、耕土、冻土、膨胀性土以及有机质含量大于5%的土。

2. 压实填土的质量控制

《建筑地基基础设计规范》（GB50007—2011）规定：压实填土的质量应以压实系数 λ_c 控制，并应根据结构类型、压实填土所在部位按表10-2确定。

表10-2　压实填土地基压实系数控制值

结构类型	填土部位	压实系数(λ_c)	控制含水量(%)
砌体承重及框架结构	在地基主要受力层范围内	≥0.97	$w_{op}\pm 2$
	在地基主要受力层范围以下	≥0.95	
排架结构	在地基主要受力层范围内	≥0.96	
	在地基主要受力层范围以下	≥0.94	

注：1. 压实系数（λ_c）为填土的实际干密度（ρ_d）与最大干密度（ρ_{dmax}）之比，即 $\lambda_c=\frac{\rho_d}{\rho_{dmax}}$；$w_{op}$ 为最优含水量。

2. 地坪垫层以下及基础底面标高以上的压实填土，压实系数不应小于0.94。

压实填土的最大干密度和最优含水量，应采用击实试验确定，击实试验的操作应符合现行国家标准《土工试验方法标准》（GB/T 50123—1999）的有关规定。对于碎石、卵石，或岩石碎屑等填料，其最大干密度可取2100～2200kg/m³。对于粘性土或粉土填料，当无试验资料时，可按下式计算最大干密度

$$\rho_{dmax}=\eta\frac{\rho_w G_s}{1+0.01w_{op}G_s} \tag{10-1}$$

式中 ρ_{dmax}——压实填土的最大干密度（kg/m³）；

η——经验系数，粉质粘土取0.96，粉土取0.97；

ρ_w——水的密度（kg/m^3）；

G_s——土粒密度；

w_{op}——最优含水量（%），对于粉质粘土取 $w_p+2\%$，w_p 为塑限，粉土取14%～18%。

10.2.3 机械碾压法

机械碾压法是一种采用机械压实松软土的方法，常用的机械有平碾、羊足碾等。这种方法常用于大面积填土和杂填土地基的压实，分层压实厚度为20～30cm。

在实际工程中，应预先通过室内击实试验和现场碾压试验确定在一定压实条件下土的合适含水量、恰当的分层碾压厚度和碾压遍数。施工前，被碾压的土料应先进行含水量测定，只有含水量在合适范围内的土料才允许进场。

10.2.4 重锤夯实法

重锤夯实是利用重量大于15kN，锤底直径为0.7～1.5m的重锤，用起重机械将它提升至2.5～4.5m后，使锤自由下落，反复夯打地基表面，从而达到加固地基的目的。经过重锤夯击的地基，在地基表面形成一层密实硬壳层，提高了地基表层土的强度。

这种方法适用于处理距地下水位0.8m以上，土的天然含水量不太高的各种粘性土、砂土、湿陷性黄土及杂填土等。

重锤夯实法的效果与锤重、锤底直径、夯实土的性质有一定的关系，应当根据设计的夯实密度及影响深度，通过现场试夯确定有关参数。

施工中必须控制地基土的含水量，以防止含水量过高夯成橡皮土而达不到设计要求。

10.3 换填垫层法

换填垫层法适用于浅层软弱地基及不均匀地基的处理。当软弱土地基或小均匀地基的承载力和变形不能满足建筑物的要求时，可将基础底面下处理范围内的软弱土层或不均匀土层挖去，回填坚硬、较粗粒径的材料，并夯压密实形成垫层，这种地基处理方法称为换填垫层法。

对回填不同材料形成的垫层，可称之为该材料垫层，如碎石垫层、干渣垫层和粉煤灰垫层等。

换填垫层的作用是：

（1）提高地基承载力，并通过垫层的应力扩散作用，减少垫层下天然土层所承受的压力，从而使地基强度满足要求。

（2）垫层置换了软弱土层，从而可减少地基的变形量。

（3）加速软土层的排水固结。

（4）调整不均匀地基的刚度。

（5）对湿陷性黄土、膨胀土或季节性冻土等特殊土，其目的主要是为了消除或部分消除地基土的湿陷性、胀缩性或冻胀性。

10.3.1　垫层的设计

垫层设计不但要满足建筑物对地基承载力和变形的要求，而且应符合经济合理的原则，其内容主要是确定垫层的厚度和宽度。

1. 垫层厚度的确定

垫层的厚度应根据需置换软弱土的深度或下卧土层的承载力确定，并符合下式要求

$$p_z + p_{cz} \leqslant f_{az} \tag{10-2}$$

式中　p_z——相应于作用的标准组合时，垫层底面处的附加压力值（kPa）；

p_{cz}——垫层底面处土的自重应力值（kPa）；

f_{az}——垫层底面处经深度修正后的地基承载力特征值（kPa）。

垫层底面处的附加压力值可按压力扩散角计算，如图 10-2 所示。

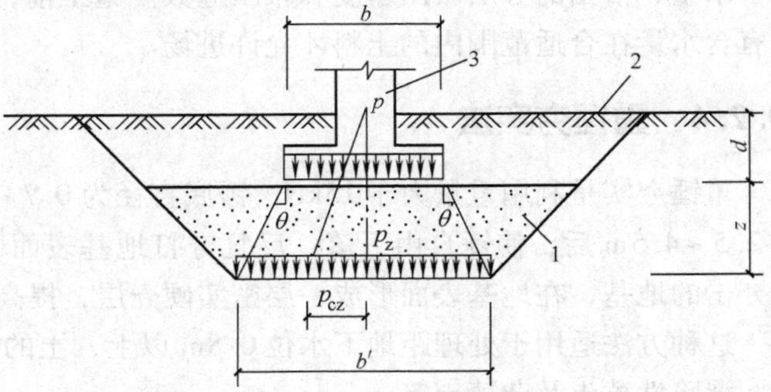

图 10-2　砂垫层内压力的分布
1—砂垫层　2—回填土　3—基础

条形基础

$$p_z = \frac{b\,(p_k - p_c)}{b + 2z\tan\theta} \tag{10-3}$$

矩形基础

$$p_z = \frac{bl\,(p_k - p_c)}{(b + 2z\tan\theta)\,(l + 2z\tan\theta)} \tag{10-4}$$

式中　b——矩形基础或条形基础底面的宽度（m）；

l——矩形基础底面的长度（m）；

p_k——相应于作用的标准组合时，基础底面处的平均压力值（kPa）；

p_c——基础底面处土的自重压力值（kPa）；

z——基础底面下垫层的厚度（m）；

θ——垫层的压力扩散角（°），宜通过试验确定，当无试验资料时，可按表 10-3 采用。

表 10-3　压力扩散角 θ

换填材料 / z/b	中砂、粗砂、砾砂、圆砾、角砾、石屑、卵石、碎石、矿渣	粉质粘土、粉煤土	灰土
0.25	20°	6°	28°
≥0.50	30°	23°	

注：1. 当 $z/b<0.25$，除灰土取 $\theta=28°$ 外，其余材料均取 $\theta=0°$，必要时，宜由试验确定。

2. 当 $0.25<z/b<0.5$ 时，θ 值可内插求得。

一般情况下，换填垫层的厚度不宜小于 0.5m，也不宜大于 3m。垫层过薄，作用不明显；垫层过厚，需开挖较深，费工耗料，经济、技术上不合理。当地基土较软且厚或基底压

力较大时，应考虑其他加固方案。

2. 垫层宽度的确定

垫层底面的宽度应满足基础底面应力扩散的要求，可按下式确定

$$b' \geqslant b + 2z\tan\theta \tag{10-5}$$

式中 b'——垫层底面宽度（m）；

θ——压力扩散角（°）。

整片垫层底面的宽度可根据施工的要求适当加宽。

垫层顶面宽度可从垫层底面两侧向上，按基坑开挖期间保持边坡稳定的当地经验放坡确定。垫层顶面每边超出基础底边不宜小于300mm。

3. 垫层材料与垫层压实标准

（1）垫层材料　根据《建筑地基处理技术规范》（JGJ79—2012）的规定，垫层可选用下列材料：

1）砂石。宜选用碎石、卵石、角砾、圆砾、砾砂、粗砂、中砂或石屑（粒径小于2mm部分的质量不应超过总质量的45%），应级配良好，不含植物残体、垃圾等杂质。当使用粉细砂或石粉（粒径小于0.075mm部分的质量不超过总质量的9%）时，应掺入不少于总质量30%的碎石或卵石。砂石的最大粒径不宜大于50mm。对湿陷性黄土地基，不得选用砂石等透水材料。

2）粉质粘土。土料中有机质含量不得超过5%，亦不得含有冻土或膨胀土。当含有碎石时，其粒径不宜大于50mm。用于湿陷性黄土或膨胀土地基的粉质粘土垫层，土料中不得夹有砖、瓦和石块。

3）灰土。体积配合比宜为2:8或3:7。土料宜用粉质粘土，不宜使用块状粘土和砂质粉土，不得含有松软杂质，并应过筛，其粒径不得大于15mm。石灰宜用新鲜的消石灰，其粒径不得大于5mm。

4）粉煤灰。可用于道路，堆场和小型建筑物、构筑物等的换填垫层。粉煤灰垫层上宜覆土0.3~0.5m。粉煤灰垫层中采用掺加剂时，应通过试验确定其性能及适用条件。作为建筑物垫层的粉煤灰应符合有关放射性安全标准的要求。粉煤灰垫层中的金属构件、管网宜采取适当防腐措施。大量填筑粉煤灰时应考虑对地下水和土壤的环境影响。

5）矿渣。垫层使用的矿渣是指高炉重矿渣，可分为分级矿渣、混合矿渣及原状矿渣。矿渣垫层主要用于堆场、道路和地坪，也可用于小型建筑物、构筑物的地基。选用矿渣的松散重度不小于11kN/m^3，有机质及含泥总量不超过5%。设计、施工前必须对选用的矿渣进行试验，在确认其性能稳定并符合安全规定后方可使用。作为建筑物垫层的矿渣应符合对放射性安全标准的要求。易受酸、碱影响的基础或地下管网不得采用矿渣垫层。大量填筑矿渣时，应考虑对地下水和土壤的环境影响。

6）其他工业废渣。在有可靠试验结果或成功工程经验时，质地坚硬、性能稳定、无腐蚀性和放射性危害的工业废渣等均可用于填筑换填垫层。被选用工业废渣的粒径、级配和施工工艺等应通过试验确定。

（2）垫层压实标准　垫层的压实标准可按表10-4选用。对于工程量较大的换填垫层，应按所选用的施工机械、换填材料及场地的土质条件进行现场试验，以确定压实效果。

表 10-4　各种垫层的压实标准

施工方法	换填材料类别	压实数
碾压、振密或夯实	碎石、卵石	0.94～0.97
	砂夹石（其中碎石、卵石质量占总质量的 30%～50%）	
	土夹石（其中碎石、卵石质量占总质量的 30%～50%）	
碾压、振密或夯实	中砂、粗砂、砾砂、角砾、圆砾、石屑	0.94～0.97
	粉质粘土	
	灰土	0.95
	粉煤灰	0.90～0.95

注：1. 土的最大干密度宜采用击实试验确定，碎石或卵石的最大干密度可取 2000～2200kg/m^3。

2. 当采用轻型击实试验时，压实系数 λ_c 宜取高值；采用重型击实试验时，压实系数 λ_c 可取低值。

3. 矿渣垫层的压实指标为最后两遍压实的压陷差小于 2mm。

10.3.2　垫层的施工要点

（1）垫层施工应根据不同的换填材料选择施工机械。粉质粘土、灰土宜采用平碾、振动碾或羊足碾，中小型工程也可采用蛙式夯、柴油夯；砂石等宜用振动碾；粉煤灰宜采用平碾、振动碾、平板振动器、蛙式夯；矿渣宜采用平板振动器或平碾，也可采用振动碾。

（2）垫层的施工方法、分层铺填厚度、每层压实遍数等宜通过试验确定。除接触下卧软土层的垫层底部应根据施工机械设备及下卧层土质条件确定厚度外，一般情况下，垫层的分层铺填厚度可取 200～300mm。为保证分层压实质量，应控制机械碾压速度。

（3）粉质粘土和灰土垫层土料的施工含水量宜控制在最优含水量 w_{op} ±2% 的范围内，粉煤灰垫层的施工含水量宜控制在 w_{op} ±4% 的范围内。最优含水量可通过击实试验确定，也可按当地经验取用。

（4）基坑开挖时应避免坑底土层受扰动，可保留约 200mm 厚的土层暂不挖去，待铺填垫层前再挖至设计标高。严禁扰动垫层下的软弱土层，防止其被践踏、受冻或受水浸泡。在碎石或卵石垫层底部宜设置 150～300mm 厚的砂垫层或铺一层土工织物，以防止软弱土层表面的局部破坏，同时必须防止基坑边坡坍土混入垫层。

10.3.3　质量检验

（1）对粉质粘土、灰土、粉煤灰和砂石垫层的施工质量检验可用环刀法、贯入仪、静力触探、轻型动力触探或标准贯入试验检验；对砂石、矿渣垫层可用重型动力触探检验，并均应通过现场试验以设计压实系数所对应的贯入度为标准检验垫层的施工质量。压实系数也可采用环刀法、灌砂法、灌水法或其他方法检验。

（2）垫层的施工质量检验必须分层进行。应在每层的压实系数符合设计要求后铺填上层土。

（3）采用环刀法检验垫层的施工质量时，取样点应位于每层厚度的 2/3 深度处。检验点数量，对大基坑每 50～100m^2 不应少于 1 个检验点；对基槽每 10～20m^2 不应少于 1 个检验点；每个独立柱基不应少于 1 个检验点。采用贯入仪或动力触探检验垫层的施工质量时，每分层检验点的间距应小于 4m。

（4）竣工验收采用载荷试验检验垫层承载力时，每个单体工程不宜少于 3 个检验点；对于大型工程则应按单体工程的数量或工程的面积确定检验点数。

10.4 强夯法

强夯法是用起重机械将大吨位的夯锤吊起，从 10 ~ 40m 的高处自由落下，对地基土进行强力夯实的地基处理方法。该方法在作用机理上与重锤夯实法有所区别，它是用巨大的冲击能（一般为 1000 ~ 3000kN · m/m^2），使土中出现冲击波和很大的振动能量，迫使土中孔隙压缩，土粒趋向紧密排列，并迅速固结，从而提高地基强度，降低其压缩性。

强夯法适用于处理碎石土、砂土、低饱和度的粉土与粘性土、湿陷性黄土、素填土和杂填土等地基。

10.4.1 强夯法设计

强夯法的设计包括强夯的有效加固深度、夯点的夯击次数、夯击遍数、两遍夯击之间的间隔时间、夯击点平面布置等强夯参数的确定，以及强夯处理范围、强夯地基承载力特征值的确定等。

1. 强夯法的有效加固深度

应根据现场试夯或当地经验确定。在缺少试验资料或经验时可按表 10-5 取值或按式（10-6）估算。

$$z = a\sqrt{WH/10} \tag{10-6}$$

式中 W——锤重（kN）；

H——锤的落距（m）；

z——有效处理深度（m）；

a——经验系数，其值多在 0.4 ~ 0.8 之间，桩间土和桩体的刚度差别越大，a 越小。

目前，强夯法加固地基有三种不同的加固机理，即动力密实、动力固结和动力置换，各种加固机理的特性取决于地基土的类别和强夯施工工艺。

表 10-5 强夯法的有效加固深度 （单位：m）

单位夯击能/kN · m	碎石土、砂土等粗颗粒土	粉土、粘性土、湿陷性黄土等细颗粒土
1000	5.0 ~ 6.0	4.0 ~ 5.0
2000	6.0 ~ 7.0	5.0 ~ 6.0
3000	7.0 ~ 8.0	6.0 ~ 7.0
4000	8.0 ~ 9.0	7.0 ~ 8.0
5000	9.0 ~ 9.5	8.0 ~ 8.5
6000	9.5 ~ 10.0	8.5 ~ 9.0
8000	10.0 ~ 10.5	9.0 ~ 9.5

注：强夯法的有效加固深度应从最初起夯地面算起。

2. 夯击次数

每夯点的夯击次数应按现场试夯得到的夯击次数和夯沉量关系曲线确定，并应同时满足：

（1）最后两击的平均夯沉量不大于下列数值：

当单击夯击能量小于4000kN·m时为50mm；

当单击夯击能量在4000~6000kN·m时为100mm；

当单击夯击能量大于6000kN·m时为200mm；

（2）夯坑周围地面不应发生过大的隆起；

（3）不因夯坑过深而发生提锤困难。

3. 夯击遍数及两遍夯击之间的间隔时间

根据地基土的性质确定，可采用点夯2~3遍，对于渗透性较差的细颗粒土，必要时夯击遍数可适当增加，最后再以低能量满夯两遍。两遍夯击之间的间隔时间取决于土中超静孔隙水压力的消散时间，一般对渗透性较差的粘性土地基，间隔时间不应少于3~4周，对于渗透性较好的碎石与砂土地基可连续夯击。

4. 强夯处理范围

应大于建筑物基础范围，每边超出基础外缘的宽度宜为基底下设计处理深度的1/2~2/3，并不宜小于3m。

10.4.2 强夯法施工要点

（1）强夯锤质量可取10~40t，其底面形式宜采用圆形或多边形，锤底面积宜按土的性质确定，锤底静接地压力值可取25~40kPa，对于细颗粒土，锤底静接地压力宜取较小值。

（2）施工机械宜采用带有自动脱钩装置的履带式起重机或其他专用设备。采用履带式起重机时，可在臂杆端部设置辅助门架，或采取其他安全措施，防止落锤时机架倾覆。

（3）当场地表土软弱或地下水位较高，夯坑底积水影响施工时，宜采用人工降低地下水位或铺填一定厚度的松散性材料，使地下水位低于坑底面以下2m。夯坑内或场地积水应及时排除。

（4）当强夯施工所产生的振动对邻近建筑物或设备会产生有害的影响时，应设置监测点，并采取挖同振沟等隔振或防振措施。

10.5 预压排水固结法

10.5.1 预压排水固结法原理

排水固结法是对天然地基加载预压，或先在天然地基中设置砂井等（袋装砂井或塑料排水板）竖向排水体，然后利用建筑物本身重量分级逐渐加荷，或在建筑物建造前在场地先行加载预压，使土体中的孔隙水排出，土体逐渐固结，地基发生沉降，同时强度逐步提高的一种方法。

排水固结法常用于解决软粘土地基的沉降和稳定问题，可以使地基的沉降在加载预压期间基本完成或大部分完成，保证建筑物在使用期间不致于产生过大的沉降和沉降差。同时可增加地基土的抗剪强度，提高地基的承载力和稳定性。

实际上，排水固结法是由排水系统和加压系统两部分共同组成的，见图10-3。

排水系统可由在天然地基中设置竖向排水体并在地面连以水平排水的砂垫层而构成，也可以利用天然地基土层本身的透水性，其主要目的在于改变地基原有的排水边界条件，增加孔隙水排出的途径，缩短排水距离。

加压系统的作用是使地基上的固结压力增加因而产生固结。

- 排水固结
  - 排水系统
    - 竖向排水体
      - 普通砂井
      - 袋装砂井
      - 塑料排水板
    - 水平排水体——砂垫层
  - 加压系统
    - 堆载法
    - 真空法
    - 降低地下水位法
    - 电渗法
    - 联合法

图　10-3

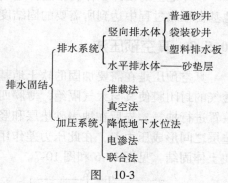

土层的排水固结效果和它的排水边界条件有关。如图 10-4a 所示的排水边界条件，即土层厚度相对荷载宽度（或直径）来说比较小，这时土层中的孔隙水将向上、下面透水层排出而使土层固结，这称为竖向排水固结。根据太沙基一维固结理论，土层固结所需时间与排水距离的平方成正比，土层越厚，固结延续的时间越长。因此可用增加土层的排水途径、缩短排水距离的方法来加速土层的固结。砂井等竖向排水体就是为此而设置的，如图 10-4b 所示。这时土层中的孔隙水小部分从竖向排出，而大部分从水平向通过砂井排出。

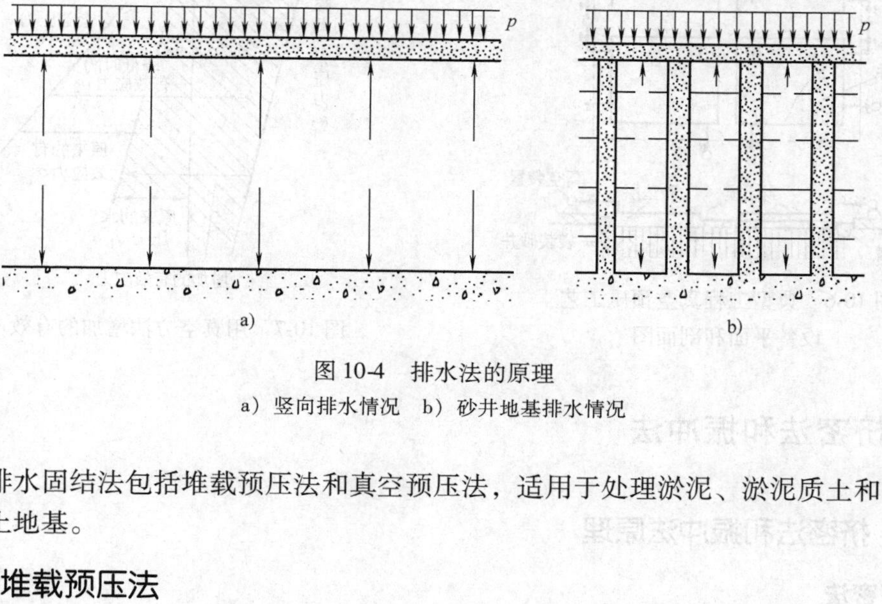

图 10-4　排水法的原理

a）竖向排水情况　b）砂井地基排水情况

预压排水固结法包括堆载预压法和真空预压法，适用于处理淤泥、淤泥质土和冲填土等饱和粘性土地基。

10.5.2　堆载预压法

在地基土中打入砂井，利用其作为排水通道，缩短孔隙水排出的途径，而且在砂井顶部铺设砂垫层，砂垫层上部加载以增加土中附加应力。地基土在附加应力作用下产生超静水压力，并将水排出土体，使地基土提前固结，以增加地基土的强度，这种方法就是砂井堆载预压法（简称砂井法）。典型的砂井地基剖面见图 10-5。

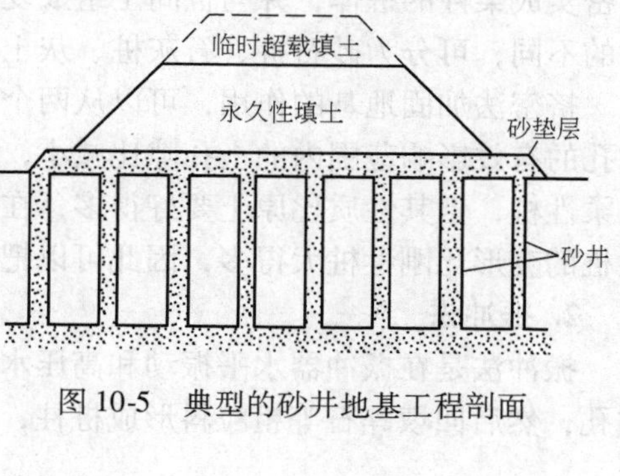

图 10-5　典型的砂井地基工程剖面

砂井法主要适用于承担大面积分布荷载的工程，如水库土坝、油罐、仓库、铁路路堤、贮矿场以及港口的水工建筑物（码头、防浪堤）等工程。对泥炭土、有机质粘土和高塑性土等土层，由于土层的次固结沉降占相当大的部分，砂井排水法起不到加固处理作用。

砂井地基的设计工作包括选择适当的砂井排水系统所需的材料、砂垫层厚度等，以便使地基在堆载过程中达到所需要的固结度。

10.5.3 真空预压法

真空预压是在需要加固的软土地基表面先铺设砂垫层，然后埋设垂直排水通道，再用不透气的封闭膜使其与大气隔绝，薄膜四周埋入土中，通过砂垫层内埋设的吸水管道，用真空装置进行抽气，先后在地表砂垫层和竖向排水通道内形成负压，使土体内部与排水通道、砂垫层之间形成压力差，在此压力差作用下，土体中的孔隙水不断地从排水通道中排出，从而使土体固结，见图 10-6 和图 10-7。

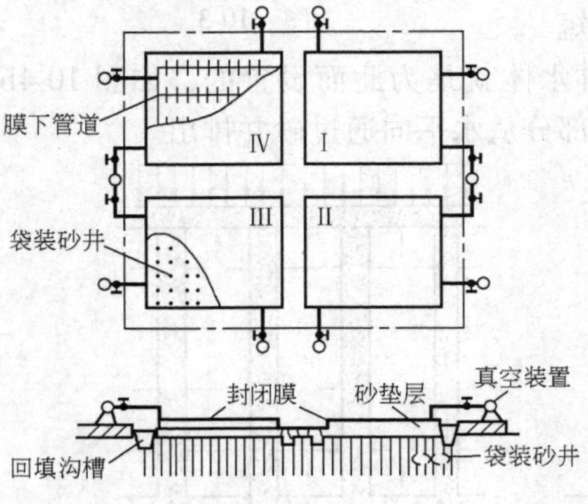

图 10-6 典型工程真空预压工艺设备平面和剖面图

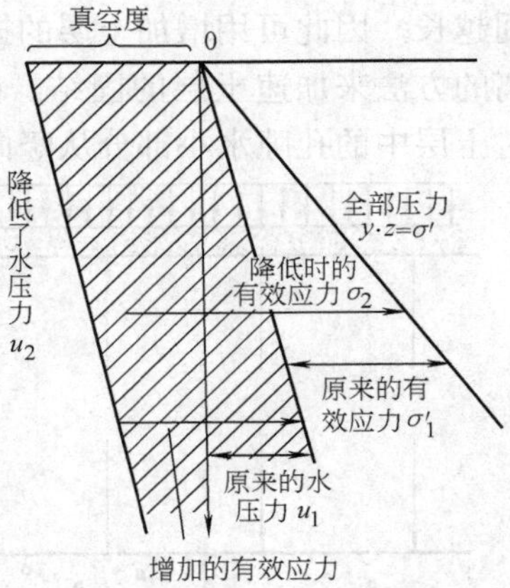

图 10-7 用真空方法增加的有效应力

10.6 挤密法和振冲法

10.6.1 挤密法和振冲法原理

1. 挤密法

挤密法是指在地基中挤土成孔，从侧向将土挤密，然后再将砂石、石灰、灰土等填料充填密实成柔性的桩体，并与桩间土组成复合型地面的地基处理方法。根据施工方法和灌入材料的不同，可分为砂石桩、石灰桩、灰土桩等。

挤密法加固地基的作用，可以从两个方面分析。首先在成孔过程中，由于套管排土使在成孔的有效影响范围内的土孔隙比减小，密实度增加；然后用填料填入振密成桩。这种桩虽是柔性桩，但其性质比原土要好得多，在某种意义上讲，桩体本身是一种置换作用。由于柔性桩的变形比刚性桩大得多，因此可以把它看做地基的一部分。

2. 振冲法

振冲法是在振冲器水平振动和高压水的共同作用下，使松砂土层振密，或在软弱土层中成孔，然后回填碎石等粗粒料形成桩柱，并和原地基土组成复合地基的地基处理方法。

振冲法对不同土质的土层分别具有置换、挤密和振动密实等作用。对粘性土主要起到置换作用，对中细砂和粉土除置换作用外还有振实挤密作用。所以振冲法用于粘性土地基被称为振冲置换法，而应用于砂土地基时又被称为振冲挤密法。振冲挤密法由于强力振动使饱和砂层发生液化，砂颗粒重新排列，孔隙减少，同时振冲器的水平振动力通过填料使砂层挤压密实，从而提高了地基承载力，消除了地基土的液化现象。

10.6.2 砂石桩法

砂石桩是碎石桩、砂桩的总称，是指采用振动、冲击或水冲等方式在软弱地基中成孔后，再将砂或碎石挤压入已成的孔中，形成大直径的由砂石所构成的密实桩。

砂石桩法适用于挤密松散砂土、粉土、粘性土、素填土、杂填土等地基，也可用于处理液化地基。饱和粘土地基上对变形控制要求不严的工程也可采用砂石桩置换处理。

矿石桩桩孔位宜采用等边三角形或正方形布置，直径300～800mm，对饱和粘性土地基宜选用较大的直径。砂石桩的间距应通过现场试验确定。对粉土和砂土地基，不宜大于砂石桩直径的4.5倍；对粘性土地基不宜大于砂石桩直径的3倍。

砂石桩桩长可根据工程要求和工程地质条件通过计算确定：

（1）当松软土层厚度不大时，砂石桩桩长宜穿过松软土层。

（2）当松软土层厚度较大时，对按稳定性控制的工程，砂石桩桩长应不小于最危险滑动面以下2m的深度；对按变形控制的工程，砂石桩桩长应满足处理后地基变形量不超过建筑物的地基变形允许值并满足软弱下卧层承载力的要求。

（3）对可液化的地基，砂石桩桩长应按现行国家标准《建筑抗震设计规范》（GB 50011）的有关规定采用。

（4）桩长不宜小于4m。

砂石桩处理范围应大于基底范围，处理宽度宜在基础外缘扩大1～3排桩。对可液化地基，在基础外缘扩大宽度不应小于可液化土层厚度的1/2，并不应小于5m。

砂石桩桩孔内的填料量应通过现场试验确定，估算时可按设计桩孔体积乘以充盈系数确定，可取1.2～1.4。如施工中地面有下沉或隆起现象，则填料数量应根据现场具体情况予以增减。

砂石桩顶部宜铺设一层厚度为300～500mm的砂石垫层。

10.6.3 灰土挤密桩法和土挤密桩法

灰土挤密桩法是利用横向挤压成孔设备成孔，使桩间土得以挤密，用灰土填入桩孔内分层夯实形成灰土桩，并与桩间土组成复合地基的地基处理方法。土挤密桩法是用素土填入桩孔内分层夯实形成土桩，并与桩间土组成复合地基的地基处理方法。

灰土挤密桩法和土挤密桩法适用于处理地下水位以上的湿陷性黄土、素填土和杂填土等地基，可处理地基的深度为5～15m。当以消除地基土的湿陷性为主要目的时，宜选用土挤密桩法。当以提高地基土的承载力或增强其水稳性为主要目的时，宜选用灰土挤密桩法。当地基土的含水量大于24%、饱和度大于65%时，不宜选用灰土挤密桩法或土挤密桩法。

灰土挤密桩法和土挤密桩法处理地基的面积，应大于基础或建筑物底层平面的面积，并应符合下列规定：

（1）当采用局部处理时，超出基础底面的宽度；对非自重湿陷性黄土、素填土和杂填土等地基，每边不应小于基底宽度的0.25倍，并不应小于0.50m；对自重湿陷性黄土地基，每边不应小于基底宽度的0.75倍，并不应小于1.00m。

（2）当采用整片处理时，超出建筑物外墙基础底面外缘的宽度，每边不宜小于处理土层厚度的1/2，并不应小于2m。

灰土挤密桩法和土挤密桩法处理地基的深度，应根据建筑场地的土质情况、工程要求和成孔及夯实设备等综合因素确定。对湿陷性黄土地基，应符合现行国家标准《湿陷性黄土地区建筑规范》（GB 50025）的有关规定。

桩孔直径宜为300～450mm，并可根据所选用的成孔设备或成孔方法确定。桩孔宜按等边三角形布置，桩孔之间的中心距离，可为桩孔直径的2.0～2.5倍。

桩孔内的填料，应根据工程要求或处理地基的目的确定，桩体的夯实质量宜用平均压实系数λ_c控制。当桩孔内用灰土或素土分层回填、分层夯实时，桩体内的平均压实系数值，均不应小于0.96；消石灰与土的体积配合比，宜为2∶8或3∶7。

桩顶标高以上应设置300～500mm厚的2∶8灰土垫层，其压实系数不应小于0.95。

10.6.4 振冲碎石桩法

振冲碎石法适用于处理砂土、粉土、粉质粘土、素填土和杂填土等地基。对于处理不排水、抗剪强度不小于20kPa的饱和粘性土和饱和黄土地基，应在施工前通过现场试验确定其适用性。不加填料振冲加密适用于处理粘粒含量不大于10%的中砂、粗砂地基。对大型的、重要的或场地地层复杂的工程，在正式施工前应通过现场试验确定其处理效果。

振冲碎石桩处理范围应根据建筑物的重要性和场地条件确定，当用于多层建筑和高层建筑时，宜在基础外缘扩大1～2排桩。当要求消除地基液化时，在基础外缘扩大宽度不应小于基底下可液化土层厚度的1/2。

桩位布置，对大面积满堂处理，宜用等边三角形布置；对单独基础或条形基础，宜用正方形、矩形或等腰三角形布置。

振冲碎石桩的间距应根据上部结构荷载大小和场地土层情况，并结合所采用的振冲器功率大小综合考虑。30kW振冲器布桩间距可采用1.3～2.0m；55kW振冲器布桩间距可采用1.4～2.5m；75kW振冲器布桩间距可采用1.5～3.0m。荷载大或对粘性土宜采用较小的间距，荷载小或对砂土宜采用较大的间距。

桩长的确定：当相对硬层埋深不大时，应按相对硬层埋深确定；当相对硬层埋深较大时，按建筑物地基变形允许值确定；在可液化地基中，桩长应按要求的抗震处理深度确定。桩长不宜小于4m。

振冲碎石桩的平均直径可按每根桩所用填料量计算。

桩体材料可用含泥量不大于5%的碎石、卵石、矿渣或其他性能稳定的硬质材料，不宜使用风化易碎的石料。常用的填料粒径为：30kW振冲器为20～80mm；55kW振冲器为30～100mm；75kW振冲器为40～150mm。

在桩顶和基础之间宜铺设一层300～500mm厚的碎石垫层。

10.7 化学加固法

10.7.1 加固原理

在地基处理中，除了用碾压、夯实、置换、挤密等物理方法来改善土的性质和土中的应力状态外，也可以使用化学或物理化学方法加固地基。化学加固法即是利用水泥浆液、水泥粉、石灰等固化剂与土体之间产生一系列化学反应，使浆液与土颗粒胶结起来，以改善地基土的物理、力学性质的地基处理方法。

化学加固法除了利用静压灌浆法外，还出现了混合搅拌法，包括高压喷射注浆法和水泥土搅拌法。虽然静压灌浆工艺发展较早，应用范围也最为广泛，但对渗透系数较小的细砂、粘土等，仅靠静压力难以使浆液注入土体的细小孔隙中，需要使用特殊的材料和技术。而高压喷射注浆法是利用高压水泥浆通过钻杆由水平方向的喷嘴喷出，形成喷射流，以此切割土体并与土拌和形成水泥土加固体的地基处理方法。它适用于松散土层，不受可灌性的限制，但在颗粒太大、砾石含量过多以及含纤维质的土层中采用该方法效果较差。水泥土搅拌法是用特制的深层搅拌机械，将水泥等固化剂和地基土强制搅拌，使软土硬结成具有整体性、水稳定性和一定强度的桩体的地基处理方法。这种方法主要用于软土地基的处理。

10.7.2 高压喷射注浆法

高压喷射注浆法可用于既有建筑和新建建筑地基加固，深基坑、地铁等工程的土层加固或防水。适用于处理淤泥、淤泥质土、流塑、软塑可塑粘性大、粉土、砂土、黄土、素填土和碎石土等地基。当土中含有较多的大粒径块石、大量植物根茎或有较高的有机质时，以及地下水流速过大和已涌水的工程，应根据现场试验结果确定其适用性。

高压喷射注浆法分为旋喷、定喷和摆喷三种类型。根据工程需要和土质条件，可分别采用单管法、双管法和三管法。加固形状可分为柱状、壁状、条状和块状。

高压喷射注浆形成的加固体强度和范围，应通过现场试验确定。当无现场试验资料时，亦可参照相似土质条件的工程经验。

竖向承载旋喷桩的平面布置可根据上部结构和基础特点确定。独立基础下的桩数一般不应少于4 根。竖向承载旋喷桩复合地基宜在基础和桩顶之间设置褥垫层。褥垫层厚度可取200 ~ 300mm，其材料可选用中砂、粗砂、级配砂石等，最大粒径不宜大于30mm。

高压喷射注浆法用于深基坑、地铁等工程形成连续体时，相邻桩搭接不宜小于300mm，并应符合设计要求和国家现行的有关规范的规定。

10.7.3 水泥土搅拌法

水泥土搅拌法分为深层搅拌法（以下简称湿法）和粉体喷搅法（以下简称干法）。水泥土搅拌法适用于处理正常固结的淤泥与淤泥质土、粉土、饱和黄土、素填土、粘性土以及无流动地下水的饱和松散砂土等地基。当地基土的天然含水量小于3%（黄土含水量小于25%）、大于70%或地下水的 pH 值小于4 时不宜采用此法。冬期施工时，应注意负温对处理效果的影响。

水泥土搅拌法用于处理泥炭土、有机质土、塑性指数大于25的粘土、地下水含有腐蚀性时以及无工程经验的地区，必须通过现场试验确定其适用性。

固化剂宜选用强度等级为32.5级及以上的普通硅酸盐水泥。水泥掺量除块状加固时可用被加固湿土质量的7%～12%外，其余宜为12%～20%。湿法的水泥浆水灰比可选用0.45～0.55。外掺剂可根据工程需要和土质条件选用具有早强、缓凝、减水以及节省水泥等作用的材料，但应避免污染环境。

水泥土搅拌法的设计，主要是确定搅拌桩的置换率和长度，竖向承载搅拌桩的长度应根据上部结构对承载力和变形的要求确定，并宜穿透软弱土层到达承载力相对较高的土层；为提高抗滑稳定性而设置的搅拌桩，其桩长应超过危险滑弧以下2m。湿法的加固深度不宜大于20m；干法的加固深度不宜大于15m。水泥土搅拌桩的桩径不应小于500mm。

竖向承载搅拌桩的平面布置可根据上部结构特点及对地基承载力和变形的要求，采用柱状、壁状、格栅状或块状等加固形式。桩可只在基础平面范围内布置，独立基础下的桩数不宜少于3根。柱状加固可采用正方形、等边三角形等布桩形式。

竖向承载搅拌桩复合地基应在基础和桩之间设置褥垫层。褥垫层厚度可取200～300mm。其材料可选用中砂、粗砂、级配砂石等，最大粒径不宜大于20mm。

10.8　复合地基

所谓复合地基，是地基处理的一种技术，是指天然地基在地基处理过程中部分土体被置换或在天然地基中设置加筋材料而得到增强，加固区由基体和增强体两部分构成的人工地基。复合地基理论有一个非常重要的假设，就是假定桩与其周围土的协调变形。

复合地基和桩基都是以桩的形式处理地基，两者之间有相似之处。但是复合地基属于地基，而桩基属于基础，两者有着本质的区别。复合地基中桩体与基础一般不直接相连，往往是通过碎石或砂石垫层来过渡。如图10-8所示，桩基的主要受力层是在桩尖以下一定范围内，而复合地基的主要受力层则是在加固体内。

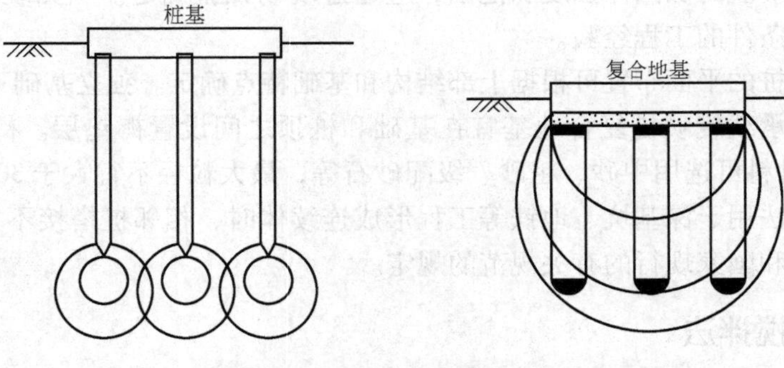

图10-8　复合地基与桩基受力特性对比

根据地基中增强体的方向可以将复合地基分为水平向增强体复合地基和竖向增强体复合地基，如图10-9所示。水平向增强体复合地基主要包括各种加筋材料，如土工聚合体、金属材料格栅等形成的复合地基；竖向增强体复合地基通常称为桩体复合地基。

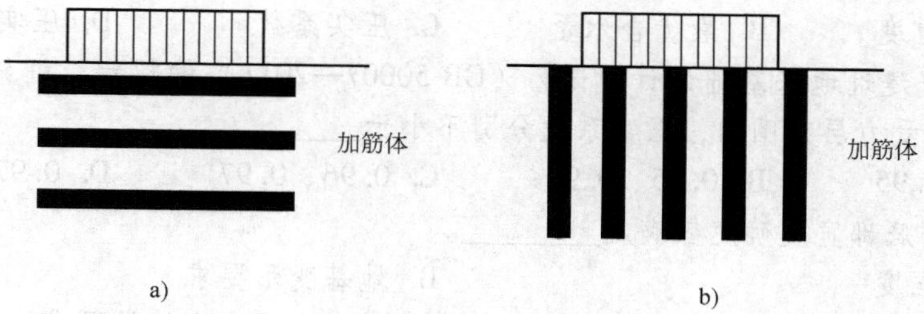

图 10-9　复合地基示意图

a）水平向增强体复合地基　b）竖向增强体复合地基

（1）对于桩体复合地基，按照成桩所采用的材料不同，桩体可以分为：

1）散体土类桩，如碎石桩、砂桩等。

2）水泥土类桩，如水泥土搅拌桩、旋喷桩等。

3）混凝土类桩，如树根桩、CFG 桩等。

（2）按照成桩后的桩体的强度可以分为：

1）柔性桩，如散体土类桩等。

2）半刚性桩，如水泥土类桩等。

3）刚性桩，如混凝土类桩等。

由柔性桩和桩间土组成的复合地基称为柔性桩复合地基。类似的有，半刚性桩复合地基、刚性桩复合地基。

思　考　题

10-1　地基处理的目的是什么？其处理方法分为哪几类？

10-2　压实填土的质量以什么指标控制？

10-3　换填垫层的厚度和宽度如何确定？

10-4　重锤夯实法和强夯法有何区别？

10-5　预压排水固结法的原理是什么？有哪几种处理方法？

10-6　挤密法的原理是什么？有哪几种处理方法？

10-7　化学加固法的原理是什么？水泥土搅拌法适用于处理哪些地基？

10-8　什么是复合地基？复合地基与桩基有什么区别？

10-9　某住宅承重墙下为 1.2m 宽的条形基础，埋深 1.0m，作用于基础的上部荷载 $F_k=12kN/m$，地表为 1.0m 厚杂填土，$\gamma=17kN/m^3$，下面为淤泥质土，$\gamma_{sat}=19kN/m^3$，$f_{ak}=60kPa$，地下水距地表 1.0m，试设计基础的垫层。

10-10　单项选择题

（1）地基处理的目的不包括________。

A. 降低土的压缩性　　　　B. 降低土的透水性

C. 提高抗剪强度　　　　　D. 提高抗液化能力

（2）采用碾压夯实法处理地基时，为了保证压实填土的质量，通常用________来进行控制。

A. 最大干重度　　B. 最优含水量　　C. 压实系数　　D. 压实质量

(3) 根据《建筑地基基础设计规范》(GB 50007—2011) 的规定，框架结构、排架结构的地基在主要受力层范围内，压实系数分别不小于________。

A. 0.94、0.95　　B. 0.95、0.94　　C. 0.96、0.97　　D. 0.97、0.96

(4) 垫层的底部宽度确定应满足________。

A. 持力层强度　　B. 地基变形要求

C. 软弱下卧层的承载力　　D. 基础底面应力扩散要求

(5) 某条形基础底面宽度为 1.2m，埋深 1m，基础下砂垫层厚度为 1.5m，垫层的压力扩散角为 300°，砂垫层的底部最小宽度为________。

A. 2.1m　　B. 2.9m　　C. 2.6m　　D. 4.1m

(6) 为缩短排水固结处理地基的工期，最有效的措施是________。

A. 加大地面预压荷重　　B. 减小地面预压荷重

C. 用高能量机械压实　　D. 设置水平向排水砂层

(7) 堆载预压加固饱和软粘土地基时，砂井的主要作用是________。

A. 置换　　B. 挤密　　C. 加速排水固结　　D. 改变地基土级配

(8) 下列地基处理方法中，能形成复合地基的处理方法是________。

A. 强夯法　　B. 换填垫层法　　C. 碾压夯实法　　D. 挤密法

(9) 采用振冲法加固粘性土地基时，振冲桩在地基中主要起的作用是________。

A. 挤密　　B. 排水　　C. 置换　　D. 预压

(10) 处理厚度较大的饱和软粘土地基，可采用________。

A. 换土垫层法　　B. 砂石桩法　　C. 机械碾压法　　D. 预压法

土工试验指导书

学 习 要 求

● 土工试验是学习土力学基本理论的一个重要教学环节。它不仅起着巩固课堂知识，增强对土的物理、力学性质理解的作用，而且是学习科学试验方法和培养实践技能的重要途径。根据高职建筑工程技术专业教育标准和培养方案及《土力学与地基基础》教学大纲要求，本试验指导书安排了土的基本物理性质指标测定、液塑限联合测定、土的压缩及直接剪切四个试验。各项试验应按照《土工试验方法标准 》（GB/T 50123—1999）规定的土工试验方法进行。

● 熟练掌握四个土工试验的基本原理和操作方法，学会各项土工试验资料的整理与成果分析。

● 难点：试验数据的计算与处理、试验曲线和图表的绘制。

【试验一】 土的基本物理性质指标测定

一、土的含水量试验

含水量是指土中水的质量和土颗粒质量之比，亦称含水率。土在天然状态下的含水量称为天然含水量。

1. 试验目的

含水量是土的基本物理性质指标之一。测定土的含水量，了解土的含水情况，为计算土的孔隙比、液性指数、饱和度以及土的其他物理力学试验提供必需的数据。

2. 试验方法

本试验采用烘干法测定。烘干法适用于粘性土、砂土、有机质土和冻土。

3. 仪器设备

（1）电热烘箱：应能控制温度在105～110℃。

（2）天平：称量200g，最小分度值0.01g；称量1000g，最小分度值0.1g。

（3）其他：称量铝盒、干燥器（内有硅胶或氯化钙作为干燥剂）等。

4. 操作步骤

（1）先称空铝盒的质量，准确至0.01g。

（2）取代表性试样（细粒土）15～30g或用环刀中的试样，有机质土、砂类土和整体状的冻土50g，放入称量铝盒内，并立即盖好盒盖，称铝盒加试样的质量。称量时可在天平一端放上与称量盒等质量的砝码，移动天平游码，达平衡后的称量结果即为湿土质量，准确至0.01g。

（3）打开盒盖，将盒盖套在盒底下，一起放入烘箱内，在105～110℃下烘至恒重。烘干时间对粘土、粉土不得少于 8h，对砂性土不得少于 6h。对有机质超过 5% 的土，应将温度控制在 65～70℃的恒温下烘至恒重。

（4）将烘干的试样与盒取出，盖好盒盖放入干燥器内冷却至室温（一般只需 0.5～1h 即可），冷却后盖好盒盖，称铝盒加干土的质量，准确至 0.01g。

5. 注意事项

（1）刚刚烘干的土样要等冷却后才称重。

（2）称重时精确至小数点后二位。

（3）本试验需进行 2 次平行测定，取其算术平均值，允许平行差值应符合附表 1 规定。

表 1　允许平行差值

含水量（%）	<40	≥40
允许平行差值（%）	1.0	2.0

6. 计算公式

土的天然含水量按下列公式计算：

$$w=\frac{m_w}{m_s}\times 100\%=\frac{m_1-m_2}{m_2-m_0}\times 100\%$$

式中　w——土的含水量（%）；

m_w——试样中水的质量（g），$m_w=m_1-m_2$；

m_s——试样土粒的质量（g），$m_s=m_2-m_0$；

m_1——称量盒加湿土质量（g）；

m_2——称量盒加干土质量（g）；

m_0——称量盒质量（g）。

7. 试验记录（见表 2）

表 2　含水量试验记录（烘干法）

工程名称________　　试验日期________

土样编号________　　试验者________

盒号	称量盒质量 m_0/g	湿土＋盒质量 m_1/g	干土＋盒质量 m_2/g	含水量 w（%）	平均含水量 $\overline{w}$（%）

二、土的密度试验

土的密度是指单位体积内土的质量。测定方法有：环刀法、蜡封法、灌水法和灌砂法等。环刀法适用于一般粘性土；蜡封法适用与易破碎的土或形状不规则的坚硬土；灌水法、灌砂法适用于现场测定原状砂和砾质土的密度。

1. 试验目的

土的密度是土的基本物理性质指标之一。测定土的密度，以了解土的疏密和干湿状态，为计算土的其他换算性质指标以及工程设计提供必需的数据。

2. 试验方法

本试验采用环刀法。

3. 仪器设备

（1）环刀：内径61.8mm和79.8mm，高度20mm。

（2）天平：称量500g，最小分度值0.1g；称量200g，最小分度值0.01g。

（3）其他：削土刀、钢丝锯、玻璃片、凡士林等。

4. 操作步骤

（1）测出环刀的体积V，在天平上称环刀质量m_1。

（2）按工程需要取原状土或人工制备所需要求的重塑土样，其直径和高度应大于环刀的尺寸，整平两端放在玻璃板上。

（3）将环刀的刀口向下放在土样上面，然后用手将环刀垂直下压，使土样位于环刀内。然后用削土刀或钢丝锯沿环刀外侧削去两侧余土，边压边削至与环刀口平齐，两端盖上平滑的圆玻璃片，以免水分蒸发。

（4）擦净环刀外壁，拿去圆玻璃片，称取环刀加土的质量m_2，精确至0.1g。

（5）记录环刀加土的质量m_2、环刀号以及环刀质量m_1和环刀体积(即试样体积)，见附表3。

5. 试验注意事项

（1）密度试验应进行2次平行测定，两次测定的差值不得大于0.03g/cm³，取两次试验结果的算术平均值。

（2）密度计算准确至0.01g/cm³。

6. 计算公式

（1）土的密度

$$\rho_0 = \frac{m_0}{V} = \frac{m_2 - m_1}{V}$$

式中 ρ_0——试样的湿密度(g/cm³)，准确到0.01g/cm³；

m_0——试样的质量(g)；

V——试样的体积(环刀的内径净体积)（cm³）；

m_1——环刀质量(g)；

m_2——环刀加土的质量(g)。

（2）试样的干密度

$$\rho_d = \frac{\rho_0}{1 + 0.01 w_0}$$

式中 ρ_d——干土质量密度(g/cm³)；

ρ_0——湿土密度(g/cm³)；

w_0——土的含水量(%)。

7. 试验记录（见表3）

表3 密度试验记录（环刀法）

工程名称________ 试验者________

试验日期________ 计算者________

环刀号	环刀质量/g	试样体积/cm^3	环刀+试样质量/g	土样质量/g	湿密度/(g/cm^3)	试样含水量(%)	干密度/(g/cm^3)	平均干密度/(g/cm^3)

三、土粒比重试验

土粒比重是试样在105~110℃下烘至恒重时，土粒质量与同体积4℃时水的质量之比，亦称为土粒相对密度。

1. 试验目的

土粒比重是土的基本物理性质指标之一。测定土粒比重，为计算土的孔隙比、饱和度以及土的其他物理力学试验(如压缩试验等)提供必需的数据。

2. 试验方法

对于小于、等于和大于5mm土颗粒组成的土，应分别采用比重瓶法、浮称法和虹吸管法测定比重。下面主要介绍一下比重瓶法。

比重瓶法适用于粒径小于5mm的各类土。用比重瓶法测定土粒体积时，必须注意所排除的液体体积确能代表固体颗粒的实际体积。由于土中含有气体，试验时必须把它排尽，否则影响测试精度，可用沸煮法或抽气法排除土内气体。所用的液体为纯水。若土中含有大量的可溶盐类、有机质、胶粒时，则可用中性溶液，如煤油、汽油、甲苯等，此时，必须采用抽气法排气。

3. 仪器设备

(1) 比重瓶：容量100mL或50mL，分长径和短径两种。

(2) 天平：称量200g，最小分度值0.001g。

(3) 砂浴：应能调节温度(或可调电加热器)。

(4) 恒温水槽：准确度应为±1℃。

(5) 温度计：测定范围刻度为0~50℃，最小分度值为0.5℃。

(6) 真空抽气设备。

(7) 其他：烘箱、纯水、中性液体、小漏斗、干毛巾、小洗瓶、磁钵及研棒、孔径为2mm及5mm筛、滴管等。

4. 操作步骤

(1) 试样制备：取有代表性的风干的土样约100g，碾散并全部过5mm的筛。将过筛的风干土及洗净的比重瓶在100~110℃下烘干，取出后置于干燥器内冷却至室温称量后备用。

（2）将比重瓶烘干，冷却后称得瓶的质量。

（3）称烘干试样 15g（当用 50mL 的比重瓶时，称烘干试样 10g）经小漏斗装入 100mL 比重瓶内，称得试样和瓶的质量，准确至 0.001g。

（4）为排出土中空气，将已装有干试样的比重瓶，注入半瓶纯水，稍加摇动后放在砂浴上煮沸排气。煮沸时间自悬液沸腾时算起，砂土应不少于 30min，粘土、粉土不得少于 1h。煮沸后应注意调节砂浴温度，比重瓶内悬液不得溢出瓶外。然后，将比重瓶取下冷却。

（5）将事先煮沸并冷却的纯水（或排气后的中性液体）注入装有试样悬液的比重瓶中，如用长颈瓶，用滴管注水恰至刻度处，擦干瓶内、外刻度上的水，称瓶、水、土总质量。如用短颈比重瓶，将纯水注满塞紧瓶塞，使多余水分自瓶塞毛细管中溢出。将瓶外水分擦干后，称比重瓶、水和试样总质量，准确至 0.001g。然后立即测出瓶内水的温度，准确至 0.5℃。

（6）根据测得的温度，从已绘制的温度与瓶、水总质量关系曲线中查得各试验比重瓶、水总质量。

（7）用中性液体代替纯水测定可溶盐、粘土矿物或有机质含量较高的土的土粒密度时，常用真空抽气法排除土中空气。抽气时间一般不得少于 1h，直至悬液内无气泡逸出为止，其余步骤同前。

5. 注意事项

（1）用中性液体，不能用煮沸法。

（2）煮沸排气（或抽气）时，必须防止悬液溅出瓶外，火力要小，并防止煮干。必须将土中气体排尽，否则影响试验成果。

（3）必须使瓶中悬液与纯水的温度一致。

（4）称量必须准确，必须将比重瓶外水分擦干。

（5）若用长颈式比重瓶，液体灌满比重瓶时，液面位置前后几次应一致，以弯液面下缘为准。

（6）本试验必须进行 2 次平行测定，两次测定的差值不得大于 0.02，取两次测值的平均值，精确至 0.01g/cm^3。

6. 计算公式

土粒比重 G_s 应按下式计算：

$$G_s = \frac{m_d}{m_{bw} + m_d - m_{bws}} \times G_{iT}$$

式中 m_d——试样的质量（g）；

m_{bw}——比重瓶、水总质量（g）；

m_{bws}——比重瓶、水、试样总质量（g）；

G_{iT}——T℃时纯水或中性液体的密度。

水的密度见表 4，中性液体的密度应实测，称量准确至 0.001g。

表 4 不同温度时水的密度

水温/℃	4.0～5	6～15	16～21	22～25	26～28	29～32	33～35	36
水的密度/（g/cm^3）	1.000	0.999	0.998	0.997	0.996	0.995	0.994	0.993

7. 试验记录（见表5）

表5　土粒比重试验记录（比重瓶法）

工程名称________　　　试验日期________

土样编号________　　　试验者________

试样编号	比重瓶号	温度/℃	液体比重查表	比重瓶质量/g	干土质量/g	瓶+液体质量/g	瓶+液+干土总质量/g	与干土同体积的液体质量/g	比重	平均值
		①	②	③	④	⑤	⑥	⑦=④+⑤-⑥	⑧=$\frac{④}{⑦}$×②	⑨

【试验二】　塑限、液限联合测定试验

1. 试验目的

测定粘性土的液限 w_L 和塑限 w_p，并由此计算塑性指数 I_p、液性指数 I_L，由此判别粘性土的软硬程度。同时，作为粘性土的定名分类以及估算地基土承载力的依据。

2. 基本原理

粘性土随含水量变化，从一种状态转变为另一种状态的含水量界限值，称为界限含水量。液限是粘性土从可塑状态转变为流动状态的界限含水量；塑限是粘性土从可塑状态转变为半固态的界限含水量。

液限、塑限联合测定法是根据圆锥仪的圆锥入土深度与其相应的含水量在双对数坐标上具有线性关系的特性来进行的。利用圆锥质量为76g的液塑限联合测定仪测得土在不同含水量时的圆锥入土深度，并绘制其关系直线图，在图上查得圆锥下沉深度为17mm所对应的含水量即为液限，查得圆锥下沉深度为2mm所对应的含水量即为塑限。

3. 试验方法

土的液限试验——采用锥式法；

土的塑限试验——采用搓条法；

土的液塑限试验——采用液塑限联合测定法。

本试验采用液、塑限联合测定法，适用于粒径小于0.5mm颗粒以及有机质含量不大于试样总质量5%的土。

4. 试验设备

（1）液塑限联合测定仪：如图1，包括带标尺的圆锥仪、有电磁铁、显示屏、控制开关、测读装置、升降支座等，圆锥质量76g，锥角30°，试样杯内径40mm，高30mm。

（2）天平：称量200g，最小分度值0.01g。

（3）其他：烘箱、干燥器、调土刀、不锈钢杯、凡士林、称量盒、孔径0.5mm的筛等。

5. 操作步骤

（1）本试验宜采用天然含水量试样，当土样不均匀时，采用风干试样，当试样中含有粒径大于0.5mm的土粒和杂物时应过0.5mm筛。

（2）当采用天然含水量土样时，取代表性土样250g；采用风干试样时，取0.5mm筛下的代表性土样200g，分成3份，分别放入3个盛土皿中，加入不同数量的纯水，使分别接近液限、塑限和二者中间状态的含水量，调成均匀膏状，放入调土皿，浸润过夜。

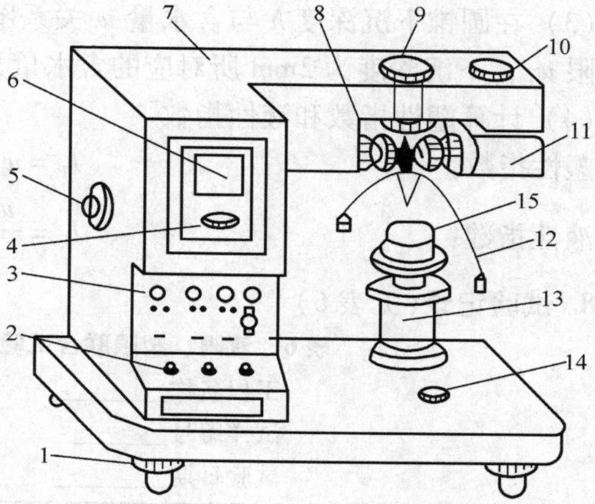

图1　光电式液塑限仪示意图

1—水平调节旋钮　2—控制开关　3—指示灯　4—零线调节旋钮　5—反光镜调节旋钮　6—屏幕　7—机壳　8—物镜调节旋钮　9—电池装置　10—光源调节旋钮　11—光源装置　12—圆锥仪　13—升降台　14—水平气泡　15—盛土杯

（3）将制备的试样充分调拌均匀，填入试样杯中，填样时不应留有空隙，对较干的试样充分搓揉，密实地填入试样杯中，填满后刮平表面。

（4）将试样杯放在联合测定仪的升降座上，在圆锥上抹一薄层凡士林，接通电源，使电磁铁吸住圆锥。

（5）调节零点，将屏幕上的标尺调在零位，调整升降座，使圆锥尖接触试样表面，指示灯亮时圆锥在自重下沉入试样，经5s后测读圆锥下沉深度（显示在屏幕上），取出试样杯，挖去锥尖入土处的凡士林，取锥体附近的试样不少于10g，放入称量盒内，测定含水量。

（6）按（3）~（5）的步骤分别测试其余2个试样的圆锥下沉深度及相应的含水量。液塑限联合测定应不少于三点。

6. 注意事项

（1）圆锥入土深度宜为3~4mm，7~9mm，15~17mm。

（2）土样分层装杯时，注意土中不能留有空隙。

（3）每种含水量设3个测点，取平均值作为这种含水量所对应土的圆锥入土深度，如三点下沉深度相差太大，则必须重新调试土样。

7. 计算与绘图

（1）计算各试样的含水量，计算公式与含水量试验相同。

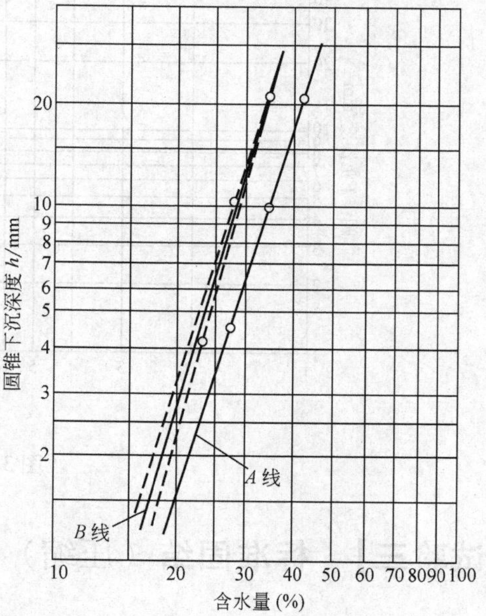

图2　圆锥下沉深度与含水量关系图

（2）绘制圆锥下沉深度 h 与含水量 w 的关系曲线。以含水量为横坐标，圆锥下沉深度为纵坐标，在双对数坐标纸上绘制关系曲线，三点连一直线（如图2中的 A 线）。当三点不在一直线上，可通过高含水量的一点与另两点连成两条直线，在圆锥下沉深度为2mm处查得相应的含水量。当两个含水量的差值≥2%时，应重做试验。当两个含水量的差值<2%时，用这两个含水量的平均值与高含水量的点连成一条直线(如图2中的B线)。双对数坐标纸见图3。

(3) 在圆锥下沉深度h与含水量w关系图上查得：下沉深度为17mm所对应的含水量为液限w_L；下沉深度为2mm所对应的含水量为塑限w_P，以百分率表示，准确至0.1%。

(4) 计算塑性指数和液性指数

塑性指数：
$$I_P = w_L - w_P$$

液性指数：
$$I_L = \frac{w - w_P}{I_P}$$

8. 试验记录(见表6)

表6　液限、塑限联合试验记录(液塑限联合测定法)

工程名称________　　试验者________

试样编号________　　计算者________

试验日期________　　校核者________

试样编号	圆锥下沉深度/mm	盒号	湿土质量/g	干土质量/g	含水量(%)	液 限(%)	塑限(%)	塑性指数I_P
			①	②	③	④	⑤	⑥

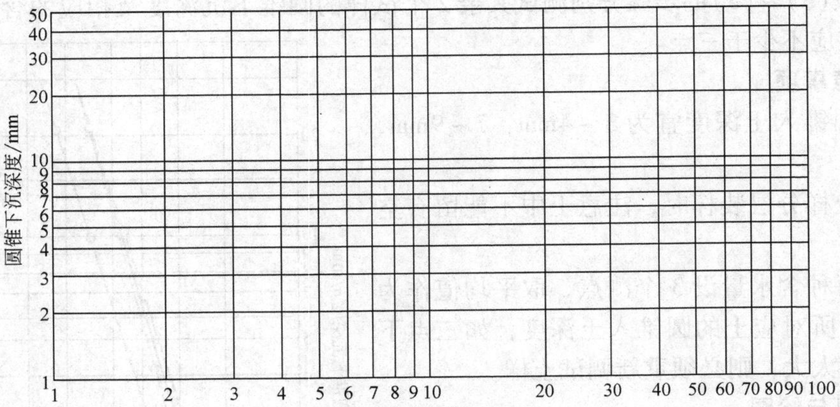

图3　双对数坐标纸

【试验三】　标准固结(压缩)试验

土的固结试验是将土样放在金属容器内，在有侧限的条件下施加垂直压力，观察土在不同压力作用下的压缩变形量，并测定土的压缩性指标。

1. 试验目的

测定土的压缩性指标压缩系数和压缩模量，了解土的压缩性，为地基变形计算提供依据。

2. 仪器设备

本试验采用杠杆式压缩仪。

（1）固结容器：包括环刀、护环、透水板、水槽、加压及传压装置和百分表等组成，见图4。

1）环刀：内径61.8mm和79.8mm，面积30cm²，高为20mm。环刀应具有一定的刚度，内壁应保持较高的光洁度，宜涂一薄层硅脂或聚四氟乙烯。

2）透水板：由氧化铝或不受腐蚀的金属材料制成，其渗透系数应大于试样渗透系数。用固定式容器时，顶部透水板直径应小于环刀内径0.2～0.5 mm；当用浮环式容器时上下端透水板直径相等，均应小于环刀内径。

（2）加压设备：应能垂直地在瞬间施加各级压力，且没有冲击力。

（3）变形量测设备：量程10 mm，最小分度值为0.01 mm的百分表或精确度为全量程0.2%的位移传感器。

（4）其他：天平、刮刀、钢丝锯、玻璃片、凡士林、滤纸、秒表等。

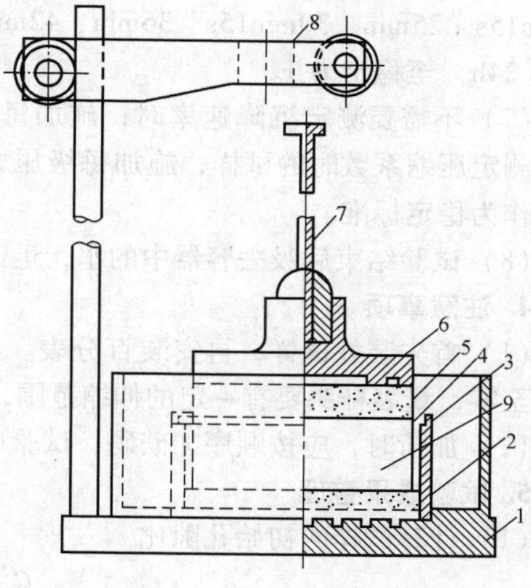

图4 固结仪示意图

1—水槽 2—护环 3—环刀 4—导环 5—透水板 6—加压上盖 7—位移级导杆 8—位移计架 9—试样

3. 操作步骤

（1）环刀取土：将环刀内壁涂上一薄层凡士林，刃口向下，放在试样上端表面，先用两手将环刀轻轻地下压，再用削土刀将上下两端多余的土削去并与环刀齐平。

（2）擦净粘在环刀外壁的土屑，称环刀与土的质量（精确至0.1g），求得试样在试验前的密度，同时去环刀四边修削下来的试样重约10g左右放入铝盒，称得铝盒与土的质量后，再放入烘箱烘至恒重，再称质量，以测得试验前的含水量。

（3）先在固结容器内放置护环、透水板和润湿的薄型滤纸，将带有试样的环刀装入护环内，再套上导环，然后在试样顶面再依次放上润湿的薄型滤纸、透水板、加压上盖和钢球，并适当移动将固结容器置于加压框架正中，使加压上盖正好与加压框架（横梁）中心对准，与此同时安装百分表或位移传感器（在此应当注意：滤纸和透水板的湿度应接近试样的湿度；此外，当轻轻按下杠杆使加压横梁正好与钢球接触时，不能使其受力）。

（4）施加1kPa的预压力使试样与仪器上下各部件之间接触，将百分表或位移传感器调整到零或测读初读数。至此，试验的准备工作已经就绪。

（5）开始加荷：根据实际需要确定需要施加的各级压力，压力（单位为kPa）等级宜为12.5、25、50、100、200、400、800、1600的顺序施加。第一级压力的大小应视土的软硬程度而定，宜用 12.5kPa、25kPa 或 50kPa，最后一级压力应大于土的自重压力与附加压力之和。只需测定压缩系数时，最大压力不小于 400kPa。

本次试验由于受课时的限制，统一按 50kPa、100kPa、200kPa、400kPa 等四级荷重顺序施加压力，试验应限于课内时间，可缩短固结时间，每级荷重历时 9min，即每加一级荷重测至 9min 的读数。记录下百分表的读数之后再加下一级荷重，直至第四级荷重施加完毕为止。

对于饱和试样施加第一级压力后应立即向水槽中注水浸没试样。非饱和土试样进行压缩试验时须用湿棉纱围住加压板周围。

(6) 需要测定沉降速率、固结系数时，施加每一级压力后宜按下列时间顺序测记试样的高度变化。时间为 6s、15s、1min、2min15s、4min、6min15s、9min、12min15s、16min、20min15s、25min、30min15s、36min、42min15s、49min、64min、100min、200min、400min、23h、24h，至稳定为止。

(7) 不需要测定沉降速率时，施加每级压力后 24h 测定试样高度变化作为稳定标准，只需测定压缩系数时的试样，施加每级压力后，每小时变形达 0.01 mm 时，测定试样高度变化作为稳定标准。

(8) 试验结束后吸去容器中的水，迅速拆除仪器各部件，取出整块试样测定含水量。

4. 注意事项

(1) 首先装好试样，再安装百分表。在装量表的过程中，小指针需调至整数位，大指针调至零，量表杆头要有一定的伸缩范围，固定在量表架上。

(2) 加荷时，应按顺序加砝码；试验中不要振动实验台，以免指针产生移动。

5. 试验成果整理

(1) 计算试样的初始孔隙比

$$e_0 = \frac{G_s(1 + w_0)\rho_w}{\rho_0} - 1$$

式中 G_s——土粒比重；

w_0——压缩前试样的含水量(%)；

ρ_0——压缩前试样的密度(g/cm^3)。

ρ_w——水的密度(g/cm^3)；

(2) 计算各级压力下试样固结稳定后的孔隙比

$$e_i = e_0 - \frac{1 + e_0}{h_0}\Delta h_i$$

或

$$e_i = \frac{h}{h_s} - 1$$

式中 h_0——试样初始高度，等于环刀高度 20mm；

h_s——试样中土粒(骨架)净高；$h_s = \dfrac{h_0}{1 + h_0}$；

h——在某一级压力下试样固结稳定后的高度(mm)，按下式计算

$$h = h_0 - (\Delta h_1 - \Delta h_2)$$

Δh_1——在同一级压力下试样和仪器的总变形(mm)；即等于施加第一级压力前预压调

整时的百分表起始读数与某一级压力下试样固结稳定后的百分表的读数之差；

Δh_2——在同一级压力下仪器的总变形（其值可由实验室给出）(mm)。

（3）计算各级压力下试样固结稳定后的单位沉降量 S_i（mm/m）

$$S_i = \frac{\sum \Delta h_i}{h_0} \times 10^3$$

式中 $\sum \Delta h_i$——某级压力下试样固结稳定后的总变形（即高度的累计变形量(mm)；其值等于该级压力下固结稳定读数减去仪器变形量；在试验过程中测出各级压力 p_i 作用下的 $\Delta h_i = \Delta h_1 - \Delta h_2$。

（4）计算某级压力下的压缩系数 a（MPa^{-1}）和压缩模量 E_s

$$a = \frac{e_i - e_{i+1}}{p_{i+1} - p_i}$$

$$E_s = \frac{1 + e_i}{a_v}$$

求压缩系数 a 时，一般取 $p_1 = 100kPa$，$p_2 = 200kPa$，所得压缩系数用 a_{1-2} 表示，可以用来判定土的压缩性。若 $a_{1-2} < 0.1MPa^{-1}$，为低压缩性；$0.1MPa^{-1} \leqslant a_{1-2} < 0.5MPa^{-1}$，为中压缩性；$a_{1-2} \geqslant 0.5MPa^{-1}$，为高压缩性。

（5）绘制 e-p 曲线

以孔隙比 e 为纵坐标，压力 p 为横坐标，绘制孔隙比与压力 e-p 曲线，见图5。

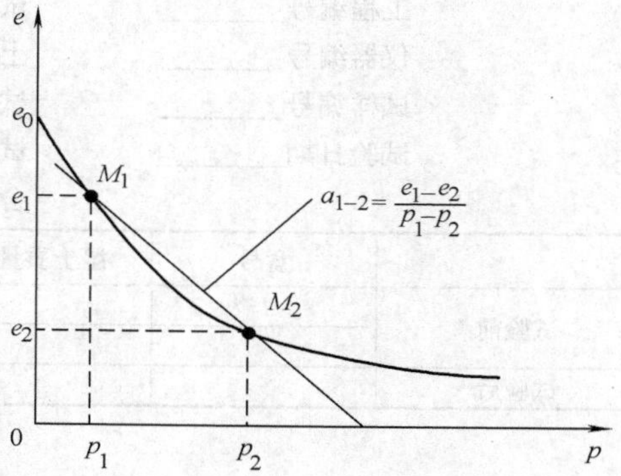

图5 e-p 曲线

（6）试验记录

土的标准固结试验记录，见表7～表10。

表7 土的标准固结试验记录（一）

工程编号________ 试验日期________

试样编号________ 试验者________

仪器编号________ 计算者________

压 力	0.05MPa		0.1MPa		0.2MPa		0.39MPa		0.4MPa	
经过时间/min	时间	变形读数	时间	变形读数	时间	变形读数	时间	变形读数	时间	变形读数
0										
0.1										
0.25										
1										
2.25										
4										
6.25										
9										
12.25										
16										
20.25										
25										
30.25										

（续）

压　力	0.05MPa		0.1MPa		0.2MPa		0.39MPa		0.4MPa	
经过时间/min	时间	变形读数	时间	变形读数	时间	变形读数	时间	变形读数	时间	变形读数
36										
42.25										
49										
64										
100										
200										
23(h)										
24(h)										
总变形量/mm										
仪器变形量/mm										
试样总变形量/mm										

表 8　土的标准固结试验记录（二）

工程编号________　　试样面积________　　试验者________

仪器编号________　　土粒比重________　　计算者________

试样编号________　　试验前孔隙比 e_0 ________　　校核者________

试验日期________　　试验前试样高度 h_0 ______mm

含水量试验记录

	盒号	湿土质量/g	干土质量/g	含水量(%)	平均含水量(%)
试验前					
试验后					

表 9　密度试验记录

环刀号	湿土质量/g	环刀容积/cm^3	湿密度/(g/cm^3)

表 10　压缩模量计算

加压历时/h	压力 p/MPa	试样变形量/mm	压缩后试样高度 h/mm	孔隙比 e_i	压缩系数 α_V /MPa^{-1}	压缩模量 E_s /MPa
		$\sum\Delta h_i$	$h_0-\sum\Delta h_i$			

【试验四】　直接剪切试验

剪切试验目的是测定土的抗剪强度指标。通常采用 4 个试样为一组，分别在不同的垂直压力 σ 作用下，施加水平剪应力进行剪切，求得破坏时的剪应力 τ，然后根据库仑定律确定土的抗剪强度参数(内摩擦角 φ 和凝聚力 c 值)。

直接剪切试验是测定土的抗剪强度的一种常用方法。根据排水条件不同具体可分为慢剪试验(S)、固结快剪试验(CQ)和快剪试验(Q)三种。

一、慢剪试验

本试验方法适用于细粒土。

1. 仪器设备

(1) 应变控制式直接剪切仪，如图4-7 所示，有剪力盒、垂直加压设备、剪切传动装置、测力计及位移量测系统等。

(2) 环刀：内径61. 8mm，高度20mm。

(3) 位移量测设备：量程为10mm，分度值0. 01mm 的百分表；或准确度为全量程0. 2%的传感器。

2. 操作步骤

(1) 切取试样：按工程需要用环刀切取一组试样，至少4 个，并测定试样的密度及含水量。如试样需要饱和，可对试样进行抽气饱和。

(2) 安装试样：对准剪切容器的上下盒，插入固定销钉。在下盒内放入一块透水板，上覆一张滤纸。将装有试样的环刀平口向下，对准剪切盒，试样上放一张滤纸，再放上一块透水板，将试样慢慢推入剪切盒内，移去环刀。需注意，透水板和滤纸的湿度接近试样的湿度。

(3) 移动传动装置：顺时针转动手轮，使上盒前端钢珠刚好与测力计接触(即量力环中的量表的指针刚被触动)，依次加上传压板(上盖)、钢珠及加压框架，安装垂直位移和水平位移量测装置，调整测力计(即量力环中量表)读数为零或测记初读数。

每组4 个试样，分别在4 种不同的垂直压力下进行剪切。在教学中，可取4 个垂直压力分别为100kPa、200kPa、300kPa、400kPa。

(4) 施加垂直压力：根据工程实际和土的软硬程度施加各级垂直压力。对松软试样垂直压力应分级施加，以防土样挤出。施加压力后，向盒内注水。非饱和试样应在加压板周围包以湿棉纱。

(5) 施加垂直压力后，每1h 测读垂直变形一次，直至试样固结变形稳定。变形稳定标准为每小时不大于0. 005 mm。

(6) 拔出固定销钉，开动秒表记录，以4 ~6r/min 的均匀速率旋转手轮对试样施加水平剪力，即以小于0. 02mm/min 剪切速度进行剪切(在教学中可采用6r/min)，试样每产生0. 2 ~0. 4 mm 测记测力计和位移读数，直至测力计读数出现峰值。如测力计中的测微表指针不再前进，或有显著后退，表示试样已经被剪破，但一般宜剪至剪切变形达4mm 为止。若量表指针再继续增加，则剪切变形应达6mm 为止。手轮每转一圈，同时记录测力计量表读数，直到试样剪坏停止试验(手轮每转一圈推进下盒0. 2 mm)。

(7) 拆卸试样：剪切结束后，吸去剪切盒内的积水，倒转手轮退去剪切力和垂直压力，移动加压框架、上盖板，取出试样，测定试样的含水量。

3. 注意事项

(1) 先安装试样，再装量表。安装试样时要用透水板把土样从环刀推进剪切盒里，试验前量表中的大指针调至零。

（2）加荷时，不要摇晃砝码；剪切时要先拔出销钉。

4. 计算及绘图

（1）估算试样的剪切破坏时间。当需要估算试样的剪切破坏时间时，可按下式计算：

$$t_f = 50t_{50}$$

式中 t_f——达到破坏所经历的时间(min)；

t_{50}——固结度达50%所需的时间(min)。

（2）计算各级垂直压力下的剪应力(以最大剪应力为抗剪强度)：

$$\tau = \frac{C_0 R}{A_0} \times 10$$

式中 τ——试样所受的剪应力(kPa)；

C_0——测力计(量力环)校正系数(N/0.01mm)；

R——测力计量表读数（0.01mm)；

A_0——试样的初始截面尺寸；

10——单位换算系数。

（3）绘制 τ_f-σ 关系曲线。以垂直压力 σ 为横坐标，以抗剪强度 τ_f 为纵坐标，纵横坐标必须同一比例，根据图中各点绘制 τ_f-σ 关系曲线，该直线的倾角为土的内摩擦角 φ，该直线在纵轴上的截距为土的粘聚力 c，如图6所示。

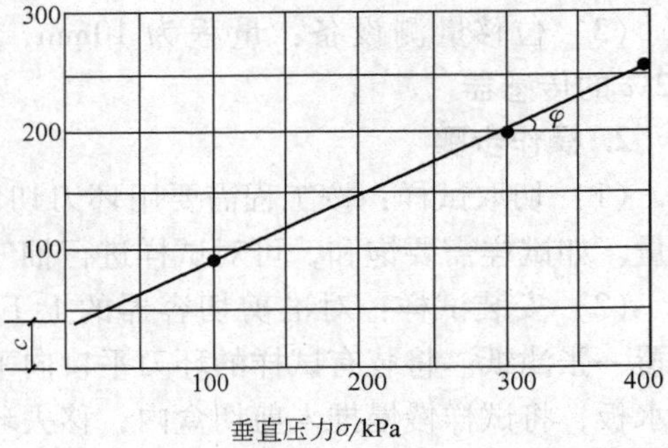

图6 抗剪强度与垂直压力关系曲线

（4）慢剪试验的记录格式见表11。

表11 慢剪试验的记录

工程编号________ 试验方法________ 试验日期________

仪器编号________ 土壤类别________ 试验者________

试样编号________ 量力环校正系数________ 计算者________

量表读数 / 手轮转速/(r/min)	各级垂直压力			
	100kPa	200kPa	300kPa	400kPa
抗剪强度				
剪切历时				
固结时间				
剪切前压缩量				

二、固结快剪试验

快剪试验步骤：试样制备、安装和固结应按慢剪试验的第(1)~(5)款步骤进行。固结快剪试验的剪切速度0.8mm/min，使试样在3~5 min内剪损，在3~5min内剪破。其剪切步骤应按慢剪试验的第(6)、(7)款操作步骤进行。固结快剪试验的计算、绘图及试验记录的格式与慢剪相同。

固结快剪法适用于测定渗透系数小于10^{-6}cm/s的细粒土。

三、快剪试验

快剪试验步骤：试样制备、安装应按慢剪试验的第(1)~(4)款步骤进行(注意：安装时应以硬塑料薄膜代替滤纸，不需安装垂直位移装置)。快剪试验是在试样上施加垂直压力后，拔去固定销，立即以0.8mm/min的剪切速度按慢剪试验的第(5)、(6)款步骤进行至试验结束；使试样在3~5min内剪损。一般在整个试验过程中，不允许试样的原始含水量有所改变即在试验过程中孔隙水压力保持不变。

快剪试验法适用于测定渗透系数小于10^{-6}cm/s的细粒土。

课程设计任务书

【设计一】　无筋扩展基础设计

一、设计题目

某单位职工宿舍采用毛石条形基础，建筑平面如图 7 所示，试设计该基础。

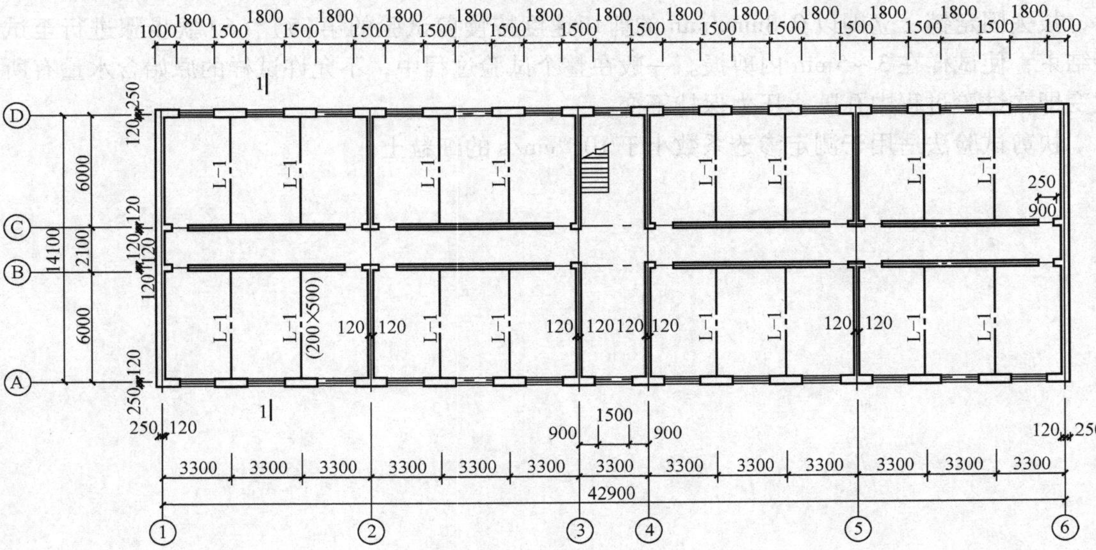

图 7　平面图（1:200）

二、设计资料

（1）工程地质条件如表 12 所示。

表 12　工程地质条件

层数	指标项目	方案一	方案二
首层	土名	杂填土	耕土
	土工指标	$\gamma=15.7\text{kN/m}^3$ $E_s=2.6\text{MPa}$	$\gamma=17\text{kN/m}^3$ $E_s=3\text{MPa}$
	厚度	0.5m	0.6m
二层	土名	粉质粘土	粉土
	土工指标	$f_k=150\text{kPa}$ $\gamma=18.6\text{kN/m}^3$ $E_s=10\text{MPa}$ $\eta_b=0.3$ $\eta_d=1.6$	$f_k=160\text{kPa}$ $\gamma=18.6\text{kN/m}^3$ $E_s=10\text{MPa}$ $\eta_b=0.3$ $\eta_d=1.5$

（续）

层数	指标项目	方案一	方案二
二层	厚度	5m	2m
三层	土名	淤泥质粘土	淤泥质粘土
	土工指标	$f_k=96\text{kPa}$ $\gamma=17.3\text{kN/m}^3$ $E_s=2.4\text{MPa}$	$f_k=90\text{kPa}$ $\gamma=16.5\text{kN/m}^3$ $E_s=2.4\text{MPa}$
	地下水位	天然地表下8m，无侵蚀性	天然地表下5m，无侵蚀性

（2）室外设计地面 -0.6m，室外设计地面标高同天然地面标高。

（3）由上部结构传至基础顶面的竖向力值在各计算单元分别为外纵墙 $\sum F_{1k}=419.07\text{kN}$，山墙 $\sum F_{2k}=136.45\text{kN}$，内横墙 $\sum F_{3k}=125.08\text{kN}$，内纵墙 $\sum F_{4k}=1131.08\text{kN}$。

（4）基础采用 M5 水泥砂浆砌毛石，标准冻深为 1.0m。

三、设计内容

1. 荷载计算（包括选定计算单元、确定其宽度）（题中已给定）
2. 确定地基承载力特征值
3. 确定基础的宽度
4. 基础材料已确定为浆砌毛石，确定基础剖面尺寸
5. 软弱下卧层强度验算
6. 绘制基础施工图（基础平面图、剖面图）（2号图纸一张）

四、设计要求

（1）计算书一份。应有详细计算过程，并应将有关数据与成果表格化。要求书写工整、数字准确、图文并茂。

（2）制图要求。所有图线、图例尺寸和标注方法均应符合国家现行的制图标准，图样上所有汉字和数字均应书写端正、排列整齐、笔画清晰，中文书写为长仿宋体。

（3）将基础平面图与剖面图绘制在一张 2 号图纸上，并有必要的施工说明。

（4）设计时间为三天。交图同时进行答辩。

五、参考资料

1. 规范

《建筑结构荷载规范》(GB50009—2012)；

《砌体结构设计规范》(GB50003—2011)；

《建筑地基基础设计规范》(GB50007—2011)。

2. 参考书

《土力学与地基基础》教材。

【设计二】 墙下钢筋混凝土条形基础设计

一、设计题目

某教学楼建筑平面图、剖面图如图 7、图 8 所示，试设计该建筑物基础。

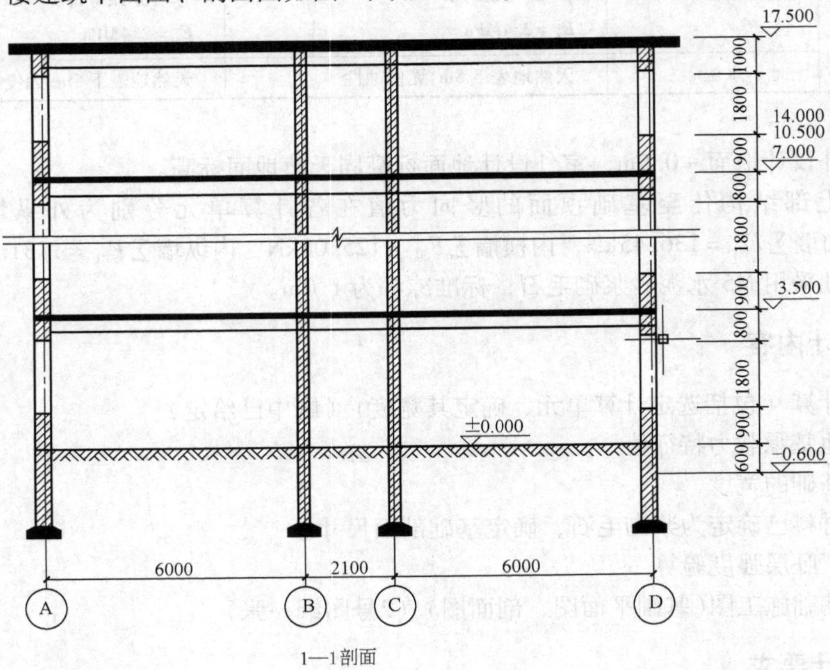

图 8　1—1 剖面

二、设计资料

（1）工程地质条件见表 12。

（2）室外设计地面 -0.6m，室外设计地面标高同天然地面标高。

（3）气象条件：该地区标准冻深为 800mm，屋面雪荷载 0.35kN/m^2。

（4）工程概况：该工程为某学校 5 层砌体结构教学楼，室内梁的截面尺寸 $b \times h = 200\text{mm} \times 500\text{mm}$，楼板为 C20 钢筋混凝土现浇板，墙体采用机制普通砖，砖的强度等级为 MU15，砂浆为 M7.5 的混合砂浆。内墙为双面抹灰的 240mm 实心砖墙，外墙为外清水内抹灰的 370mm 实心砖墙。楼梯为现浇板式楼梯，每层均设有圈梁。

（5）工程做法如下。

屋面做法：改性沥青防水层

20mm 厚 1:3 水泥砂浆找平层

220mm 厚(平均厚度包括找坡层)水泥珍珠岩保温层

一毡二油(改性沥青)隔汽层

20mm 厚 1:3 水泥砂浆找平层

现浇钢筋混凝土板 90mm 厚
20mm 厚天棚抹灰(混合砂浆)
刷两遍大白

楼面做法：地面抹灰 1∶3 水泥砂浆 20mm 厚
钢筋混凝土现浇板 90mm 厚
天棚抹灰混合砂浆 20mm 厚
刷两遍大白

材料自重：	三毡四油上铺小石子(改性沥青)	$0.4kN/m^2$
	一毡二油(改性沥青)	$0.05kN/m^2$
	塑钢窗	$0.45kN/m^2$
	水泥砂浆	$20kN/m^3$
	混合砂浆	$17kN/m^3$
	浆砌机砖	$19kN/m^3$
	水泥珍珠岩制品	$4kN/m^3$

屋面及楼面活荷载标准值见表 13。

表 13　屋面、楼面使用活荷载标准值

类　别	标准值/(kN/m^2)	说　明
不上人的屋面(上人的屋面 2.0)	0.5	墙、柱、基础计算截面以上各楼层活荷载总和的折减系数，按楼层活荷载折减系数为： 4～5 层为 0.7； 6～8 层为 0.65
楼面(教 室、试验室、阅览室)	2.0	
走廊、门 厅、楼 梯	2.5	
厕 所、盥洗室	2.5	

注：表中使用活荷载仅用于教学楼。

三、设计内容

1. 荷载计算(包括计算单元、确定其单元宽度)
2. 确定基础埋置深度
3. 确定地基承载力特征值
4. 确定基础的宽度和剖面尺寸
5. 软弱下卧层强度验算
6. 绘制施工图(平面图、详图)

四、设计要求

(1) 计算说明书。要求写出完整的计算说明书，包括荷载计算，基础类型及材料选择，埋深确定，底面尺寸确定，剖面尺寸确定及配筋量计算，目录与页码。

(2) 制图要求。所有图线、图例尺寸和标注方法均应符合国家现行的制图标准，图纸上所有汉字和数字均应书写端正、排列整齐、笔画清晰，中文书写为长仿宋体。

(3) 将基础平面图与剖面图绘制在一张 2 号图纸上，并有必要的施工说明。

(4) 设计时间为一周。交图时进行答辩。

五、参考资料

1. 规范

《建筑结构荷载规范》(GB50009—2012);

《建筑地基基础设计规范》(GB50007—2011);

《砌体结构设计规范》(GB50003—2011);

《混凝土结构设计规范》(GB50010—2010)。

2. 参考书

《土力学与地基基础》教材。

【设计三】 柱下钢筋混凝土独立基础设计

一、设计题目

某医院住院部为4层钢筋混凝土框架结构,拟采用柱下独立基础,柱网布置如图9所示,试设计该基础。

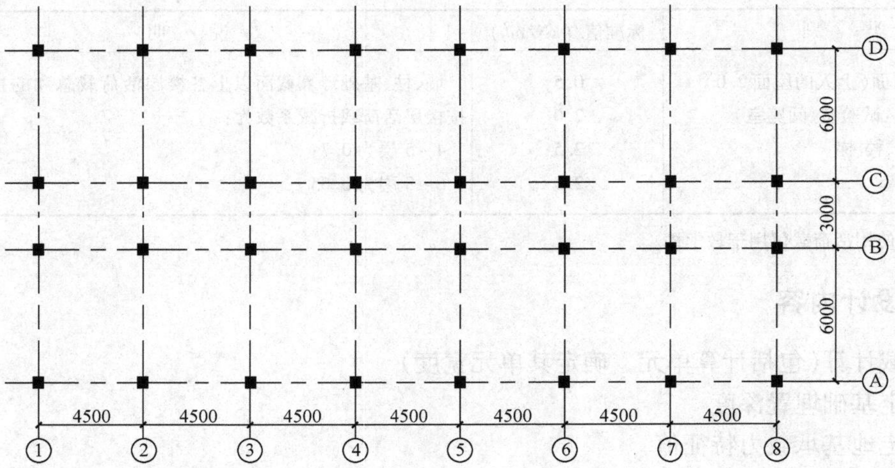

图9 柱网布置图

二、设计资料

(1)工程地质条件:该地区地势平坦,无相邻建筑物,经地质勘察,持力层为粘性土,土的天然重度为$20kN/m^3$,地基承载力特征值$f_{ak}=240kPa$,地下水位在$-8.0m$,无侵蚀性,该地区标准冻深为800mm。

(2)地面$-0.3m$,室外设计地面同天然地面标高。

(3)其他资料:基础顶面处相应于荷载效应标准组合时,上部结构传来的轴心荷载为560kN,弯矩值为65kN·m,水平荷载为10kN。柱永久荷载效应起控制作用,柱截面尺寸为350mm×500mm。

混凝土采用 C25($f_t = 1.27$MPa)；钢筋采用 HPB235 ($f_y = 210$MPa)。

三、设计内容

1. 荷载计算(包括计算单元、确定其宽度)
2. 确定基础埋置深度
3. 确定地基承载力特征值
4. 确定基础的底面尺寸
5. 确定基础高度
6. 基础底板配筋计算
7. 绘制施工图(平面图 1:100、详图 1:20 或 1:30)

四、设计要求

(1) 计算说明书。要求写出完整的计算说明书，包括荷载计算，基础类型及材料选择，确定埋深，确定底面尺寸，确定剖面尺寸及配筋量计算，目录与页码。

(2) 制图要求。所有图线、图例尺寸和标注方法均应符合国家现行的制图标准，图纸上所有汉字和数字均应书写端正、排列整齐、笔画清晰，中文书写为长仿宋体。

(3) 将基础平面图与剖面图绘制在一张 2 号图纸上，并有必要的施工说明。

(4) 设计时间为一周。交图时进行答辩。

五、参考资料

1. 规范

《建筑结构荷载规范》(GB50009—2012)；

《建筑地基基础设计规范》(GB50007—2011)；

《砌体结构设计规范》(GB50003—2011)；

《混凝土结构设计规范》(GB50010—2010)。

2. 参考书

《土力学与地基基础》教材。

参 考 文 献

[1] GB 50007—2011 建筑地基基础设计规范［S］. 北京：中国建筑工业出版社，2012.

[2] GB 50021—2001（2009 年版）岩土工程勘察规范［S］. 北京：中国建筑工业出版社，2009.

[3] JGJ 79—2012 建筑地基处理技术规范［S］. 北京：中国建筑工业出版社，2012.

[4] JGJ 120—2012 建筑基坑支护技术规程［S］. 北京：中国建筑工业出版社，2012.

[5] GB/T 50123—1999 土工试验方法标准［S］. 北京：中国计划出版社，1999.

[6] 陈希哲. 土力学地基基础［M］. 4 版. 北京：清华大学出版社，2004.

[7] 韩晓雷，高永贵. 土力学地基基础［M］. 北京：冶金工业出版社，2004.

[8] 徐梓炘. 土力学与地基基础［M］. 2 版. 北京：中国电力出版社，2011.

[9] 白晓红. 基础工程设计原理［M］. 北京：科学出版社，2005.

[10] 曾庆军，梁景章. 土力学与地基基础［M］. 北京：清华大学出版社. 2006.

[11] 刘松玉，钱国超、章定文. 粉喷桩复合地基理论与工程应用［M］. 北京：中国建筑工业出版社，2006.

[12] 郝临山，陈晋中. 高层与大跨建筑施工技术［M］. 北京：机械工业出版社，2004.

[13] 华南理工大学，浙江大学，湖南大学，等. 地基基础［M］. 2 版. 北京：中国建筑工业出版社，2008.

教材使用调查问卷

尊敬的老师：

您好！欢迎您使用机械工业出版社出版的“高职高专土建类专业规划教材”，为了进一步提高我社教材的出版质量，更好地为我国教育发展服务，欢迎您对我社的教材多提宝贵的意见和建议。敬请您留下您的联系方式，我们将向您提供周到的服务，向您赠阅我们最新出版的教学用书、电子教案及相关图书资料。

本调查问卷复印有效，请您通过以下方式返回：

邮寄：北京市西城区百万大庄街22号机械工业出版社建筑分社（100037）
张荣荣　　（收）

传真：010 68994437（张荣荣收）　　Email：r. r. 00@163. com

一、基本信息

姓名：________职称：____________职务：____________

所在单位：________________________________

任教课程：________________________________

邮编：________地址：________________________

电话：________电子邮件：____________________

二、关于教材

1. 贵校开设土建类哪些专业？

□建筑工程技术　□建筑装饰工程技术　□工程监理　□工程造价

□房地产经营与估价　□物业管理　□市政工程

2. 您使用的教学手段：　□传统板书　□多媒体教学　□网络教学

3. 您认为还应开发哪些教材或教辅用书？________________

4. 您是否愿意参与教材编写？希望参与哪些教材的编写？

课程名称：________________________________

形式：　□纸质教材　□实训教材（习题集）　□多媒体课件

5. 您选用教材比较看重以下哪些内容？

□作者背景　□教材内容及形式　□有案例教学　□配有多媒体课件

□其他________________________________

三、您对本书的意见和建议（欢迎您指出本书的疏误之处）________________

____

____

四、您对我们的其他意见和建议________________________

____

请与我们联系：

100037　北京百万庄大街22号

机械工业出版社·建筑分社　张荣荣　收

Tel:010—88379777(O),6899 4437(Fax)

E-mail:r. r. 00@163. com

http://www. cmpedu. com(机械工业出版社·教材服务网)

http://www. cmpbook. com(机械工业出版社·门户网)

http://www. golden-book. com(中国科技金书网·机械工业出版社旗下网站)